高等教育"十三五"规划教材

软件工程案例教程

（第2版）

主　审　耿红琴

主　编　魏雪峰　葛文庚

副主编　王春华　刘会超　张银玲

电子工业出版社

Publishing House of Electronics Industry

北京·BEIJING

内 容 简 介

本书根据教育部应用型科技大学的教学要求和最新大纲编写而成。全书分 4 个模块，涵盖软件工程基础知识、结构化软件分析和设计、面向对象软件分析和设计、软件实现、软件测试、软件维护、软件项目管理和质量保证、软件文档、软件开发案例、分析建模工具等方面的内容。每章配有知识链接、知识拓展和习题，引导读者深入地进行学习。

本书注重学生能力的培养，采用案例教学，融"教、学、做"为一体，所讲知识都结合了具体实例，力求详略得当，引导读者快速采用结构化方法、面向对象方法进行软件开发。

本书内容丰富，可以作为普通高等院校计算机专业"软件工程"课程的教材和参考书，也可以作为软件工程师、软件项目管理者和软件开发人员的参考书。

图书在版编目（CIP）数据

软件工程案例教程 / 魏雪峰，葛文庚主编 . —2 版 . —北京：电子工业出版社，2018.8
ISBN 978-7-121-31156-7

Ⅰ. ①软… Ⅱ. ①魏… ②葛… Ⅲ. ①软件工程—案例—高等学校—教材 Ⅳ. ①TP311.5

中国版本图书馆 CIP 数据核字（2017）第 060448 号

策划编辑：祁玉芹
责任编辑：鄂卫华
印　　刷：中国电影出版社印刷厂
装　　订：中国电影出版社印刷厂
出版发行：电子工业出版社
　　　　　北京市海淀区万寿路 173 信箱　邮编　100036
开　　本：787×1092　1/16　印张：24　字数：572 千字
版　　次：2015 年 6 月第 1 版
　　　　　2018 年 8 月第 2 版
印　　次：2023 年 2 月第 4 次印刷
定　　价：56.00 元

前言
PREFACE

软件工程是计算机专业的核心课程，内容非常广泛，包括技术、方法、工具和管理等方面，一直是一个非常热门的研究领域。软件工程是指导计算机软件开发的工程学科，采用工程的概念、原理、技术和方法进行软件开发和维护。

本书努求追求，以能力培养为目标、以工作过程为导向，用案例贯穿知识，用任务驱动教学。本书重视理论与实践结合，围绕案例中的工作任务展开知识点教学，在实际工作任务的驱动下引导学生去积极地学习软件开发的方法、工具并学习、研究软件开发过程。

本书根据当前教育面向就业、与企业接轨的思路编写，注重学生能力的培养，采用案例式教学，融"教、学、做"于一体，内容丰富，知识全面，详略得当。全书分如下4个模块。

模块1是认识软件工程。包括软件工程概述，讲述软件开发成功和失败的案例，介绍了软件危机、软件工程基本概念、软件开发模型、软件开发流程。

模块2是结构化方法。采用实验教学管理系统案例，分析采用结构化方法怎样进行软件需求分析和软件设计。介绍了结构化方法、可行性分析、软件需求分析与建模、总体设计、详细设计。

模块3是面向对象方法。借助仓库管理子系统案例，分析采用面向对象方法进行软件开发的过程，包括需求分析和建模、体系结构设计、设计模式、界面设计、数据库设计、软件实现、软件测试、软件维护。

模块4是软件项目管理和质量保证。介绍软件项目管理、计划组织、进度计划、风险管理、软件质量特性、软件质量度量模型、软件质量保证、软件质量管理体系。

本书由耿红琴主审，魏雪峰、葛文庚主编，王春华、刘会超、张银玲副主编，由计算机软件专业教学一线教师参与编写完成。其中，模块 1、模块 3 的案例四由王春华编写，模块 2 的案例一由魏雪峰编写，模块 2 的案例二、模块 3 的案例一由葛文庚编写，模块 3 的案例二由刘会超编写、模块 3 的案例三由刘栓编写，模块 3 的案例五由范喜艳编写，模块 4 由张银玲编写。全书由耿红琴审核并定稿。

由于编写时间仓促，书中难免有疏漏和不妥之处，欢迎读者和专家批评指正，衷心希望广大使用者尤其是任课教师提出宝贵的意见和建议，以便再版时及时加以修正。

目录
CONTENTS

模块 1　认识软件工程

学习目标

通过学习本模块内容，让学生树立初步的软件工程思想，了解软件开发过程中可能会出现的问题，了解软件危机的概念及产生原因、解决软件危机的方法，理解软件工程的概念和基本原理。

主要内容

本章以软件工程的正、反两个案例为引子，主要介绍了软件工程的一些基础知识，包括：
1. 软件危机的概念及产生原因。
2. 软件工程的概念、基本原理和软件工程的作用。

重点与难点

1. 软件工程的基本原理
2. 解决软件危机的途径

案例一　火星业务支撑系统项目开发

1　需求的萌芽

培训战场硝烟弥漫。

火星培训公司总经理火总正在思虑着如何在激烈的竞争中立足并脱颖而出。

他抓起电话，让文员通知召开全公司大会……

会上讨论气氛非常热烈，除了火总，所有人似乎都抓住这个难得的机会，为最近自己的业绩下滑铺陈理由。

市场部 M 经理：竞争对手很好很强大，他们总是先我们一步把我们盯着的潜在学员弄走了……

客服部 C 经理：我们很努力地关怀学员，但是学员仍然有很多抱怨，甚至还说被咱们给"忽悠"了……

市场部李经理：我们虽然有很多优秀学员，就业情况很好，可是我们却难以找到他们之前的培训记录，甚至找不到他们目前的联系电话。要是能够找到这些人进行回访，并让他们回来给学弟学妹们现身说法，相信会促进我们的招生工作。

……

一时间众说纷纭，火总看看手表，认为必须讨论出一个针对性的对策才是，于是挥挥手，"那大家看看是否有什么好主意？"

"我了解到水星公司有一套软件能够支撑培训业务的全部流程！"市场部的小王似乎有备而来，僵坐2小时说的第一句话。

"嗯……"

"有道理……"

"对，我们也应搞一个！"

……

一时间大家似乎全被点燃激情，看到了一扭颓势的希望。

火总沉思不语，良久，终于喃喃说道："是有道理，让我再考虑考虑……散会吧！"

2 调研、立项

火总回到办公室，他刚才没有当场决策的原因是，会上的信息不够，开发这种软件需要多少钱？搞这个系统真的有用吗？

然而，他毕竟见多识广，知道目前信息化建设是大势所趋，决定深入了解一下。

火总想到了提出这个想法的小王，对了，让他详细陈述一下！于是就拿起电话……

两分钟后，小王在火总宽大的办公桌对面正襟危坐。

"小王啊，我对你刚才提到的那个建议很有兴趣，能否仔细谈一下想法？"

"好的。"小王终于逮到在老板面前表现的机会，自然不会放过。

"首先，水星公司是目前我们公司的首要竞争对手，他们有IT软件支撑，我想我们也应该有吧？"火总若有所思地点了下头。

"其次，上这个系统之前，水星公司跟我们一样，各个部门之前的沟通都是通过纸质文件，效率低，浪费大；上了这个系统后，他们基本实现了无纸化运作，一年光打印纸就节省了好多钱！""嗯，这个好！"一听到能省钱，火总来劲了，身子往前探了探。

"再者，上了IT系统，所有的数据在各个部门共享，大家都可以使用，并且数据可以保留很久。他们通过系统对学员从招收到从业后的回访，实现了学员成长的全程关怀，客户满意度一下高了很多。现在，他们招收学员越来越容易！""对对对，我们也想这么搞！"火总显然被打动了！

"……"小王继续说了不少好处。

"那到底要花多少钱？"火总终于把自己最关心的问题说了出来。

"哦，听说水星公司第一年用了大约50万元，包括软硬件！"

"50万元？！……"火总的眼睛瞪得老大，这可是他公司一年的营业额啊！

"听说他们只用了两年就把投资额全部回收，现在的业务量比上系统前提高了3倍！""嗯……"火总再次陷入沉思……

两分钟后，火总打破沉寂："小王啊，我认为这个建议真的很好，我决定了：要做！

如果让你来负责这个项目，你看有问题吗？"

"谢谢火总信任！"王 GG 高兴得差点从凳子上蹦起来。

"我们给这个项目定个名字吧。"小王提议。

"嗯，就叫'火星业务支撑系统'吧，英文名：HSS！"火总擅长包装，这点小事难不倒他。

"但我希望今年投资能够控制在 20 万元，看有没有把握？"

"呃……我争取吧！"王 GG 似乎没把握，但还是应承下来了。

3　招标、甄选供应商

小王第一次接手老板直接委派的任务，踌躇满志！

他做的第一件事是找到他的好友——马甲。马甲就职当地一家小软件公司——土星公司，有了两年多的开发经验，一直希望自己能够有朝一日当上项目经理。这回好友找上门，他一口答应——其实他还有一个"阴谋"，就是到时争取由自己公司承接该项目，然后自己来当项目经理！

马甲开始当起了小王的"狗头军师"了……

马甲建议小王：首先要收集使用部门的需求……

小王就开始在各个部门跑动起来，最后他整理到各个部门的大概需求如下：

市场部：学员招募管理、营销人员考核和管理。

客服部：学员信息管理、学员满意度管理。

课程部：课程体系管理、学员考勤管理、学员学习效果评价。

财务部：学员培训费管理、内部员工绩效考核。

……

此间，马甲不时跟小王灌输：现在软件流行三层架构，一般使用 J2EE、SSH 工具……小王坚信马甲推荐的肯定是他所擅长的技术。

一周过去……

马甲看着小王提供的需求清单，皱着眉头："这个估计要花挺多钱……包含软硬件 20 万元？有点悬！"

其实，小王原本打算如果马甲公司能够 20 万元之内拿下的话，他就建议老板直接委托给马甲公司，毕竟马甲是自己好朋友嘛。但现在看来不行了。

听到汇报，火总反应很直接指示：那就招标！不信 20 万元拿不下来！

这大大出乎马甲的意料之外，他起先认为十拿九稳，打算拿下项目后回去找自己老板邀功请赏的。现在小王的老板说要招标，这可就……

马甲赶紧回公司跟老板（土总）一五一十地汇报了情况。没想到土总并不责怪马甲，反而安慰他："这个事情干得不错！我决定让你负责这个投标项目！"

马甲受宠若惊，他知道若这个投标拿下了，按公司惯例，自己肯定就是项目经理了！

小王这边正在按火总指示准备招标材料。结果上网一查，吃了一惊，招标流程还蛮复杂，要准备《投标须知》、《技术规范书》、《商务规范书》……一大堆文件。

他下载了几个范本，在简单修改后就打算直接用了，但《技术规范书》看来还得请马甲帮忙了。

马甲很乐意，因为他的老板土总告诉他：能够参与制定规范，我们中标的概率就大多了！并且准许他用上班时间去协助小王。

很快，小王的招标材料准备好了，他再次听了马甲的建议，把《项目招标书》发给了马甲推荐的几家软件公司。

招标结果很快出来了，马甲的公司技术分得分最高，商务分中等，最终以最高得分胜出——中标了！该项目 19.6 万元，要求 6 个月上线。

火星公司和马甲公司的商务合同签订另有一番折腾，此处按下不表。自然地，马甲得偿所愿，成了这个项目的乙方项目经理，而小王则继续他的甲方项目经理的角色。

4　项目需求调研

其实在合同签订之前，马甲就开工了。

他温习了大学的《软件工程》，认真回忆了自己参与的几个项目的过程，感觉相当有信心。

首先，他开始进行需求调研和分析。

逐个部门，跟未来的系统用户沟通，然后就开始整理《需求说明书》。

一切顺利，一周以后，他的《需求说明书》出炉，提交给小王。小王看了以后相当满意，但是他还是谨慎地发给了相关部门负责人，并要求反馈。

除了提出几个错别字外，使用部门没有反馈其他意见。马甲心里不太踏实，请小王领着一起拜访了各个部门的主要使用人，得到了大致类似的回复："应该差不多吧，能想到的差不多都写了……"

5　设计

该开始设计了！马甲感觉一切都很顺利，他祭出 J2EE 大旗，心里暗暗欣喜：我用的架构是如此先进，到时要让所有人大吃一惊！

现在感觉大学学的课程总算派上用场了！

软件工程、流程分析、E-R 图、UML……能想到的都得用上！

……

鏖战 1 周后，马甲同志单枪匹马写出了《XX 项目概要设计说明书》，40 多页！哇塞，太帅了！马甲自己看着都不禁洋洋自得！

6　代码实现

土总给马甲配了 3 个开发人员，除了小龚有 1 年 Java 项目开发经验外，另外两人属于新手。

但马甲没有办法，虽然他希望开发人员都是熟练工，但老板告诉他，前期几个熟练的开发人员跳槽了，现在公司人员比较紧缺，为了这个项目他还特地紧急招聘了两位，都放到他的项目组里了——马甲理应感激，不是吗？

马甲开始按模块分配任务。

马甲自己负责学员信息管理模块、学员招募管理模块。

小龚负责学员满意度管理模块，财务管理模块。

其他两人分别领了各自的模块去开发。

......

马甲要求开发小组的所有人都需要对自己负责的模块从 UI、代码、到数据库表设计，从头到尾，全部搞定！

"我们计划用 4 个月完成开发，然后大家开始集成测试！现在开工！"马甲一声令下，项目组开工了。

7　代码实现阶段某些特写

第一周，大家都感觉不错，信心很足，进度也很顺利。虽然除了马甲和小龚，其他两位新手技能上还不熟练，但他们都能加班加点，查资料解决问题，似乎也都能按时搞定当日任务。

第二周，马甲突然发现自己原来的设计有些地方似乎不妥当，但是他觉得改设计文档很麻烦，于是没有去修改。

小龚这两周多次和马甲沟通《设计说明书》的问题，小龚觉得有些地方表达不清楚，有些地方设计不合理。但马甲忙于完成自己的模块，并未完全放在心上。此外他也觉得自己的设计能力应该比小龚强，接受小龚的意见有点没面子。

而两位新手呢，则先是频繁地问马甲关于设计的事，起先马甲会耐心解释，但很快由于自己开发计划老被打断开始烦躁，两位新手渐渐地也不问了。

渐渐地，大家似乎都遗忘了那份漂亮的《设计说明书》。

第一个月快过去了，马甲问大家：进展如何？答案是。一切顺利！

第二个月，第三个月，仍是一切正常！

计划的代码集成时间到了，马甲没有忘记，但是这两天只睡 5 个小时，自己负责的两个模块总算交工了！

真累啊！

8　代码集成

"大家都把自己完成的那部分发给我，由我来集成！"

于是大家都把各自的代码拷贝给了马甲。

"这个目录怎么这样命名？"

"你的代码都没有注释？"

......

马甲一边"集成"代码目录，一边抱怨着。

"咦，怎么编译不通过？这么多编译错误！"马甲惊叫一声，大家都围了过来。

"不可能啊，在我电脑上跑得好好的！"小龚一脸难以置信。

"哦，我忘了跟您说了，昨晚我改了一个地方，还没有编译测试，不好意思啊！"其中一位新手看着其中的一个编译错误，赶紧认错，一脸不好意思。

"......"

马甲那天的午饭只吃了几口，第一因为他心情太差实在没有胃口，第二是他急着回到电脑前面排错。

集成期间，马甲有理由沮丧，因为他被几件事情折磨得快疯掉了：

目录覆盖后，旧代码无法找回；

公用的模块存在冲突；

集成后存在同一业务数据放在不同名字的基本表中；

……

事情很糟，他们花了1周，包括两天周末，每天都是凌晨才歇工，总算让系统"集成"了起来，编译通过，流程勉强走通。

9　测试

终于可以测试了！马甲长舒一口气。

他知道，测试很重要，但如何测试呢？

仍旧，他给团队每个成员划分了模块，让大家分头测试。当然，自己负责的模块是不能由自己来测试的。

测试出来的问题要第一时间通知代码作者。

大家开始行动了……

还是测出了不少问题，新手的问题相对多一些，比如输入合法化验证、边界检查等。

每次被他人找到一个错误都是不幸的，因为意味着当天得加班修复。

这段时间，马甲受困于几个问题：

为什么修复了一个BUG，却会新增更多的BUG？

为什么总会出现"这个问题前两天我改了呀，怎么又出现了？"

除了单步跟踪这个方法外，就没有其他办法可以定位问题了吗？

10　用户测试

终于要见公婆了，即使是丑媳妇。因为马甲看着这个"产品"突然觉得如此陌生，跟当初自己的设计想法简直是天壤之别。

马甲带着忐忑不安的心情上路了。

又是一天的辛苦，总算是给用户部署起来了一个用户测试环境。

为此，小王专门给各个部门发了通知，希望他们抓紧时间测试。

"不对啊，怎么跟我当初提的要求不一样啊？！"

"这个数据输入后，怎么没地方找了呀？"

"下一个流程是什么？"

试用的第一天是如此的混乱，以至于马甲有种被五马分尸的感觉。

问题比预想的多得多，马甲抓着头发，恨不得让自己往墙壁上撞，让自己大脑"死机"片刻。

11　需求变更和蔓延

马甲再次遇到让自己措手不及的事情：用户提出了更高的要求！

情况大概是这么几种。

用户尝试着使用系统，他们抱怨这跟他们原来的构思不一样；用户认为这是马甲当初没有正确理解自己的需求，而马甲认为《需求说明书》已跟用户确认，用户给了肯定答复后自己才去实施的，因此应该算变更。

用户在使用这个"可运行"的系统时突然发现"灵感迸发"，许多"改良"思路喷涌出来，职位越高，表现越明显。

其中火总提的"新需求"最多，马甲尝试着提醒火总"这是新增需求，不在合同规定范围内……"，火总一脸不悦，"我没有见到系统，当然不知道要什么东西，要怎么做啊，这怎么能算新增需求？再说，合同中不是有提到要提供'分析报表'吗？"。看到情形不对，小王用眼神暗示马甲，意思是：火总提的就做吧，别计较了，开发款还指望火总及时支付啊……

可怜的马甲敢怒不敢言，悻悻回家，加班做吧，不然还能怎样？

12 后记

第一次用户测试后，进行了大量返工。

马甲的团队中的小龚离职。

第二次用户测试的时候已经延期 6 个月了。

后来，马甲建立了团队开发环境，引入配置管理工具，还调整了团队开发方式，两个新手也逐渐熟练起来……

马甲像悲壮的斯巴达勇士一样坚持着，起早贪黑，废寝忘食，他已经不在乎老板给不给他发奖金了，他现在只想尽快搞定这个该死的项目，仅仅为了荣誉！

又过了 6 个月，火星公司终于同意上线使用……

3 个月后，系统检验开始运行。此时的马甲已经掉膘 30 斤了，女友也离他而去……

又过了一年，这个系统变得很慢。小王打电话给马甲，才知道马甲早已跳槽，而其原公司也已经放弃软件开发业务（这个项目的尾款火星公司没有支付），无法给他们提供维护支撑。

经过多日讨论，火总下决心"升级"该系统，另找供应商重新开发——这次，他预算总额为 50 万元……

案例二　即时通信软件 QQ

一提到腾讯 QQ，相信但凡上网的人都不会陌生。

腾讯公司成立于 1998 年 11 月，是目前中国最大的互联网综合服务提供商之一，也是中国服务用户最多的互联网企业之一。通过互联网服务提升人类生活品质是腾讯公司的使命。目前，腾讯把为用户提供"一站式在线生活服务"作为战略目标，提供互联网增值服务、移动及电信增值服务和网络广告服务。通过以下数据见证腾讯 QQ 的成功。（数据引自PCQQ 官方网站）。

（1）万人大关

1999 年

2 月，腾讯公司即时通信服务开通，与无线寻呼、GSM 短消息、IP 电话网互联。

11月，QQ用户注册数突破6万。

2000年

4月，QQ用户注册数达10万。

2000年5月27日20点43分，QQ同时在线人数首次突破十万大关。

6月，QQ注册用户数再破十万。

6月21日，"移动QQ"进入联通移动新生活，对众多的腾讯QQ和联通移动电话用户来说意义深远。

11月，QQ2000版本正式发布。

2001年

2月，腾讯QQ在线用户成功突破100万大关，注册用户数已增至2000万。

2002年

3月，QQ在线用户突破300万大关。

7月，倡导行业自律，签署《中国互联网行业自律公约》。

12月，腾讯公司被认定为"2002年度深圳市重点软件企业"。

（2）亿人大关

2003年

8月，推出的"QQ游戏"再度引领互联网娱乐体验。

9月，QQ用户注册数升到2亿。

12月，再次被认定为"2003年度深圳市重点软件企业"。

2004年

1月，获中国移动梦网"2003年度移动梦网合作伙伴最佳进步奖""2003年度移动梦网音信互动业务合作伙伴最佳业绩奖"和"2003年度移动梦网短信业务合作伙伴最佳业绩奖"三个大奖。

4月，QQ注册用户数再创高峰，突破3亿大关。

5月，"2003年深圳软件企业百强"排行榜，位居第四。

7月，位列"2003年度广东省民营企业百强"第25位。

8月，QQ游戏同时在线突破了62万人。

9月，2003年全国"私营企业纳税百强榜"中排名第29。

10月22日，在刚刚结束的"2004中国商业网站100强"大型调查中，腾讯网得票率名列第一，领先于新浪、搜狐、网易等门户。

12月，"2004年亚太区高科技500强"中腾讯名列第17位，入选"2003年度深圳民营企业50强"。

（3）飞跃发展

2005年

1月，腾讯公司被认定为"2004年度深圳市重点软件企业"。

2月16日，腾讯QQ的同时在线人数首次突破了1000万。自2000年5月腾讯QQ的在线人数突破10万以来，仅用了4年时间就达到了100倍的增长。

4月，腾讯公司获"2004年度深圳市知识产权先进单位"称号。

4月22日，腾讯公司荣获深圳市知识产权保护先进单位第三名，前两位分别是华为技术有限公司和中兴通讯股份有限公司。

5月，腾讯公司位列"2005年中国软件产业最大规模前100家企业"第25位。

（4）服务扩增

2008年

3月，腾讯QQ实行限制用户异地修改密码的安全措施，暂对异地使用密码保护取密修改并无影响；IP政策出台。QQ聊天室（酷Q社团）再现江湖；酷Q社团成立于2006年12月。

4月，10位QQ号码问世并已开放申请。

5月，QQ申诉功能优化改编，新增好友辅助申诉功能，其他证据一栏将取消并惹争议；申诉人性化。

6月，QQ同时在线用户数突破4000万。注册用户接近8亿。QQDNF黑钻业务推出，从此"七钻鼎立"。

9月，QQ增值业务：会员Q豆正式发布，使用Q豆可以兑换QQ公仔纪念品等。

腾讯启动了多项打击QQ外挂措施，首当其冲的是"显示用户IP地址"、"显示用户是否隐身"等功能的彩虹版QQ外挂。

2009年

1月，QQ同时在线用户数突破4300万，继续领跑国内同类软件。

QQ推出纪念十周年的活动，有上亿网友参与，同时在2月23日晚8时，同时在线人数突破5100万，注册用户达到9亿多。

（5）再创辉煌

2010年

3月5日腾讯QQ同时在线用户数突破一亿。

10月09日，QQ同时在线人数创历史新高，达到了一亿二千万人。

2010年11月3日晚，腾讯发布公告，在装有360软件的电脑上停止运行QQ软件。2010年11月10日下午，在工信部等三部委的积极干预下，腾讯与360已经兼容。

2011年

腾讯QQ同时在线用户数突破一亿四千万。

2012年

腾讯QQ同时在线用户数突破一亿七千万。2月，腾讯宣布与日本KDDI合作，推出手机QQ日本版，全面打入日本市场。首先发布了Android版本。

5月，手机QQ日本版推出iPhone版本，支持iOS系统3.0以上版本。

2013年

腾讯公司发行QQ 2013新版本，进行了更多细节上的优化。2013年01月11日发布了Beta2版本，推出了"剑鱼"全新音视频引擎，高清画质最高可达HD级别（720P）。2013年01月22日，腾讯发布QQ 2013新春版。

（6）继续引领

2014年

2014年9月连续发布QQ 5.0～QQ 6.4共11个版本，性能提升，方便性增强。

从2006年开始，腾讯的研发规模开始快速扩大，开发模式急需规范和标准化。之后研发管理部开始与 Thought Works 公司接触，逐渐将敏捷产品开发引入进来，并正式命名为 TAPD（Tencent Agile Product Development）。腾讯的 TAPD 是吸收了 XP（极限编程）+SCRUM（迭代式增量软件开发过程）+FDD（产品特性驱动开发过程）三者特点的并行迭代开发模式，涉及范畴包括敏捷项目管理和敏捷软件开发。

1 腾讯是如何做敏捷管理的？

（1）故事墙

平时工作中，很多团队会把每天开发的一些产品特性采用 story 的方式，每天都在白板里面展示出来。整个团队每天都会围绕这个白板清晰地看到整个产品或者整个项目的一个过程。写在白板上比用 Excel 或者其他工具更好管理，因为写在白板上让人感觉更紧迫、更正式、更一目了然，有一种别人在监督、在注视的感觉。

（2）每日晨会

每个团队每天大概花 15～30 分钟，回顾昨天做了什么，昨天有些什么问题，同时也会介绍每个人今天计划做些什么工作。对团队而言，这是检查进度、快速调整且非常有效的形式。

最早是通过白板的方式去做，就是每天项目经理组织团队成员对着白板，白板上体现项目的进展情况，通过会议可以很明确地知道昨天大家做到什么进程，今天大家计划做什么，最早的时候每个成员都是口头汇报的。后来腾讯也做了一些改进，比如有些项目开始通过即时通信软件每天去交流，最后由一个人去统一发布出来，这样能解决一些分布式团队的合作。

（3）规划游戏

对敏捷的一种常见误解是不要计划，其实在敏捷的体系中不仅强调计划，甚至区分 Release 计划、Iteration 计划和 Task 计划等多种不同粒度、不同时长的计划。规划游戏突出的是让用户代表参与，由用户代表评估用户故事/特性的优先级，开发人员评估任务的开发时间，由用户代表+项目经理+核心成员三方共同排序、组合，确定本次迭代计划需要实现的特性列表。在腾讯，用户代表就是"产品经理"。腾讯特别强调的是并行迭代，即多个版本并行，最大程度发挥资源的效率。Release（发布）可理解成当实现的产品特性累积到一定用户价值时的正式发布，它是比迭代更大的概念。迭代是在固定时间内开发特性的过程，Release 一般包括多次迭代。

（4）时间盒

在腾讯的产品研发中，产品的每一次迭代都有一个明确的时间盒。在每一次迭代开始的时候会召开一次 IPM 会议，即本次迭代的计划会议，会议中团队里的所有成员，包括产品人员、开发人员、项目经理、总监、部门领导，一起敲定本次迭代要完成的任务。一旦任务敲定下来，本次迭代就会严格按照这个去落实执行。TimeBox 反映了敏捷开发的节奏，即在固定时间内实现不固定特性的周期，抛开需求定义阶段，从设计—实现—测试到部署，在腾讯一般一至两周时间内完成。

（5）产品演示

提交测试前由开发人员演示实现的功能，产品经理到场 Review 是否符合当初的设想，避免接近发布时才反溃意见。

（6） 迭代总结

在每一个产品发布的时候都会有程序化的总结。具体的做法是，把做得好的、不好的总结出来，做得好的在下一次迭代发扬光大，做得不好的在下一次迭代就要注意改进。这样的总结是要求项目的所有成员都必须参加，包括项目的开发人员、测试人员、QA、项目经理、产品经理等，每个人都要总结他在上一个迭代中碰到了什么问题，通过便笺纸的方式贴出来。项目经理实际上可以看成是 Scrum Master，负责总结这样一些内容：我们下一次迭代继续发扬什么，必须要注意什么，最后就会得出一个 Excel 的文档，包括上一个迭代中出的问题，具体的解决办法等。

（7） 自运转团队

自运转团队，是将需求开发过程详细划分成开发的各个环节，并明确每个环节的负责人，由该负责人来驱动上下游的负责人，而不再由项目经理来连接各个环节，再配合高效的项目协助工具平台，实现开发过程自运转。这时项目经理则由指挥者变成服务者，观察各环节之间产生的瓶颈，并及时采取措施扫除障碍。

2 腾讯是如何进行敏捷开发的？

（1） 用户研究

通过抓取一些用户数据做分析，分析用户在这个产品上整个过程的体验是怎样的，通过后台的数据可以看到整个活动的曲线。互联网是非常强调同用户间的反馈的。腾讯有自己内部的一个用户参与反馈平台，在这个平台上可以收集到所有用户的反馈。产品经理每天都会看到他所负责的产品有哪些反馈，包括内部的、外部的，然后他就可以根据这些反馈对产品进行一些快速的调整，包括开发一些什么样的产品特性。另外，内部同事也可以踊跃地在平台上反馈，因为内部同事本身就是 QQ 用户。

（2） 故事卡片/故事墙/特征列表

StoryCard 是 XP 中推荐的需求定义方法，要求符合 Invest 和 Moscow 原则。故事墙则用于跟踪故事卡片的变化状态，而特征列表是腾讯一直沿用的需求表达形式。在腾讯的 TAPD 工具中已经实现了类似 ThoughtWorks 的 Mingle 的故事卡片管理功能，对于需求跟踪而言，这是不错的方法，使人一目了然。

（3） 结对编程

理论上，结对编程可以提高代码的质量，而且并不会降低开发效率，但腾讯的业务繁忙，资源上不允许两人结对。但是在一些团队里面还是一直在尝试着做结对编程的工作。即一个人负责编写程序，旁边还有一个人同时记录编写过程、编写思路、碰到的问题、自己的想法，等编写完一个阶段的程序以后，他们会交换一下角色位置，就是互相交换着进行编程，这是结对编程的必有的过程。

（4） 测试驱动

自动化测试在腾讯比较盛行，因为有测试部门专门的自动化测试团队在推动，而且链接的是正式生产环境，可以即时反映产品当前的状态。

（5） 持续集成

持续集成可以降低发布前集成阶段的难度与成本，腾讯的自动化构建系统推行得比较早，覆盖了大多数产品，而且正在朝自动化构建—自动化测试—自动化发布三者协同的目标迈进。Dailybuild 每日构建系统，让产品经理、测试人员可以尽早进行体验和测试。作为一个自动化系统，利用静态代码检查、单元测试报告等手段为团队提供报告，促进编码质量不断提高，降低缺陷解决成本、缩短问题解决时间。

（6）灰度发布

灰度发布是腾讯的又一创新，它将产品试用扩大到海量用户一端，在小范围里及时吸取用户反馈，分析用户行为和喜好，持续修正自己产品的功能体验。在互联网行业，灰度发布已经成为最重要的发布控制手段。有时我们希望通过向小部分用户提供开发的新功能，让他们先来体验新功能、新特性。通过用户反馈数据运营的手段及早获得反馈，及时改进。以此方式，既可以降低发布风险，也可以提升发布频率，加快发布节奏。

（7）发布汽车

过于频繁的发布会打破团队节奏，有效的发布管理是必不可少的。根据业务特点，通常会采用三种发布模式，腾讯内部称之为"发布汽车"。

班车模式： 像班车一样固定周期进行，比如每两周发布一次，这周比较适合特性规划比较好的产品，比如 QQ 客户端基本每个月都会发布一个版本。**的士模式：** 与 QQ 客户端不同，QQServer 作为一个平台，它的需求来源非常多，因此它采用多线并行的方式，根据需求来源分成十多个子项目，每个子项目如果想要发布就像"打的"一样随叫随发布。它的好处是快，但是协调发布的成本比较高，比坐"班车"花钱要多。**警车模式：** 顾名思义可以不按正常法规来开车，因此对于一些特别紧急的需求或运营事件，必须采用警车这种模式，进行紧急发布，但这样做成本更高，会搞乱秩序，打破开发节奏。

（8）重构

好的代码不是设计出来的，而是重构出来的。重构（Refactoring）就是在不改变软件现有功能的基础上，通过调整程序代码改善软件的质量、性能，使其程序的设计模式和架构更趋合理，提高软件的扩展性和维护性。也许有人会问，为什么不在项目开始时多花些时间把设计做好，而要以后花时间来重构呢？要知道，一个完美得可以预见未来任何变化的设计，或一个灵活得可以容纳任何扩展的设计是不存在的。系统设计人员对即将着手的项目往往只能从大方向予以把控，而无法知道每个细枝末节。其次永远不变的就是变化，提出需求的用户往往要在软件成形后才开始"品头论足"，系统设计人员毕竟不是先知先觉的神仙，功能的变化导致设计的调整再所难免。所以"测试为先，持续重构"是良好的开发习惯，并被越来越多的人所采纳。测试和重构像黄河的护堤，成为保证软件质量的法宝。

知识链接 软件工程基础

1 软件危机

1968 年 NATO 会议（Garmisch，Germany）提出的"软件危机"，在今天仍然存在。软件危机是指在计算机软件的开发和维护过程中所遇到的一系列严重问题。这些问题绝不仅仅是"不能正常运行的"软件才具有的，实际上几乎所有软件都不同程度地存在这些问题。

1.1　软件危机的表现

软件危机主要有下述一些表现：

（1）软件开发成本和进度的估计不准确。实际成本比估计成本有可能高出一个数量级，实际进度比预期进度拖延几个月甚至几年的现象并不罕见。

（2）用户对"已完成的"软件系统不满意，这些不满意可能是功能或者性能上不能满足用户需求，也可能是操作上不太方便，还有可能界面不美观等。

（3）软件产品的质量往往靠不住。

（4）软件常常是不可维护的。很多程序中的错误是非常难改正的，因为实际上不可能使这些程序适应新的硬件环境，也不能根据用户的需要在原有程序中增加一些新的功能。

（5）软件通常没有适当的文档资料。软件不仅仅是程序，还应该有一整套文档资料。这些文档资料应该是在软件开发过程中产生出来的，而且是与该软件系统相匹配的。

（6）软件开发生产率提高的速度远远跟不上计算机应用迅速地普及深入的趋势。软件产品"供不应求"的现象使人类不能充分利用现代计算机硬件提供的巨大潜力。

1.2　软件危机产生的原因

在软件开发和维护的过程中存在很多严重问题，一方面与软件本身的特点有关，另一方面也和软件开发与维护的方法不正确有关。

（1）软件不同于硬件，软件缺乏可见性，在写出程序代码并在计算机上试运行之前，软件开发过程的进展情况较难衡量，软件开发的质量也较难评价。

（2）软件的一个显著特点是规模庞大，而且程序复杂性将随着程序规模的增加而成指数上升。图形用户界面（GUI）、客户/服务器结构、分布式应用、数据通信、超大型关系式数据库，以及庞大的系统规模使得软件及系统的复杂性呈指数增长。

（3）用户需求不明确。对用户要求没有完整准确的认识就匆忙着手编写程序，是许多软件开发工程失败的主要原因之一。编写程序只是软件开发过程中的一个阶段，而且在典型的软件开发工程中，编写程序所需的工作量只占软件开发全部工作量的10%~20%。

（4）目前相当多的软件专业人员对软件开发和维护还有不少糊涂观念，使其在实践过程中或多或少地采用了错误的方法和技术，这可能是使软件问题发展成软件危机的主要原因。

（5）缺乏文档等配置信息。一个软件产品必须由一个完整的配置组成，里面主要包括程序、文档和数据等部分。软件专业人员应该清除只重视程序而忽视软件配置其余成分的糊涂观念。

（6）轻视维护。许多软件产品的使用寿命可以长达10年甚至20年，在这样漫长的时期中不仅必须改正使用过程中发现的每一个潜伏的错误，而且当环境变化时（例如硬件或系统软件更新换代）还必须相应地修改软件以适应新的环境，特别是必须经常改进或扩充原来的软件以满足用户不断变化的需要。统计数据表明，实际上用于软件维护的费用占软件总费用的55%~70%。软件工程学的一个重要目标就是，提高软件的可维护性，减少软件维护的代价。

1.3 软件危机经典事例

事例一：千年虫

"千年虫"问题的根源始于 20 世纪 60 年代。当时计算机存储器的成本很高，如果用四位数字表示年份，就要多占用存储器空间，这就会使成本增加。因此，为了节省存储空间，计算机系统的编程人员采用两位数字表示年份。随着计算机技术的迅猛发展，虽然后来存储器的价格降低了，但在计算机系统中使用两位数字来表示年份的做法却由于思维上的惯性势力而被沿袭下来。年复一年，直到新世纪即将来临之际，大家才突然意识到用两位数字表示年份将无法正确辨识公元 2000 年及其以后的年份，当系统进行（或涉及到）跨世纪的日期处理运算时（如多个日期之间的计算或比较等），就会出现错误的结果，进而引发各种各样的系统功能紊乱甚至崩溃。1997 年，信息界开始拉起了"千年虫"警钟，并很快引起了全球关注。

事例二：爱国者导弹防御系统

1990 年 2 月 25 日，海湾战争期间，美军在沙特阿拉伯的城市宰赫兰部署的爱国者导弹防御系统因浮点数舍入错误而失效，该系统的计算机精度仅有 24 位，存在 0.0001% 的计时误差，所以有效时间阈值是 20 个小时。当系统运行 100 个小时以后，已经积累了 0.3422 秒的误差。这个错误导致导弹系统不断地自我循环，而不能正确地瞄准目标。结果未能拦截一枚伊拉克飞毛腿导弹，致使飞毛腿导弹在美国军营中爆炸，造成 28 名美国陆军士兵死亡。

事例三：奥运会门票订票系统

2011 年，伦敦 4 月 26 日消息，2012 年伦敦奥运会 660 万张门票的网上预订在最后时刻重蹈了北京奥运会覆辙，网站订票系统抵挡不住巨大的访问量需求而崩溃，最后不得不临时紧急延长了一个小时来解决这一尴尬问题。

按计划，这批为期六周、面向公众销售的 660 万张奥运门票原定于当地时间 26 日晚 22:59 截止。然而随着截止日期的临近，网上订单日益增加，在最后一周的下单数更是达到了此前五周订单总和的三到四倍，而在截止时间前的一小时则飙升到超过预期的峰值，被奥组委官员形容为需求"冲破了屋顶！"这一情形在 2008 年北京奥运会第二阶段门票预售中也出现过。由于北京奥运实行"先到先得、售完为止"的售票方案，公众纷纷抢在第一时间订票，致使票务官网压力激增，承受了超过自身设计容量 8 倍的流量，导致系统瘫痪，并导致奥运门票暂停销售 5 天。

事例四：IOS8

2014 年 9 月 18 号，"果粉们"终于等来了 iOS8 正式版的推送。在 iOS8 正式上线仅一周之后，苹果公司出人意料地发布了 iOS8 的升级补丁。更出人意料的是，在一个小时后，苹果公司又紧急撤回了这个补丁，因为用户发现，升级这个补丁之后可能导致无法拨打电话。

想想看，还知道哪些软件危机的事例？

1.4 解决软件危机的办法

在软件危机相当严重的背景下，软件工程产生了。在引入工程化的思想后，人们总结了出现软件危机的原因并提出了相应的解决对策。主要内容是：

（1）充分吸收和借鉴人类长期以来从事各种工程项目中积累的行之有效的有效原理、

概念、技术与方法，特别是吸取几十年来人类从事计算机硬件研究和开发的经验教训。在开发软件的过程中努力做到良好的组织，严格的管理，相互友好的协作。

（2）推广在实践中总结出来的开发软件的成功技术和方法，并研究更好、更有效的技术和方法，尽快克服在计算机系统早期发展阶段形成的一些错误概念和做法。

（3）根据不同的应用领域，开发更好的软件工具并使用这些工具。将软件开发各个阶段使用的软件工具集合成一个整体，形成一个很好的软件开发环境。

总之，为了解决软件危机，既要有对过去经验的归纳总结，有技术措施（方法和工具），又要有必要的组织管理措施。

2 软件工程

2.1 软件工程的概念

软件工程一直以来都缺乏一个统一的定义，很多学者、组织机构都分别给出了自己的定义：

（1）美国工程院院士、软件工程专家 Barry Boehm：运用现代科学技术知识来设计并构造计算机程序及为开发、运行和维护这些程序所必需的相关文件资料。

（2）IEEE 在《软件工程术语汇编中》的定义：软件工程是：①将系统化的、严格约束的、可量化的方法应用于软件的开发、运行和维护，即将工程化应用于软件；②对①中所述方法的研究。

（3）德国计算机科学家 FritzBauer 在 NATO 会议上给出的定义：建立并使用完善的工程化原则，以较经济的手段获得能在实际机器上有效运行的可靠软件的一系列方法。

（4）《计算机科学技术百科全书》中的定义：软件工程是应用计算机科学、数学及管理科学等原理，开发软件的工程。软件工程借鉴传统工程的原则、方法，以提高质量、降低成本。其中，计算机科学、数学用于构建模型与算法。工程科学用于制定规范、设计范型（paradigm）、评估成本及确定权衡。管理科学用于计划、资源、质量、成本等管理。

目前比较认可的一种定义认为：软件工程是研究和应用如何以系统性的、规范化的、可定量的工程化方法去开发和维护软件，以及如何把经过时间考验而证明正确的管理技术和当前能够得到的最好的技术方法结合起来。

2.2 软件工程的要素

软件工程包括三个要素：方法、工具和过程，如图1-1所示。

软件工程方法为软件开发提供了"如何做"的技术。它包括了多方面的任务，如项目计划与估算、软件系统需求分析、数据结构、系统总体结构的设计、算法过程的设计、编码、测试及维护等。目前常见的软件开发方法是结构化方法和面向对象方法。

软件工具为软件工程方法提供了自动的或半自动的软件支撑环境。目前，已经推出了许多软件工具，这些软件工具集成起来，建立起称之为计算机辅助软件工程（CASE）的软件开发支撑系统。CASE 将各种软件工具、开发机器和一个存放开发过程信息的工程数据库组合起来形成一个软件工程环境。

图 1-1　软件工程层次图

软件工程的过程则是，将软件工程的方法和工具综合起来，以达到合理、及时地进行计算机软件开发的目的。过程定义了方法使用的顺序、要求交付的文档资料、为保证质量和协调变化所需要的管理、及软件开发各个阶段完成的里程碑。

软件工程是一种层次化的技术，以有组织的质量保证为基础。全面的质量管理和类似的理念刺激了不断的过程改进，正是这种改进导致了更加成熟的软件工程方法的不断出现。支持软件工程的根基就在于对质量的关注。

2.3　软件工程的基本原理

著名的美国软件工程专家 Boehm 综合了学者们的意见，并总结了 TRW 公司多年开发软件的经验，于 1983 年在一篇论文中提出了软件工程的七条基本原理。他认为这七条原理是确保软件产品质量和开发效率的原理的最小集合。这七条原理是互相独立的，其中任意六条原理的组合都不能代替另一条原理。然而这七条原理又是相当完备的，人们虽然不能用数学方法严格证明它们是一个完备的集合，但是可以证明在此之前已经提出的 100 多条软件工程原理都可以由这七条原理的任意组合蕴含或派生。

下面简要介绍软件工程的七条基本原理：

（1）　用分阶段的生命周期计划严格管理

这一条是吸取前人的教训而提出来的。统计表明，50%以上的失败项目是由于计划不周而造成的。在软件开发与维护的漫长生命周期中，需要完成许多性质各异的工作。这条原理意味着应该把软件生命周期分成若干阶段，并相应制定出切实可行的计划，然后严格按照计划对软件的开发和维护进行管理。Boehm 认为，在整个软件生命周期中应指定并严格执行 6 类计划：项目概要计划、里程碑计划、项目控制计划、产品控制计划、验证计划、运行维护计划。

（2）　坚持进行阶段评审

统计结果显示：大部分错误是在编码之前造成的，大约占 63%。错误发现得越晚，改正它所付出的代价就越大，要差 2 到 3 个数量级。因此，软件的质量保证工作不能等到编码结束之后再进行，应坚持进行严格的阶段评审，以便尽早发现错误。

（3）　实行严格的产品控制

开发人员最痛恨的事情之一就是改动需求。但是实践告诉我们，需求的改动往往是不可避免的。这就要求我们要采用科学的产品控制技术来顺应这种要求。也就是要采用变动控制，又叫基准配置管理。当需求变动时，其他各个阶段的文档或代码随之相应变动，以保证软件的一致性。

（4）采纳现代程序设计技术

从 20 世纪六七十年代的结构化软件开发技术，到目前的面向对象技术，从第一、第二代语言，到第四代语言，人们已经充分认识到：方法大似气力。采用先进的技术既可以提高软件开发的效率，又可以减少软件维护的成本。

（5）结果应能清楚地审查

软件是一种看不见、摸不着的逻辑产品。软件开发小组的工作进展情况可见性差，难于评价和管理。为更好地进行管理，应根据软件开发的总目标及完成期限，尽量明确地规定开发小组的责任和产品标准，从而使所得到的标准能清楚地审查。

（6）开发小组的人员应少而精

开发人员的素质和数量是影响软件质量和开发效率的重要因素，应该少而精。这一条基于两点原因：高素质开发人员的效率比低素质开发人员的效率要高几倍到几十倍，开发工作中犯的错误也要少得多。当开发小组为 N 人时，可能的通信信道为 $N(N-1)/2$。可见随着人数 N 的增大，通信开销将急剧增大。

（7）承认不断改进软件工程实践的必要性

遵从上述七条基本原理，就能够较好地实现软件的工程化生产。但是，它们只是对现有的经验的总结和归纳，并不能保证赶上技术不断前进发展的步伐。因此，Boehm 提出应把承认不断改进软件工程实践的必要性作为软件工程的第七条原理。根据这条原理，不仅要积极采纳新的软件开发技术，还要注意不断总结经验，收集进度和消耗等数据，进行出错类型和问题报告统计。这些数据既可以用来评估新的软件技术的效果，也可以用来指明必须着重注意的问题和应该优先进行研究的工具和技术。

2.4 软件工程的目标

软件工程的目标是：在给定成本、进度的前提下，开发出具有可修改性、有效性、可靠性、可理解性、可维护性、可重用性、可适应性、可移植性、可追踪性和可互操作性（简称"十性原则"），并且满足用户需求的软件产品。

追求这些目标促进软件工程提高软件质量、降低软件成本、满足用户要求，主要体现在以下方面。

（1）付出较低的开发成本

软件开发成本主要指软件开发过程中所花费的工作量及相应的代价。不同于传统的工业产品成本，软件的成本不包括原材料和能源的消耗，主要是人力的消耗——人员工资。另外，软件也没有一个明显的制造过程。它的开发成本不是以一次性开发过程所花费的代价来计算的，而是整个软件开发过程所花费的各种费用。降低软件开发成本一直是软件工程的目标。

（2）达到要求的软件功能

软件功能，即软件能够"做什么"，它是软件的价值体现。由于软件开发人员和用户知识领域的差异，往往造成双方对功能理解不一致，导致软件功能不能完全符合用户要求。一个成功的软件应能够完全满足用户需要。

（3） 取得较好的软件性能

软件的性能是软件的一种非功能特性，它关注的不是软件是否能够完成特定的功能，而是在完成该功能时展示出来的及时性。由于感受软件性能的主体是人，不同的人对于同样的软件性能有不同的主观感受，而且不同的人对于软件性能关心的视角也不同。软件性能的好坏通常从响应时间、吞吐量、并发用户量、资源利用率等方面进行衡量，取得较好的软件性能是软件工程的重要目标。

（4） 开发的软件易于移植

软件移植是将软件从一种计算机上转置到其他计算机上。软件移植是实现功能的等价联系，而不是等同联系。从一种计算机向另一种计算机移植软件时，首先要考虑所移植的软件对宿主机硬件及操作系统的接口，然后设法用对目标机的接口代换之。因此，开发容易改造接口的软件，是软件工程的目标。

（5） 需要较低的维护费用

软件维护主要是指根据需求变化或硬件环境的变化对应用程序进行部分或全部的修改。软件维护是软件生命周期中最长的一个阶段，有很多软件由于前期管理或技术失误导致后期维护费用激增，收益在维护中耗尽。因此，维护费用的高低是一个软件是否优秀的衡量标准。

（6） 能按时完成开发工作，及时交付使用

软件是一种信息产品，具有可延展性，属于柔性生产，进度通常难以把握，拖延工期几个月甚至几年的现象并不罕见，这种现象降低了软件开发组织的信誉。因此，能按时完成开发工作，及时交付使用是软件工程的目标。

小结

软件是计算机程序及其有关的数据和文档的结合。软件危机是指在计算机软件开发和维护时所遇到的一系列问题。软件危机主要问题：一是如何开发软件以满足对软件日益增长的需求；二是如何维护数量不断增长的已有软件。

软件工程采用工程的概念、原理、技术和方法来开发与维护软件。软件工程的目标是实现软件的优质高产。其主要内容是软件开发技术和软件工程管理。软件工程是研究和应用如何以系统性的、规范化的、可定量的过程化方法去开发和维护软件，在软件开发中如何把经过时间考验而证明正确的管理技术和当前能够得到的最好的技术方法结合起来。

软件开发方法学是编制软件的系统方法。它确定软件开发的各个阶段，规定每一阶段的活动、产品、验收的步骤和完成准则。常用的软件开发方法有结构化方法、面向数据结构方法和面向对象方法等。

通过正反两个案例来认识什么是软件危机、软件危机的表现。通过软件危机的经典故事来思考其产生的原因及解决方法。

习题

一、选择题

1. 下面不属于软件工程的 3 个要素是（　　　）。

A. 工具   B. 过程
C. 方法   D. 环境

2. 软件工程方法的产生源于软件危机，下列（   ）是产生软件危机的内在原因。
   Ⅰ 软件的复杂性
   Ⅱ 软件维护困难
   Ⅲ 软件成本太高
   Ⅳ 软件质量难保证

   A. Ⅰ   B. Ⅲ
   C. Ⅰ和Ⅳ   D. Ⅲ和Ⅳ

3. 软件工程的出现主要是由于（   ）。
   A. 程序设计方法学的影响   B. 其他工程科学的影响
   C. 软件危机的出现   D. 计算机的发展

4. 软件工程学一般包含软件开发技术和软件工程管理两方面的内容，下述（   ）是属于软件开发技术的内容。
   Ⅰ. 软件开发方法学
   Ⅱ. 软件工程过程
   Ⅲ. 软件工程经济学

   A. Ⅰ   B. Ⅲ   C. Ⅱ和Ⅲ   D. Ⅰ和Ⅱ

5. 软件工程学一般应包括：软件开发技术和软件工程管理两部分内容，下述（   ）是软件工程管理的内容。
   Ⅰ. 人员组织
   Ⅱ. 进度安排
   Ⅲ. 质量保证
   Ⅳ. 成本核算

   A. Ⅰ和Ⅱ   B. Ⅱ和Ⅲ
   C. Ⅲ和Ⅳ   D. 都是

6. 软件工程学中除重视软件开发的研究外，另一重要组成内容是软件的（   ）。
   A. 工程管理   B. 成本核算
   C. 人员培训   D. 工具开发

7. 软件工程的目的是（   ）。
   A. 建造大型的软件系统   B. 软件开发的理论研究
   C. 软件的质量的保证   D. 研究软件开发的原理

二、思考题

1. 火星业务支撑软件失败的因素。
2. 腾讯成功的原因。
3. 软件工程是什么？
4. 怎样按时完成高质量的软件？

实训项目　软件工程的发展

1　实训目标

（1）　了解软件的发展历程。

（2）　了解软件工程的发展。

2　实训要求

（1）　通过网络了解软件的发展历程，了解软件发展各阶段的特点。

（2）　通过网络了解软件工程的发展历程。

（3）　了解软件工程在软件开发中的作用。

3　相关知识点

（1）　软件的特点。

（2）　软件工程的主要内容。

模块 2　结构化方法

学习目标

通过本模块的学习，具备采用结构化方法进行软件分析和设计的能力，具备可行性分析文档、需求规格说明书、软件设计说明书等文档的编写能力和阅读能力。能够掌握可行性分析的主要内容、判断一个软件是否值得开发；能够从需求获取、分析建模、需求文档、需求评审等角度完成软件需求分析；能够掌握软件设计的主要内容，能够从体系结构、软件结构、模块划分等方面进行软件设计。

学习内容

本章主要介绍采用结构化方法进行软件分析的内容和流程。主要内容包括：

1. 软件可行性分析涉及的内容：软件开发背景、问题定义、经济可行性、技术可行性、法律可行性、用户使用可行性及可行性分析结论。

2. 软件需求分析内容：业务需求、用户需求、功能需求的获取；功能模型、数据模型、行为模型的建立。

3. 软件设计内容：体系结构、软件结构、模块等设计。

重点与难点

1. 用户需求、功能需求获取。
2. 功能模型、数据模型、行为模型的建立。
3. 模块设计。
4. 软件结构设计。

案例一　实验教学管理系统分析

【任务描述】

信息工程学院的实验教学管理文档一直采用纸质文件，每个学期都要产生大量纸质文档，这些文档保存不便、填写麻烦、数据统计分析困难，难以管理。采用结构化方法开发实验教学管理系统，需要确定系统是否值得开发、调查用户的需求，主要包括如下内容：

- 系统可行性分析
- 选择软件过程模型
- 分析系统需求

【任务分析】

结构化分析一般包括可行性分析、选择模型、需求分析。可行性分析通过对系统进行问题定义及经济可行性、技术可行性、法律可行性、用户使用可行性等方法的分析，确定系统是否值得开发。在需求分析阶段需要同用户进行深入沟通，准确把握用户需求，可以通过 Visio 工具建立功能模型、数据模型和行为模型。

【实施方案】

任务 1　实验教学管理系统可行性分析

1.1　调研软件开发背景

（1）调研用户工作现状，分析软件开发背景。说明项目在什么条件下提出，提出者的要求、目标、实现环境和限制条件。

信息工程学院实验教学管理一直采用人工管理方式，实验过程中产生的大量数据都采用纸质文档记录，包括实验报告、实验室使用记录、实验仪器使用记录、实验室课表等。随着学生人数增多和办学历史延伸采用纸质文档的弊端越来越明显，学校需要印制、保存大量纸质文档，学生填写麻烦、容易出错，数据统计困难、不准确等，不利于管理和决策。我们需要一个管理信息系统使纸质文档电子化、帮助管理实验过程中的数据，实现管理规范化。

（2）确定供需双方。

软件用户方：信息工程学院。

软件开发方：软件孵化中心。

1.2　问题定义

调研软件细节，明确问题定义。在初步调研的基础上，逐步确定将要研发软件的具体问题。开发人员对用户提出的开发问题还需要从专业技术方面进行更深层次的细致调研、分析和定义，主要包括：软件名称、软件提出的背景、软件目标、软件类型、软件服务范围、基本需求、软件环境、主要技术、基本条件等。

（1）软件名称：实验教学管理系统。

（2）软件背景：每个学期都会产生大量实验教学文档，纸质文档保存不便、统计分析困难、浪费资源，迫切需要对这些纸质文档电子化，实现管理规范、节约资源。

（3）软件目标：能够实现实验报告、实验室使用记录、实验仪器使用记录等文档电子化，能够统计人时数、实验开出率、各类实验的比率、一学期的实验总数等数据进行统计分析。

（4）软件类型：专用软件。

（5）软件服务范围：软件先在信息工程学院实验教学中使用，随后可以扩展到其他院系。

（6）基本需求：能够对学期、教师、学生、实验室、实验课表、实验报告、实验室和仪器使用记录等进行管理，对实验室使用、实验开出率、实验报告成绩、实验人时数等数据进行统计分析。能够适合多数人同时使用，反应速度快，界面简洁，易于操作，每天能够持续工作 24 小时。

（7）软件环境：软件服务器端可以在 Windows、Linux、UNIX 等平台下运行，Web服务器 Tomcat 6.0，数据库：MySQL，客户端采用 Chrome 或 360 浏览器。

（8）主要技术：软件开发采用结构化方法。具体为：可以采取访谈和实地调研获得分析，建模采用 Visio 工具辅助建立功能模型、数据模型和动态模型；设计采用成熟的 B/S体系结构和 SSH 框架；编程阶段采用 SVN 进行统一管理，测试采用 WinRunner 和LoadRunner 进行功能和性能测试。

（9）基础条件：软件由信息工程学院软件孵化中心开发，开发人员经验丰富；用户方是计算机教师和学生，熟悉软件开发流程方便沟通。

1.3　经济可行性分析

从投资和预期经济效益上进行分析经济上是否可行。包括基本建设投资（如开发环境、设备、软件和资料等），其他一次性和非一次性投资（如技术管理费、培训费、管理费、人员工资、奖金和差旅费等）。

（1）软件孵化中心成立 3 年，主要人员是软件工程专业的老师和学生，拥有专业实验室，配备专门服务器和计算机，软硬件资源齐全。实验教学管理系统的开发得到全院师生的支持，调研方便，实验教学资料齐全。开发经费全部由学院支付，软件开发人员也是软件用户的一部分，可以节省培训费、差旅费等。

（2）软件投入使用后每年节约纸张费用 3 万元、节约管理费用 3 万元，此外还能节约师生填写时间和管理者统计分析数据时间，提高管理效率。

（3）实验教学在很多学校都是管理上的难题，如果该系统投入使用效果好，可以推广到全校、甚至其他院校使用，将获得更大收益，节约更多资源。

（4）软件市场前景好，预期收益大，在经济上可行。

1.4　技术可行性分析

分析现有资源能否满足软件开发。现有资源（如人员、环境、设备和技术条件等）能否满足此工程和项目实施要求，若不满足，应考虑补救措施（如需要分承包方参与、增加人员、投资和设备等），最后确定此工程和项目是否具备技术可行性。

（1）信息工程学院软件孵化中心现有人员 15 名，其中教师 6 名，学生 9 名。中心成立 3 年来完成各类项目 5 项，教师经验较丰富，学生学习能力强，有时间和精力完成项目。

（2）软件将采用 MyEclipse、Tomcat、MySQL 等软件进行开发，这些软件稳定，应用范围广。主要应用 JSP、HTML、JavaScript、JavaBean、Servlet、SSH 等技术，这些技术已经成熟，很好地适应了交互站点设计和基于 Web 的数据库访问的要求，也能够实现功能扩充。

（3） 软件开发需要的硬件环境已经具备，软件环境已经搭建，网络环境已经配置。

（4） 现有资源可以满足软件实施要求，具备技术可行性。

1.5 法律可行性分析

分析软件开发是否违反法律。

政府，无论是中央政府还是地方政府，一般都用法律规定组织可以做什么，不可以做什么。例如：《合同法》《消费者权益保护法》《专利法》《反不正当竞争法》等对所有企业的行为都做了限制。法规的影响不仅仅限于时间和金钱，它还缩小了管理者可斟酌决定的范围，限制了可行方案的选择。根据《中华人民共和国计算机软件保护条例》（1991 年 6 月 4 日中华人民共和国国务院令第 84 号发布）可知实验教学管理系统的开发不存在侵权、违法和责任，在法律上可行。

1.6 用户使用可行性分析

用户单位的行政管理和工作制度；使用人员的素质和培训要求。

从实验教学管理系统的使用人员来看，可大致分为四类：

（1） 学生：信息工程学院的所有学生和全校其他院系的大一学生；

（2） 教职工：信息工程学院的有实验教学任务的老师；

（3） 实验管理人员：实验室的管理人员和实验室主任；

（4） 院系领导：信息工程学院的领导和其他部分分管实验教学的领导。

用户的素质较高，大部分受过或正在接受本科教育，可以在软件使用前进行培训。软件系统友好的界面及简便的操作方法，能满足用户使用该系统的要求。

1.7 结论

鉴于以上分析，实验教学管理系统投资少，具有较高的经济效益和社会效益。该项目在经济、技术、法律和用户使用上都是可行的，可以立即立项开发。

1.8 可行性分析报告模板

1 引言

本章分为以下几条。

1.1 标识

本条应包含本文档适用的系统和软件的完整标识，（若适用）包括标识号、标题、缩略词语、版本号和发行号。

1.2 背景

说明项目在什么条件下提出，提出者的要求、目标、实现环境和限制条件。

1.3 项目概述

本条应简述本文档适用的项目和软件的用途，它应描述项目和软件的一般特性；概述项目开发、运行和维护的历史；标识项目的投资方、需方、用户、开发方和支持机构；标识当前和计划的运行现场；列出其他有关的文档。

1.4 文档概述

本条应概述本文档的用途和内容，并描述与其使用有关的保密性和私密性的要求。

2 引用文件

本章应列出本文档引用的所有文档的编号、标题、修订版本和日期。本章也应标识不能通过正常的供货渠道获得的所有文档的来源。

3 可行性分析的前提

3.1 项目的要求

3.2 项目的目标

3.3 项目的环境、条件、假定和限制

3.4 进行可行性分析的方法

4 可选的方案

4.1 原有方案的优缺点、局限性及存在的问题

4.2 可重用的系统，与要求之间的差距

4.3 可选择的系统方案 1

4.4 可选择的系统方案 2

4.5 选择最终方案的准则

5 所建议的系统

5.1 对所建议的系统的说明

5.2 数据流程和处理流程

5.3 与原系统的比较（若有原系统）

5.4 影响（或要求）

5.4.1 设备

5.4.2 软件

5.4.3 运行

5.4.4 开发

5.4.5 环境

5.4.6 经费

5.5 局限性

6 经济可行性（成本—效益分析）

6.1 投资

包括基本建设投资（如开发环境、设备、软件和资料等），其他一次性和非一次性投资（如技术管理费、培训费、管理费、人员工资、奖金和差旅费等）。

6.2 预期的经济效益

6.2.1 一次性收益

6.2.2 非一次性收益

6.2.3 不可定量的收益

6.2.4 收益/投资比

6.2.5 投资回收周期

6.3 市场预测

7 技术可行性（技术风险评价）

　　本公司现有资源（如人员、环境、设备和技术条件等）能否满足此工程和项目实施要求，若不满足，应考虑补救措施（如需要分承包方参与、增加人员、投资和设备等），涉及经济问题应进行投资、成本和效益可行性分析，最后确定此工程和项目是否具备技术可行性。

　　8 法律可行性

　　系统开发可能导致的侵权、违法和责任。

　　9 用户使用可行性

　　用户单位的行政管理和工作制度；使用人员的素质和培训要求。

　　10 其他与项目有关的问题

　　未来可能的变化。

　　11 注解

　　本章应包含有助于理解本文档的一般信息（例如原理）。本章应包含为理解本文档需要的术语和定义，所有缩略语和它们在文档中的含义的字母序列表。

　　附录

　　附录可用来提供那些为便于文档维护而单独出版的信息（例如图表、分类数据）。为便于处理附录可单独装订成册。附录应按字母顺序（A，B等）编排。

任务 2　选择软件过程模型

　　实验教学管理系统由信息工程学院提出，经过分析符合立项开发的条件，需要根据项目的性质选择软件开发模型。软件开发模型是软件开发全部过程、活动和任务的结构框架，能清晰、直观地表达软件开发全过程，明确规定完成的主要活动和任务，是软件项目工作的基础。

　　实验教学管理系统主要管理基础数据、实验报告、实验项目、实验室使用记录、实验仪器使用记录等，需求明确、规模不大、且不复杂，可以采用瀑布模型。瀑布模型各阶段过程如下：经过可行性分析，若结论可行则进行需求分析；评审合格输出需求分析文档，进入软件设计，在设计中遇到不合适的地方，回溯到需求分析；软件设计完成输出软件设计文档，进入软件实现阶段，若实现中出问题可以回溯到软件设计和软件需求阶段；软件实现完成后输出源文件，进入软件测试；软件测试完成后输出源程序、各阶段文档，进入软件维护阶段，维护阶段可能回溯到其他任何阶段，模型如图 2-1 所示。

　　采取瀑布模型后可以管理软件开发进

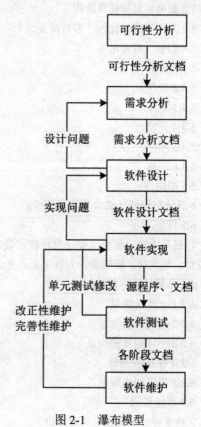

图 2-1　瀑布模型

度、消除软件开发风险、保证软件质量。采用瀑布模型必须完成以下工作：

（1）每一阶段都要完成规定的文档。没有完成文档，就认为没有完成该阶段的任务。

（2）每一阶段都要对完成的文档进行复审，以便尽早发现问题，消除隐患。

任务 3　实验教学管理系统需求分析

3.1　需求获取

3.1.1　获取业务需求

信息工程学院的实验数据如实验报告、实验室使用记录、实验仪器使用记录等都采用纸质记录，造成保存不便，统计检索速度慢、不准确，管理繁琐，数据不完整等。实验教学管理系统能够实现实验数据电子化，方便对实验教学过程中产生的数据进行管理，节约教师学生实验时间、节约人力物力资源，方便教学管理人员对数据进行统计分析，提高实验教学管理效率，促进管理规范化、信息化、正规化。

3.1.2　获取用户需求

系统主要角色分三类：学生、教师、管理员。

管理员所需主要功能包括：学生管理、教师管理、机构管理、课程管理、课表管理、仪器使用记录管理、实验室管理、统计管理、课表管理、管理员管理、注销等功能。

教师所需主要功能包括：个人信息管理、实验室使用记录管理、师生交流、批改报告、实验报告成绩管理、实验项目管理、注销等功能。

学生所需主要功能包括：个人信息管理、仪器使用记录管理、师生交流、实验报告管理、查看实验报告成绩、注销等功能。

3.1.3　确定功能需求

（1）学生管理：管理员输入学生信息保存到学生表，也可以批量导入学生信息；按院系、专业、班级查询全部的学生，并对选定的学生可以进行查看详情、更新、删除等操作；学生可以查看个人信息详情（包括登录账号和密码）；教师可以查询所教班级的学生。

（2）教师管理：管理员输入教师信息保存到教师表，也可以批量导入教师信息；查询所有教师，对选定的教师可以进行查看详情、更新、删除等操作；教师可以查看个人信息详情（包括登录账号和密码）。

（3）机构管理：管理员输入院系、专业、班级信息保存到院系表、专业表、班级表。院系中有专业、专业中有班级、班级中有学生。管理员可以按照级别查询全部的院系、专业和班级，可以查看院系、专业、班级详情。当管理员进入不同级别的机构时，就可以在对应级别的机构创建、修改相应的机构。管理员只能删除再无子机构的机构，然后才能删除父机构，也可以打印当前的数据页面。

（4）课程管理：管理员输入课程信息保存到课程表，可以查询全部的课程，并对选定的课程可以查看详情，进行更新、删除等操作，也可以打印当前的数据页面。

（5）学期管理：管理员添加学期信息保存到学期表，默认新添加的学期为当前学期，也可以查询学期信息列表、对选定的学期信息进行修改。

（6）课表管理：管理员输入上课信息（包括上课时间、地点、课程、教师等）保存到课表，也可以批量导入。还可以按实验室查询上课时间，修改和删除上课信息，也可打印课表。

（7）实验室管理：管理员录入实验室信息保存到实验室表，可以查询实验室使用状态和详细信息，并可进行修改、删除等操作。

（8）仪器使用记录管理：学生在实验时填写仪器使用记录并保存到仪器使用记录表，教师和学生都可以查看详情，对于写错的记录，学生可以删除。教师在上课时间可以查询班级全部记录，还可以导出 excel 表以便于统计。管理员可以按学期和实验室查询某个实验室的学生仪器使用记录。

（9）实验室使用记录管理：教师在实验时填写实验室使用记录，并可以修改和删除当前实验室使用记录。教师可以查询本人以往实验室使用记录，并可以查看详情。管理员可以按学期和实验室查询教师使用记录，并可以查看详情，还可以导出成 excel 表。

（10）实验项目管理：教师添加实验项目信息保存到实验项目表，也可以修改、删除实验项目、查看详情。管理员按学期、院系、专业、课程、类型查询实验项目，可以查看详情，也可以打印。

（11）统计管理：管理员可以按院系、专业统计实验项目数、实验类型统计、实验人时数统计、实验室的使用率、实验开出率等信息。

（12）实验报告管理：学生填写实验报告并保存到实验报告表，在教师批改之前可以查看详情、修改、删除实验报告。教师可以查询自己课程下提交的所有实验报告、查看实验报告详情，可以导出所有实验报告、批改实验报告，查看实验报告成绩、统计学生成绩。学生可以查看教师对本人此次实验的评语和分数。

（13）密码修改：学生和教师可以修改自己的密码并保存到学生表和教师表中。

（14）师生交流：学生可以选择教师进行交流，保存到留言表；教师可以看到学生的留言，回复学生留言。

（15）注销：学生、教师、管理员登录系统后可以进行注销。

3.1.4　分析性能需求

正确性需求：系统能够将添加的部门、学生、教师、实验报告、实验项目等基本信息准确地保存到数据库中。实验相关数据能够正确读取，统计信息要准确。

安全性需求：实验数据应具有高安全性，需要所有用户登录后才能访问数据。用户 10 分钟内不进行任何操作，账号自动退出系统。

并发能力：系统最少用户数量 20 000 人，最大业务并发用户数不低于 1 000 人，系统数据库应能同时对一定数量（200 人）数据信息进行存储。

处理时间：系统部署后，在硬件条件和支持软件条件没有发生变化的情况下，能够一直保持运行状态，直到系统被升级或替代。

响应速度：学生、教师和管理员能在 0.2 秒内登录系统，并正确进入到用户界面，所有人员在查询、修改、添加、删除信息时能够在 0.5 秒内返回执行结果。

数据恢复：系统出现故障时能恢复到最近的正确状态。

3.1.5　分析其他需求

开放性：具有良好的可扩充性和可移植性。系统遵循主流的标准和协议，提供与学校现正在使用平台统一的接口。

界面友好：要求操作界面美观大方，布局合理，色彩搭配和谐。系统针对不同角色的用户可提供不同的界面内容和界面形式。

一致性要求：软件系统应该符合主流软件的标准，快捷键、语言、基本操作流程、交互等设置符合主流软件。

3.2　分析建模

3.2.1　建立功能模型

（1）绘制顶层数据流图

根据功能描述，找出外部实体，把整个系统看成一个加工，找出每个实体与系统之间的输入、输出信息。

实验教学管理系统中的实体有 3 个，分别是教师、学生和管理员。教师与系统的交互主要是实验项目、留言查看与回复、实验室使用记录、实验报告查看与批改、仪器使用记录查看；学生与系统的交互主要是实验报告提交及批改查看、留言及查看回复、仪器使用记录提交与查看；管理员与系统的交互主要是基础数据的录入与管理、统计信息、查询信息等。顶层数据流图如图 2-2 所示。

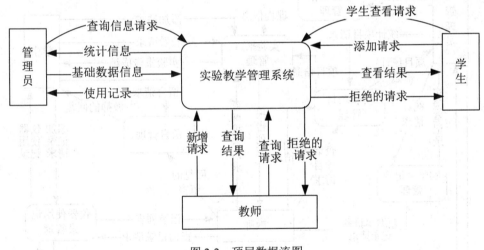

图 2-2　顶层数据流图

顶层图中数据流说明如下。

统计信息：对实验项目类型及其比率、实验开出率、实验室使用情况、实验人时数、学期实验数等数据的统计分析，来自系统，流向管理员。

基础数据信息：包括学期、院系、专业、班级、实验室、课程、学生、教师、管理员等基本信息，来自系统，流向管理员。

查询信息请求：查询学期、院系、专业、班级、实验室、课程、学生、教师、管理员、仪器使用记录、实验室使用记录、实验报告、实验项目等信息，来自系统，流向管理员。

使用记录：获得实验室使用记录和仪器使用记录，来自系统，流向管理员。

添加请求：请求添加仪器使用记录、留言和实验报告，来自学生，流向系统。

学生查看请求：学生可以请求查看的内容包括仪器使用记录、留言、实验报告、实验报告成绩、个人信息等，来自系统，流向学生。

查看结果：系统显示学生请求查看的信息。

拒绝的请求：不允许学生进行的操作系统给出的拒绝信息。

新增请求：增加实验室实验记录、实验项目、回复留言的请求，来自教师，流向系统。

教师查询请求：查询学生、实验室记录、仪器使用记录、个人信息等信息的请求，来自教师，流向系统。

查询结果：教师查询的学生仪器使用记录、实验项目、实验报告、实验室使用记录等信息的显示。来自系统，流向教师。

拒绝的请求：非上课时间查询学生仪器使用记录被拒绝，来自系统，流向教师。

（2）绘制0层数据流图

0层数据流图是细化了的顶层数据流图。根据实验教学管理系统功能，细化顶层加工绘制0层数据流图。实验教学管理系统可以细化为6个子加工：基础数据管理（包括学期、院系、专业、班级、实验室、学生、教师、课程等）、实验室记录管理、实验项目管理、实验报告管理、仪器使用记录管理、留言管理，如图2-3所示。

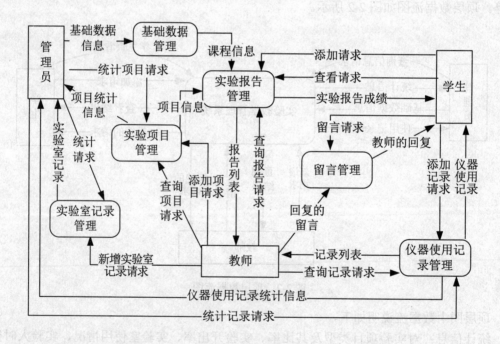

图2-3 0层数据流图

0层图的加工和数据流说明如下。

1）加工说明

基础数据管理：管理员对学期、院系、专业、班级、实验室、课程、上课安排、学生、教师、管理员等信息进行管理，可以进行新增、修改、查询、删除等操作。

实验室记录管理：教师添加实验室使用记录，可以对其进行修改、查询、删除操作。

管理员可以查询、统计。

实验项目管理：教师添加实验项目，可以对其进行修改、查询、删除操作。管理员可以查询、统计。

实验报告管理：学生添加实验报告并可以查看，在教师批改之前可进行修改、删除。教师可以查看、批改、导出实验报告，管理员也可以查看。

仪器使用记录管理：学生添加仪器使用记录，可以删除、查询。教师和管理员可以查询、导出。

留言管理：学生可以对指定教师留言，并查看留言和教师的回复。教师可以查看学生给自己的留言并回复。

2）　数据流说明

基础数据信息：基础数据包括学期、院系、专业、班级、实验室、课程、上课安排、学生、教师、管理员等信息，来自管理员，流向系统。

统计项目请求：统计实验项目的请求，来自管理员，流向系统。

项目统计信息：根据实验类型、课程、学期等条件进行实验项目统计的信息，来自系统，流向管理员。

统计请求：统计实验室使用记录的请求，来自管理员，流向系统。

实验室记录：根据管理员的统计条件返回统计信息，来自系统，流向管理员。

统计记录请求：请求统计实验仪器使用记录，来自管理员，流向系统。

仪器记录统计信息：根据管理员的统计条件，返回统计结果，来自系统，流向管理员。

添加请求：学生添加实验报告的请求，来自学生，流向系统。

查看请求：学生查看本人的实验报告和实验报告成绩的请求，来自学生、流向系统。

实验报告成绩：学生本人的实验报告成绩，来自系统，流向学生。

留言请求：学生留言的请求，来自学生，流向系统。

教师的回复：教师对留言的回复信息，来自系统，流向学生。

添加记录请求：学生添加仪器使用记录的请求，来自学生，流向系统。

仪器使用记录：学生查询本人的仪器使用记录信息，来自系统，流向学生。

添加项目请求：教师添加实验项目的请求，来自教师，流向系统。

查询项目请求：教师查询实验项目的请求，来自教师，流向系统。

报告列表：根据教师的查询条件，返回学生的实验报告列表信息，来自系统，流向教师。

查询报告请求：教师请求查看所教课程的实验报告，来自教师，流向系统。

回复的留言：教师回复学生留言信息，来自教师，流向系统。

查询记录请求：教师请求查询当前上课班级的实验仪器使用记录，来自教师，流向系统。

记录列表：根据教师的查询条件，返回当前上课班级的学生仪器使用记录，来自系统，流向教师。

新增实验室记录请求：教师新增实验室仪器使用记录，来自教师，流向系统。

项目信息：实验项目的名称、类型、学时、实验要求等信息，来自实验项目管理，流向实验报告管理。

课程信息：实验课程的名称、上课教师等信息，来自基础数据管理，流向实验报告管理。

（3） 绘制1层数据流图

对每一个加工继续细化。如果加工内还有数据流，可将该加工再细分成几个子加工，并在各子加工之间画出数据流，形成第1层数据流图。本书以实验项目管理、实验报告管理和实验仪器使用记录管理为例。

1） 实验项目管理加工可以细化为添加、删除、查询、修改、统计5个子加工，每个子加工都需要与数据存储实验项目表进行交互，数据流图如图2-4所示。

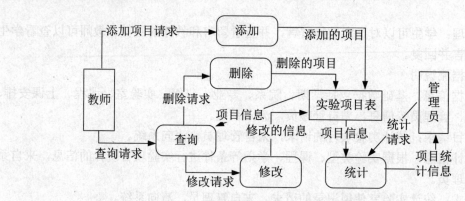

图2-4　1层数据流图——实验项目管理

① 加工说明

添加：教师填写实验项目名称、类型、学时、目标、内容等信息，验证合格后保存到实验项目表中。

查询：教师可以查看自己课程的实验项目，选择一个可以查询项目详细信息。

修改：教师查看项目列表，选择需要修改的项目，读取原来的内容，进行修改，验证合格后将项目保存到实验项目表中。

删除：教师可以删除一个或多个项目。

统计：管理员可以统计一门课程的项目数，可按学期、专业统计实验类型、实验数量、类型比率等统计。

② 数据流说明

添加项目请求：教师添加实验项目的请求。

查询请求：教师查询本人添加的实验项目请求。

删除请求：教师请求删除选定的实验项目请求。

修改请求：教师请求修改选定的实验项目的请求。

添加的项目：教师新增的实验项目。

删除的项目：选定的需要删除的实验项目。

修改的信息：教师修改后的实验项目。

统计请求：管理员统计实验项目的请求，包括根据学期、课程、实验类型等条件的请求。

项目统计信息：根据管理员输入的条件，返回统计信息。

项目信息：实验项目的信息，包括项目名称、性质、学时、项目要求等。

③ 数据存储及数据项说明

实验项目表=项目 ID+项目名称+项目类型+项目目的+项目环境+项目状态+开课课程+

教师 ID+开设学期。

项目 ID：整型，长度 11，不允许为空。

项目名称：字符类型，长度 20，不允许为空。

项目类型：字符类型，长度 20，不允许为空。

项目目的：字符类型，长度 255，不允许为空。

项目环境：字符类型，长度 255，不允许为空。

项目状态：字符类型，长度 11，不允许为空。

开课课程：字符类型，长度 11，不允许为空。

教师 ID：整型，允许空。

开设学期：字符类型，长度 11，不允许为空。

2）实验报告管理可以细化为批改、导出、成绩统计、查看、修改、添加、查看成绩 7 个子加工，每个加工都要同实验报告表进行交互，为了避免数据流交叉，将实验报告表出现 2 次（如果需要也可以出现多次）。与数据存储相连的数据流可以没有名称，其他数据流必须有名称，如图 2-5 所示。

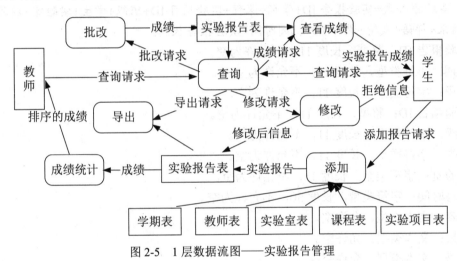

图 2-5　1 层数据流图——实验报告管理

① 加工说明

添加：学生请求添加实验报告，按照实验学期、项目、姓名、班级、实验室，填写实验目的、内容、结论等信息，验证合格后保存到实验报告表中。只有已提交的实验报告，教师才能看到。

查看：学生可以查看所有实验报告（提交的和未提交的）、教师能查看所有提交的实验报告。

修改：学生可以查看自己所有的实验报告，选择一个查看详情并请求修改，将修改信息填写完成后，验证合格保存到实验报告表中。

批改：教师能够查看自己课程的所有学生提交的实验报告，选择一个查看详情进行批改，批改要写评语和给出实验成绩。

导出：教师可以按实验项目导出所有学生提交的实验报告。

成绩统计：教师批改完成后可以查看所有学生的成绩，统计出及格、不及格、优秀学生人数。

查看成绩：教师批改后，学生在实验报告列表中可以看到实验成绩，通过详情可以看到教师的评语和成绩。

② 数据流说明

批改请求：教师请求批改选择的实验报告。

成绩：教师录入的实验报告成绩。

查询请求：教师查询实验报告的请求，请求的条件可根据实验项目和实验班级来查询。学生的查询请求依据学生本人信息和课程来查询。

导出请求：教师请求导出一个班的某个实验项目的所有实验报告请求。

添加报告请求：学生请求添加实验报告。

实验报告：包含课程信息、实验项目、实验室、教师、学期、实验目的、实验要求、实验内容、实验结果等信息的实验报告。

拒绝信息：教师批改实验报告后，学生提出请求修改实验报告被拒绝的信息。

③ 数据存储及数据项说明

A. 实验报告表=实验报告ID+学期+课程+实验项目ID+班级+学生+实验室+填写时间+内容+结果+评语+成绩+教师ID+批阅时间+实验报告状态。

实验报告ID：整型，长度11，不允许为空。

学期：字符类型，长度11，不允许为空。

课程：字符类型，长度11，不允许为空。

实验项目ID：整型，长度11，不允许为空。

班级：字符类型，长度11，不允许为空。

学生：字符类型，长度11，不允许为空。

实验室：字符类型，长度11，不允许为空。

填写时间：字符类型，长度30，不允许为空。

内容：文本类型，允许空。

结果：文本类型，允许空。

评语：文本类型，允许空。

成绩：浮点类型，不允许为空。

教师ID：整型，可以为空。

批阅时间：字符类型，长度20，允许空。

实验报告状态：整型，长度11，不允许为空，取值0、1、2。

B. 学期表=学期ID+学期名称+学期状态

学期ID：整型，长度11，不允许为空，主键。

学期名称：字符类型，长度50，不允许为空。

学期状态：字符类型，长度11，不允许为空。

C. 实验室表=实验室ID+实验室编号+实验室名称+实验室位置+实验室机器数量+实验室联系方式+实验室状态

实验室ID：整型，长度11，不允许为空。

实验室编号：字符型10，不允许为空，且不允许重复。

实验室位置：字符型 20，允许空。

实验室机器数量：整型，11 位，允许空。

实验室联系方式：字符型，20 位，允许空。

实验室状态：整型，11 位，允许空。

D. 课程表=课程 ID+课程编号+课程名称+课程类型+课程学分+开设专业+开设学期

课程 ID：整型 11 位，不允许空。

课程编号：字符型，20 位，不允许空，唯一。

课程名称：字符型，20 位，允许空。

课程类型：字符型，20 位，允许空。

课程学分：浮点型，允许空。

开设专业：整型 11 位，与专业表关联。

开设学期：整型 11 位，与学期表关联。

E. 教师表=教师 ID+教师工号+教师姓名+教师职称+教师密码+教师性别+教师电话+教师院系

教师 ID：整型，11 位，不允许空。

教师工号：字符型，15 位，不允许空，唯一。

教师姓名：字符型，20 位，不允许空。

教师职称：字符型，20 位，不允许空。

教师密码：字符型，50 位，不允许空。

教师性别：字符型，4 位，允许空。

教师电话：字符型 20 位，允许空。

教师院系：整型 11 位，不允许空，与院系表关联。

3）　仪器使用记录管理

仪器使用记录管理可以细化为添加仪器使用记录、删除仪器使用记录、查询仪器使用记录、导出仪器使用记录、统计仪器使用记录 5 个子加工，每个子加工都需要与数据存储实验仪器使用记录表进行交互，其数据流图如图 2-6 所示。

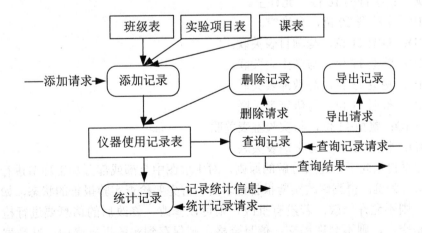

图 2-6　仪器使用记录管理数据流图

数据存储及数据项说明如下：

A. 班级表=班级 ID+班级编号+班级名称+学生人数+所属专业

班级 ID：整型 11 位，不允许为空。

班级编号：字符型 8 位，不允许空。

班级名称：字符型 20 位，允许空。

学生人数：整型 11 位，允许空。

所属专业：整型 11 位，与专业表关联。

B. 课表=课 ID+周几+上课时间+单双周+学期 ID+班级 ID+实验室 ID+课程 ID+教师 ID

课 ID：整型 11 位，不允许空。

周几：字符型 15 位，允许空。

上课时间：字符型 15 位，允许空。

单双周：字符型 15 位，允许空。

学期 ID：整型 11 位，与学期表关联。

班级 ID：整型 11 位，与班级表关联。

实验室 ID：整型 11 位，与实验室表关联。

课程 ID：整型 11 位，与课程表关联。

教师 ID：整型 11 位，与教师表关联。

C. 仪器使用记录表=仪器使用记录 ID+仪器使用记录日期+运行启动时间+运行终止时间+实际使用时数+仪器使用附件+设备编号+机器 IP+项目 ID+学生 ID+教师 ID+班级 ID+实验室 ID+学期 ID

仪器使用记录 ID：整型 11 位，不允许空。

仪器使用记录日期：字符型 20 位，允许空。

运行启动时间：字符型 15 位，允许空。

运行终止时间：字符型 15 位，允许空。

实际使用时数：浮点型，允许空。

仪器使用附件：字符型 20 位，允许空。

设备编号：字符型 10 位，允许空。

机器 IP：字符型 20 位，允许空。

项目 ID：整型 11 位，与项目表关联。

学生 ID：整型 11 位，与学生表关联。

教师 ID：整型 11 位，与教师表关联。

班级 ID：整型 11 位，与班级表关联。

实验室 ID：整型 11 位，与实验室表关联。

学期 ID：整型 11 位，与学期表关联。

4）根据自顶向下，逐层分解的原则，对 1 层图中全部或部分加工环节进行分解。以修改实验报告为例。得到修改实验报告请求后，首先要检查实验报告的状态，如果教师已经批改过，则不允许修改；若没有批改，则可以修改。修改后的信息要进行检查，如果有必填项是空白，则不允许提交；信息合格，则保存到实验报告表中。其数据流图如图 2-7 所示。

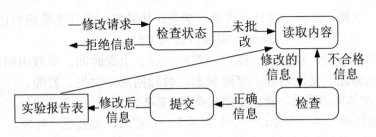

图 2-7 修改实验报告数据流图

数据加工说明如下。

检查状态：系统接收到学生修改请求后，首先检查实验报告状态，若状态为已经批改，则拒绝修改请求；若未批改，则允许修改。

读取内容：从数据库中读取原来的实验内容。

检查：修改的信息是否符合数据要求，不符合则返回不合格的信息，合格进行提交。

提交：将修改后的信息提交到数据库，保存到实验报告表。

5）对图进行检查和合理布局，主要检查分解是否恰当、彻底，DFD 中各层是否有遗漏、重复、冲突之处，各层 DFD 及同层 DFD 之间关系是否正确及命名、编号是否确切、合理等，对错误及不当之处进行修改。

修改后和用户进行交流，在用户完全理解数据图的内容的基础上征求用户的意见。

3.2.2 建立数据模型

（1）找出所有实体，确定实体属性。

实验教学管理系统的主要实体及其属性如下。

管理员：管理员账号、管理员密码、管理员名字、管理员联系电话。

院系：院系编号、院系名称、院系联系电话、院系地址。

专业：专业编号、专业名称、所属院系。

班级：班级编号、班级名称、班级人数、所属专业。

学生：学生学号、学生姓名、学生性别、学生密码、所属班级。

教师：教师工号、教师姓名、教师性别、教师密码、教师职称、教师电话、所属院系。

实验室：实验室编号、实验室名称、实验室位置、实验室机器数量、实验室联系方式、开放状态。

课程：课程编号、课程名称、课程类型、课程学分、开设专业、开设学期。

实验项目：项目名称、项目类型、项目目的、项目环境、项目状态、开设课程、教师 ID、开设学期。

学期：学期名称。

实验仪器使用记录：仪器使用记录日期、工作内容、运行启动时间、运行终止时间、使用附件、设备编号、机器 IP、实际使用时数、使用人、教师签名、备注、实验室、学期。

实验室使用记录：实验室使用记录日期、工作内容、实验时间、实验人数、仪器使用情况、设备编号、机器 IP、教师签名、实验班级、实验室、学期。

实验报告：学期、课程、项目、班级、学生、实验室、填写实验报告时间、实验内容、实验结果、教师评论、实验报告成绩、教师 ID。

课表：学期、班级、实验室、课程、教师、周、上课时间、单双周制。

留言：交流标题、交流内容、交流状态、教师回复、学生、教师。

（2）确定实体间的联系，画出实体联系图（E-R 图）。

一个院系可以拥有多个专业，一个专业属于一个院系，关系是一对多。

一个专业可以拥有多个班级，一个班级属于一个专业，关系是一对多。

一个班级可以拥有多个学生，一个学生属于一个班级，关系是一对多。

一个院系可以拥有多个教师，一个教师属于一个院系，关系是一对多。

一个教师可以教授多门课程，一门课程可以被一个或多个教师所教授，授课与教师的关系是多对一，且授课与课程的关系也是多对一，以授课表为连接，实现教师与课程的关系是多对多。

一个课程可以有多个实验项目，一个实验项目属于一个课程，关系是一对多。

一个实验项目可以有多个实验报告，一个实验报告属于一个实验项目，关系是一对多。

一个院系可以有多个实验室，一个实验室属于一个院系，关系是一对多。

一个实验室可以有多个仪器使用记录，一个仪器使用记录属于一个实验室，关系是一对多。

一个实验室可以有多个实验室使用记录，一个实验室使用记录属于一个实验室，关系是一对多。

一个学生可以写多个留言，一个留言属于一个学生，关系是一对多。

一个教师可以写多个留言，一个留言属于一个教师，关系是一对多。

实体及其联系如图 2-8 所示。

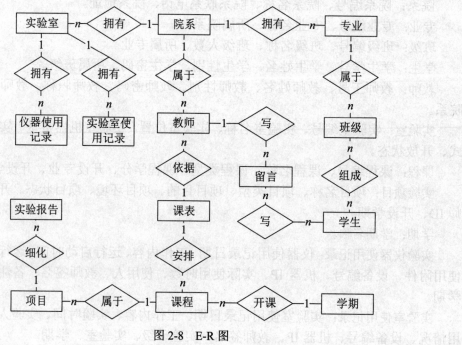

图 2-8　E-R 图

3.2.3 建立行为模型

（1） 确定状态图的主体，可以是一个系统，也可以是一个对象，本书以实验报告和实验项目为例。

（2） 确定主题的生存期的各种稳定状态及顺序。

实验报告的状态是：创建、保存、完成、查看、批改、导出、删除。

实验项目的状态是：创建、完成、查看、修改、删除。

（3） 确定状态迁移的事件。

● 实验报告状态迁移的事件如下：

创建到保存的事件：暂存。

保存到删除的事件：选择删除。

创建到完成的事件：提交。

保存到完成的事件：提交。

完成到导出的事件：选择导出。

完成到查看的事件：选择查看。

查看到批改的事件：进行批改。

批改到完成的事件：继续批改。

● 实验项目状态迁移的事件如下：

创建到完成的事件：提交。

完成到查看的事件：选择查看。

查看到修改的事件：选择修改。

修改到完成的事件：确定修改。

完成到删除的事件：选择删除。

（4） 绘制状态图

实验报告状态图如图 2-9 所示。

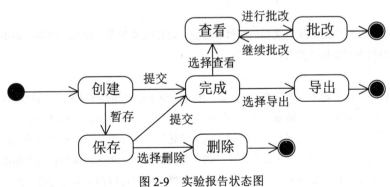

图 2-9　实验报告状态图

实验项目状态图如图 2-10 所示。

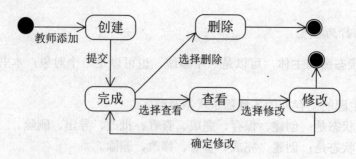

图 2-10　实验项目状态图

（5）　审核状态图，确定每个状态都可以结束。

3.3　软件需求规格说明书模板

1 范围

本章应分为以下几条。

1.1 标识

本条应包含本文档适用的系统和软件的完整标识，也可以包括标识号、标题、缩略词语、版本号和发行号。

1.2 系统概述

本条应简述本文档适用的系统和软件的用途，它应描述系统和软件的一般特性；概述系统开发、运行和维护的历史；标识项目的投资方、需方、用户、开发方和支持机构；标识当前和计划的运行现场；列出其他有关的文档。

1.3 文档概述

本条应概述本文档的用途和内容，并描述与其使用有关的保密性或私密性要求。

1.4 基线

说明编写本系统设计说明书所依据的设计基线。

2 引用文件

本章应列出本文档引用的所有文档的编号、标题、修订版本和发行日期，也应标识不能通过正常的供货渠道获得的所有文档的来源。

3 需求

本章应分以下几条描述 CSCI 需求，也就是，构成 CSCI 验收条件的 CSCI 的特性。CSCI 需求是为了满足分配给该 CSCI 的系统需求所形成的软件需求。给每个需求指定项目唯一标识符，以支持测试和可追踪性。并以一种可以定义客观测试的方式来陈述需求。如果每个需求有关的合格性方法和对系统需求的可追踪性。在相应的章中没有提供，则在此进行注解。描述的详细程度遵循以下规则：应包含构成 CSCI 验收条件的那些 CSCI 特性，需方愿意推迟到设计时留给开发方说明的那些特性。如果在给定条中没有需求的话，本条应如实陈述。如果某个需求在多条中出现，可以只陈述一次而在其他条直接引用。

3.1 所需的状态和方式

如果需要 CSCI 在多种状态和方式下运行，且不同状态和方式具有不同的需求的话，则要标识和定义每一状态和方式,状态和方式的例子包括:空闲、准备就绪、活动、事后分析、培训、降级、紧急情况和后备等。状态和方式的区别是任意的,可以仅用状态描述 CSCI,也可以仅用方式、方式中的状态、状态中的方式或其他有效方式描述。如果不需要多个状态和方式,不需人为加以区分,应如实陈述;如果需要多个状态或方式,还应使本规格说明中的每个需求或每组需求与这些状态和方式相关联,关联可在本条或本条引用的附录中用表格或其他的方法表示,也可在需求出现的地方加以注解。

3.2 需求概述

3.2.1 目标

a.本系统的开发意图、应用目标及作用范围(现有产品存在的问题和建议产品所要解决的问题)。

b.本系统的主要功能、处理流程、数据流程及简要说明。

c.表示外部接口和数据流的系统高层次图。说明本系统与其他相关产品的关系,是独立产品还是一个较大产品的组成部分(可用方框图说明)。

3.2.2 运行环境

简要说明本系统的运行环境(包括硬件环境和支持环境)的规定。

3.2.3 用户的特点

说明是哪一种类型的用户,从使用系统来说,有些什么特点。

3.2.4 关键点

说明本软件需求规格说明书中的关键点(例如:关键功能、关键算法和所涉及的关键技术等)。

3.2.5 约束条件

列出进行本系统开发工作的约束条件(例如:经费限制、开发期限和所采用的方法与技术,以及政治、社会、文化、法律等)。

3.3 需求规格

3.3.1 软件系统总体功能/对象结构

对软件系统总体功能/对象结构进行描述,包括结构图、流程图或对象图。

3.3.2 软件子系统功能/对象结构

对每个主要子系统中的基本功能模块/对象进行描述,包括结构图、流程图或对象图。

3.3.3 描述约定

通常使用的约定描述(数学符号、度量单位等)。

3.4 CSCI 能力需求

本条应分条详细描述与 CSCI 每一能力相关联的需求。"能力"被定义为一组相关的需求。可以用"功能""性能""主题""目标"或其他适合用来表示需求的词来替代"能力"。

3.4.1 (CSCI 能力)

本条应标识必需的每一个 CSCI 能力,并详细说明与该能力有关的需求。如果该能力可以更清晰地分解成若干子能力,则应分条对子能力进行说明。该需求应指出所需的 CSCI 行为,包括适用的参数,如响应时间、吞吐时间、其他时限约束、序列、精度、容量(大小/多少)、优先级别、连续运行需求、和基于运行条件的允许偏差。部分软件需求还应包括在异常条件、非许可条件或越界条件下所需的行为,错误处理需求和任何为保证在紧急时刻运行的连续性而引人到 CSCI 中的规定。在确定与 CSCI 所接收的输入和 CSCI 所产生的输出有关的需求时,应考虑在本文 3.5.x 给出要考虑的主题列表。

对于每一类功能或者对于每一个功能,需要具体描写其输入、处理和输出的需求。

a. 说明

描述此功能要达到的目标、所采用的方法和技术，还应清楚说明功能意图的由来和背景。

b. 输入

包括：

1） 详细描述该功能的所有输入数据，如：输入源、数量、度量单位、时间设定和有效输入范围等。

2） 指明引用的接口说明或接口控制文件的参考资料。

c. 处理

定义对输入数据、中间参数进行处理以获得预期输出结果的全部操作。包括：

1） 输入数据的有效性检查。

2） 操作的顺序，包括事件的时间设定。

3） 异常情况的响应，例如，溢出、通信故障、错误处理等。

4） 受操作影响的参数。

5） 用于把输入转换成相应输出的方法。

6） 输出数据的有效性检查。

d. 输出

1） 详细说明该功能的所有输出数据，例如，输出目的地、数量、度量单位、时间关系、有效输出范围、非法值的处理、出错信息等。

2） 有关接口说明或接口控制文件的参考资料。

3.5 CSCI 外部接口需求

本条应分条描述 CSCI 外部接口的需求。外部接口需求，应分别说明：

a. 用户接口；

b. 硬件接口；

c. 软件接口；

d. 通信接口的需求。

3.5.1 接口标识和接口图

本条应标识所需的 CSCI 外部接口，也就是 CSCI 和与它共享数据、向它提供数据或与它交换数据的实体的关系。每个接口标识应包括项目唯一标识符，并应用名称、序号、版本和引用文件指明接口的实体（系统、配置项、用户等）。该标识应说明哪些实体具有固定的接口特性（因而要对这些接口实体强加接口需求），哪些实体正被开发或修改（从而接口需求已施加给它们）。可用一个或多个接口图来描述这些接口。

3.5.2（接口的项目唯一标识符）

本条（从 3.5.2 开始）应通过项目唯一标识符标识 CSCI 的外部接口，简单地标识接口实体，根据需要可分条描述为实现该接口而强加于 CSCI 的需求。该接口所涉及的其他实体的接口特性应以假设或"当[未提到实体]这样做时，CSCI 将……"的形式描述，而不描述为其他实体的需求。本条可引用其他文档（如：数据字典、通信协议标准、用户接口标准）代替在此所描述的信息。需求也可以包括下列内容：

a. CSCI 必须分配给接口的优先级别；

b. 要实现的接口的类型的需求（如：实时数据传送、数据的存储和检索等）；

c. CSCI 必须提供、存储、发送、访问、接收的单个数据元素的特性，如：

1） 名称/标识符；

a） 项目唯一标识符；

　　b) 非技术（自然语言）名称；

　　c) 标准数据元素名称；

　　d) 技术名称（如代码或数据库中的变量或字段名称）；

　　e) 缩写名或同义名；

2) 数据类型（字母数字、整数等）；

3) 大小和格式（如：字符串的长度和标点符号）；

4) 计量单位（如：米、元、纳秒）；

5) 范围或可能值的枚举（如：0～99）；

6) 准确度（正确程度）和精度（有效数字位数）；

7) 优先级别、时序、频率、容量、序列和其他的约束条件，如：数据元素是否被更新和业务规则是否适用；

8) 保密性和私密性的约束；

9) 来源（设置/发送实体）和接收者（使用/接收实体）；

　　d. CSCI 必须提供、存储、发送、访问、接收的数据元素集合体（记录、消息、文件、显示和报表等）的特性，如：

1) 名称/标识符；

　　a）项目唯一标识符；

　　b）非技术（自然语言）名称；

　　c）技术名称（如代码或数据库的记录或数据结构）；

　　d）缩写名或同义名；

2) 数据元素集合体中的数据元素及其结构（编号、次序、分组）；

3) 媒体（如盘）和媒体中数据元素/数据元素集合体的结构；

4) 显示和其他输出的视听特性（如：颜色、布局、字体、图标和其他显示元素、蜂鸣器以及亮度等）；

5) 数据元素集合体之间的关系。如排序/访问特性；

6) 优先级别、时序、频率、容量、序列和其他的约束条件，如：数据元素集合体是否可被修改和业务规则是否适用；

7) 保密性和私密性约束；

8) 来源（设置/发送实体）和接收者（使用/接收实体）；

　　e. CSCI 必须为接口使用通信方法的特性。如：

1) 项目唯一标识符；

2) 通信链接/带宽/频率/媒体及其特性；

3) 消息格式化；

4) 流控制（如：序列编号和缓冲区分配）；

5) 数据传送速率，周期性/非周期性，传输间隔；

6) 路由、寻址、命名约定；

7) 传输服务，包括优先级别和等级；

8) 安全性/保密性/私密性方面的考虑，如：加密、用户鉴别、隔离和审核等；

　　f. CSCI 必须为接口使用协议的特性，如：

1) 项目唯一标识符；

2） 协议的优先级别/层次；

3） 分组，包括分段和重组、路由和寻址；

4） 合法性检查、错误控制和恢复过程；

5） 同步，包括连接的建立、维护和终止；

6） 状态、标识、任何其他的报告特征；

g. 其他所需的特性，如：接口实体的物理兼容性（尺寸、容限、负荷、电压和接插件兼容性等）。

3.6 CSCI 内部接口需求

本条应指明 CSCI 内部接口的需求（如有的话）。如果所有内部接口都留待设计时决定，则需在此说明这一事实。如果要强加这种需求，则可考虑本文档的 3.5 给出的一个主题列表。

3.7 CSCI 内部数据需求

本条应指明对 CSCI 内部数据的需求，（若有）包括对 CSCI 中数据库和数据文件的需求。如果所有有关内部数据的决策都留待设计时决定，则需在此说明这一事实。如果要强加这种需求，则可考虑在本文档的 3.5.x.c 和 3.5.x.d 给出的一个主题列表。

3.8 适应性需求

本条应指明要求 CSCI 提供的、依赖于安装的数据有关的需求（如：依赖现场的经纬度）和要求 CSCI 使用的、根据运行需要进行变化的运行参数（如：表示与运行有关的目标常量或数据记录的参数）。

3.9 保密性需求

本条应描述有关防止对人员、财产、环境产生潜在的危险或把此类危险减少到最低的 CSCI 需求，包括：为防止意外动作和无效动作必须提供的安全措施。

3.10 保密性和私密性需求

本条应指明保密性和私密性的 CSCI 需求，包括：CSCI 运行的保密性/私密性环境、提供的保密性或私密性的类型和程度。CSCI 必须经受的保密性/私密性的风险、减少此类危险所需的安全措施、CSCI 必须遵循的保密性/私密性政策、CSCI 必须提供的保密性/私密性审核、保密性/私密性必须遵循的确证/认可准则。

3.11 CSCI 环境需求

本条应指明有关 CSCI 必须运行的环境的需求。例如，包括用于 CSCI 运行的计算机硬件和操作系统。

3.12 计算机资源需求

本条应分以下各条进行描述。

3.12.1 计算机硬件需求

本条应描述 cSc1 使用的计算机硬件需求，（若适用）包括：各类设备的数量、处理器、存储器、输入/输出设备、辅助存储器、通信/网络设备和其他所需的设备的类型、大小、容量及其他所要求的特征。

3.12.2 计算机硬件资源利用需求

本条应描述 CSCI 计算机硬件资源利用方面的需求，如：最大许可使用的处理器能力、存储器容量、输入/输出设备能力、辅助存储器容量、通信/网络设备能力。描述（如每个计算机硬件资源能力的百分比）还包括测量资源利用的条件。

3.12.3 计算机软件需求

本条应描述 CSCI 必须使用或引人 CSCI 的计算机软件的需求，例如包括：操作系统、数据库管理系统、通信/网络软件、实用软件、输入和设备模拟器、测试软件、生产用软件。必须提供每个软件项的正确名称、版本、文档引用。

3.12.4 计算机通信需求

本条应描述 CSCI 必须使用的计算机通信方面的需求，例如包括：连接的地理位置、配置和网络拓扑结构、传输技术、数据传输速率、网关、要求的系统使用时间、传送/接收数据的类型和容量、传送/接收/响应的时间限制、数据的峰值、诊断功能。

3.13 软件质量因素

本条应描述合同中标识的或从更高层次规格说明派生出来的对 CSCI 的软件质量方面的需求，例如包括有关 CSCI 的功能性（实现全部所需功能的能力）、可靠性（产生正确、一致结果的能力）、可维护性（易于更正的能力）、可用性（需要时进行访问和操作的能力）、灵活性（易于适应需求变化的能力）、可移植性（易于修改以适应新环境的能力）、可重用性（可被多个应用使用的能力）、可测试性（易于充分测试的能力）、易用性（易于学习和使用的能力）以及其他属性的定量需求。

3.14 设计和实现的约束

本条应描述约束 CSCI 设计和实现的那些需求。这些需求可引用适当的标准和规范。

例如需求包括：

a. 特殊 CSCI 体系结构的使用或体系结构方面的需求，例如：需要的数据库和其他软件配置项；标准部件、现有的部件的使用；需方提供的资源（设备、信息、软件）的使用；

b. 特殊设计或实现标准的使用；特殊数据标准的使用；特殊编程语言的使用；

c. 为支持在技术、风险或任务等方面预期的增长和变更区域，必须提供的灵活性和可扩展性.

3.15 数据

说明本系统的输入、输出数据及数据管理能力方面的要求（处理量、数据量）。

3.16 操作

说明本系统在常规操作、特殊操作以及初始化操作、恢复操作等方面的要求。

3.17 故障处理

说明本系统在发生可能的软硬件故障时，对故障处理的要求。包括：

a. 说明属于软件系统的问题；

b. 给出发生错误时的错误信息；

c. 说明发生错误时可能采取的补救措施。

3.18 算法说明

用于实施系统计算功能的公式和算法的描述。包括：

a. 每个主要算法的概况；

b. 用于每个主要算法的详细公式。

3.19 有关人员需求

本条应描述与使用或支持 CSCI 的人员有关的需求，包括人员数量、技能等级、责任期、培训需求、其他的信息。如：同时存在的用户数量的需求，内在帮助和培训能力的需求，还应包括强加于 CSCI 的人力行为工程需求，这些需求包括对人员在能力与局限性方面的考虑：在正常和极端条件下可预测的人为错误，人为错误造成严重影响的特定区域，例如包括错误消息的颜色和持续时间、关键指示器或关键的物理位置以及听觉信号的使用的需求。

3.20 有关培训需求

本条应描述有关培训方面的 CSCI 需求。包括：在 CSCI 中包含的培训软件。

3.21 有关后勤需求

本条应描述有关后勤方面的 CSCI 需求，包括：系统维护、软件支持、系统运输方式、供应系统的需求、对现有设施的影响、对现有设备的影响。

3.22 其他需求

本条应描述在以上各条中没有涉及到的其他 CSCI 需求。

3.23 包装需求

本条应描述需交付的 CSCI 在包装、加标签和处理方面的需求。

3.24 需求的优先次序和关键程度

本条应给出本规格说明中需求的、表明其相对重要程度的优先顺序、关键程度或赋予的权值，如：标识出那些认为对安全性、保密性或私密性起关键作用的需求，以便进行特殊的处理。如果所有需求具有相同的权值，本条应如实陈述。

4 合格性规定

本章定义一组合格性方法，对于第 3 章中每个需求，指定所使用的方法，以确保需求得到满足。可以用表格形式表示该信息，也可以在第 3 章的每个需求中注明要使用的方法。合格性方法包括：

a. 演示：运行依赖于可见的功能操作的 CSCI 或部分 CSCI，不需要使用仪器、专用测试设备或进行事后分析；

b. 测试：使用仪器或其他专用测试设备运行 CSCI 或部分 CSCI，以便采集数据供事后分析使用；

c. 分析：对从其他合格性方法中获得的积累数据进行处理，例如测试结果的归约、解释或推断；

d. 审查：对 CSCI 代码、文档等进行可视化检查；

e. 特殊的合格性方法。任何应用到 CSCI 的特殊合格性方法，如：专用工具、技术、过程、设施、验收限制。

5 需求可追踪性

本章应包括：

a. 从本规格说明中每个 CSCI 的需求到其所涉及的系统（或子系统）需求的可追踪性。（该可追踪性也可以通过对第 3 章中的每个需求进行注释的方法加以描述）。

注：每一层次的系统细化可能导致对更高层次的需求不能直接进行追踪。例如：建立多个 CSCI 的系统体系结构设计可能会产生有关 CSCI 之间接口的需求，而这些接口需求在系统需求中并没有被覆盖，这样的需求可以被追踪到诸如"系统实现"这样的一般需求，或被追踪到导致它们产生的系统设计决策上。

b. 从分配到被本规格说明中的 CSCI 的每个系统（或子系统）需求到涉及它的 CSCI 需求的可追踪性。分配到 CSCI 的所有系统（或子系统）需求应加以说明。追踪到 IRS 中所包含的 CSCI 需求可引用 IRS.

6 尚未解决的问题

如需要，可说明软件需求中的尚未解决的遗留问题。

7 注解

本章应包含有助于理解本文档的一般信息（例如背景信息、词汇表、原理）。本章应包含为理解本文档需要的术语和定义，所有缩略语和它们在文档中的含义的字母序列表。

附录

附录可用来提供那些为便于文档维护而单独出版的信息（例如图表、分类数据）。为便于处理，附录可单独装订成册。附录应按字母顺序（A，B 等）编排。

备注：以上描述，可根据软件项目实际情况进行删减。

知识链接　结构化分析

1　结构化方法

结构化方法是指根据某种原理，使用一定的工具，按照特定步骤工作的软件开发方法。它遵循的原理是自顶向下、逐步求精，使用的工具有数据流图（DFD）、数据字典、判定表、判定树和结构化语言等。

结构化方法是从分析、设计到实现都使用结构化思想的软件开发方法，实际上它由三部分组成：结构化分析（Structured Analysis，简称 SA），结构化设计（Structured Design，简称 SD）和结构化程序设计（Structured Pergramming，简称 SP）。结构化方法随着 SP 方法的提出、SD 方法的出现，直至 SA 方法提出才逐渐形成的。

1.1　结构化分析

结构化分析（SA）。使用数据流程图、数据字典、结构化语言、判定表和判定树等工具，来建立一种新的、称为结构化说明书的目标文档-需求规格说明书。

结构化体现在将软件系统抽象为一系列的逻辑加工单元，各单元之间以数据流发生关联。

结构化分析是 20 世纪 70 年代末，由 Demarco 等人提出的，旨在减少分析活动中的错误，建立满足用户需求的系统逻辑模型。该方法的要点是：面对数据流的分解和抽象，把复杂问题自顶向下逐层分解，经过一系列分解和抽象，到底层的就都是很容易描述并实现的问题了。SA 方法的分析结果由数据流图、数据词典和加工逻辑说明。

结构化分析的步骤如下：

（1）　分析当前的情况，做出反映当前物理模型的 DFD；

（2）　推导出等价的逻辑模型的 DFD；

（3）　设计新的逻辑系统，生成数据字典和基元描述；

（4）　建立人机接口，提出可供选择的目标系统物理模型的 DFD；

（5）　确定各种方案的成本和风险等级，据此对各种方案进行分析；

（6）　选择一种方案；

（7）　建立完整的需求规约。

1.2　结构化设计

结构化设计方法给出一组帮助设计人员在模块层次上区分设计质量的原理与技术。它通常与结构化分析方法衔接起来使用，以数据流图为基础得到软件的模块结构。SD 方法尤其适用于变换型结构和事务型结构的目标系统。在设计过程中，它从整个程序的结构出发，利用模块结构图表述程序模块之间的关系。结构化设计的步骤如下。

（1）　评审和细化数据流图；

（2）　确定数据流图的类型；

（3）　把数据流图映射到软件模块结构，设计出模块结构的上层；

（4）　基于数据流图逐步分解高层模块，设计中下层模块；

（5） 对模块结构进行优化，得到更为合理的软件结构；

（6） 描述模块接口。

1.3 结构化程序设计

结构化程序设计是进行以模块功能和处理过程设计为主的详细设计的基本原则。它的主要观点是采用自顶向下、逐步求精及模块化的程序设计方法。其使用三种基本控制结构构造程序，任何程序都可由顺序、选择、循环三种基本控制结构构造。结构化程序设计主要强调的是程序的易读性。

2 软件开发流程

软件开发流程，即软件设计思路和方法的一般过程，包括设计软件的功能和实现的算法与方法、软件的总体结构设计和模块设计，编程和调试，程序联调和测试，以及编写、提交程序。

2.1 需求分析

（1） 相关系统分析员向用户初步了解需求，然后用 WORD 列出要开发的系统的大功能模块，每个大功能模块有哪些小功能模块，对于有些需求比较明确相关的界面时，在这一步里面可以初步定义好少量的界面。

（2） 系统分析员深入了解和分析需求，根据自己的经验和需求用 WORD 或相关的工具再做出一份文档系统的功能需求文档。这次的文档会清楚列出系统大致的大功能模块，及大功能模块有哪些小功能模块，并且还列出相关的界面和界面功能。

（3） 系统分析员向用户再次确认需求。

2.2 软件设计

（1） 开发者需要对软件系统进行概要设计，即系统设计。概要设计需要对软件系统的设计进行考虑，包括系统的基本处理流程、系统的组织结构、模块划分、功能分配、接口设计、运行设计、数据结构设计和出错处理设计等，为软件的详细设计提供基础。

（2） 在概要设计的基础上，开发者需要进行软件系统的详细设计。在详细设计中，描述实现具体模块所涉及到的主要算法、数据结构、类的层次结构及调用关系，需要说明软件系统各个层次中的每一个程序（每个模块或子程序）的设计考虑，以便进行编码和测试。应当保证软件的需求完全分配给整个软件。详细设计应当足够详细，能够根据详细设计报告进行编码。

2.3 编码

在软件编码阶段，开发者根据《软件系统详细设计报告》中对数据结构、算法分析和模块实现等方面的设计要求，开始具体的编写程序工作，分别实现各模块的功能，从而实现对目标系统的功能、性能、接口、界面等方面的要求。在规范化的研发流程中，编码工作在整个项目流程里最多不会超过 1/2 时间，通常在 1/3 的时间。所谓"磨刀不误砍柴功"，设计过程完成得好，编码效率就会极大提高。编码时不同模块之间的进度协调和协作是最需要小心的，也许一个小模块的问题就可能影响了整体进度，让很多程序员因此被迫停下工作等待，这种问题在很多研发过程中都出现过。编码时的相互沟通和应急的解决手段都是相当重要的，对于程序员而言，bug 永远存在，必须永远面对这个问题。

2.4 测试

测试编写好的系统。交给用户使用，用户使用后逐个地确认每个功能。软件测试有很多种：按照测试执行方，可以分为内部测试和外部测试；按照测试范围，可以分为模块测试和整体联调；按照测试条件，可以分为正常操作情况测试和异常情况测试；按照测试的输入范围，可以分为全覆盖测试和抽样测试。以上都很好理解，不再解释。总之，测试同样是项目研发中一个相当重要的步骤，对于一个大型软件，3 个月到 1 年的外部测试都是正常的，因为永远都会有不可预料的问题存在。完成测试后，完成验收并完成最后的一些帮助文档，整体项目才算告一段落，当然日后少不了升级，修补等工作。只要不是想通过一锤子买卖骗钱，就要不停地跟踪软件的运营状况并持续修补升级，直到这个软件被彻底淘汰为止。

2.5 软件交付

在软件测试证明软件达到要求后，软件开发者应向用户提交开发的目标安装程序、数据库的数据字典、《用户安装手册》、《用户使用指南》、需求报告、设计报告、测试报告等双方合同约定的产物。

《用户安装手册》应详细介绍安装软件对运行环境的要求、安装软件的定义和内容、在客户端、服务器端及中间件的具体安装步骤、安装后的系统配置。

《用户使用指南》应包括软件各项功能的使用流程、操作步骤、相应业务介绍、特殊提示和注意事项等方面的内容，在需要时还应举例说明。

2.6 验收

用户验收。软件项目验收是指软件项目成果试运行后，正式交付给用户之前，用户方同承担方对软件项目成果进行审查，核查双方约定的项目计划中所规定范围内的各项工作或活动是否均已完成，应当交付的软件成果是否满足范围、功能和性能要求。

软件项目无论是否按计划正常结束，验收都是非常必要的。对于非正常结束的软件项目，通过验收可以查明项目的哪些工作已经完成，完成到什么程度，并分析不能正常结束的原因。

2.7 维护

软件维护主要是指根据需求变化或硬件环境的变化对应用程序进行部分或全部的修改，修改时应充分利用源程序。修改后要填写《程序修改登记表》，并在《程序变更通知书》上写明新旧程序的不同之处。软件维护活动类型总共大概有四种：纠错性维护（校正性维护）、适应性维护、完善性维护或增强、预防性维护或再工程。除此四类维护活动外，还有一些其他类型的维护活动，如：支援性维护（如用户的培训等）。

3　可行性分析

3.1　可行性分析目的

软件可行性分析不是解决问题，而是确定问题是否可解，是否值得去解。一般可行性分析的成本只占预期工程成本的 5%～8%。

3.2　问题定义的各项内容

软件名称：软件名称准确描述软件问题的内涵、主要用途及规模的项目名称，与所开发的项目内容相一致。

项目提出的背景：软件所服务的行业属性、主要业务及特征、目前存在的主要问题、需要改进的具体方面及要求、本项目开发所能够带来的经济/社会效益和前景。

软件目标：软件目标是指软件项目所要达到的最终目的指标和具体结果，具有可度量性和预测性。

软件类型：项目性质用于描述软件的主要特性，为此还要确定软件的应用特性，如通用软件或专用软件。

软件服务范围：确定软件所服务行业及领域的界限，本软件服务的领域用户对象、及应用范畴，主要从总体上确定软件的具体应用领域和服务范畴。

基本需求：明确软件问题定义的主要内容，包括整体需求、功能需求、性能需求和时限要求等。

软件环境：软件环境包括服务领域、运行环境和外部系统等方面。

主要技术：开发软件所需要的主要技术，以及关键技术路线。主要包括分析、建模、设计、编程、测试、集成、切换等相关的软件开发技术，以及软件管理与维护技术、软件度量技术、软件支撑技术等。

基础条件：软件开发的基础条件包括：软件的业务基础、技术基础和支撑基础等。

3.3　可行性分析主要内容

（1）经济可行性分析

经济可行性包括两个方面的内容：一是某一备选方案占有和使用经济资源的可能性，进而实现政策目标的可能性；二是实施某一政策方案所需花费的成本和取得的收益。政府的财政资源是有限的，任何政策方案占有和使用的经济资源也是有限的。因此，任何一项公共政策都存在一个争取公共经济资源的问题。一般说来，"公共政策的经济资源的占有量与其政策目标的期望值成正比例关系。"当然，这还涉及到一个成本效益问题。如果某一方案的成本大于收益，显然这项政策是不可行的。

软件的成本不是指存放软件的那张光盘的成本，而是指开发成本。要考虑的成本有：
1）办公室房租。
2）办公用品，如桌、椅、书柜、照明电器、空调等。
3）计算机、打印机、网络等硬件设备。
4）电话、传真等通信设备以及通信费用。
5）资料费。

6)　办公消耗，如水电费、打印复印费等。

7)　软件开发人员与行政人员的工资。

8)　购买系统软件的费用，如买操作系统、数据库、软件开发工具等。

9)　做市场调查、可行性分析、需求分析的交际费用。

10)　公司人员培训费用。

11)　产品宣传费用。如果用 Internet 作宣传，则要考虑建设 Web 站点的费用。

（2）技术可行性分析

技术可行性分析至少要考虑以下几方面因素：

1)　全面考虑系统开发过程所涉及的所有技术问题

软件开发涉及多方面的技术，包括开发方法、软硬件平台、网络结构、系统布局和结构、输入输出技术、系统相关技术等。应该全面和客观地分析软件开发所涉及的技术，以及这些技术的成熟度和现实性。

2)　尽可能采用成熟技术

成熟技术是被多人采用并被反复证明行之有效的技术，因此采用成熟技术一般具有较高的成功率。另外，成熟技术经过长时间、大范围使用、补充和优化，其精细程度、优化程度、可操作性、经济性等方面要比新技术好。鉴于以上原因，软件项目开发过程中，在可以满足系统开发需要、能够适应系统发展、保证开发成本的条件下，应该尽量采用成熟技术。

3)　慎重引入先进技术

在软件项目开发过程中，有时为了解决系统的特定问题，为了使所开发系统具有更好的适应性，需要采用某些先进或前沿技术。在选用先进技术时，需要全面分析所选技术的成熟程度。有许多报道的先进技术或科研成果实际上仍处在实验室阶段，其实用性和适应性并没有得到完全解决，也没有经过大量实践验证，在选择这种技术时必须慎重。例如，许多文章中已经报道了指纹识别技术，而且市场上也有实验性产品，但指纹识别技术至今仍有许多重大技术难题没有突破，离具体应用仍有一定距离。因此，在项目开发中要谨慎选用这种技术。如果不加分析，在项目中盲目采用指纹识别技术，应用时肯定会出现许多难以解决的具体问题。

4)　着眼于具体的开发环境和开发人员

许多技术总的来说可能是成熟和可行的，但是在开发队伍中如果没有人掌握这种技术，而且在项目组中又没有引进掌握这种技术的人员，那么这种技术对本系统的开发仍然是不可行的。例如，分布对象技术是分布式系统的一种通用技术，但是如果在开发队伍中没有人掌握这种技术，那么从技术可行性来看就是不可行的。

5)　技术可行性评价

技术可行性评价是通过原有系统和欲开发系统的系统流程图和数据流图，对系统进行比较，分析新系统具有的优越性，以及对设备、现有软件、用户、系统运行、开发环境、运行环境和经费支出的影响，然后评价新系统的技术可行性。主要包括以下 4 个方面：

①　在限制条件下，功能目标是否能达到。

②　利用现有技术，性能目标是否能够达到。

③　对开发人员数量和质量的要求，并说明能否满足。

④　在规定期限内，开发是否能够完成。

（3） 社会环境可行性分析

社会环境的可行性分析至少包括两种因素：市场与政策。

市场又分为未成熟的市场、成熟的市场和将要消亡的市场。

涉足未成熟的市场要冒很大的风险，要尽可能准确地估计潜在的市场有多大？自己能占多少份额？多长时间能实现？

挤进成熟的市场虽然风险不高，但利润也不多。如果供大于求，即软件开发公司多，项目少，那么在竞标时可能会出现恶性杀价的情形。国内第一批卖计算机的、做系统集成的公司发了财，别人眼红了也挤进来，这个行业的平均利润也就下降了。

将要消亡的市场就别进去了。尽管很多程序员怀念 DOS 时代编程的那种淋漓尽致，可现在没人要 DOS 应用软件了。学校教学尚可用用 DOS 软件，商业软件公司则不可再去开发 DOS 软件。

3.4 可行性分析结论

可行性分析完成后必须有一个结论。可行性分析的结论概括起来有 3 种情况：

（1） 可行："可行"结论表明可以按初步方案和计划进行立项并开发。

（2） 基本可行：对软件项目内容或方案进行必要修改后，可以进行开发。

（3） 不可行：软件项目不能进行立项或确定项目终止。

4 软件开发模型

软件开发模型（Software Development Model）是指软件开发全部过程、活动和任务的结构框架。软件开发模型能清晰、直观地表达软件开发全过程，明确规定了要完成的主要活动和任务，是软件项目工作的基础。对于不同的软件系统，可以采用不同的开发方法、使用不同的程序设计语言、采用不同的软件工具和不同的软件工程环境、各种不同技能的人员参与工作、运用不同的管理方法和手段等。

在具体的工程过程中，可以根据实际需要，采用不同的过程模型来实现上述的基本活动和保护活动。一个良好的软件工程过程应当具备如下特点：

（1） 易理解性。

（2） 可见性：每个过程活动都以得到明确的结果而告终，保证过程的进展对外可见。

（3） 可支持性：容易得到 CASE 工具的支持。

（4） 可接受性：比较容易被软件工程师接受和使用。

（5） 可靠性：不会出现过程错误，或者出现的过程错误能够在产品出错之前被发现。

（6） 健壮性：不受意外发生问题的干扰。

（7） 可维护性：过程可以根据开发组织的需求的改变而改进。

（8） 高效率：从给出软件规格说明起，就能够较快地完成开发而交付使用。

4.1 瀑布模型

最早出现的软件开发模型是 1970 年 W·Royce 提出的瀑布模型，也称线性顺序模型或软件生存周期模型。瀑布模型把软件生存周期划分为计划时期（或定义时期）、开发时期和运行时期。这三个时期又分别细分为若干个阶段。该模型给出了固定的顺序，将生存期活动从上一个阶段向下一个阶段逐级过渡，如同流水下泻，最终得到所开发的软件产品，投入使用。如图 2-11 所示。

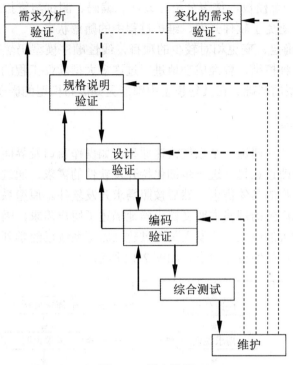

图 2-11　瀑布模型

瀑布模型软件开发具有以下几个特征：

（1）阶段间的顺序性和依赖性。顺序性是指：只有等前一阶段的工作完成以后，后一阶段的工作才能开始；前一阶段的输出文档，就是后一阶段的输入文档。依赖性又同时表明了，只有前一阶段有正确的输出时，后一阶段才可能有正确的结果。

（2）推迟实现的观点。过早地考虑程序的实现，常常导致大量返工，有时甚至给开发人员带来灾难性的后果。瀑布模型在编码以前安排了分析阶段和设计阶段，并且明确宣布，这两个阶段都只考虑目标系统的逻辑模型，不涉及软件的物理实现。

把逻辑设计与物理设计清楚地划分开来，尽可能推迟程序的物理实现，这是瀑布型软件开发的一条重要的指导思想。

（3）质量保证的观点。为了保证质量，瀑布模型下软件开发在各个阶段坚持了两个重要的做法：

1）每一阶段都要完成规定的文档。没有完成文档，就认为没有完成该阶段的任务。

2）每一阶段都要对完成的文档进行复审，以便尽早发现问题，消除隐患。

在瀑布模型中，软件开发的各项活动严格按照线性方式进行，这种模型的线性过程太理想化，已不再适合现代的软件开发模式，其主要问题在于：

（1）在项目各个阶段之间极少有反馈。

（2）由于开发模型是线性的，用户只有等到整个过程的末期才能见到开发成果，从而增加了开发的风险。

（3）　早期的错误可能要等到开发后期的测试阶段才能发现，进而带来严重的后果。

虽然存在着上述的种种问题，但是线性顺序模型仍然有其值得肯定之处。

（1）　它提供了一个模板，使得分析、设计、编码、测试与维护工作可以在该模板的指导下有序地展开，避免了软件开发、维护过程中的随意状态。

（2）　对于需求确定、变更相对较少的项目，线性顺序模型仍然是一种可以考虑采取的过程模型。采用这种模型，曾经成功地进行过许多大型软件工程的开发。

（3）　是其他模型的基础。在其他模型中都能见到瀑布模型的影子。

4.2　快速原型模型

快速原型模型需要先建造一个系统快速原型，如操作窗口及界面等，用户或客户可以通过对原型的评价及改进意见，进一步细化待开发软件的需求，通过逐步调整原型达到用户要求，从中确定用户的具体需求，然后按照需求开发软件。原型系统已经通过与用户交互而得到验证，据此产生的规格说明文档正确地描述了用户需求，因此不会因为规格说明文档的错误而进行较大的返工。开发人员通过建立原型系统已经学到了许多东西，在设计编码阶段发生错误的可能性也比较小。如图 2-12 所示。

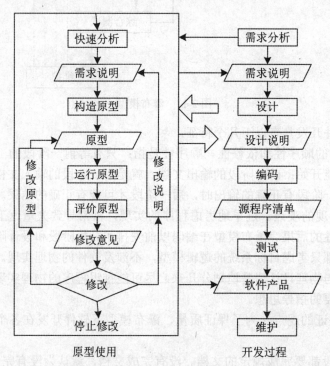

图 2-12　快速原型模型

使用原型模型必须有两个前提：

（1）　用户必须积极参与原型的建造。建造原型仅仅是为了定义需求，之后就必须被全部抛弃（至少是部分抛弃），实际的软件必须在充分考虑到软件质量和可维护性之后才被开发。从这个意义上说，原型模型又往往被称为"抛弃原型模型"。

（2）　必须有快速开发工具可供使用。

4.3 增量模型

增量模型又称演化模型。与建造大厦的步骤相似，软件也是一步一步建造起来的。整个产品被分解成若干个构件，开发人员逐个构件地交付产品。这样做的好处是，软件开发可以较好地适应变化，客户可以不断地看到所开发的软件，从而降低开发风险。增量模型灵活性很强，适用于软件需求不明确、设计方案有一定风险的软件项目。如图 2-13 所示。

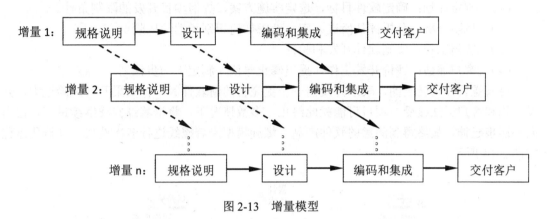

图 2-13　增量模型

增量模型的特点：

（1）　第一个增量模型往往是核心部分的产品，它实现了软件的基本需求，但很多已经明晰或者尚不明晰的补充特性还没有发布。

（2）　核心产品交由用户使用或进行详细复审。使用或复审评估的结果是制定下一个增量开发计划，在前面增量的基础上开发后面的增量。

（3）　每个增量的开发可用瀑布或快速原型模型。

（4）　和原型模型不一样的是，增量模型虽然也具有"迭代"特征，但是每一个增量都发布一个可操作的产品，不妨称之为"产品扩充迭代"。它的早期产品是最终产品的可拆卸版本，每一个版本都能够提供给用户实际使用。

增量模型的优点：是十分有用的一种模型。在克服瀑布模型缺点、减少由于软件需求不明确而给开发工作带来风险方面确有显著的效果。对缩短产品提交时间起到良好的作用。

但增量模型也存在以下问题：

（1）　由于各个构件是逐渐并入已有的软件体系结构中的，所以加入构件必须不破坏已构造好的系统部分，这需要软件具备开放式的体系结构。

（2）　在开发过程中，需求的变化是不可避免的。增量模型的灵活性可以使其适应这种变化的能力大大优于瀑布模型和快速原型模型，但也很容易退化为边做边改模型，从而使软件过程的控制失去整体性。

注　意

　　用户在开发软件的过程，往往有"一步到位"的思想，因而增量式的工程开发必须取得用户的全面理解与支持，否则难以成功。

4.4 螺旋模型

螺旋模型最早是由美国软件工程专家 Boehm 提出来的，它是一个演化软件过程模型。螺旋模型将瀑布模型与原型的迭代特征结合起来，并加入两种模型均忽略了的风险分析，弥补了两者的不足。螺旋模型将开发过程划分为制定计划、风险分析、实施工程和客户评估四类活动。具体内容如下：

（1）制定计划：确定软件目标，选定实施方案，弄清项目开发的限制条件。

（2）风险分析：分析评估所选方案，考虑如何识别和消除风险。

（3）实施工程：实施软件开发和验证。

（4）客户评估：评价开发工作，提出修正建议，制定下一步计划。

沿着螺旋线每转一圈，表示开发出一个更完善的新软件版本。如果开发风险过大，开发机构和客户无法接受，项目可能就此终止。多数情况下，将沿着螺旋线继续进行，自内向外逐步延伸，最终得到满意的软件产品。螺旋模型沿着螺线进行多次迭代，其迭代过程如图 2-14 所示。

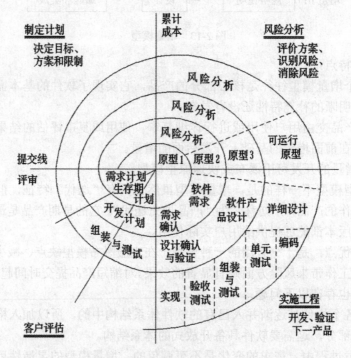

图 2-14 螺旋模型

对于高风险的大型软件，螺旋模型是一个理想的开发方法。

4.5 喷泉模型

喷泉模型以面向对象的开发方法为基础，以用户需求为源泉，主要适合于利用面向对象技术的软件开发项目。它克服了瀑布模型不支持软件重用和多项开发活动集成的局限性。可使开发过程具有迭代性和无间隙性，如图 2-15 所示。

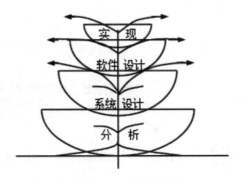

图 2-15 喷泉模型

喷泉模型的各个阶段没有明显的界限，开发人员可同步进行开发，这样可以提高软件项目开发效率，节省开发时间。具体内容如下：

（1） 规定软件开发过程有 4 个阶段，需求分析、总体设计、详细设计和实现，还可分成多个开发步骤。

（2） 各阶段相互重叠，反映了软件过程并行性的特点。

（3） 以分析为基础，资源消耗成塔形，在分析阶段消耗的资源最多。

（4） 反映了软件过程迭代性的自然特性，从高层返回低层无资源消耗。

（5） 强调增量开发，依据分析一点、设计一点的原则，并不要求一个阶段的彻底完成，整个过程是一个迭代的逐步提炼的过程。

（6） 是对象驱动过程，对象是活动作用的实体，也是项目管理的基本内容。

（7） 实现中由于活动不同，可分为系统实现和对象实现，这既反映了全系统的开发过程，也反映了对象族的开发和重用。

4.6 敏捷开发模型

敏捷开发以用户的需求进化为核心，采用迭代、循序渐进的方法进行软件开发。敏捷开发是多种软件开发项目管理方法的集合，其中保护了 XP、Scrum 等十几种开发模式，这些开发方法有些共同点，比如重视响应变更，重视实现客户的价值，重视开发人员的自身发展等。如图 2-16、图 2-17 所示。

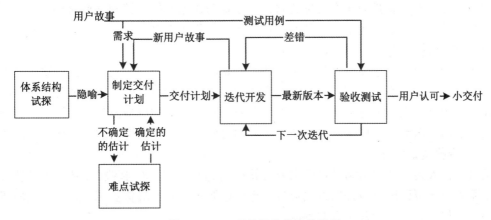

图 2-16 XP 项目的整体开发模型

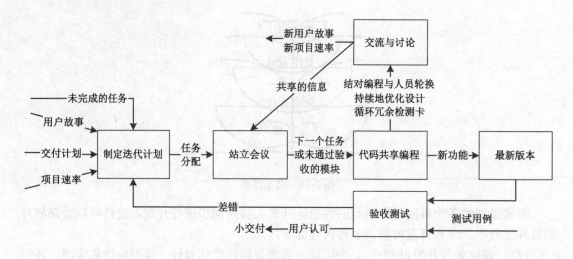

图 2-17　XP 迭代开发模型

在敏捷开发中，软件项目在构建初期被切分成多个子项目，各个子项目的成果都经过测试，具备可视、可集成和可运行使用的特征。换言之，就是把一个大项目分为多个相互联系，但也可独立运行的小项目，并分别完成，在此过程中软件一直处于可使用状态。核心原则是：

（1）主张简单

在敏捷开发中，最简单的解决方案就是最好的解决方案——只要基于现有的需求进行建模，日后需求有变更时，再来重构这个系统。尽可能地保持模型的简单。

（2）拥抱变化

需求时刻在变，人们对于需求的理解也时刻在变。项目进行中会有新人加入，也会有旧人离开。项目干系人的观点也可能发生变化，努力的目标和成功标准也有可能发生变化。这就意味着随着项目的进行，项目环境也在不停地变化，因此开发方法必须能够反映这种现实。

（3）第二个目标具可持续性

可持续性可能指的是系统的下一个主要发布版，或是正在构建的系统的运转和支持。要做到这一点，不仅仅要构建高质量的软件，还要创建足够的文档和支持材料，保证日后扩展能有效地进行。简单地说，在开发的时候要能想象到未来。

（4）递增的变化

和建模相关的一个重要概念是，不用在一开始就准备好一切。实际上，就算想这么做也不太可能。而且，不用在模型中包容所有的细节，只要有足够的细节就够了。没有必要试图在一开始就建立一个囊括一切的模型，只要开发一个小的模型或是概要模型，打下一个基础，然后慢慢地改进模型，或是在不需要的时候丢弃这个模型。这就是递增的思想。

（5）令投资最大化

项目干系人为了开发出满足自己需要的软件，需要投入时间、金钱、设备等各种资源。项目干系人应该可以选取最好的方式投资，也可以要求团队不浪费资源。并且，他们还有最后的发言权，决定要投入多少的资源。

（6） 有目的地建模

对于自己的作品，例如模型、源代码、文档，很多开发人员不是担心它们是否够详细，就是担心它们是否太过详细，或担心它们是否足够正确。对于建模不应该毫无意义地建模，应该先问问，为什么要建模，为谁建立它。要确定建模的目的和模型的受众，在此基础上，再保证模型足够正确和足够详细。一旦一个模型实现了目标，就可以结束目前的工作，把精力转移到其他的工作上去，例如编写代码以检验模型的运作。

（7） 多种模型

开发软件需要使用多种模型，因为每种模型只能描述软件的单个方面，"要开发现今的商业应用，我们该需要什么样的模型？"考虑到现今的软件的复杂性，建模工具箱应该要包容大量有用的技术。有一点很重要，没有必要为一个系统开发所有的模型，而应该针对系统的具体情况来挑选一部分的模型。不同的系统使用不同部分的模型。比如，和家里的修理工作一样，每种工作不是要求用遍工具箱里的每一件工具，而是一次使用某一件工具。

（8） 高质量的工作

没有人喜欢烂糟糟的工作。做这项工作的人不喜欢，是因为没有成就感；日后负责重构这项工作的人不喜欢，是因为它难以理解，难以更新；最终用户不喜欢，是因为它太脆弱，容易出错，也不符合他们的期望。

（9） 快速反馈

从开始采取行动，到获得行动的反馈，二者之间的时间至关紧要。和其他人一同开发模型的想法可以立刻获得反馈。和客户紧密联系，去了解他们的需求，去分析这些需求，或是去开发满足他们需求的用户界面，这样就提供了快速反馈的机会。

（10） 软件是主要目标

软件开发的主要目标是以有效的方式制造出满足用户需要的软件，而不是制造无关的文档，无关的用于管理的作品，甚至无关的模型。任何一项活动，如果不符合这项原则，不能有助于目标实现，都应该受到审核，甚至取消。

（11） 轻装前进

建立一个作品，然后决定要保留它，随着时间的流逝，这些作品都需要维护。如果决定保留 7 个模型，不论何时，一旦有变化发生（新需求的提出，原需求的更新，团队接受了一种新方法，采纳了一项新技术……），就需要考虑变化对这 7 个模型产生的影响并采取相应的措施。而如果想要保留的仅是 3 个模型，很明显，实现同样的改变要花费的功夫就少多了，灵活性就增强了，因为是在轻装前进。

4.7 构件集成模型

构件（Component）也称为组件，是一段实现一系列有确定接口的程序体，具有自己的功能和逻辑，能同其他构件组装起来协调工作，如图 2-18 所示。

该模型支持软件重用，对缩短软件开发周期、降低项目成本有重要的现实意义。同时，建造符合某应用领域体系结构标准的构件，可以用来搭建分布式的、跨越不同操作平台的软件，扩展了软件的应用前景，促进了软件标准化、商品化的发展。

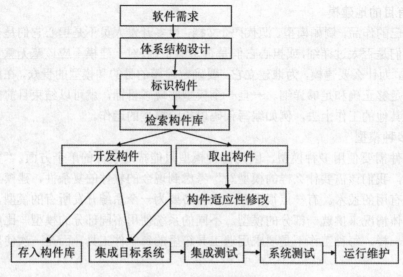

图 2-18　构件集成模型

构件集成模型有如下特点：

（1）　面向对象。

（2）　基于构件库。

（3）　融合螺旋模型特征。

（4）　支持软件开发的迭代方法。

（5）　软件重用。

软件体系结构被建立后，必须用构件去充实，这些构件可从复用库中获得，或者根据专门需要而开发。整个过程可以演化地进行，面向对象方法给予技术上的支持。

构件技术流行标准：

（1）　OMG 的 CORBA：对象管理组织发布的公共对象请求代理体系结构（Common Object Request Broker Architecture）。一个对象请求代理（ORB）提供一系列服务，使得一个构件和其他构件通信，而不管它们在系统中的位置，实现了远程对象通过接口进行通信的机制。

（2）　微软的 COM/DCOM：微软开发了构件对象模型（Component Object Model），它提供了运行于 windows 之上的单个应用系统使用不同厂商生产的构件的规约。基于分布式环境下的 COM 称为 DCOM（Distribute COM）。

（3）　SUN 的 EJB（Enterprise JavaBean）：随着 Java 在企业级应用的地位日趋重要，Sun 提出了一个统一的企业级 Java 平台——J2EE。在 J2EE 中，EJB 负责最核心的业务处理。它为服务器端的应用程序提供了一种与厂商无关的 Java 接口，让任何符合 EJB 规范的构件都可以运行在每一台这样的服务器上。

5　需求工程

软件需求工程包括软件需求开发和软件需求管理，需求分析是技术范畴，需求管理是管理范畴，涉及的工作如图 2-19 所示。

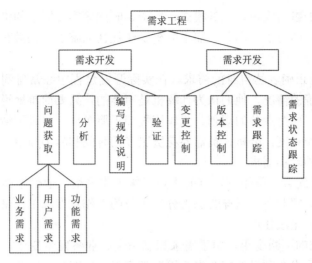

图 2-19 需求工程

需求开发又名需求分析，是需求工程的技术部分。

需求管理的目的就是要控制和维持需求事先约定，保证项目开发过程的一致性，使用户得到他们最终想要的产品。需求管理的方法主要包括以下 6 个方面：

（1）确定需求变更控制过程。制定一个选择、分析和决策需求变更的过程，所有的需求变更都需遵循此过程。

（2）进行需求变更影响分析。评估每项需求变更，以确定它对项目计划安排和其他需求的影响，明确与变更相关的任务并评估完成这些任务需要的工作量。通过这些分析将有助于需求变更控制部门做出更好的决策。

（3）建立需求基准版本和需求控制版本文档。确定需求基准，这是项目各方对需求达成一致熟悉时刻的一个快照，之后的需求变更遵循变更控制过程即可。每个版本的需求规格说明都必须是独立说明，以避免将底稿和基准或新旧版本相混淆。

（4）维护需求变更的历史记录。将需求变更情况写成文档，记录变更日期、原因、负责人、版本号等内容，及时通知到项目开发所涉及的人员。为了尽量减少困惑、冲突、误传，应指定专人来负责更新需求。

（5）跟踪每项需求的状态。可以把每一项需求的状态属性（如已推荐的，已通过的，已实施的，或已验证的）保存在数据库中，这样可以在任何时候得到每个状态类的需求数量。

（6）衡量需求稳定性。可以定期把需求数量和需求变更（添加、修改、删除）数量进行比较。过多的需求变更"是一个报警信号"，意味着问题并未真正弄清楚。

5.1 需求分析概述

Boehm 对软件需求的定义：研究一种无二义性的表达工具，它能为用户和软件人员双方都接受并将"需求"严格地、形式化地表达出来。

需求分析是开发人员经过深入细致的调研和分析，准确理解用户和项目的功能、性能、可靠性等具体要求，将用户非形式的需求表述转化为完整的需求定义，从而确定系统"必须做什么？"的过程。

　　由于需求分析的参与人员、业务模式、投资、时间等客观因素的影响和需求本身具有主观性和可描述性差的特点，因此，需求分析工作往往面临着一些潜在的风险。这些风险主要表现在：

　　（1）　用户不能正确表达自身的需求。在实际开发过程中经常碰到用户对自己真正的需求并不是十分明确的情况，他们认为计算机是万能的，只要简单地说说自己想干什么就是把需求说明白了，而对业务的规则、工作流程却不愿多谈，也讲不清楚。这种情况往往会增加需求分析工作难度，分析人员需要花费更多的时间和精力与用户交流，帮助他们梳理思路，搞清用户的真实需求。

　　（2）　业务人员配合力度不够。有的用户日常工作繁忙，他们不愿意付出更多的时间和精力向分析人员讲解业务，这样会加大分析人员的工作难度和工作量，也可能导致因业务需求不足而使系统无法使用。

　　（3）　用户需求的不断变更。由于需求识别不全、业务发生变化、需求本身错误、需求不清楚等原因，需求在项目的整个生命周期都可能发生变化，因此，我们要认识到，软件开发的过程实际上是同变化做斗争的过程，需求变化是每个开发人员、项目管理人员都会碰到的问题，也是最头痛的问题。一旦发生了需求变化，就不得不修改设计、重写代码、修改测试用例、调整项目计划等。需求的变化就像是万恶之源，为项目的正常的进展带来不尽的麻烦。

　　（4）　需求的完整程度。需求如何做到没有遗漏？这是一个大问题。大的系统要想穷举需求几乎是不可能的。即使小的系统，新的需求也总会不时地冒出来。一个系统很难确定明确的范围，并把所有需求一次性提出来，这会导致开发人员在项目进展中去不断完善需求，先建立系统结构再完成需求说明，造成返工的可能性很大，会给开发人员带来挫折感，降低他们完成项目的信心。

　　（5）　需求的细化程度。需求到底描述到多细，才算可以结束了？虽然国家标准有需求说明的编写规范，但具体到某一个需求上，很难给出一个具体的指标。可谓仁者见仁，智者见智，并没有定论。需求越细，周期越长，可能的变化越多，对设计的限制越严格，对需求的共性提取要求也越高。相反，需求越粗，开发人员在技术设计时不清楚的地方就越多，影响技术设计。

　　（6）　需求描述的多义性。需求描述的多义性一方面是指不同用户对需求说明产生了不同的理解；另一方面是指同一用户能用不同的方式来解释某个需求说明。多义性会使用户和开发人员等项目参与者产生不同的期望，也会使开发、测试人员为不同的理解而浪费时间，带来不可避免的后果，便是返工重做。

　　（7）　忽略了用户的特点分析。分析人员往往轻易忽略了系统用户的特点，系统是由不同的人使用其不同的特性，加之使用频繁程度有所差异，使用者的教育程度和经验水平也不尽相同。假如忽略这些的话，将会导致有的用户对产品感到失望。

　　（8）　需求开发的时间保障。为了确保需求的正确性和完整性，项目负责人往往坚持要在需求阶段花费较多的时间，但用户和开发部门的领导却会因为项目迟迟看不到实际成果而焦虑，他们往往会强迫项目尽快往前推进，需求开发人员也会被需求的复杂和善变折腾得筋疲力尽，他们也希望尽快结束需求阶段。

　　需求分析是软件项目开发中最困难的一项工作，它不仅要求分析人员具有丰富的需求分析经验和良好的专业素质，还要求分析人员具有良好的学习能力、公关能力、语言能力和组织能力。在实际工作中分析人员要面对不同的单位、不同的部门、不同的人员、不同的文化、不同的关系、不同的管理水平等不同的情况。面对如此纷繁复杂的环境，如何做好需求分析工作？首先需要建立一个有效的工作机制，只有建立了工作机制，才能保证需求工作按照既定方案执行，需求开发和管理的参与者才会在一种有序的状态下工作。其次才是充分运用工作机制和个人能力去获取问题、分析问题、编写需求文档和进行需求管理。

5.2 需求分析的任务

需求分析是一项软件工程活动，其目的是：弄清用户对系统的细节要求，完整、准确、清晰、具体地回答目标系统"做什么"，具体任务是：

（1） 确定对系统的综合要求：

对系统的综合要求，一般包括：功能要求、性能要求、运行要求、其他要求等。

功能要求包括系统应该实现的功能；

性能要求包括系统的相应时间、资源限制、数据精确性、系统适应性等；

运行要求包括系统硬件环境、网络环境、系统软件、接口等的具体要求；

其他要求包括：安全保密、可靠性、可维护性、可移植性、可扩展性等等。

（2） 分析系统的数据要求

数据要求主要指系统分析师根据用户的信息流抽象、归纳出系统所要求的数据定义、数据逻辑关系、输入/输出数据定义、数据采集方式等。

（3） 抽象出并确立目标系统的逻辑模型

综合上述两项分析的结果可以导出系统的详细的逻辑模型，通常用数据流图、E-R 图、状态转换图、数据字典和主要的处理算法描述这个逻辑模型。

（4） 编写需求规格说明书

用好的结构化和自然语言编写文本型文档。通过建立图形化模型，用这些模型可以描绘转换过程、系统状态和它们之间的变化、数据关系、逻辑流或对象类和它们的关系。编写形式化规格说明，这可以通过使用数学上精确的形式化逻辑语言来定义需求。

需求规格说明书主要围绕以下四个方面组织：

1） 系统规格说明：目标系统的总体概貌；系统功能、性能要求；系统运行要求；将来可能的修改扩充要求。如果采用 SA 方法进行需求分析，则数据流图是描述系统逻辑模型主要工具。

2） 数据要求：建立数据词典描绘系统数据要求，给出系统逻辑模型的准确、完整定义。

3） 用户描述：从用户使用角度对系统的描述，相当于初始的用户手册。内容包括系统功能、性能概述，预期的系统使用步骤与方法，用户运行维护要求等。

4） 修正的开发计划：经过需求分析，对系统开发的成本估计，资源使用要求，项目进度计划的可能修改。

5.3 需求分析的过程

需求分析过程是一个从模糊概念出发，经过分析、综合评价，到概念逐步清晰的过程，它包括四项活动：

（1）需求获取：调查软件需求，弄清用户对目标软件系统在功能、性能、行为、设计约束等方面的期望。

（2）需求建模：是对现实世界进行抽象的过程。通过符号和文字说明描述系统模型使用户和开发者间建立共同语言基础，消除理解上的歧义。

（3）需求说明：是需求分析阶段的最终成果，也是需求分析阶段复审的依据。是用户领域专家、软件分析师、软件设计师共同交流的途径和媒介。是交付给用户文档的一部份。

（4）需求评审：根据需求说明书，对需求的正确性、一致性、完整性、无二义性进行评审、确认。

需求分析四个步骤并不遵循线性的顺序，这些活动是相互隔开、增量和反复的，如图2-20所示。

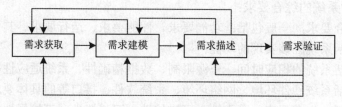

图 2-20　需求分析过程

5.4　需求获取

需求获取的内容是：

功能性需求：搞清系统做什么。

非功能性需求：定义了系统工作时的特性（环境、性能、可靠性、安全保密性、成本消耗、资源利用、用户接口等）。

需求一般分为三个层次：业务需求、用户需求和功能需求，它们之间的关系如图2-21所示。

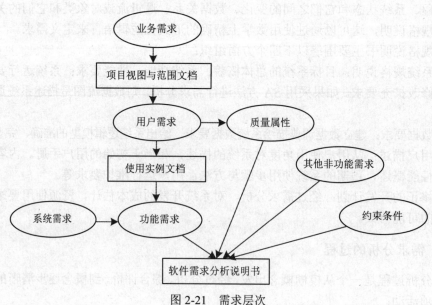

图 2-21　需求层次

5.5　分析建模

建模就是把客观世界的领域问题模型化，通过逐步细化模型最终映射到计算机世界里。需求建模是模型化的开始。需求模型就是根据用户需求建立的目标软件的逻辑模型。建模的过程如图 2-22 所示。

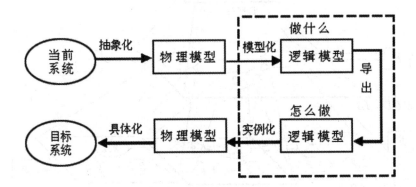

图 2-22　建模过程

结构化建模应用的技术：数据流图、数据字典、实体联系图、状态迁移图。它们之间的关系如图 2-23 所示。

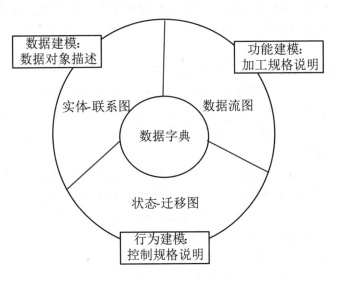

图 2-23　结构化模型

（1）　数据流图

数据流图就是组织中信息运动的抽象，是信息逻辑系统模型的主要形式。数据流图描述的是系统的逻辑模型，只有 4 种基本符号元素：数据流（Data Flow）、数据处理（Process）、数据存储（Data Store）和外部实体（External Entity）。

→：箭头，表示数据流。

○：圆或椭圆，表示加工。

=：平行线或半封口矩形，表示数据存储。

□：方框，表示数据的源点或终点。

数据流图分层原则是数据平衡，分层关系如图 2-24 所示。

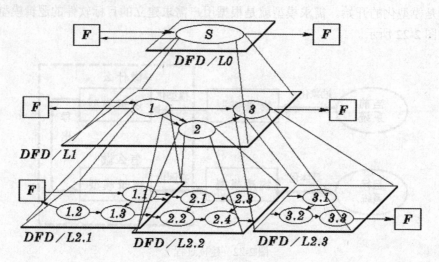

图 2-24　数据流图分层关系

（2）实体联系图

实体联系图（Entity-Relationship，E-R 图）提供了表示实体型、属性和联系的方法，用来描述现实世界的概念模型。构成 E-R 图的基本要素是实体型、属性和联系，其表示方法为：

实体型：用矩形表示，矩形框内写明实体名。

属性：用椭圆形表示，并用无向边将其与相应的实体连接起来。

联系：用菱形表示，菱形框内写明联系名，并用无向边分别与有关实体连接起来，同时在无向边旁标上联系的类型（1∶1，1∶n 或 m∶n）。

（3）状态迁移图

状态迁移图（即状态图）具有事件驱动的特性的动态行为建模。状态图是展现状态与状态转换的图。状态图由状态组成，各状态由转移链接在一起。状态是对象执行某项活动或等待某个事件时的条件。转移是两个状态之间的关系，它由某个事件触发，然后执行特定的操作或者评估，并导致特定结束状态。主要有四种符号：

状态：用圆角矩形表示，框内写明状态名称。

开始结束状态：开始状态用实心圆表示，只能有一个。

结束状态用实心环表示，可以有多个。

转换或称变迁用箭头表示，上面写明事件。

（4）数据字典

数据字典：DD 以一种准确无二义性的说明方式为软件分析、设计及维护提供了有关数据元素一致的定义和详细描述。数据字典要求：完整性、一致性和可用性。主要包括四项内容：

数据流条目：给出了 DFD 中数据流的定义，通常对数据流的简单描述为列出该数据流的各组成数据项。主要包括：数据流名称、别名及简述、数据流来源和去处、数据流组成、流通量。

文件条目：给出某个文件的定义，文件的定义通常是列出文件记录的组成数据流，还可指出文件的组织方式。

数据项条目：给出某个数据单项的定义，通常是该数据项的值类型、允许值等。

加工条目：是对 DFD 的补充，实际是"加工小说明"。由于"加工"是 DFD 的重要组成部分，一般应单独进行说明。

5.6　需求文档

SRS（Software Requirement Specification）是需求分析的最终结果。SRS 是软件项目的一个关键性文档，主要用来描述待开发系统所要实现的功能和目标，清楚地阐述一个软件系统必须提供的功能性需求和非功能性需求，以及所要考虑的限制条件。SRS 要达到质量要求，也是需求分析要达到的要求：明确（Clear）、完整（Complete）、一致（Consistent）、可测试（Testable）、可跟踪（Traceable）、可修改（Modifiable）等标准。

5.7　需求评审

需求评审是为了及早消除隐藏的错误，经验和研究表明在需求开发阶段纠正这个错误会节省相当多的时间和金钱。

（1）需求评审标准

如何判定需求规格说明的好坏，不同的软件工程规范都有自己的一套标准。这里向大家介绍一个比较常见的 NASA SEL 推荐方法，它是由美国国家航空和航天局软件工程实验室开发的五大常用国际软件工程规范之一。它对软件需求过程的评价标准是：清楚、完整、一致、可测试。

1）清楚：目前大多数的需求分析采用的仍然是自然语言。自然语言对需求分析最大的弊病就是它的二义性，所以开发人员需要对需求分析中采用的语言做某些限制。例如，尽量采用主语＋动作的简单表达方式。需求分析中的描述一定要简单，千万不要采用疑问句、修饰这些复杂的表达方式。除了语言的二义性之外，注重不要使用行话，即计算机术语。需求分析最重要的是和用户沟通，可是用户多半不是计算机的专业人士。假如在需求分析中使用了行话，就会造成用户理解上的困难。

2）完整：需求的完整性是非常重要的，假如有遗漏需求，则不得不返工。在软件开发过程中，最糟糕的事情莫过于在软件开发接近完成时发现遗漏了一项需求。

但实际情况是，需求的遗漏是常发生的事情，这不仅仅是开发人员的问题，更多发生在用户那里。要做到需求的完整性是一件很艰难的事情。它涉及到需求分析过程的各个方面，贯穿整个过程，从最初的需求计划制定到最后的需求评审。

3）一致：一致性是指用户需求必须和业务需求一致，功能需求必须和用户需求一致。在需求过程中，开发人员需要把一致性关系进行细化，比如用户需求不能超出预前指定的范围。严格的遵守不同层次间的一致性关系，就可以保证最后开发出来的软件系统不会偏离最初的实现目标。

4）可测试：一个项目的测试从什么时候开始呢？有人说是从编码完成后开始，有人说是编码的时候同时进行单元测试，编码完成后进行系统测试，这些结论都不完全正确。实际上，测试是从需求分析过程就开始了，因为需求是测试计划的输入和参照。这就要求需求分析是可测试的，只有系统的所有需求都是可以被测试的，才能够保证软件始终围绕着用户的需要，保证软件系统是成功的。

（2）需求评审的层次

1）过程规范：是否符合过程规范、是否按照计划提交、是否按时经过评审、是否准时发布（注意提交时间与发布时间的区别），以及评审的流程是否规范。适合的评审人员：QA。

2）文档规范：文档成果符合企业或业界已经制定的文档模板规范。企业，甚至行业应当制定统一的文档规范，形成一个文档约定和规则，以统一文档内容与风格。适合的评审人员：QA。

3）文档语法：文档成果正确使用通用的方法与术语并符合软件工程相关的技术标准。这里所说的语法包括自然语言的语法和建模语言的语法。适合的评审人员要求：精通软件工程、分析与设计方法、建模工具和相关标准。

4）文档语义：文档成果表达清晰、无歧义，可以反映系统目标。所有质量合格的文档（包括模型）都代表它期望代表的语义，而且应该在代表这些语义时具有一致性。文字与图表应当互相补充说明，使得更加清晰。让别人看得懂，看完后知道下一步该怎么做。适合的评审人员：行业业务专家、高级程序员和测试工程师。

5）文档逻辑：主要体现需求与设计正确性、一致性，无遗漏、多余或错误。前后左右考虑周全，不同文档之间、文档与行业标准之间、同一文档各成分之间不互相矛盾，清晰说明相关部分之间的关系，特别是要符合相关行业的业务标准规范。适合的评审人员：行业业务专家、产品经理和测试工程师。

6）文档美学：文档成果能否表述得更好一些，文字、图表是否能更加均衡和完整。需要追求平衡的美，每个组成部分应该大小适中，可解读并可变更。平衡有多个方面，如排版次序更加合理、文字、图形更加精炼并更易理解等。适合的评审人员：系统分析与设计专家，以及建模工具专家。

7）结果优化：通过检查判断文档成果（如项目计划、需求规格及设计方案）是否还有改进的空间，以便更加方便地进行项目管理、降低成本、加快进度、提高质量并减小风险，尽可能达到最佳方案。任何一项设计都可以有许多不同的方案，通过"方案优化"选定一种最好的方案。适合的评审人员：系统分析与设计专家、项目经理和产品经理。

（3）需求评审流程

1）确定评审组长

由品质保证人员与项目经理、部门经理讨论协商，确定项目的评审级别及评审人员角色构成要求，初步确定评审组长人选。品质保证人员与评审组长沟通，最终确定评审组长。评审组长充分了解项目相关情况，为制定评审计划做好准备。

2）评审计划

① 评审组长制定评审计划（根据项目计划和质量计划）。

② 评审组长确定评审对象和评审时间。

③ 评审组长确定评审级别和策略（形式的组合）。

④ 评审组长确定评审流程部分环节的裁减和提交物。

⑤ 评审组长确定入口条件并通过准则。

⑥ 评审组长确定回归评审准则。

⑦ 评审组长制定评审检查细目表（CheckList）。

⑧ 评审组长确定评审角色构成。

⑨ 评审组长根据评审角色构成确定评审人员并成立评审小组。

⑩ 相关人员（评审人员和项目团队双方）确认评审计划。

最终，由评审组长发布评审计划。

3）评审准备

① 正式评审前准备：文档作者向相关人员发布文档。

② 评审人员阅读了解文档，争取发现大部分问题。

③ 文档作者解决大部分发现的问题。

④ 评审组长确定会议地点、环境、设备和所有材料。

⑤ 评审组长确定人员职责和会议议程。

⑥ 评审组长确定评审开始条件成熟。

⑦ 评审组长通知相关人员到会。

4）评审会议

① 主持人（评审组长）宣布会议议程、人员职责和会场纪律。

② 文档作者介绍工作成果，对评审人员的疑问进行必要的解释。

③ 评审人员对不解之处提出疑问，指出问题或缺陷并说明根据。

④ 文档作者与评审人员讨论缺陷的真实性，分清缺陷性问题和建议性问题，讨论确定是否需要按照评审人员的要求进行改进。一般不涉及为节省时间改进方案或错误的纠正方案。

5）评审记录

① 正式评审应当记录有共识的问题或缺陷，也要记录有争议、待解决的问题。使评审工作文档化，便于跟踪最终解决。

② 总体记录：包括项目名称、系统名称版本号、日期时间、主文档名称、附文档名称、文档版本号、作者、评审类型（首次、回归、部分和阶段）、评审人员和评审结论。

③ 缺陷记录：包括缺陷编号、提出者、章节／页码、缺陷描述、缺陷类型（严重、一般和建议）和承诺改正时间。

④ 验证记录：全部打钩的 CheckList，说明 CheckList 所列的工作都已经做完，所列的内容都已经评审完，确保工作的完整性。

6）评审结论

评审结论包括如下内容。

① 是否需要修改？这是就成果的整体而言，结论可以是无需、少量、较大或是一个量化的数字。

② 项目组确定是否接受修改要求？这是针对具体的一条意见或建议。有些问题可能是误会，消除了就不是问题；有些建议性的问题，项目组考虑进度可不接受修改要求。

如不接受修改要求，项目组给出不修改的理由。

如何处理？是否需要进行回归评审？

总体结论：合格或不合格。

确定的修改责任人和跟踪责任人。

确定的回归评审时间。

是否都认同评审结论？如果需要做得更正式一些，可以要求相关人员签字，表示同意评审结论并签字。

7）跟踪与总结

评审中发现的问题的后续跟踪是改正错误并消除缺陷的有效措施，应当有专门的责任人进行后续跟踪确认错误都已改正，根据结论必要时回归评审。

① 评审组长分析评审数据并总结经验。

② 评审组长发布评审记录与数据分析报告。

③ 管理人员应当防止评审数据被不恰当地使用。如果使用评审数据来对个人进行绩效评价，将会给以后的评审工作造成障碍，使评审各方不能放开进行评审。

④ 评审组长进行工作总结。工作总结很有必要，有利于对项目或过程的改进。

⑤ 评审组长提交各类评审报告，由关领导批准发布已通过的文档。

8）材料归档

评审材料归档是项目配置管理工作的一部分。新建项目，记载配置管理工具中为此项目建立一个目录，并建立下列子目录。

① 待评阅态：文件放入此目录后会自动通过邮件通知需要评阅的人员。全体评阅人员评阅完毕，也会自动通过邮件把意见通知文档作者，并实现到期自动提醒功能。

② 待评审态：文件放入此目录后会自动通过邮件通知需要评审的人员。全体评阅人员评审完毕，也会自动通过邮件把批准或拒绝的意见通知文档作者，并实现到期自动提醒功能。

③ 受控态：评审批准后自动转入受控态并发布自动邮件。

④ 签出态：为了修改而版本升级，当文件签出时放入签出态。修改后的文档可能签入到待评阅态、待评审态或直接到受控态，但文档版本已经升级。

⑤ 产品态：项目结束后受控态的文档自动归到产品态。

知识拓展　Visio 的安装与使用

1　安装 Microsoft Visio

Microsoft Visio 2010 是便于 IT 和商务专业人员就复杂信息、系统和流程进行可视化处理、分析和交流的软件。使用 Visio 可以通过多种图表，包括业务流程图、软件界面、网络图、工作流图表、数据库模型和软件图表等直观地记录、设计和完全了解业务流程和系统的状态。是结构化方法分析与建模的理想工具。安装及使用步骤如下。

（1）首先购买 Microsoft Visio 的安装包，然后解压安装包，双击 setup.exe 进行安装，安装程序开始准备必要的文件，会出现如图 2-25 所示界面。

图 2-25　安装准备

（2）准备完毕，阅读 Microsoft 软件许可证条款，选择"我接受此协议的条款"，点击"继续"，如图 2-26 所示。

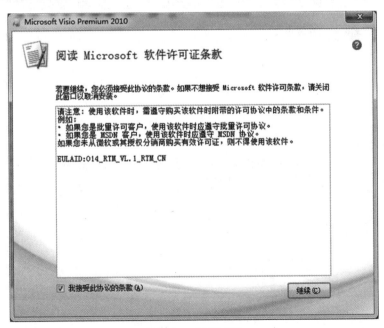

图 2-26　许可选择

（3）选择所需的安装类型，默认点击"立即安装"，也可以选"自定义安装"，如图 2-27 所示。

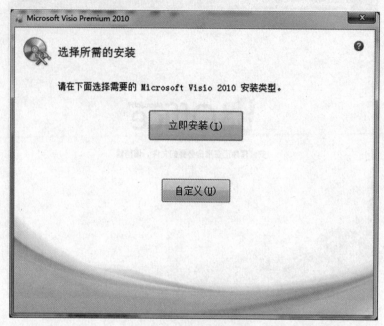

图 2-27　安装选择

（4）进行安装，显示安装进度，这需要一段时间，如图 2-28 所示。

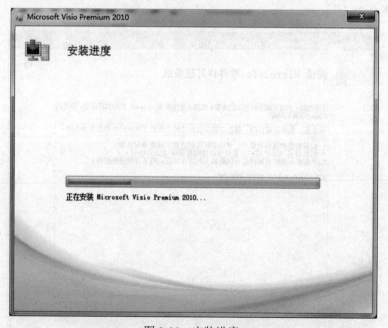

图 2-28　安装进度

（5）安装完成，出现感谢界面，如图 2-29 所示界面，选择"关闭"即可。

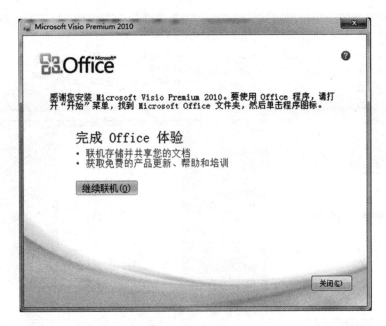

图 2-29　安装完成

（6）　从程序中选择 Microsoft Visio 进入程序，根据绘图类型选择合适模板即可使用，如图 2-30 所示。

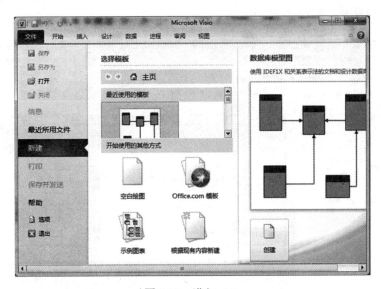

图 2-30　进入 visio

2　绘制基本图形

2.1　绘制数据流图

（1）　打开 Visio，依次选择新建、软件和数据库、数据流模型图，进入如图 2-31 所示界面。

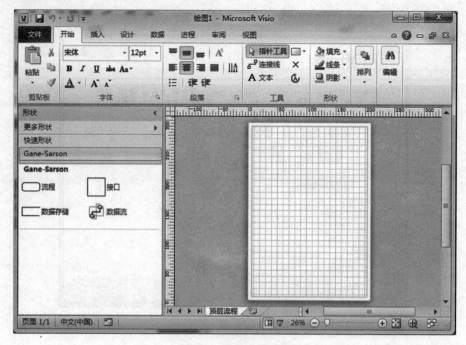

图 2-31　打开数据流图

（2）根据需要选择实体、处理、数据存储、数据流等，拖到工作区，并为它们命名，建立各组件间的联系，如图 2-32 所示。

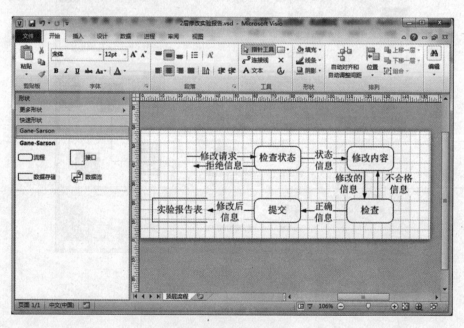

图 2-32　绘制数据流图

（3）绘制完成后保存图形，可以根据绘制层数和内容进行命名，如图 2-33 所示。

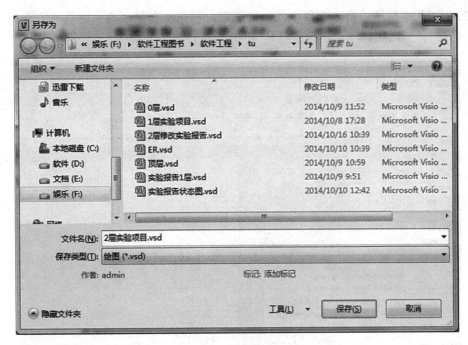

图 2-33　保存数据流图

2.2　绘制 E-R 图

（1）由于 Visio 默认的绘图模板并没有 E-R 图这一项，但是有画 E-R 图必需的基本图形，所以我们需要先把必要的图形添加到"我的模板"中。以添加椭圆和矩形为例，打开 Visio，选择"新建"，然后选择"基本框图"，如图 2-34 所示。

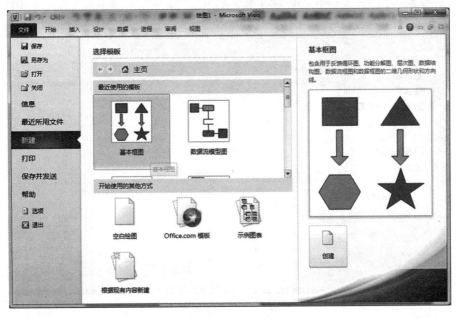

图 2-34　选择基本框图

（2）在基本框图的可选图形中找到椭圆形，右击，在弹出的快捷菜单中选择"添加到我的形状"，然后选择"添加到新模具"，如图 2-35 所示。

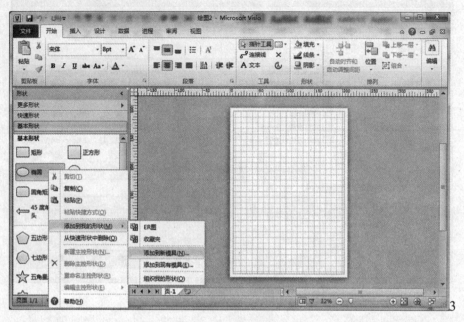

图 2-35 添加形状

（3）出现一个另存为对话框，文件名处我们命名为"ER 图"，这样，Visio 就为我们新建了一个名为"ER 图"的绘图模具，并且把椭圆加入了该模具中，如图 2-36 所示。

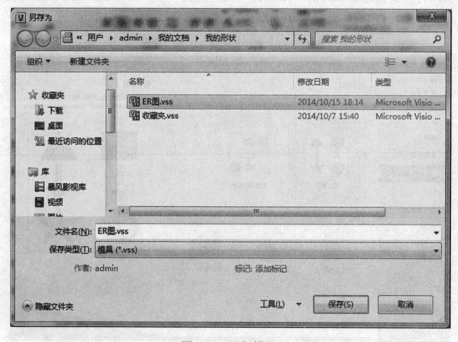

图 2-36 添加模具

（4）　接下来继续添加需要的图形。找到矩形，右击，在弹出的快捷菜单中选择"添加到我的形状"，这次不是选择"添加到新模具"，而是添加到"ER 图"，如图 2-37 所示。

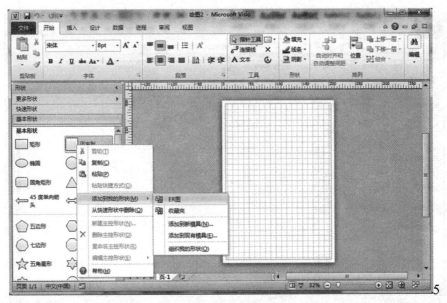

图 2-37　添加矩形

（5）　重复上述步骤直到把画 ER 图所需的所有图形（矩形、椭圆、菱形、连线线）添加完毕。需要注意的是，并不是上述图形都能在"基本框图"下找到。比如直线可以在数据流模型图中找到，菱形则在流程图的基本流程图中。

（6）　模板创建完成后，依次选择更多形状、我的形状、ER 图，如图 2-38 所示。

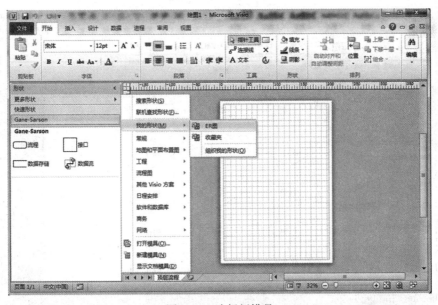

图 2-38　选择新模具

（7）　Visio 进入画图状态，可以看到我们自定义的 ER 图模型下已经有绘制 ER 图必需的一些图形。在界面的左边，选中"矩形"这个画图模型，按住鼠标左键不放，直接拖动到中间的带有标尺的画图区域，双击图形可以在里面输入文字，如图2-39所示。

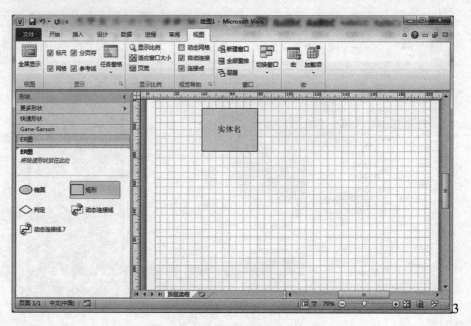

图2-39　绘制实体

（8）根据ER图的规则，开始绘制我们想要的绘图，矩形表示实体，椭圆表示实体的属性，菱形表示实体与实体之间的联系，图形之间用线段连接，直到绘图基本完成，如图2-40所示。

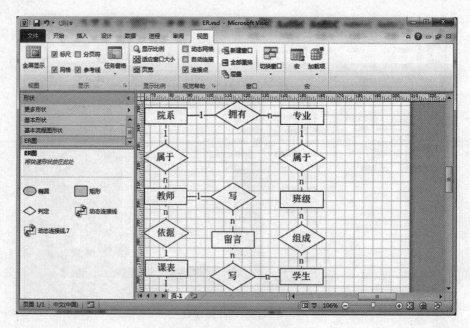

图2-40　绘制ER图

（9）保存好绘制出来的图形。点击菜单栏的"文件"，选择"另存为"，填好文件的名字，文件类型可以选择普通的"jpeg"，但这样保存以后就不可编辑了。建议再保存一份"vsd"格式的绘图工程文件以便日后修改。

小结

传统软件工程方法学使用结构化分析技术，完成分析用户需求的工作。需求分析是发现、求精、建模、规格说明和复审的过程。需求分析的第一步是进一步了解用户当前所处的情况，发现用户所面临的问题和对目标系统的基本需求；接下来应该与用户深入交流，对用户的基本需求反复细化逐步求精，以得出对目标系统的完整、准确和具体的需求。具体地说，应该确定系统必须具有的功能、性能、可靠性和可用性，必须实现的出错处理需求、接口需求和逆向需求，必须满足的约束条件，并且预测系统的发展前景。

为了详细地了解并正确地理解用户的需求，必须使用适当方法与用户沟通。访谈是与用户通信的历史悠久的技术，至今仍被许多系统分析员采用。从可行性研究阶段得到的数据流图出发，在用户的协助下面向数据流自顶向下逐步求精，也是与用户沟通获取需求的一个有效的方法。为了促使用户与分析员齐心协力共同分析需求，人们研究出一种面向团队的需求收集法，称为简易的应用规格说明技术，现在这种技术已经成为信息系统领域使用的主流技术。实践表明，快速建立软件原型是最准确、最有效和最强大的需求分析技术。

快速原型应该具备的基本特性是"快速"和"容易修改"，因此，必须用适当的软件工具支持快速原型技术。通常使用第四代技术、可重用的软件构件及形式化规格说明与原型环境，可快速地构建和修改原型。

为了更好地理解问题，人们常常采用建立模型的方法。结构化分析实质上就是一种建模活动，在需求分析阶段通常建立数据模型、功能模型和行为模型。

软件需求规格说明书是经过严格评审并得到用户确认之后，作为这个阶段的最终成果。通常主要从一致性、完整性、现实性和有效性等 4 个方面复审软件需求规格说明书。

多数人习惯于使用实体—联系图建立数据模型。使用数据流图建立功能模型，使用状态图建立行为模型。软件开发人员应该掌握这些图形的基本符号，并能正确地使用这些符号建立软件系统的模型。

数据字典描述在数据模型、功能模型和行为模型中出现的数据对象及控制信息的特性，给出它们的准确定义。因此，数据字典成为把 3 种分析模型黏合在一起的"黏合剂"，是分析模型的"核心"。

习题

一、选择题

1. 需求分析中开发人员要从用户那里了解（　　）。
   - A. 软件做什么
   - B. 用户使用界面
   - C. 输入的信息
   - D. 软件的规模
2. 需求分析阶段的任务是确定（　　）。
   - A. 软件开发方法
   - B. 软件开发工具

    C. 软件开发费　　　　　　　　　　　　D. 软件系统的功能

3. 需求分析阶段最重要的技术文档之一是（　　　）。

    A. 项目开发计划　　　　　　　　　　　B. 设计说明书

    C. 需求规格说明书　　　　　　　　　　D. 可行性分析报告

4. 需求分析阶段建立原型的目的是（　　　）。

    A. 确定系统的功能和性能的需求　　　　B. 确定系统的运行要求

    C. 确定系统是否满足用户需求　　　　　D. 确定系统是否满足开发人员需要

5. 需求分析阶段研究的对象是（　　　）。

    A. 用户需求　　　　　　　　　　　　　B. 分析员要求

    C. 系统要求　　　　　　　　　　　　　D. 软硬件要求

6. 系统流程图用于可行性分析中的（　　　）描述。

    A. 当前运行系统　　　　　　　　　　　B. 当前逻辑模型

    C. 目标系统　　　　　　　　　　　　　D. 新系统

7. 数据流图（DFD）是（　　　）方法中用于表示系统的逻辑模型的一种图形工具。

    A. SA　　　　　　　B. SD　　　　　　　C. SP　　　　　D. SC

8. 数据字典是用来定义（　　　）中的各个成份的具体含义的。

    A. 流程图　　　　　　　　　　　　　　B. 功能结构图

    C. 系统结构图　　　　　　　　　　　　D. 数据流图

9. 需求规格说明书的作用不包括（　　　）。

    A. 软件验收的依据

    B. 用户与开发人员对软件要做什么的共同理解

    C. 软件可行性研究的依据

    D. 软件设计的依据

10. 软件开发的需求活动，其主要任务是（　　　）。

    A. 给出软件解决方案　　　　　　　　　B. 给出系统模块结构

    C. 定义模块算法　　　　　　　　　　　D. 定义需求并建立系统模型

11. 软件需求分析一般要确定的是用户对软件的（　　　）。

    A. 功能需求　　　　　　　　　　　　　B. 非功能需求

    C. 性能需求　　　　　　　　　　　　　D. 功能需求和非功能需求

12. 在数据流图中，符号方框表示（　　　）。

    A. 变换/加工　　　　　　　　　　　　B. 外部实体

    C. 数据流　　　　　　　　　　　　　　D. 数据存储

13. 需求分析是（　　　）。

    A. 由开发人员和系统分析人员完成　　　B. 由系统分析人员完成

    C. 软件生命周期的开始　　　　　　　　D. 软件开发任务的基础性工作

14. 在软件开发过程中常用图作为描述工具。如 DFD 就是面向（　　　）分析方法的描述工具。

    A. 数据结构　　　　B. 数据流　　　　C. 对象　　　　　D. 构件

15. 软件开发常使用结构化方法和原型化方法。实施软件开发原型化方法应具备的必要条件是（   ）。

    A. 原型系统的积累、需求的准确理解   B. 原型化开发人员、完善的开发工具

    C. 软件的支持、原型系统的积累   D. 硬件的支持、原型开发系统的积累

16. 数据字典是对数据定义信息的集合。它所定义的对象都包含（   ）。

    A. 数据流图   B. 程序框图

    C. 软件结构   D. 方框图

17. 软件开发的结构化方法中常用到数据字典技术，其中数据加工是组成内容之一。下述方法中，（   ）是常采用编写加工说明的方法。

Ⅰ 结构化语

Ⅱ 判定

Ⅲ 判定表

    A. Ⅰ   B. Ⅱ   C. Ⅱ、Ⅲ   D. 全部

18. 数据流图是表示软件模型的一种图示方法，画数据流图应遵循的原则是：（   ）。

    A. 自顶向上、分层绘制、逐步求精   B. 自定向下、分层绘制、逐步求精

    C. 自定向下、逐步求精   D. 自顶向上、分层绘制

二、简答题

1. 需求分析的任务是什么？

2. 简述一下需求分析的原则？

3. 结构化分析方法通过哪些步骤实现？

4. 数据流图的作用？它的优缺点？其中的符号表示什么含义？

5. 画数据流图的原则？

6. 数据字典的用途？

三、应用题

1. 图书馆的预定图书子系统有如下功能：

（1）生成供书书目：由供书单位提供书目保存到供书目录文档；

（2）重复检查：由订书者提供订书书目进行重复检查，将重复信息反馈给订书者，去重复后保存到预订目录文档；

（3）订书：根据供书目录和预订目录产生订书信息，保存到订书目录文档。将订书信息（包括数目，数量等）反馈给供书单位；将未订书目通知订书者。

根据以上描述完成下面题目。

（1）找出系统中的实体。

（2）找出系统中的处理。

（3）找出系统中的数据存储。

（4）画出系统的数据流图。

2. 某图书馆借阅系统有以下功能：

（1）借书：根据读者的借书证查询读者档案，若借书数目未超过规定数量，则办理借阅手续（修改库存记录及读者档案），超过规定数量者不予借阅。对于第一次借阅者则直

接办理借阅手续。

（2） 还书：根据读者书中的条形码，修改库存记录及读者档案，若借阅时间超过规定期限则罚款。

请对以上问题，画出分层数据流图。

3. 一个成绩管理系统，其主要功能描述如下：

i 每门课程的成绩由平时成绩和期末成绩构成。其中平时成绩反映学生平时表现。课程结束后进行期末考试，其成绩作为这门课程的考试成绩。

ii 每门课程的主讲教师将学生的平时成绩和考试成绩上传给成绩管理系统。

iii 在记录学生成绩之前，系统需要验证这些成绩是否有效。首先，根据学生信息文件来确认该学生是否选修这门课程。若没有，那么这些成绩是无效的；如果他的确选修了这门课程，再根据课程信息和班级信息文件来验证平时成绩和考试是否有效。如果是，那么这些成绩是有效的，否则无效。

iv 对于有效成绩，系统将其保存在课程成绩文件中。对于无效成绩，系统会单独将其保存在无效成绩文件中，并将详细情况提交给教务处。在教务处没有给出具体处理意见之前，系统不会处理这些成绩。

v 若一门课程的所有有效的平时成绩和考试成绩都已经被系统记录，系统会发送课程完成的通知给教务处，告知该门课程的成绩已经齐全。教务处根据需要，请求系统生成相应的成绩列表，用来提交给考试委员会审查。

vi 在生成成绩列表之前，系统会生成一份成绩报告给主讲教师，以便核对是否存在错误。主讲教师须将核对之后的成绩报告返还系统。

vii 根据主讲教师核对后的成绩报告，系统生成相应的成绩列表，递交考试委员会进行审查。考试委员会在审查之后，上交一份成绩审查结果给系统。对于所有通过审查的成绩，系统将会生成最终的成绩单，并通知每个选课学生。

现采用结构化方法对这个系统进行分析与设计，得到如习题图 1 所示的顶层数据流图和习题图 2 所示的 0 层数据流图。

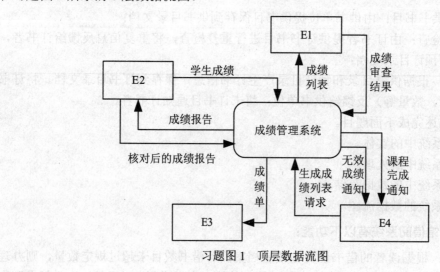

习题图 1　顶层数据流图

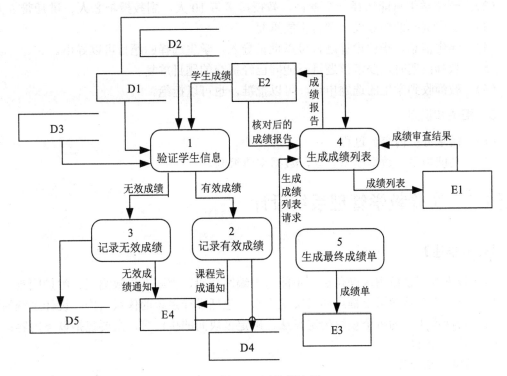

习题图 2　0 层数据流图

（1）使用说明中的词语，给出图 1 中外部实体 E1～E4 的名称。

（2）使用说明中的词语，给出图 2 中数据存储 D1～D5 的名称。

（3）数据流图 2 缺少了三条数据流，根据说明及数据流图 1 提供的信息，分别指出这三条数据流的起点和终点。

数据流名称	起　　点	终　　点

实训项目　毕业设计选题系统需求分析

1　实训目标

（1）分析毕业设计选题系统的功能需求、性能需求和其他需求。

（2）建立毕业设计选题系统的功能模型（数据流图）、数据模型（E-R 图）。

（3）能够撰写毕业设计选题系统的需求规格说明书。

2　实训要求

（1）学生登录系统后能够看到毕业设计题目列表，包括序号、题目、指导教师、题目性质、选择按钮列表。

（2） 一个学生只能选择一个题目，教授最多带 10 人、副教授带 8 人、讲师带 6 人。
（3） 学生选择的毕业设计题目不能重复。
（4） 学生信息、毕业设计题目可以批量导入，学生选择的题目可以导出。
（5） 教师出题时，要审核题目不能同已经提交的题目重复。
（6） 教师收到学生的选题申请，可以批准，也可以拒绝。

3　相关知识点

（1） 需求分析内容、过程。
（2） 功能模型、数据模型建立，数据字典编制。

案例二　实验教学管理系统设计

【任务描述】

实验教学管理系统需求确认后，不能急于编写代码，否则会导致测试、维护困难，甚至软件失败。需要从逻辑上描述如何实现需求，包括设计系统的体系结构、设计系统的软件结构、设计模块、为每个模块确定算法、确定模块间的接口等，主要包括以下内容：

- 系统总体设计
- 系统详细设计

【任务分析】

对实验教学管理系统进行设计，首先要了解常见的体系结构，能够选择合适的体系结构；根据模块设计原则设计模块，确定模块间的关系，设计软件结构图；设计每个模块的算法并用程序流程图、N-S 图、PAD 图等工具描述；设计模块的数据结构，设计数据表和表间的关系；根据界面设计原则进行界面设计。

【实施方案】

任务 1　总体设计

1.1　选择体系结构

绝大多数实际运行的系统都是几种体系结构的复合：在系统的某些部分采用一种体系结构，而在其他的部分采用另外的体系，我们可以将复合几种基本体系结构的系统称作复合体系结构。在实际的系统分析和设计中，可能首先将整个系统作为一个功能体进行分析和权衡，得到适宜的、最上层的体系结构。如果该体系结构中的元素较为复杂，可以继续进行分解，得到某一部分的、局部的体系。分析的层次应该在可以清晰地使用简单的功能和界面描述表达结束。这样，在分析和设计的这一阶段我们可将焦点集中在系统的总体结构上，而避免集中化引入和所使用的语言实现所具体需要的技术等细节上。

我们的系统分析方法是功能和复杂性的分解，从横向分解（分模块、子系统），纵向分解中得到系统的基本组件（分类、分层次的功能和对象）。然后根据问题领域的特性选择系统的行为模式（具体的体系结构）。

B/S 体系结构由于用户界面主要事务逻辑完全在服务器端通过浏览器实现，客户端一般的硬件配置均能满足要求，网络也不必是专门的网络硬件环境。但应用服务器运行数据负荷较重，需要更加优化的系统结构和相应硬件配置。系统开发的投入与用户的多少无关，部署代价比较小，尤其适合开发客户较多，使用频繁的信息系统。B/S 体系结构只需维护服务器，所有的客户端只是浏览器，不需要任何维护和管理，而且只需将服务器连接专网，即可实现远程维护、升级和共享。

为使用户能够在简单、易用、单一、统一的可视化界面下，轻松、方便地访问到各种类型的数据，本系统采用 B/S 体系结构。

1.2　设计模块及软件结构

（1）　从 DFD 图导出初始的模块结构图

1）　确定 0 层数据流图具有变换特性还是事务特性（一般地说，一个系统中的所有信息流都可以认为是变换流），再确定变换中心，完成第一次分解。实验教学管理系统第一次分解的软件结构如图 2-41 所示。

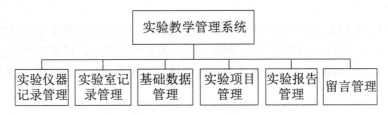

图 2-41　实验教学管理系统结构图

2）　第二级分解就是把数据流图中的每个处理映射成软件结构中一个适当的模块。分解后的实验仪器记录管理结构图（见图 2-42）、实验室记录管理结构图（见图 2-43）、实验项目管理结构图（见图 2-44）、实验报告管理结构图如图 2-45 所示。

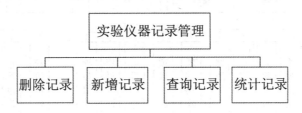

图 2-42　实验仪器记录管理结构图

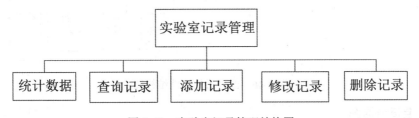

图 2-43　实验室记录管理结构图

图 2-44　实验项目管理结构图

图 2-45　实验报告管理结构图

（2）　改进初始的模块结构图

获得初始结构图后，我们需要检查结构图的深度、宽度、扇入、扇出是否合适，模块是否需要合并等。

经过检查我们发现，人时数统计、实验室使用统计、实验开出率计算都可以依据实验仪器使用记录，实验室统计数据模块进行删除；学生的实验成绩，可以在批改后添加一个显示字段，可以将查看成绩和查看报告合并为查看成绩。改进后的软件结构图如图 2-46 所示。

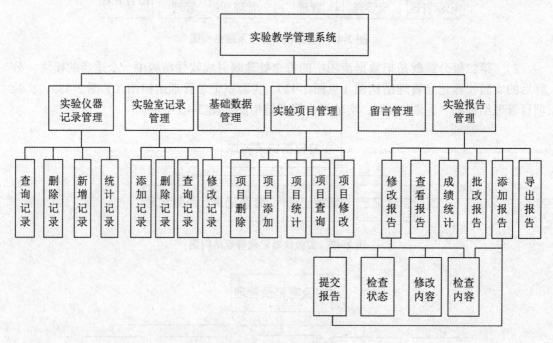

图 2-46　改进后的软件结构图

（3）　走查结构图

按照功能需求检查所有的功能是否都有模块去实现，可以用一个功能模块对照表辅助分析。表中第 1 列是分析阶段确定的软件功能或编号，通常一个功能可能需要多个模块实现。如果模块超过 5 个，往往说明该功能太大，应该将其细分。每个功能都应该有一条自上而下的模块调用通路。如果发现某条通路走下来不能实现需要的功能，就要重新检查数据流程图到软件结构图的转换是否正确。以实验报告管理为例，如表 2-1 所示。

表 2-1　　　　　　　　　　　　　　　实验报告走查表

功　能	添加报告	检查状态	修改内容	检查内容	提交报告	查看报告	批改报告	成绩统计	导出报告
实验报告添加	√	*		√	√				
实验报告修改		√	√	√	√				
实验报告查询						√			
实验报告批改							√		
实验报告导出									√
成绩统计								√	

（4）　编写模块说明

每个模块写一份处理说明，包括模块名称、编号、主要功能、上级调用模块、下级调用模块、局部数据结构、约束等。

修改实验报告说明如表 2-2 所示。

表 2-2　　　　　　　　　　　　　　　修改实验报告说明

模块名称：修改实验报告	编号：31
主要功能：修改实验报告内容	
上级调用模块：实验报告管理	下级调用模块：检查状态、修改内容、检查内容、提交报告
局部数据结构：实验报告	
约束：修改实验报告前需要检查批改状态，若教师未批改则可以修改（批改状态值为 0），若批改状态值为 1 则教师已经批改，不能进行修改	

查看实验报告说明如表 2-3 所示。

表 2-3　　　　　　　　　　　　　　　查看实验报告说明

模块名称：查看实验报告	编号：32
主要功能：查看实验报告详情	
上级调用模块：实验报告管理	下级调用模块：加载实验报告内容
局部数据结构：实验报告	
约束：查看实验报告请求发出后，读取实验报告内容，加载到指定位置，显示到页面上	

成绩统计说明如表 2-4 所示。

表 2-4　　　　　　　　　　　　　　　成绩统计说明

模块名称：成绩统计	编号：33
主要功能：统计实验报告成绩	
上级调用模块：实验报告管理	下级调用模块：无
局部数据结构：实验报告	
约束：统计成绩时，系统要检查实验报告的批改状态，状态为 1 时才能进行统计，为 0 时不能进行统计。目前统计结果一是及格人数（包括及格、良好和优秀），二是不及格人数	

批改实验报告说明如表 2-5 所示。

表 2-5 批改报告说明

模块名称：批改报告		编号：34
主要功能：批改实验报告		
上级调用模块：实验报告管理		下级调用模块：内容检查
局部数据结构：实验报告		
约束：批改时必须填写实验评语和实验成绩		

添加实验报告说明如表 2-6 所示。

表 2-6 添加实验报告说明

模块名称：添加实验报告		编号：35
主要功能：添加新的实验报告		
上级调用模块：实验报告管理		下级调用模块：检查内容、提交报告
局部数据结构：实验报告		
约束：添加实验报告前需要检查实验项目是否开放，实验项目状态为 1 则可以添加，实验项目状态为 0 则不能添加。实验报告内容有一些是需要选择的，必须从列表中选择，日期是要按照指定格式进行添加		

导出实验报告管理说明如表 2-7 所示。

表 2-7 导出实验报告说明

模块名称：导出报告		编号：36
主要功能：教师导出学生的实验报告		
上级调用模块：实验报告管理		下级调用模块：
局部数据结构：实验报告		
约束：教师导出实验报告需要按照班级和实验项目进行导出		

任务 2 详细设计

2.1 算法设计及描述

详细设计的主要任务是为每个模块确定算法，并用工具描述。

（1） 实验报告管理模块

实验报告管理主要包括添加、成绩统计、报告修改、报告查询、报告批改、报告导出 6 个子模块。

1） 实验报告添加的步骤是：学生选择学期、课程名称、项目名称、实验室、填写实验报告时间、实验内容、实验结果等实验报告基本信息，然后进行必填项验证，验证通过则保存到实验报告表中，否则继续填写必填项。提交成功会看到实验报告成功提交的信息。流程如图 2-47 所示。

2） 实验报告修改的步骤是：学生选择修改，系统先检查实验报告状态。如果状态为 1，表明教师已批改完毕，不允许修改。若状态为 0，系统会读取原来实验报告内容并显示到页面上。学生根据需要进行修改，然后进行必填项验证，验证通过则保存到实验报告表中，否则继续填写必填项。提交成功会看到实验报告成功提交的信息。流程如图 2-48 所示。

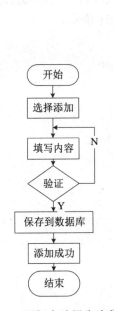

图 2-47　添加实验报告流程图

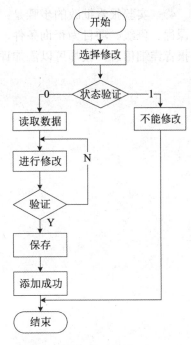

图 2-48　修改实验报告

3）　实验报告查询的步骤是：如果学生选择查看实验报告，系统先判断学生是否提交报告，若有，则可以按课程显示所有已经提交的实验报告列表。如果教师已经批改过，则可以看到成绩。若是教师选择查看实验报告，系统先判断学生是否提交报告。若有，则可以按课程、班级、项目查看实验报告列表。选择查看详情，系统从实验报告表中读取实验报告详细信息并显示出来。流程如图 2-49、图 2-50 所示。

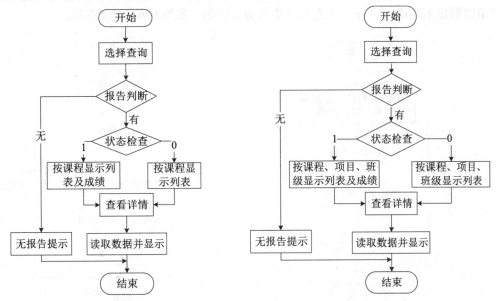

图 2-49　学生查询实验报告　　　　　　　　图 2-50　教师查询实验报告

4）实验报告批改的步骤是：当教师选择批改实验报告，若有学生提交实验报告，则以课程、班级、项目为查询条件，从数据库中读取实验报告列表。教师选择批改，显示实验报告详细信息，教师可以添加评语和成绩。流程如图2-51所示。

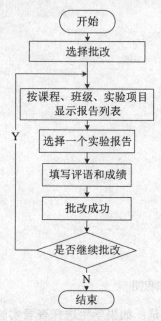

图2-51　批改实验报告流程图

5）实验报告导出的步骤是：教师选择生成电子版，可以按课程、班级、实验项目进行导出，系统读取满足条件实验报告，生成电子版保存到指定目录。流程如图2-52所示。

6）实验成绩统计的步骤是：教师批改完成后可以按课程、班级、实验项目统计成绩，可用饼图显示及格、良好、优秀的学生人数及比例。流程如图2-53所示。

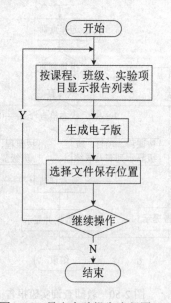

图2-52　导出实验报告流程图

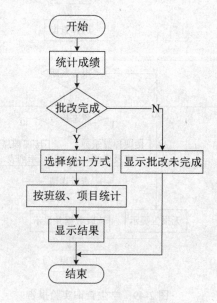

图2-53　统计成绩流程图

（2）　实验项目管理模块

1）　添加实验项目：教师填写实验项目名称、类型、学时、目标、内容等信息，进行必填项验证。验证通过则保存到实验项目表中，否则继续填写必填项，验证合格后保存到实验项目表中，成功后会看到实验项目成功提交的信息。N-S 图如图 2-54 所示。

图 2-54　添加实验项目 N-S 图

2）　查看实验项目：教师选择查看实验项目，如果有实验项目，则可以查看自己课程的实验项目列表，选择一个可以查看实验项目详细信息，流程如图 2-55 所示。

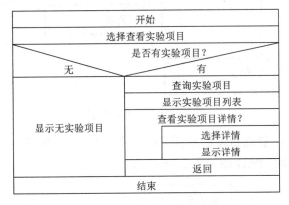

图 2-55　查看实验项目 N-S 图

3）　修改实验项目：教师查看项目列表，选择需要修改的项目，读取原来的内容，进行修改，验证合格后将项目保存到实验项目表中，N-S 图如图 2-56 所示。

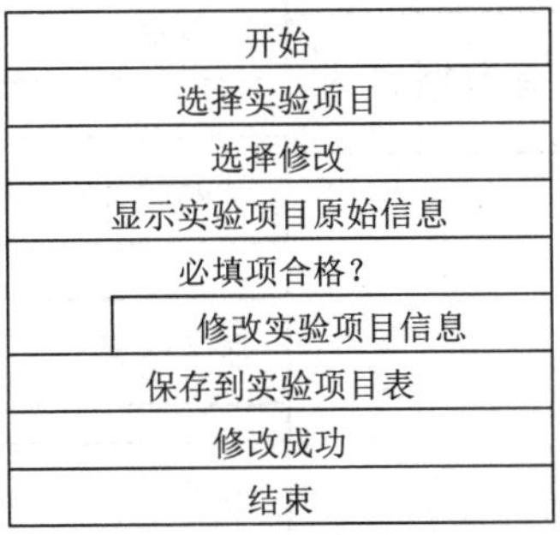

| 开始 |
| 选择实验项目 |
| 选择修改 |
| 显示实验项目原始信息 |
| 必填项合格？ |
| 修改实验项目信息 |
| 保存到实验项目表 |
| 修改成功 |
| 结束 |

图 2-56　修改实验项目 N-S 图

4）　删除实验项目：教师选中实验项目，可以删除一个或多个项目，PAD 图如图 2-57 所示。

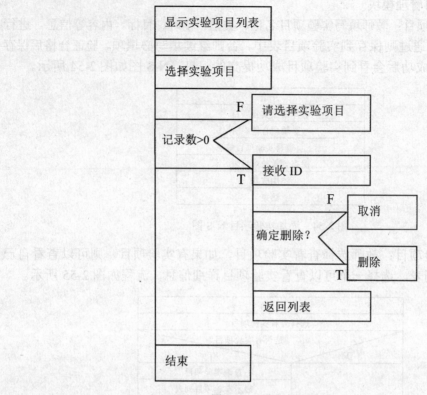

图 2-57　删除实验项目

5）统计实验项目：管理员可以统计一门课程的项目数，按学期、专业统计实验类型、实验数量、类型比率等，PAD 图如图 2-58 所示。

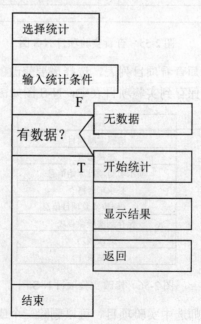

图 2-58　统计实验项目

2.2 界面设计

（1）登录界面

1）教师、学生界面

教师学生输入服务器 IP 地址，连接成功后显示登录界面。登录界面分为上下两栏，最上面一栏是标题和欢迎信息，下面是主栏分左右两部分，左边是图片，右边是登录信息栏。分教师、学生两个标签。教师需输入工号、密码和验证码；学生输入学号、密码和验证码。在登录页面上可以链接到大学主页和学院主页，界面如图 2-59 所示。

图 2-59 教师、学生登录界面

2）管理员登录界面

管理员的登录地址是不公开的，只有管理员才能登录。登录界面布局和教师学生一样，管理员需要输入用户名、密码和验证码，管理员也可以链接到大学主页、学院主页、学校校历等，登录界面如图 2-60 所示。

图 2-60 管理员登录界面

（2） 进入系统的界面结构

1） 学生界面

学生进入系统的主界面横向分三栏，上面是标题和欢迎信息栏。中间是主栏，分左右两部分。左边是菜单导航，导航信息有签到、个人信息管理、仪器使用记录、师生交流、实验报告管理、注册管理等标签；右边是主窗口，包括信息提醒和图片展示。布局如图 2-61 所示。

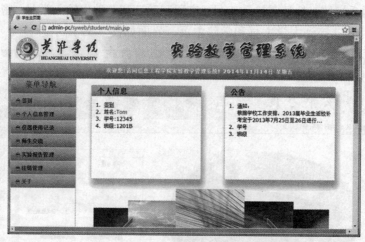

图 2-61 学生主界面

学生填写实验报告界面主体布局和上图同，主窗口是填写实验报告信息的窗口，如图 2-62 所示。

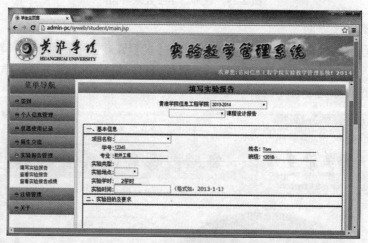

图 2-62 学生填写实验报告界面

2） 教师界面

教师进入系统的界面结构和学生一样，区别是菜单导航信息和提醒信息，导航标签包括签到、个人信息管理、实验项目管理、课程表管理、师生交流、出勤信息、实验报告管理、成绩统计、注销等信息导航，如图 2-63 所示。

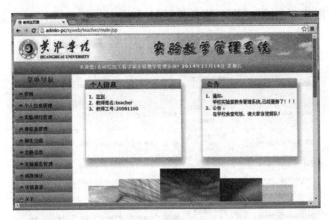

图 2-63　教师主界面

教师选择课程、班级、项目等条件进行查询，查询结果界面如图 2-64 所示。

课程名称	项目名称	项目学时	学生学号	学生姓名	班级名称	批改
软件测试技术（软工）	初步了解软件测试	2	1234170102	郑冬冬	软件1201ZB	
软件测试技术（软工）	初步了解软件测试	2	1234170102	郑冬冬	软件1201ZB	
软件测试技术（软工）	初步了解软件测试	2	1234170104	范丽娟	软件1201ZB	
软件测试技术（软工）	初步了解软件测试	2	1234170113	张文龙	软件1201ZB	
软件测试技术（软工）	初步了解软件测试	2	1234170120	和好杰	软件1201ZB	

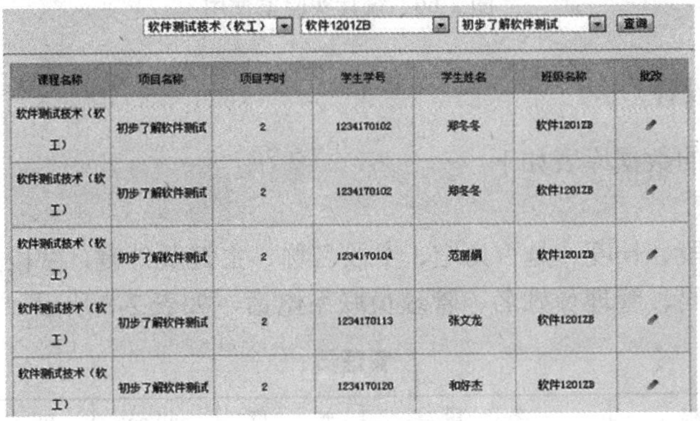

图 2-64　查询实验报告

3）　管理员界面

管理员界面布局和学生一样，区别是菜单导航信息和提醒信息。菜单导航包括院系系统管理、专业信息管理、班级信息管理、学期信息管理、教师信息管理、学生信息管理、管理员管理、实验室管理、注销等标签，界面如图 2-65 所示。

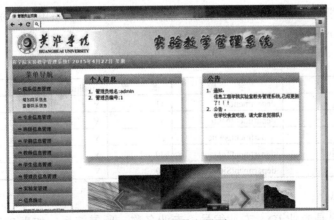

图 2-65　管理员主界面

管理员可以根据学期和实验室等条件统计实验室使用情况，界面如图 2-66 所示。

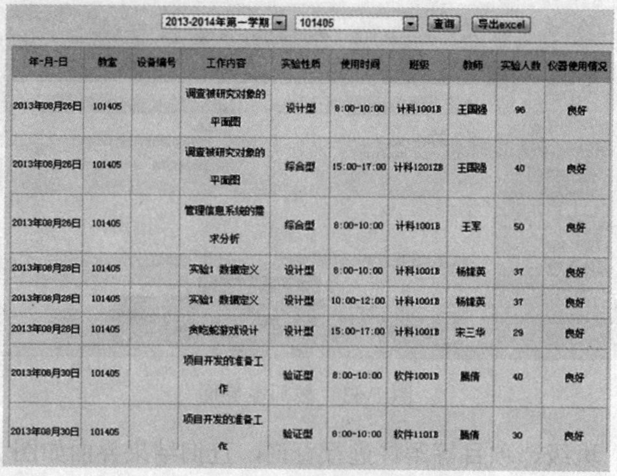

年-月-日	教室	设备编号	工作内容	实验性质	使用时间	班级	教师	实验人数	仪器使用情况
2013年08月26日	101405		调查被研究对象的平面图	设计型	8:00-10:00	计科1001B	王国强	96	良好
2013年08月26日	101405		调查被研究对象的平面图	综合型	15:00-17:00	计科1201ZB	王国强	40	良好
2013年08月26日	101405		管理信息系统的需求分析	综合型	8:00-10:00	计科1001B	王军	50	良好
2013年08月28日	101405		实验1 数据定义	设计型	8:00-10:00	计科1001B	杨佳英	37	良好
2013年08月28日	101405		实验1 数据定义	设计型	10:00-12:00	计科1001B	杨佳英	37	良好
2013年08月28日	101405		贪吃蛇游戏设计	设计型	15:00-17:00	计科1001B	宋三华	29	良好
2013年08月30日	101405		项目开发的准备工作	验证型	8:00-10:00	软件1001B	鹏倩	40	良好
2013年08月30日	101405		项目开发的准备工作	验证型	8:00-10:00	软件1101B	鹏倩	30	良好

图 2-66　统计实验室使用

2.3　数据库设计

根据分析建立的数据库表如下。

（1）　管理员表

管理员表的字段、长度、是否为空、字段名称、主键及外键，字段是管理员 ID、管理员帐号、管理员密码、管理员姓名、管理员联系电话，如表 2-8 所示。

表 2-8　　管理员

名　　称	字　　段	长　　度	null/not	PK	FK
管理员 ID	adminId	11	Y	PK	
管理员账号	adminNum	20	Y		
管理员密码	adminPass	20	Y		
管理员姓名	adminName	20	Y		
管理员联系电话	adminTel	20	Y		

（2）　院系表

院系表的字段是院系 ID、院系编号、院系名称、院系联系电话、院系地址等，如表 2-9 所示。

表 2-9　　院系表

名　　称	字　　段	长　　度	null/not	PK	FK
院系 ID	departmentId	11	Y	PK	
院系编号	departmentNum	4	Y		
院系名称	departmentName	20	Y		
院系联系电话	departmentTel	20	Y		
院系地址	departmentSite	20	Y		

（3）　专业表

专业表的字段是专业 ID、专业编号、专业名称、所属院系，如表 2-10 所示。

表 2-10   专业表

名 称	字 段	长 度	null/not	PK	FK
专业 ID	majorId	11	Y	PK	
专业编号	majorNum	4	Y		
专业名称	majorName	20	Y		
所属院系	departmentId	11	Y		FK

（4） 班级表

班级表的字段是班级 ID、班级编号、班级名称、班级人数、所属专业，如表 2-11 所示。

表 2-11   班级表

名 称	字 段	长 度	null/not	PK	FK
班级 ID	classlistId	11	Y	PK	
班级编号	classlistNum	8	Y		
班级名称	classlistName	20	Y		
班级人数	studentCount	11	Y		
所属专业	majorId	11	Y		FK

（5） 学生表

学生表的字段是学生 ID、学生学号、学生姓名、学生性别、学生密码、所属班级，如表 2-12 所示。

表 2-12   学生表

名 称	字 段	长 度	null/not	PK	FK
学生 ID	studentId	11	Y	PK	
学生学号	studentNum	10	Y		
学生姓名	studentName	20	Y		
学生性别	studentSex	4	Y		
学生密码	studentPassword	20	Y		
所属班级	classlistId	11	Y		FK

（6） 教师表

教师表的字段是教师 ID、教师工号、教师姓名、教师性别、教师密码、教师职称、教师电话、所属院系，如表 2-13 所示。

表 2-13   教师表

名 称	字 段	长 度	null/not	PK	FK
教师 ID	teacherID	11	Y	PK	
教师工号	teacherNum	8	Y		
教师姓名	teacherName	20	Y		
教师性别	teacherSex	4	Y		
教师密码	teacherPassword	50	Y		
教师职称	teacherRank	20	Y		
教师电话	teacherTel	20	Y		
所属院系	departmentId	11	Y		FK

（7）　实验室表

实验室表的字段是实验室 ID、实验室编号、实验室名称、实验室位置、实验室机器数量、实验室联系方式、开放状态，如表 2-14 所示。

表 2-14　　　　　　　　　　实验室表

名　　称	字　　段	长　　度	null/not	PK	FK
实验室 ID	laboratoryId	11	Y	PK	
实验室编号	laboratoryNum	10	Y		
实验室名称	laboratoryName	20	Y		
实验室位置	laboratorySite	20	Y		
实验室机器数量	machineCount	11	Y		
实验室联系方式	laboratoryPhone	20	Y		
开放状态	isOpen	4	Y		

（8）　课程表

课程表的字段是课程 ID、课程编号、课程名称、课程类型、课程学分、开设专业、开设学期，如表 2-15 所示。

表 2-15　　　　　　　　　　课程表

名　　称	字　　段	长　　度	null/not	PK	FK
课程 ID	courseId	11	Y	PK	
课程编号	courseNum	10	Y		
课程名称	courseName	20	Y		
课程类型	courseType	20	Y		
课程学分	courseCredit	11	Y		
开设专业	majorId	11	Y		FK
开设学期	termId	11	Y		FK

（9）　项目表

项目表的字段是项目 ID、项目名称、项目类型、项目目的、项目环境、项目状态、开设课程、教师 ID、开设学期，如表 2-16 所示。

表 2-16　　　　　　　　　　项目表

名　　称	字　　段	长　　度	null/not	PK	FK
项目 ID	projectId	11	Y	PK	
项目名称	projectName	20	Y		
项目类型	projectType	20	Y		
项目目的	projectTarget	255	Y		
项目环境	projectEnvironment	255	Y		
项目状态	projectStatus	11	Y		
开设课程	courseId	11	Y		FK
教师 ID	teacherId	int			
开设学期	termId	11	Y		FK

（10）　学期表

学期表的字段是学期 ID、学期名称、学期状态，如表 2-17 所示。

表 2-17　　　　　　　　　　　　　　　学期表

名　　称	字　　段	长　度	null/not	PK	FK
学期 ID	termId	11	Y	PK	
学期名称	termName	50	Y		
学期状态	termStatus	11	Y		

（11）仪器使用记录表

仪器使用记录表的字段是仪器使用记录 ID、仪器使用记录日期、工作内容、运行启动时间、运行终止时间、使用附件、设备编号、机器 IP、实际使用时数、使用人、教师签名、备注、实验室、学期，如表 2-18 所示。

表 2-18　　　　　　　　　　　　　　　仪器使用记录表

名　　称	字　　段	长　度	null/not	PK	FK
仪器使用记录 ID	irId	11	Y	PK	
仪器使用记录日期	irDate	20	Y		
工作内容	projectId	11	Y		FK
运行启动时间	irStart	15	Y		
运行终止时间	irEnd	15	Y		
使用附件	irAccessory	20	Y		
设备编号	irNum	10	Y		
机器 IP	ipAddress	20	Y		
实际使用时数	irHour	float	Y		
使用人	studentId	11	Y		FK
教师签名	teacherId	11	Y		FK
备注	classlistId	11	Y		FK
实验室	laboratoryId	11	Y		FK
学期	termId	11	Y		FK

（12）实验室使用记录表

实验室使用记录表的字段是实验室实验记录 ID、实验室使用日期、工作内容、实验时间、实验人数、仪器使用情况、设备编号、机器 IP、教师签名、实验班级、实验室、学期，如表 2-19 所示。

表 2-19　　　　　　　　　　　　　　　实验室使用记录表

名　　称	字　　段	长　度	null/not	PK	FK
实验室使用记录 ID	lrId	11	Y	PK	
实验室使用记录日期	lrDate	20	Y		
工作内容	projectId	11	Y		FK
实验时间	lrTime	20	Y		
实验人数	lrNum	11	Y		
仪器使用情况	lrCondition	15	Y		
设备编号	lrmNum	11	Y		
机器 IP	ipAddress	20	Y		
教师签名	teacherId	11	Y		FK
实验班级	classlistId	11	Y		FK
实验室	laboratoryId	11	Y		FK
学期	termId	11	Y		FK

（13） 实验报告表

实验报告表的字段是实验报告 ID、学期、课程、项目、班级、学生、实验室、填写实验报告时间、实验内容、实验结果、教师评论、实验报告成绩、教师 ID、批阅时间、实验报告状态，如表 2-20 所示。

表 2-20　　　　　　　　　　　　实验报告表

名　　称	字　　段	长　　度	null/not	PK	FK
实验报告 ID	experimentId	11	Y	PK	
学期	termId	11	Y		FK
课程	courseId	11	Y		FK
项目	projectId	11	Y		FK
班级	classlistId	11	Y		FK
学生	studentId	11	Y		FK
实验室	laboratoryId	11	Y		FK
填写实验报告时间	experimentTime	30	Y		
实验内容	experimentContent	text	null/not		
实验结果	experimentResult	text	null/not		
教师评论	experimentComment	text	null/not		
实验报告成绩	experimentGrade	float	Y		
教师 ID	teacherId	int			
批阅时间	readTime	20	null/not		
实验报告状态	experimentStatue	11	Y		

（14） 课表

课表的字段是课表 ID、学期、班级、实验室、课程、教师、周、上课时间、单双周，如表 2-21 所示。

表 2-21　　　　　　　　　　　　课表

名　　称	字　　段	长　　度	null/not	PK	FK
课表 ID	syllabusId	11	Y	PK	
学期	termId	11	Y		FK
班级	classlistId	11	Y		FK
实验室	laboratoryId	11	Y		FK
课程	courseId	11	Y		FK
教师	teacherId	11	Y		FK
周	week	15	Y		
上课时间	time	15	Y		
单双周	singleOrDouble	15	Y		

（15） 留言表

留言板的字段是师生交流 ID、交流标题、交流内容、交流状态、教师回复、学生、教师，如表 2-22 所示。

表 2-22   留言表

名　称	字　段	长　度	null/not	PK	FK
师生交流 ID	noteId	11	Y	PK	
交流标题	noteTitle	20	Y		
交流内容	noteContent	200	Y		
交流状态	noteStatue	11	Y		
教师回复	noteReply	200	Y		
学生	studentId	11	Y		FK
教师	teacherId	11	Y		FK

2.4　软件设计说明模板

1 引言

1.1 标识

本条应包含本文档适用的系统和软件的完整标识。（若适用）包括标识号、标题、缩略词语、版本号、发行号。

1.2 系统概述

本条应简述本文档适用的系统和软件的用途。它应描述系统与软件的一般性质；概述系统开发、运行和维护的历史；标识项目的投资方、需方、用户、开发方和支持机构；标识当前和计划的运行现场；并列出其他有关文档。

1.3 文档概述

本条应概述本文档的用途与内容，并描述与其使用有关的保密性或私密性要求。

1.4 基线

说明编写本系统设计说明书所依据的设计基线。

2 引用文件

本章应列出本文档引用的所有文档的编号、标题、修订版本和日期。本章也应标识不能通过正常的供货渠道获得的所有文档的来源。

3 CSCI 级设计决策

本章应根据需要分条给出 CSCI 级设计决策，即 CSCI 行为的设计决策（忽略其内部实现，从用户的角度看，它如何满足用户的需求）和其他影响组成该 CSCI 的软件配置项的选择与设计的决策。

如果所有这些决策在 CSCI 需求中均是明确的，或者要推迟到 CSCI 的软件配置项设计时指出，本章应如实陈述。为响应指定为关键性的需求（如安全性、保密性、私密性需求）而作出的设计决策，应在单独的条中加以描述。如果设计决策依赖于系统状态或方式，则应指出这种依赖性。应给出或引用理解这些设计所需的设计约定。CSCI 级设计决策的例子如下：

a. 关于 CSCI 应接受的输入和产生的输出的设计决策，包括与其他系统、HWCI，CSCI 和用户的接口（本文的 4.5.x 标识了本说明要考虑的主题）。如果该信息的部分或全部已在接口设计说明（IDD）中给出，此处可引用。

b. 有关响应每个输入或条件的 CSCI 行为的设计决策，包括该 CSCI 要执行的动作、响应时间及其他性能特性、被模式化的物理系统的说明、所选择的方程式/算法/规则和对不允许的输入或条件的处理。

c. 有关数据库/数据文件如何呈现给用户的设计决策（本文的 4.5.x 标识了本说明要考虑的主题）。如果该信息的部分或全部已在数据库（顶层）设计说明（DBDD）中给出，此处可引用。

d. 为满足安全性、保密性、私密性需求而选择的方法。

e. 对应需求所做的其他 CSCI 级设计决策，例如为提供所需的灵活性、可用性和可维护性所选择的方法。

4 CSCI 体系结构设计

本章应分条描述 CSCI 体系结构设计。如果设计的部分或全部依赖于系统状态或方式，则应指出这种依赖性。如果设计信息在多条中出现，则可只描述一次，而在其他条引用。应给出或引用为理解这些设计所需的设计约定。

4.1 体系结构

4.1.1 程序（模块）划分

用一系列图表列出本 CSCI 内的每个程序（包括每个模块和子程序）的名称、标识符、功能及其所包含的源标准名。

4.1.2 程序（模块）层次结构关系

用一系列图表列出本 CSCI 内的每个程序（包括每个模块和子程序）之间的层次结构与调用关系。

4.2 全局数据结构说明

本章说明本程序系统中使用的全局数据常量、变量和数据结构。

4.2.1 常量

包括数据文件名称及其所在目录，功能说明，具体常量说明等。

4.2.2 变量

包括数据文件名称及其所在目录，功能说明，具体变量说明等。

4.2.3 数据结构

包括数据结构名称，功能说明，具体数据结构说明（定义、注释、取值…）等。

4.3 CSCI 部件

本条应：

a. 标识构成该 CSCI 的所有软件配置项。应赋予每个软件配置项一个项目唯一标识符。

注：软件配置项是 CSCI 设计中的一个元素，如 CSCI 的一个主要的分支、该分支的一个组成部分、一个类、对象、模块、函数、例程或数据库.软件配置项可以出现在一个层次结构的不同层次上，并且可以由其他软件配置项组成.设计中的软件配置项与实现它们的代码和数据实体（例程、过程、数据库、数据文件等）或包含这些实体的计算机文件之间，可以有也可以没有一对一的关系。一个数据库可以被处理为一个 CSCI，也可被处理为一个软件配置项。SDD 可以通过与所采用的设计方法学一致的名字来引用软件配置项。

b. 给出软件配置项的静态关系（如"组成"）。根据所选择的软件设计方法学可以给出多种关系（例如，采用面向对象的设计方法时，本条既可以给出类和对象结构，也可以给出 CSCI 的模块和过程结构）。

c. 陈述每个软件配置项的用途，并标识分配给它的 CSCI 需求与 CSCI 级设计决策（需求的分配也可在 6.a 中提供）。

d. 标识每个软件配置项的开发状态/类型（如新开发的软件配置项、重用已有设计或软件的软件配置项、再工程的已有设计或软件、为重用而开发的软件等）。对于已有设计或软件，本说明应提供标识信息，如名称、版本、文档引用、库等。

e. 描述 CSCI（若适用，每个软件配置项）计划使用的计算机硬件资源（例如处理器能力、内存容量、输入/输出设备能力、辅存容量和通信/网络设备能力）。这些描述应覆盖该 CSCI 的资源使用需求中提及的、影响该 cscl 的系统级资源分配中提及的、以及在软件开发计划的资源使用度量计划中提及的所有计算机硬件资源。如果一给定的计算机硬件资源的所有使用数据出现在同一个地方，如在一个 SDD 中，则本条可以引用它。针对每一计算机硬件资源应包括如下信息：

　　1）　得到满足的 CSCI 需求或系统级资源分配；

　　2）　使用数据所基于的假设和条件（例如，典型用法、最坏情况用法、特定事件的假设）；

　　3）　影响使用的特殊考虑（例如虚存的使用、覆盖的使用、多处理器的使用或操作系统开销、库软件或其他的实现开销的影响）；

　　4）　所使用的度量单位（例如处理器能力百分比、每秒周期、内存字节数、每秒千字节）；

　　5）　进行评估或度量的级别（例如软件配置项，CSCI 或可执行程序）。

f. 指出实现每个软件配置项的软件放置在哪个程序库中。

4.4 执行概念

本条应描述软件配置项间的执行概念。为表示软件配置项之间的动态关系，即 CSCI 运行期间它们如何交互的，本条应包含图示和说明，（若适用）包括执行控制流、数据流、动态控制序列、状态转换图、时序图、配置项之间的优先关系、中断处理、时间/序列关系、异常处理、并发执行、动态分配与去分配、对象/进程/任务的动态创建与删除和其他的动态行为。

4.5 接口设计

本条应分条描述软件配置项的接口特性，既包括软件配置项之间的接口，也包括与外部实体，如系统、配置项及用户之间的接口。如果这些信息的部分或全部已在接口设计说明（IDD）、本文的第 5 章或其他地方说明的话，可在此处引用。

4.5.1 接口标识与接口图

本条应陈述赋予每个接口的项目唯一标识符，（若适用）并用名字、编号、版本和文档引用等标识接口实体（软件配置项、系统、配置项、用户等）。接口标识应说明哪些实体具有固定接口特性（从而把接口需求强加给接口实体），哪些实体正在开发或修改（因而已把接口需求分配给它们）。（若适用）应该提供一个或多个接口图以描述这些接口。

4.5.2 （接口的项目唯一标识符）

本条（从 4.5.2 开始编号）应用项目唯一标识符标识接口，应简要标识接口实体，并且应根据需要划分为几条描述接口实体的单方或双方的接口特性。如果一给定的接口实体本文没有提到（例如，一个外部系统），但是其接口特性需要在本 SDD 描述的接口实体时提到，则这些特性应以假设、或"当[未提到实体]这样做时，[提到的实体]将……"的形式描述。本条可引用其他文档（例如数据字典、协议标准、用户接口标准）代替本条的描述信息。本设计说明应包括以下内容，（若适用）它们可按适合于要提供的信息的任何次序给出，并且应从接口实体角度指出这些特性之间的区别（例如数据元素的大小、频率或其他特性的不同期望）。

a. 由接口实体分配给接口的优先级；

b. 要实现的接口的类型（例如实时数据传输、数据的存储与检索等）；

c. 接口实体将提供、存储、发送、访问、接收的单个数据元素的特性，例如：

　　1）　名称/标识符；

　　　a）项目唯一标识符；

　　　b）非技术（自然语言）名称；

　　　c）标准数据元素名称；

　　　d）缩写名或同义名；

　　2）数据类型（字母数字、整数等）；

　　3）大小与格式（例如字符串的长度与标点符号）；

　　4）计量单位（如米、元、纳秒等）；

　　5）范围或可能值的枚举；

　　6）准确度（正确程度）与精度（有效数位数）；

　　7）优先级、时序、频率、容量、序列和其他约束，如数据元素是否可被更新，业务规则是否适用；

　　8）保密性与私密性约束；

　　9）来源（设置/发送实体）与接收者（使用/接收实体）。

　d. 接口实体将提供、存储、发送、访问、接收的数据元素集合体（记录、消息、文件、数组、显示、报表等）的特性，例如：

　　1）名称/标识符；

　　　a）项目唯一标识符；

　　　b）非技术（自然语言）名称；

　　　c）技术名称（如代码或数据库中的记录或数据结构名）；

　　　d）缩写名或同义名；

　　2）数据元素集合体中的数据元素及其结构（编号、次序、分组）；

　　3）媒体（如盘）及媒体上数据元素/集合体的结构；

　　4）显示和其他输出的视听特性（如颜色、布局、字体、图标及其他显示元素、蜂鸣声、亮度等）；

　　5）数据集合体之间的关系，如排序/访问特性；

　　6）优先级、时序、频率、容量、序列和其他约束，如数据集合体是否可被更新，业务规则是否适用；

　　7）保密性与私密性约束；

　　8）来源（设置/发送实体）与接收者（使用/接收实体）。

　e. 接口实体为该接口使用通信方法的特性，例如：

　　1）项目唯一标识符；

　　2）通信链路/带宽/频率/媒体及其特性；

　　3）消息格式化；

　　4）流控制（如序列编号与缓冲区分配）；

　　5）数据传输率、周期或非周期和传送间隔；

　　6）路由、寻址及命名约定；

　　7）传输服务，包括优先级与等级；

　　8）安全性/保密性/私密性考虑，如加密、用户鉴别、隔离、审核等。

　f. 接口实体为该接口使用协议的特性，例如：

1)　项目唯一标识符；

2)　协议的优先级/层；

3)　分组，包括分段与重组、路由及寻址；

4)　合法性检查、错误控制、恢复过程；

5)　同步，包括连接的建立、保持、终止；

6)　状态、标识和其他报告特性。

g. 其他特性，如接口实体的物理兼容性（尺寸、容限、负荷、电压、接插件的兼容性等）。

5 CSCI 详细设计

本章应分条描述 CSCI 的每个软件配置项。如果设计的部分或全部依赖于系统状态或方式，则应指出这种依赖性。如果该设计信息在多条中出现，则可只描述一次，而在其他条引用。应给出或引用为理解这些设计所需的设计约定。软件配置项的接口特性可在此处描述，也可在第 4 章或接口设计说明（IDD）中描述。数据库软件配置项，或用于操作/访问数据库的软件配置项，可在此处描述，也可在数据库（顶层）设计说明（DBDD）中描述。

5.1（软件配置项的项目唯一标识符或软件配置项组的指定符）

本条应用项目唯一标识符标识软件配置项并描述它。（若适用）描述应包括以下信息。作为一种变通，本条也可以指定一组软件配置项，并分条标识和描述它们。包含其他软件配置项的软件配置项可以引用那些软件配置项的说明，而无需在此重复。

a.（若有）配置项设计决策，诸如（如果以前未选）要使用的算法；

b. 软件配置项设计中的约束、限制或非常规特征；

c. 如果要使用的编程语言不同于该 CSCI 所指定的语言.应该指出，并说明使用它的理由；

d. 如果软件配置项由过程式命令组成或包含过程式命令（如数据库管理系统（DBMS）中用于定义表单与报表的菜单选择、用于数据库访问与操纵的联机 DBMS 查询、用于自动代码生成的图形用户接口（GUI）构造器的输入、操作系统的命令或 shell 脚本），应有过程式命令列表和解释它们的用户手册或其他文档的引用；

e. 如果软件配置项包含、接收或输出数据，（若适用）应有对其输入、输出和其他数据元素以及数据元素集合体的说明。（若适用）本文的 4.5.x 提供要包含主题的列表。软件配置项的局部数据应与软件配置项的输入或输出数据分开来描述。如果该软件配置项是一个数据库，应引用相应的数据库（顶层）设计说明（DBDD）；接口特性可在此处提供，也可引用本文第 4 章或相应接口设计说明。

f. 如果软件配置项包含逻辑，给出其要使用的逻辑，（若适用）包括：

1)　该软件配置项执行启动时，其内部起作用的条件；

2)　把控制交给其他软件配置项的条件；

3)　对每个输入的响应及响应时间，包括数据转换、重命名和数据传送操作；

4)　该软件配置项运行期间的操作序列和动态控制序列，包括：

a)　序列控制方法；

b)　该方法的逻辑与输入条件，如计时偏差、优先级赋值；

c)　数据在内存中的进出；

d)　离散输入信号的感知，以及在软件配置项内中断操作之间的时序关系；

5)　异常与错误处理。

6 需求的可追踪性

本章应包括：

a. 从本 SDD 中标识的每个软件配置项到分配给它的 CSCI 需求的可追踪性（亦可在 4.1 中提供）；

b. 从每个 CSCI 需求到它被分配给的软件配置项的可追踪性。

7 注解

本章应包含有助于理解本文档的一般信息（例如背景信息、词汇表、原理）。本章应包含为理解本文档需要的术语和定义，所有缩略语和它们在文档中的含义的字母序列表。

附录

附录可用来提供那些为便于文档维护而单独出版的信息（例如图表、分类数据）。为便于处理，附录可单独装订成册。附录应按字母顺序（A，B 等）编排。

知识链接　结构化设计

1　软件设计

设计工程是一个将系统的需求规格转换成软件系统的说明过程。从工程管理角度来看，软件设计分两步完成：总体设计（又名概要设计）和详细设计。

总体设计的内容是体系结构设计、模块设计、软件结构设计。总原则是：由宏观到微观、逐步求精的原则，定性定量分析相结合、分解与协调相结合和模型化方法，并要兼顾系统的一般性、关联性、整体性和层次性。

详细设计在总体设计的基础上，着重考虑"怎样实现"这个软件系统。设计内容包括数据结构设计和算法设计。

2　体系结构

体系结构是软件系统中最本质的东西。体系结构是对复杂事物的一种抽象。良好的体系结构是普遍适用的，它可以高效地处理多种多样的个体需求。体系结构在一定的时间内保持稳定。软件开发最怕的就是需求变化，但"需求会发生变化"是个无法逃避的现实。人们希望在需求发生变化时，最好只对软件做些皮毛的修改，可千万别改动软件的体系结构。良好的体系结构意味着普适、高效和稳定。信息系统常见的体系结构有：

单用户体系结构：单用户信息系统是早期最简单的信息系统，整个信息系统运行在一台计算机上，由一个用户占用全部资源，不同用户之间不共享、不交换数据。

C/S（Client/Server）体系结构：即客户机和服务器结构。这种体系结构模式是以数据库服务器为中心、以客户机为网络基础、在信息系统软件支持下的两层结构模型。这种体系结构中，用户操作模块布置在客户机上，数据存储在服务器上的数据库中。客户机依靠服务器获得所需要的网络资源，而服务器为客户机提供网络必须的资源。目前大多数信息系统是采用 Client/Server 结构。

B/S（Browser/Server）体系结构：即浏览器服务器结构。它是随着 Internet 技术的兴起，对 C/S 结构的一种变化或者改进的结构。在这种结构下，用户工作界面通过浏览器来实现，极少部分事务逻辑在前端（Browser）实现，而主要事务逻辑在服务器端（Server）实现，形成所谓三层结构。这样就大大简化了客户端电脑载荷，减轻了系统维护与升级的成本和工作量，降低了用户的总体成本。

P2P（P to P）体系结构：即对等网络结构。P2P 体系结构取消了服务器的中心地位，各个系统内计算机可以通过交换直接共享计算机资源和服务。在这种体系结构中，计算机可对其他计算机的要求进行响应，请求响应范围和方式都根据具体应用程序不同而有不同的选择。目前对等网络模式有纯 P2P 模式、集中模式及混合模式，是迅速发展的一种新型网络结构模式。

3　模块设计

保持"功能独立"是模块化设计的基本原则。因为"功能独立"的模块可以降低开发、测试、维护等阶段的代价。但是"功能独立"并不意味着模块之间保持绝对的孤立。一个系统要完成某项任务，需要各个模块相互配合才能实现，此时模块之间就要进行信息交流。

评价模块设计优劣的三个特征因素："信息隐藏""内聚与耦合"和"封闭性与开放性"。

（1）　信息隐藏

为了尽量避免某个模块的行为去干扰同一系统中的其他模块，在设计模块时就要注意信息隐藏。应该让模块仅仅公开那些必须让外界知道的内容，而隐藏其他一切内容。

模块的信息隐藏可以通过接口设计来实现。一个模块仅提供有限个接口（Interface），执行模块的功能或与模块交流信息必须且只须通过调用公有接口来实现。

（2）　内聚与耦合

内聚（Cohesion）是一个模块内部各成分之间相关联程度的度量。耦合（Coupling）是模块之间依赖程度的度量。内聚和耦合是密切相关的，与其他模块存在强耦合的模块通常意味着弱内聚，而强内聚的模块通常意味着与其他模块之间存在弱耦合。模块设计追求强内聚，弱耦合。

内聚按强度从低到高有以下几种类型：

1）　偶然内聚。如果一个模块的各成分之间毫无关系，则称为偶然内聚。

2）　逻辑内聚。几个逻辑上相关的功能被放在同一模块中，则称为逻辑内聚。如一个模块读取各种不同类型外设的输入。尽管逻辑内聚比偶然内聚合理一些，但逻辑内聚的模块各成分在功能上并无关系，即使局部功能的修改有时也会影响全局，因此这类模块的修改也比较困难。

3）　时间内聚。如果一个模块完成的功能必须在同一时间内执行（如系统初始化），但这些功能只是因为时间因素关联在一起，则称为时间内聚。

4）　过程内聚。如果一个模块内部的处理成分是相关的，而且这些处理必须以特定的次序执行，则称为过程内聚。

5）　通信内聚。如果一个模块的所有成分都操作同一数据集或生成同一数据集，则称为通信内聚。

6）　顺序内聚。如果一个模块的各个成分和同一个功能密切相关，而且一个成分的输出作为另一个成分的输入，则称为顺序内聚。

7）　功能内聚。模块的所有成分对于完成单一的功能都是必需的，则称为功能内聚。

耦合的强度依赖于以下几个因素：①一个模块对另一个模块的调用；②一个模块向另

一个模块传递的数据量；③一个模块施加到另一个模块的控制的多少；④模块之间接口的复杂程度。

耦合按从强到弱的顺序可分为以下几种类型：

1）内容耦合。当一个模块直接修改或操作另一个模块的数据，或者直接转入另一个模块时，就发生了内容耦合。此时，被修改的模块完全依赖于修改它的模块。

2）公共耦合。两个以上的模块共同引用一个全局数据项就称为公共耦合。

3）控制耦合。一个模块在界面上传递一个信号（如开关值、标志量等）控制另一个模块，接收信号的模块的动作根据信号值进行调整，称为控制耦合。

4）标记耦合。模块间通过参数传递复杂的内部数据结构，称为标记耦合。此数据结构的变化将使相关的模块发生变化。

5）数据耦合。模块间通过参数传递基本类型的数据，称为数据耦合。

6）非直接耦合。模块间没有信息传递时，属于非直接耦合。

如果模块间必须存在耦合，就尽量使用数据耦合，少用控制耦合，限制公共耦合的范围，坚决避免使用内容耦合。

（3）封闭性与开放性

如果一个模块可以作为一个独立体被其他程序引用，则称模块具有封闭性。如果一个模块可以被扩充，则称模块具有开放性。

从字面上看，让模块具有"封闭性与开放性"是矛盾的，但这种特征在软件开发过程中是客观存在的。当着手一个新问题时，我们很难一次性解决问题。应该先纵观问题的一些重要方面，同时做好日后补充的准备。因此让模块存在"开放性"并不是坏事情。"封闭性"也是需要的，因为我们不能等到完全掌握解决问题的信息后，再把程序做成别人能用的模块。

模块的"封闭性与开放性"实际上对应于软件质量因素中的可复用性和可扩充性。采用面向过程的方法进行程序设计，很难开发出既具有封闭性又具有开放性的模块。采用面向对象设计方法可以较好地解决这个问题。

当模块数目增加时，每个模块的规模将减小，开发单个模块需要的成本（工作量）确实减少了。但是，随着模块数目增加，设计模块间接口所需要的工作量也将增加。根据这两个因素，得出了图中的总成本曲线。每个程序都相应地有一个最适当的模块数目M，使得系统的开发成本最小，如图2-67所示。

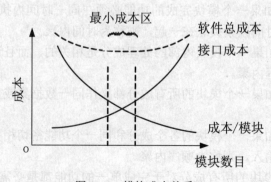

图2-67　模块成本关系

虽然目前还不能精确地决定 M 的数值，但是在考虑模块化的时候总成本曲线确实是有用的指南。

4　软件结构图

软件结构包括构成系统的设计元素的描述、设计元素之间的交互、设计软件结构图元素的组合模式，以及在这些模式中的约束。一个系统由一组构件和它们之间的交互关系组成，这种系统本身又可以成为一个更大的系统的组成元素。一般通过分层次或分时间段等方式说明体系结构的各个组成部分的组合关系。

结构图（Structure Chart，SC）是精确表达软件结构的图形表示方法，可反映模块之间的层次调用关系和联系。软件的结构有四个指标（如图 2-68 所示）：

深度：表示了模块间控制的层数，表明软件的杂程度，深度越深，软件越复杂。

宽度：表示同一层次上模块的总数，宽度越宽，表示软件越复杂。

扇出：表示一模块直接控制其他模块的数量。模块划分，一般扇出平均 3～4 上限为 5～8。

扇入：表示模块直接受到多少其他模块控制。扇入越大，表明共享该模块的上级模块数越多。虽有一定好处，但不宜片面追求高扇入。

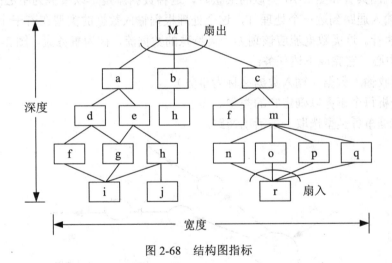

图 2-68　结构图指标

5　事务流与变换流

根据基本系统模型，信息通常以"外部世界"的形式进入软件系统，经过处理以后再以"外部世界"的形式离开系统。

信息沿输入通路进入系统，同时由外部形式变换成内部形式，进入系统的信息通过变换中心，经加工处理以后再沿输出通路变换成外部形式离开软件系统。当数据流图具有这些特征时，这种信息流就叫作变换流。如图 2-69 所示。

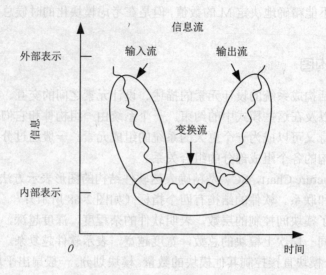

图 2-69　变换流

　　基本系统模型意味着变换流，因此，原则上所有信息流都可以归结为这一类。

　　当数据流图具有和图 2-70 类似的形状时，这种数据流是"以事务为中心的"。也就是说，数据沿输入通路到达一个处理 T，这个处理根据输入数据的类型在若干个动作序列中选出一个来执行。这类数据流应该划为一类特殊的数据流，称为事务流。图 2-70 中的处理 T 称为事务中心，它完成下述任务：

　　（1）　接收输入数据（输入数据又称为事务）。

　　（2）　分析每个事务以确定它的类型。

　　（3）　根据事务类型选取一条活动通路。

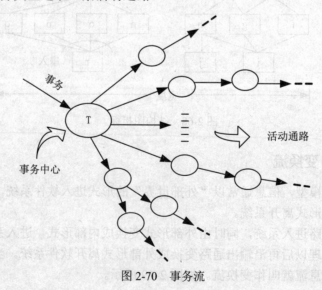

图 2-70　事务流

　　变换分析是一系列设计步骤的总称，经过这些步骤把具有变换流特点的数据流图按预先确定的模式映射成软件结构，过程如图 2-71 所示。

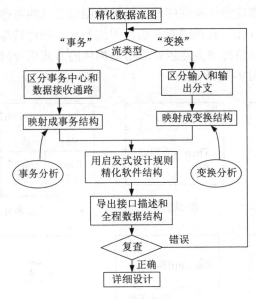

图 2-71 映射软件结构流程

6 算法描述工具

算法设计可以采用一种工具进行描述,可使用工具有程序流程图、盒图(N-S 图)、PAD图、判定表和判定树。

程序流程图又称为程序框图,它是历史最悠久、使用最广泛的描述过程设计的方法。从 20 世纪 40 年代末程序流程图一直是软件设计的主要工具。它的主要优点是对控制流程的描绘很直观,便于初学者掌握。

程序流程图的基本符号如图 2-72 所示。

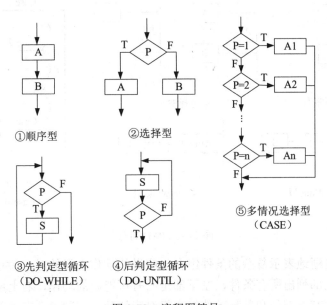

图 2-72 流程图符号

出于要有一种不允许违背结构程序设计精神的图形工具的考虑，Nassi 和 Shneiderman 提出了盒图，又称为 N-S 图。盒图没有箭头，因此不允许随意转移控制。坚持使用盒图作为详细设计的工具，可以使程序员逐步养成用结构化的方式思考问题和解决问题的习惯。

盒图的主要符号如图 2-73 所示。

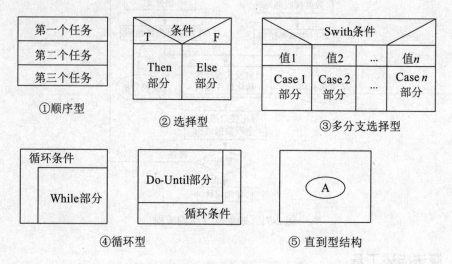

图 2-73　盒图符号

PAD 是问题分析图（problem analysis diagram）的英文缩写，自 1973 年由日本日立公司发明以后，已得到一定程度的推广。它用二维树形结构的图来表示程序的控制流，将这种图翻译成程序代码比较容易。

PAD 的基本符号如图 2-74 所示。

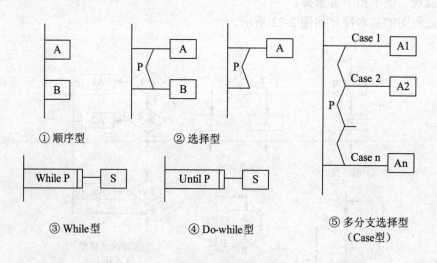

图 2-74　PAD 符号

判定表能够清晰地表示复杂的条件组合与应做的动作之间的对应关系。一张判定表由 4 部分组成，左上部列出所有条件，左下部是所有可能做的动作，右上部是表示各种条件组合的一个矩阵，右下部是和每种条件组合相对应的动作。判定表右半部的每一列实质上是一条规则，规定了与特定的条件组合相对应的动作。

判定表组成：

条件部分给出所有的两分支判断的列表。

动作部分给出相应的处理。如图 2-75 所示。

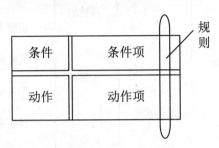

图 2-75 判定表组成

收费计算：某航空公司的行李收费标准：乘客免费行李不超过 30 公斤。超出部分国内客头等舱 4 元/每公斤，国内客其他舱 6 元/每公斤，国外客的收费是国内客的 2 倍，残疾客的收费是正常客的一半。判定表如表 2-23 所示。

表 2-23　　　　　　　　　　行李收费判定表

	1	2	3	4	5	6	7	8	9
国内旅客		T	T	T	T	F	F	F	F
头等舱		T	F	T	F	T	F	T	F
残疾客		F	F	T	T	F	F	T	T
行李重≤30	T	F	F	F	F	F	F	F	F
免费	√								
(W-30)*2				√					
(W-30)*3					√				
(W-30)*4		√						√	
(W-30)*6			√						√
(W-30)*8						√			
(W-30)*12							√		

判定树是判定表的变种，也能清晰地表示复杂的条件组合与应做的动作之间的对应关系。判定树的优点在于，它的形式简单到不需任何说明，一眼就可以看出其含义，因此易于掌握和使用。多年来判定树一直受到人们的重视，是一种比较常用的系统分析和设计的工具。行李计费判定树如图 2-76 所示。

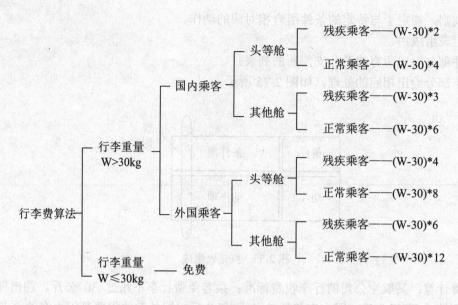

图 2-76　行李计费判定树

7　复杂度计算

（1）　软件复杂性

软件复杂性是软件度量的一个重要分支。主要参数有：

1）　规模：即总共的指令数，或源程序行数。

2）　难度：通常由程序中出现的操作数的数目所决定的量来表示。

3）　结构：通常用与程序结构有关的度量来表示。

4）　智能度：即算法的难易程度。

软件复杂性主要表现在程序的复杂性，程序复杂性主要指模块内程序的复杂性。

常见的定量度量软件复杂性的方法有：

1）　代码行度量法。

2）　McCabe 度量法：又称环路度量法。

3）　Halstead 的软件科学。

（2）　McCabe 度量法

McCabe 度量法是由 Thomas McCabe 提出的一种基于程序控制流的复杂性度量方法。

McCabe 复杂性度量又称环路度量。它认为程序的复杂性很大程度上取决于程序图的复杂性。单一的顺序结构最为简单，循环和选择所构成的环路越多，程序就越复杂。一般分为两步：

第一步：绘制流图。

用圆表示结点，一个圆代表一条或多条语句。程序流程图中的一个顺序的处理框序列和一个菱形判定框，可以映射成流图中的一个结点。

流图中的箭头线称为边，它和程序流程图中的箭头线类似，代表控制流。在流图中一条边必须终止于一个结点，即使这个结点并不代表任何语句（实际上相当于一个空语句）。

由边和结点围成的面积称为区域，当计算区域数时应该包括图外部未被围起来的那个区域。如程序流程图 2-77（a）对应的流图是（b）。

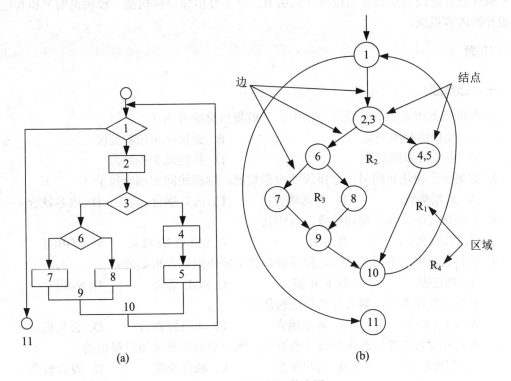

图 2-77 流程图及其流图

第二步：计算

（1）流图中的区域数等于环形复杂度。图中的区域有 R_1、R_2、R_3、R_4 四个区域，复杂度 $V(G)=4$。

（2）流图 G 的环形复杂度 $V(G)=E-N+2$，其中，E 是流图中边的条数，N 是结点数。图中的结点数是 9，边数是 11，$V(G)=11-9+2=4$。

（3）流图 G 的环形复杂度 $V(G)=P+1$，其中，P 是流图中判定结点的数目。图中的判定结点是 1、3、6，一共 3 个，$V(G)=3+1=4$。

小结

软件设计的主要任务是进行总体设计和详细设计。

软件模块结构设计的任务是划分子系统，然后确定子系统的模块结构，并画出模块结构图。在这个过程中必须考虑以下几个问题：如何将一个系统划分成多个子系统；每个子系统如何划分成多个模块；如何确定子系统之间、模块之间传送的数据及其调用关系；如何评价并改进模块结构的质量。

在总体设计基础上，第二步进行的是详细设计，主要有处理过程设计以确定每个模块内部的详细执行过程，包括局部数据组织、控制流、每一步的具体加工要求等。一般来说，处理过程模块详细设计的难度已不太大，关键是要用一种合适的方式来描述每个模块的执行过程，常用的有流程图、问题分析图、IPO 图和过程设计语言等。除了处理过程设计，还有代码设计、界面设计、数据库设计、输入输出设计等。

软件设计阶段的结果是系统设计说明书。它主要由模块结构图、模块说明书和其他详细设计的内容组成。

习题

一、选择题

1. 在面向数据流的软件设计方法中，一般将信息流分为（　　）。
   A. 变换流和事务流　　　　　　　　　B. 变换流和控制流流
   C. 事务流和控制流　　　　　　　　　D. 数据流和控制流

2. 如果一个模块访问另一个模块的内部数据，则模块间的耦合属于（　　）。
   A. 数据耦合　　　　B. 外部耦合　　　　C. 公共耦合　　　　D. 内容耦合

3. 下列语言中，属于面向对象语言的是（　　）。
   A. FORTRAN　　　　B. SQL　　　　C. SMALLTALK　　　D. COBOL

4. 下列选项中，不属于结构化程序设计的主要图形语言机制的是（　　）。
   A. 判定表　　　　B. E-R 图　　　　C. PDL 语言　　　D. N-S 图

5. 下列耦合种类中，耦合程度最低的是（　　）。
   A. 内容耦合　　　　B. 外部耦合　　　　C. 非直接耦合　　　D. 公共耦合

6. 下列有关人机界面的四个设计模型中，哪一个是由终端用户提出的（　　）。
   A. 假想模型　　　　B. 用户模型　　　　C. 映像模型　　　　D. 设计模型

7. 选择程序设计语言不应该考虑的是（　　）。
   A. 用户的知识水平　　　　　　　　　B. 软件的运行环境
   C. 应用领域　　　　　　　　　　　　D. 开发人员的熟悉程度

8. 软件重用是指在软件开发过程中重复使用相同或相似（　　）的过程。
   A. 子程序　　　　B. 软件元素　　　　C. 函数　　　　D. 过程

9. 下列选项中，不属于软件设计的主要内容的是（　　）。
   A. 数据设计　　　　　　　　　　　　B. 过程设计
   C. 文件设计　　　　　　　　　　　　D. 总体结构设计

10. 下列内聚种类中，内聚程度最高的是（　　）。
    A. 功能内聚　　　　　　　　　　　　B. 偶然内聚
    C. 过程内聚　　　　　　　　　　　　D. 逻辑内聚

11. 在人机界面的设计过程中，不需要考虑的问题是（　　）。
    A. 系统响应时间　　　　　　　　　　B. 错误信息处理
    C. 用户求助机制　　　　　　　　　　D. 输入输出数据

12. 与编程风格有关的因素不包括（　　）。
    A. 源程序文档化　　　　　　　　　　B. 软件的运行环境
    C. 坚持使用程序注释　　　　　　　　D. 编制单入口单出口的代码

二、填空题

1. 常用_____和内聚这两个定性度量标准来评定模块的独立性。

2. 结构化设计方法以数据流图为基础，按一定步骤映射成软件结构，数据流图有两种基本结构：变换型结构和_____。

3. 软件结构的深度、宽度、扇入、扇出四个特征，_____是指一个模块直接调用的下属模块的数目。

4. 在软件的开发过程中，必须遵循的原则是抽象、信息隐蔽和_____。

5. 软件结构是以_____为基础而组成的一种控制层次结构。

6. 在结构化分析中，用于描述加工逻辑的主要工具有三种，即：结构化语言、_____、判定树。

7. 介于自然语言和形式语言之间的一种半形式语言是_____。

8. 一个进行学生成绩统计的模块，其功能是先对学生的成绩进行累加，然后求平均值，则该模块的内聚性是 _____。

9. 程序流程图的基本控制结构是顺序、选择和_____。

10. 软件结构图的宽度是指一层中 _____的模块个数。

三、分析题

1. 下面是一段伪码程序（代码前的数字只作标号用，不参与程序执行）：

```
START
1：INPUT(A,B,C,D)
2：IF(A>0)AND(B>0)
THEN
3：X=A+B
ELSE
4：X=A-B
5：END
6：IF(C>A)OR(D<B)< p>
THEN
7：Y=C-D
ELSE
8：Y=C+D
9：END
10：PRINT(X,Y)
STOP
```

根据以上的描述

（1）画出对应的流程图。

（2）计算程序图的环形复杂度。

2. 分析下图，确定模块之间的耦合类型。在图中给模块之间的接口编了号码，下表描述了模块间的接口。

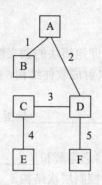

编号	输入	输出
1	飞机类型	状态标志
2	零件编号	零件制造商
3	零件编号	零件名称
4	功能代码	
5	飞机编号	飞机航线

3. 某电器集团公司下属的厂包括技术科、生产科等基层单位。现在想建立一个计算机辅助企业管理系统，其中：

生产科的任务是：

（1）根据销售公司转来的内部合同（产品型号、规格、数量、交获日期）制定车间月生产计划。

（2）根据车间实际生产日报表、周报表，调整月生产计划。

（3）以月生产计划为依据制定产品设计（结构、工艺）及产品组装月计划。

（4）将产品的组装计划传达到各科，将组装月计划分解为周计划，下达给车间。

技术科的任务是：

（1）根据生产科转来的组装计划进行产品结构设计，产生产品装配图给生产科，产生外购需求计划给供应科，并产生产品自制物料清单。

（2）根据组装计划进行产品工艺设计，根据产品自制物料清单产生工艺流程图给零件厂。

试写出以上系统中生产科和技术科处理的软件结构图。

实训项目　毕业设计选题系统设计

1　实训目标

（1）毕业设计选题系统软件结构设计。

（2）毕业设计选题系统的算法设计。

（3）毕业设计选题系统的设计说明书。

2　实训要求

（1）根据系统的数据流图和模块设计原则设计毕业设计管理系统的结构图。

（2）根据 E-R 图设计数据库，设计数据表、确定表间的关系。

（3）用程序流程图、N-S 图或者 PAD 图设计每个模块的算法，计算每个算法的复杂度。

（4）撰写毕业设计选题系统说明书。

3　相关知识点

（1）软件设计原则、软件结构图。

（2）算法描述工具。

模块 3　面向对象方法

学习目标

通过本模块的学习，具备采用面向对象方法进行软件需求分析、软件设计、软件实现和软件测试的能力，具备文档的阅读和编写能力。

具有同用户交流沟通、分析整理用户需求的能力，具备把用户需求规范成功能模型、对象模型、动态模型的能力；具有根据需求分析确定系统体系结构的能力，选择合适设计模式的能力，根据体系结构和设计模式补充、完善类图的能力，具备数据库设计的能力、能够根据用户要求设计界面的能力；具有编程语言的比较、分析、选择能力；具备理解、制定、执行编程规范的能力；能够理解系统框架、按照框架进行编程的能力，能够理解版本控制工具的工作流程，具备利用其进行软件开发的能力；具备采用白盒测试、黑盒测试方法进行软件测试的能力。

主要内容

本模块主要是采用面向对象方法进行软件需求分析、设计、实现和测试。主要内容包括：

1. 功能模型的建立：包括寻找参与者、用例，绘制用例图。
2. 对象模型的建立：包括研究问题域和系统职责的相关对象，分析对象的属性、服务和对象间的关系。
3. 动态模型的建立：包括顺序图、活动图的创建。
4. 体系结构设计：设计软件的层次和各层组件。
5. 设计模式选择：根据软件特点，选择合适的设计模式。
6. 补充、完善类图：根据体系结构补充完善类图。
7. 数据库设计：根据类与数据库表的映射规则，设计表、字段和关系。
8. 界面设计：根据用户要求和界面设计原则设计软件界面。
9. 选择编程语言：包括熟悉主流编程语言、分析各种语言特点，选择合适的编程语言。
10. 制定编程规范：包括命名规范、排版规范、注释规范和编程惯例。
11. 进行编程：包括系统环境的搭建、版本控制工具的使用和调试。
12. 白盒测试：语句覆盖、判定覆盖、基本路径覆盖。
13. 黑盒测试：等价类划分、边界值分析法、错误推测法。

重点与难点

1. 功能需求获取及描述。
2. 功能模型、对象模型、动态模型的建立。
3. 体系结构设计。
4. 补充完善类图。
5. 界面设计。
6. 语言的选择。
7. 编程规范的制定和遵守。
8. 系统环境的搭建、版本控制工具的使用。
9. 白盒测试。
10. 黑盒测试。

案例一 仓库管理子系统需求分析

【任务描述】

随着正泰集团的发展，需要一个集采购、销售、库存、客户等管理为一体的管理信息系统，软件孵化中心受正泰集团委托开发这个软件。该软件能够对采购、销售、库存、客户、财务、基础数据、系统等进行管理。因系统规模较大，本书仅以库存管理子系统为例进行需求分析，主要包括以下内容：

- 获取用户需求
- 建立功能模型
- 建立对象模型
- 建立动态模型

【任务分析】

库存管理子系统的需求分析，主要包括获取用户需求，对需求进行分析整理，做好功能分析和性能分析。采用 UML 语言进行分析建模。通过用例图建立功能模型描述系统功能。采用类图建立对象模型描述系统数据。采用顺序图、状态图、活动图建立动态模型描述系统动作。撰写需求分析说明书。

【实施方案】

任务1 获取用户需求

1.1 业务需求

库存业务复杂，包括对出库单、入库单、盘点、日结、月结、调拨、库存等方面的管理，容易造成数据不一致和数据遗漏，库存管理子系统可以快速、准确响应库存变化和各业务变化，方便管理人员对数据进行统计分析，促进管理规范化、信息化、正规化。

1.2　获取用户需求

仓库管理子系统涉及的角色是操作员。

操作员主要功能包括：出库单的录入和查询、入库单的录入和查询、出入库查询、调拨在途查询、退货原因录入及修改、库存盘点、库存信息明细查询、仓库报表查询、盘点盈亏录入和修改等。

1.3　确定功能需求

（1）出库单管理：主要是对出库的单据进行统一管理。主要操作有查询、新增、修改、删除、导出、查看单据详情。

1）查询出库单：可以指定单据单号、出库仓库、单据状态、单据日期、出库类型等条件进行查询，显示所有符合条件的出库单列表。

2）修改出库单：修改选中的出库单。

3）删除出库单：删除选中的出库单。

4）导出出库单：将出库单列表导出到 excel 表格文档，供用户下载查看。

5）查看出库单详情：通过出库单列表中的单号，弹出该出库单的详情。在出库单详情中，通过销售单号可以查看销售单。在销售单中可以查看对应的产品图片。

6）新增出库单：即录入新的出库单，需要录入的信息如下：

单据编号：即当前的出库单编号，由系统自动生成。

单据状态：出库单目前的状态，分为：未执行、已执行、已冲销、已退货，四种状态。未执行，即只进行了保存操作，未进行提交的出库单。已执行，即已经提交的出库单。已冲销，红它冲诋的出库单。已退货，即已经进行退货出库的出库单。

操作人：当前登录的操作员用户名称。

选择仓库：从系统中选择仓库名称。

出库类型：分为销售出库，退货出库，调拨出库三种。

单据日期：当前系统时间。

收货单位：获得系统中销售单的收货单位。

单据摘要：获得系统中销售单的单据摘要信息。

附加说明：由操作员对单据添加附加说明。

销售单号：选择没有进行出库操作的销售单。

产品清单：读取销售单的产品清单，点击查看图片按钮，可以查看指定产品的图片信息。图片信息在采购单录入时已上传至系统。

信息录入后，可以执行以下操作：

① 提交出库单：将出库单提交给系统，使出库单生效。

② 保存出库单：保存当前出库单，类似于发送电子邮件时保存草稿邮件。

③ 打印出库单：打印当前出库单。

④ 返回：返回到上一级界面。

⑤ 新增：清空当前页面的数据，录入新的出库单。

（2）入库单管理：主要是对入库的单据进行统一管理。主要操作有查询、新增、修改、删除、导出、查看单据详情。

1）查询入库单：可以指定单据单号、入库仓库、单据状态、单据日期、出库类型等条件，进行查询，显示符合条件的入库单列表。

2）修改入库单：修改选中的入库单。

3）删除入库单：删除选中的入库单。

4）导出入库单：将入库单列表导出到 excel 表格文档，供用户下载查看。

5）查看入库单详情：通过入库单列表中的单号，可以查看该入库单的详情。在入库单详情中可以通过采购收货单号查看收货单据。在收货单中可以通过查看图片链接来查看产品图片。

6）新增入库单：即录入新的入库单，需要录入的信息如下：

单据编号：即当前的入库单编号，由系统自动生成。

单据状态：入库单目前的状态，分为：未执行，已执行，已冲销，已退货，四种状态。未执行，即只进行了保存操作，未进行提交的入库单。已执行，即已经提交的入库单。已冲销，为红字冲抵的入库单。已退货，即已经进行退货入库的入库单。

操作人：当前登录的操作员用户名称。

选择仓库：系统中的仓库名称。

出库类型：分为采购入库，退货入库，调拨入库三种。

单据日期：当前系统时间。

单据摘要：销售单的单据摘要信息。

附加说明：由操作员对单据添加附加说明。

采购单号：选择没有进行入库操作的采购单。

产品清单：读取采购单的产品清单，可以查看指定产品的图片信息。该图片信息在采购单录入时已上传至系统。

信息录入后，可以进行下面的一种操作：

① 提交入库单：将入库单提交给系统，使入库单生效。

② 保存入库单：保存当前入库单。

③ 打印入库单：打印当前入库单。

④ 返回：返回到上一级界面。

⑤ 新增：清空当前页面的数据，录入新的入库单。

（3）库存盘点：主要功能是查询、新增、修改、删除、导出、查看详情等。

1）查询盘点单：可以通过输入盘点单单据编号、盘点仓库、单据日期、单据状态等条件进行查询，查询结果将显示在盘点单列表中。

2）修改盘点单：修改指定的未执行的盘点单。

3）删除盘点单：删除指定的未执行的盘点单。

4）导出盘点单：将盘点单列表生成 excel 表格文件，并打印。

5）查看盘点单详情：通过盘点单单据编号，可以查看该盘点单的详情。

6）查看差异表：通过差异表的超级链接，查看盘点的差异表。

7）新增盘点单：即录入新的盘点单，需要录入的信息如下。

单据编号：系统自动生成。

盘点仓库：读取系统设置的仓库信息。

单据日期：系统当前的时间。

单据状态：单据状态分为未执行和已执行两种状态。未执行是保存的草稿，尚未提交给系统。已执行为已经生效的提交给系统的盘点单。

经办人：办理盘点的人员。

操作员：当前登录系统的用户。

单据摘要：对单据的描述。

附加说明：即单据的补充说明。

盘点前开单价值：盘点前的开单价。

盘点前成本价值：盘点前的成本价。

盈亏原因：盈利或亏损的原因。

信息填写完之后，可以进行如下操作：

① 保存盘点单：保存盘点单。

② 打印盘点单：打印盘点单。

③ 返回：返回到上一级。

④ 新增：重新进入新增盘点单页面。

（4）库存信息明细：查询库存信息、导出库存信息。

1）查询库存信息：根据仓库、货位标识、库存数量、产品编码、型号规格等条件，对整个仓库的库存商品进行筛选，将查询结果显示在库存信息列表之中。

2）导出库存信息：将库存信息生成 excel 文档，供用户下载。

3）清除：清除所有条件。

（5）仓库库存报表：查询库存报表、打印库存报表、导出库存报表。

1）查询库存报表：用户可以根据仓库、单据的时间段、期末数、产品编码、型号规格、产品种类、货位货架等条件，查询库存报表并显示在列表中。

2）导出库存报表：将库存报表保存为 excel 文件下载到本地。

3）打印库存报表：打印当前的库存报表信息。

4）清除：清除所有查询条件。

（6）出入库查询：包括查询出入库单、查看单据详情、导出查询结果。

1）查询出入库单据：根据单据编号、业务类型、仓库、单据时间段、单据状态、查询类型、产品名称、单据操作人等条件，查询出入库单据，查询结果显示在列表中。

2）查看单据详情：根据单据号可以查看单据的详细信息。

3）导出：将查询的结果导出为 excel 文件，供用户下载查看。

4）清除：清除所有查询条件。

（7）调拨在途查询：主要对调拨单和调拨产品进行查询。

1）调拨单查询：选择出库仓库、调拨单单据编号、调拨单操作人、入库仓库、单据日期等条件，查询符合条件的所有调拨单，结果以列表形式显示调拨单。可以将调拨单以 excel 表格文件导出。

2）调拨产品查询：可以选择出库仓库、输入单据编号、产品编码、入库仓库、单据日期、型号规格等条件对所有的调拨单进行筛选查询，将符号条件的产品以列表显示。也可以通过导出将查询结果生成 excel 文档。

（8） 盘点盈亏维护：对盘点盈亏原因进行维护，包括查询盈亏原因、修改盈亏原因、删除盈亏原因等操作。

1） 查询盈亏原因：可以通过盘点盈亏原因名称查询盈亏原因，结果显示在列表中。

2） 修改盈亏原因：修改选中的一条盈亏原因。

3） 删除盈亏原因：删除选中的盈亏原因。

4） 新增盈亏原因：添加一条盈亏原因，输入的数据是：

盘点盈亏原因：将盈亏原因录入数据库。

备注内容：对该盈亏原因录入备注信息。

填写完成后可以进行如下操作：

① 提交盈亏原因：将新的盈亏原因提交给系统，使新的盈亏原因生效。

② 返回：返回到上一级页面。

（9） 退货原因维护：对退货原因进行维护，包括查询所有退货原因、修改退货原因、删除退货原因等操作。

1） 查询退货原因：查询所有退货原因，以列表形式显示。

2） 修改退货原因：修改选中的退货原因。

3） 删除退货原因：删除选中的退货原因。

4） 新增退货原因：添加退货原因，输入数据是：

退货原因：将退货原因录入数据库。

备注内容：对该退货原因录入备注信息。

① 提交退货原因：输入新的退货原因和备注信息后，将新的退货原因提交给系统，使新的退货原因生效。

② 返回：返回到上一级页面。

1.4 分析性能需求

（1） 并发能力：系统在大用户量使用下不能出现故障，具有并发响应能力。

（2） 处理时间：理想状态下系统应为用户每天提供 24 小时服务。

（3） 响应速度：要求能够响应快速，不超过 1 秒，并给予提示。

（4） 级联速度：输入、查询数据尽量能够从数据库中读取，以列表形式显示，供用户选择。级联速度要在用户可以接受的范围。

1.5 分析其他需求

（1） 开放性：具有良好的可扩充性和可移植性。系统遵循主流的标准和协议，提供与集团现正在使用平台统一的接口。

（2） 界面友好：要求操作界面美观大方，布局合理，功能完善，并给出合理的提示。系统针对不同角色的用户可提供不同的界面内容。

（3） 正确性：系统执行流程符合集团工作流程，数据计算不允许出现任何错误。

（4） 数据备份与恢复：系统中的重要数据按其重要程度，一天、一周或一月进行备份。系统万一崩溃，必须能将数据恢复到崩溃前正确的数据。

（5）系统权限：系统任何用户的权限由管理员创建用户时进行分配。

任务 2　建立功能模型

功能模型表示系统的功能，能够直接反映用户对目标系统的需求。UML 中用例图是进行需求分析和建立功能模型的强有力工具，也称为用例模型。用例模型的建立是系统开发者和用户反复讨论的结果，它描述了开发者和用户对需求规格达成的共识，通常包括系统、参与者（或者角色）、用例及用例之间的关系等元素。可以采用以下步骤建立功能模型。

2.1　确定参与者

系统分析人员与用户一起确定与系统发生交互活动的所有角色，这些角色可能有以下几种：

系统使用者：如果是信息系统，则从组织机构和角色职责图中能够很容易发现系统的使用者。如果不是信息系统，直接把系统的使用者都列出来。

外部系统：需要与本系统发生关系（功能，数据）的其他软件系统。

外部设备：与本系统发生关系的外部设备（控制的设备，或接受其他设备的控制）。

经过分析，仓库管理子系统的主要参与者是操作员。

操作员的主要职责是：出库单管理、入库单管理、库存盘点、库存明细管理、仓库库存报表、出入库查询、调拨在途查询、盘点盈亏维护、退货原因维护等工作。

2.2　映射用例

根据参与者的职责，将参与者必须做的事情映射为用例。可以从用例编号、用例名称、用例简要说明、参与者等几个方面对用例进行简要描述，仓库管理的用例列表如表 3-1 所示。

表 3-1　　　　　　　　　　　　　　　用例列表

编　　号	用例名称	用例描述	参　与　者
01	出库单管理	对出库的单据进行统一管理	操作员
02	查询出库单	查询符合条件的出库单	操作员
03	修改出库单	修改选中的出库单	操作员
04	删除出库单	删除选中的出库单	操作员
05	导出出库单	出库单列表导出到 excel 表格文档	操作员
06	查看出库单详情	查看出库单的详情	操作员
07	新增出库单	录入新的出库单	操作员
08	提交出库单	将出库单提交给系统，使出库单生效	操作员
09	保存出库单	保存当前出库单	操作员
10	打印出库单	打印当前出库单	操作员
11	新增（出库单）	重新进入新增出库单页面	操作员
12	返回出库单管理	返回到出库单管理页面	操作员
13	入库单管理	对入库的单据进行统一管理	操作员

（续表）

编　号	用例名称	用例描述	参 与 者
14	查询入库单	查询符合条件的入库单	操作员
15	修改入库单	修改选中的入库单	操作员
16	删除入库单	删除选中的入库单	操作员
17	导出入库单	将入库单列表导出到 excel 表格文档	操作员
18	查看入库单详情	查看入库单的详情	操作员
19	新增入库单	录入新的入库单	操作员
20	提交入库单	将入库单提交给系统，使入库单生效	操作员
21	保存入库单	保存当前入库单	操作员
22	打印入库单	打印当前入库单	操作员
23	返回入库单管理	返回到入库单管理页	操作员
24	新增（入库单）	重新进入新增入库单页面	操作员
25	库存盘点管理	对库存盘点进行管理	操作员
26	查询盘点单	查询符合条件的盘点单	操作员
27	修改盘点单	修改未执行的盘点单	操作员
28	删除盘点单	删除未执行的盘点单	操作员
29	导出盘点单	将盘点单列表生成 excel 表格文件	操作员
30	查看盘点单详情	查看该盘点单的详情	操作员
31	查看差异表	查看盘点的差异表	操作员
32	新增盘点单	录入新的盘点单	操作员
33	保存盘点单	保存盘点单	操作员
34	打印盘点单	打印盘点单	操作员
35	返回盘点单管理	返回到盘点单管理页面	操作员
36	库存信息管理	查询、导出库存信息	操作员
37	查询库存信息	查询符合条件的库存信息	操作员
38	导出库存信息	将库存信息生成 excel 文档	操作员
39	清除	清除所有查询条件	操作员
40	仓库库存报表管理	查询、导出、打印库存报表	操作员
41	查询库存报表	查询符合条件的库存报表	操作员
42	导出库存报表	将库存报表保存为 excel 文件	操作员
43	打印库存报表	打印当前的库存报表信息	操作员
44	出入库查询	可以查询出入库单、单据详情	操作员
45	查询出入库单据	查询出入库单据	操作员
46	查看单据详情	查看单据的详细信息	操作员
47	导出出入库单据	查询的结果导出为 excel 文件	操作员
48	调拨在途查询	对调拨单和调拨产品进行查询	操作员
49	调拨单查询	查询符合条件的调拨单	操作员
50	导出调拨单	将调拨单以 excel 表格文件导出	操作员
51	调拨产品查询	查询符合条件产品	操作员
52	导出调拨产品	导出查询到的调拨产品	操作员
53	盘点盈亏维护	对盘点盈亏原因进行维护	操作员
54	查询盈亏原因	通过盘点盈亏原因名称查询盈亏原因	操作员
55	修改盈亏原因	修改选中的一条盈亏原因	操作员

（续表）

编　号	用例名称	用例描述	参 与 者
56	删除盈亏原因	删除选中的盈亏原因	操作员
57	新增盈亏原因	添加一条盈亏原因	操作员
58	提交盈亏原因	将新的盈亏原因提交给系统	操作员
59	返回盈亏管理	返回到盈亏管理页面	操作员
60	退货原因维护	对退货原因进行维护	操作员
61	查询退货原因	查询所有退货原因	操作员
62	修改退货原因	修改选中的退货原因	操作员
63	删除退货原因	删除选中的退货原因	操作员
64	新增退货原因	添加退货原因	操作员
65	提交退货原因	将新的退货原因提交给系统	操作员
66	返回退货原因维护	返回到退货原因维护页面	操作员

2.3　建立功能模型

操作员的主要职责是：出库单管理、入库单管理、库存盘点管理、库存明细管理、仓库库存报表管理、出入库查询、调拨在途查询、盘点盈亏维护、退货原因维护等，分别映射为用例，如图 3-1 所示。

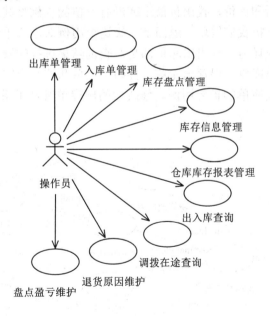

图 3-1　总用例图

（1）　出库单管理用例图
1）　初始用例图

将参与者和用例进行关联，新增出库单下面又有新增出库单，主要功能是清空已输入的内容，我们改名为清空内容。出库单管理子系统中操作员与用例关联，如图 3-2 所示。

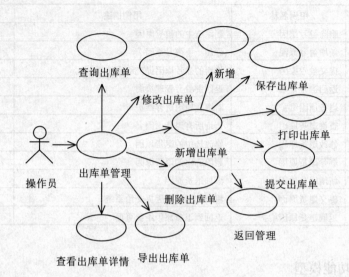

图 3-2　初始出库单管理用例图

2）　分析评价用例图

对用例图进行分析和评价，找出价值小或没有价值的用例将其删除，展现用例间的包含和扩展关系。经过分析我们发现，返回上一级这个用例对出库单管理价值很小，可以删除该用例。查看出库单详情、导出出库单都是对查询结果进行的操作，可以作为查询出库单的扩展用例。提交出库单、保存出库单、打印出库单和清空内容都是新增出库单的可选操作，可以作为新增出库单的扩展用例。修改后的出库单管理子系统用例图联，如图 3-3所示。

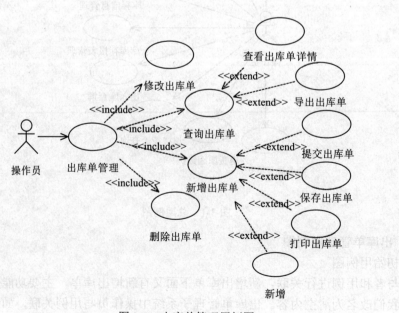

图 3-3　出库单管理用例图

（2） 入库单管理用例图

1） 初始用例图

新增出库单用例中还有一个新增出库单操作，主要作用是清空已录入内容。为避免重复，我们重新命名为清空内容。入库单管理初始用例图，如图 3-4 所示。

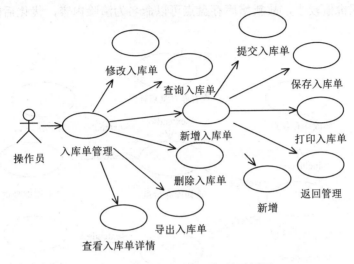

图 3-4 入库单管理初始用例图

2） 分析评价用例图

经过分析我们发现，返回管理这个用例对入库单管理价值很小，可以删除该用例。查看入库单详情、导出入库单都是对查询结果进行的操作，可以作为查询出库单的扩展用例。提交入库单、保存入库单、打印入库单和清空内容都是新增入库单的可选操作，可以作为新增入库单的扩展用例。修改后的入库单管理分析评价用例图，如图 3-5 所示。

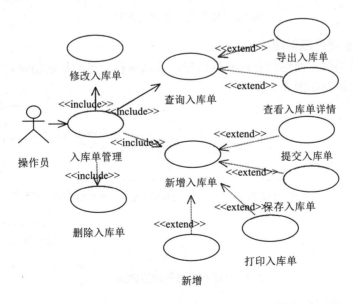

图 3-5 入库单管理分析评价用例图

（3）库存盘点管理用例图

库存盘点管理包括查询库存盘点、修改库存盘点、删除库存盘点、新增库存盘点。其中查询库存盘点的扩展用例是查看库存盘点详情、查看差异表、导出库存盘点。新增库存盘点的扩展用例是保存库存盘点、打印库存盘点、返回库存盘点管理、新增库存盘点。因返回库存盘点管理价值较小，故新增库存盘点可以命名为清除内容，优化后的用例图如图3-6所示。

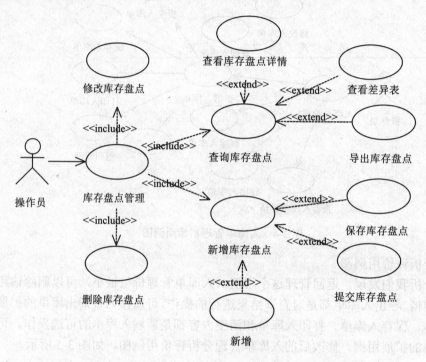

图3-6　库存盘点管理用例图

（4）库存信息管理用例图

库存信息管理用例主要包括查询库存信息，查询库存信息的扩展用例是导出库存信息、清除查询条件，用例图如图3-7所示。

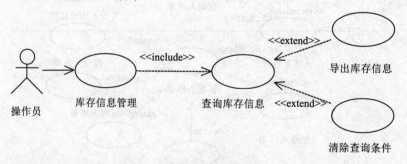

图3-7　库存信息管理用例图

（5）库存报表管理用例图

库存报表管理用例的子用例是查询库存报表，查询库存报表的扩展用例是导出库存报表和打印库存报表，用例图如图 3-8 所示。

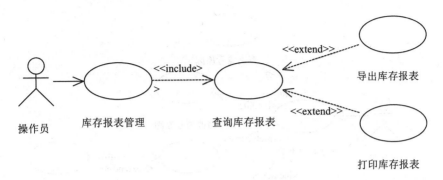

图 3-8   库存报表管理用例图

（6）　出入库查询用例图

出入库查询的子用例是查询出入库单据，查询出入库单据的扩展用例是查看单据详情和导出出入库单据，用例图如图 3-9 所示。

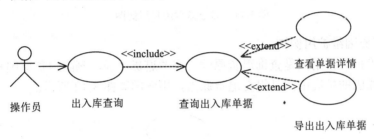

图 3-9   出入库查询用例图

（7）　调拨在途查询用例图

调拨在途查询包括调拨单查询和调拨产品查询。调拨单查询的扩展用例是导出调拨单，调拨产品查询的扩展用例是导出调拨产品，用例图如图 3-10 所示。

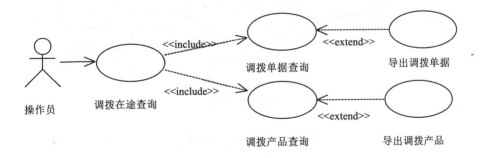

图 3-10   调拨在途查询用例图

（8）　盘点盈亏维护用例图

盘点盈亏维护的子用例是查询盈亏原因、修改盈亏原因、删除盈亏原因、新增盈亏原因。新增盈亏原因的扩展用例是提交盈亏原因和返回上一级。因返回上一级对盈亏维护价值不大,可以删除该用例,用例图如图 3-11 所示。

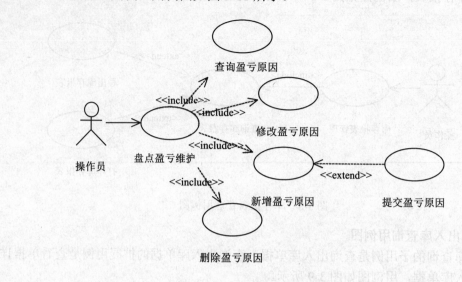

图 3-11 盘点盈亏维护用例图

(9) 退货原因维护用例图

退货原因维护的子用例是查询退货原因、修改退货原因、删除退货原因和新增退货原因,新增退货原因的扩展用例是提交退货原因,用例图如图 3-12 所示。

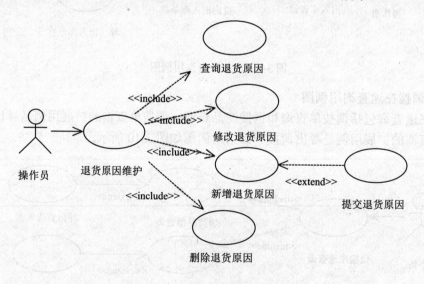

图 3-12 退货原因维护用例图

2.4 用例描述

可以从用例名称、用例描述、参与者、前置条件、后置条件、基本操作流程和可选操作流程等方面对主要用例进行描述。

（1）　出库单管理子用例描述

1）　新增出库单

新增出库单用例描述如表 3-2 所示。

表 3-2　　　　　　　　　　　　　　　　　新增出库单用例描述表

用例名称	新增出库单
用例描述	增加一个出库单单据
参与者	操作员
前置条件	操作员登录进入系统
后置条件	如果这个用例成功，在系统中增加一个出库单据，同时修改库存数量
基本操作流程	（1）操作员选择出库类型 （2）销售出库：操作员搜索有没有出库的销售单，其信息载入至父窗口出库单录入之中 　　　　退货出库：搜索供应商，输入产品型号及数量，以及退货原因 　　　　调拨出库：选择转入仓库后，在产品列表中输入产品的型号数量 （3）检查出库单必填项是否符合要求 （4）将出库单信息保存到出库单表 （5）修改库存，返回到出库单管理页面
可选操作流程	选择的出库类型中没有数据，用例终止，不能增加新的出库单 库存数量低于要出库的数量，用例终止，提醒库存不足 选择保存出库单，将出库单状态设为未执行 选择打印出库单，打印当前录入的数据 选择新增出库单，清空当前数据，录入新的出库单 选择返回，转到出库单管理页面

2）　修改出库单

修改出库单用例描述如表 3-3 所示。

表 3-3　　　　　　　　　　　　　　　　　修改出库单用例描述表

用例名称	修改出库单
用例描述	修改选中的一个出库单单据
参与者	操作员
前置条件	操作员登录进入系统
后置条件	如果这个用例成功，修改出库单表中的一个记录
基本操作流程	（1）操作员选择要修改的一个记录 （2）单击修改按钮，转入修改页面 （3）读取原来记录的信息，显示在修改页面 （4）修改内容 （5）对修改的内容进行检查 （6）将修改的信息保存到出库单表
可选操作流程	选择多个记录，系统提示只能修改一个记录 修改的内容不合法，系统进行提示，需要重新录入数据 直接选择返回，则转到出库单管理页面，用例终止

3）　查询出库单

查询出库单用例描述如表 3-4 所示。

表 3-4 　　　　　　　　　　　　　　　　**查询出库单用例描述表**

用例名称	查询出库单
用例描述	查询符合条件的出库单单据
参与者	操作员
前置条件	操作员登录进入系统
后置条件	如果这个用例成功，查询出所有符合条件的出库单，以列表的形式显示在出库单管理的主界面
基本操作流程	（1）操作员输入查询条件 （2）点击查询 （3）检索出库单表中符合条件的记录 （4）记录以列表的形式显示在出库单管理主界面上 （5）可以查看单据的详细信息，或者导出单据列表
可选操作流程	操作员清空查询条件，显示所有的单据 没有符合查询条件的数据，显示列表为空，用例终止

4）删除出库单

删除出库单用例描述如表 3-5 所示。

表 3-5 　　　　　　　　　　　　　　　　**删除出库单用例描述表**

用例名称	删除出库单
用例描述	删除选中的出库单单据
参与者	操作员
前置条件	操作员登录进入系统
后置条件	如果这个用例成功，系统删除出库单表中的对应单据
基本操作流程	（1）操作员选择要删除的记录 （2）点击删除 （3）从出库单表中找出选中的记录，并删除 （4）提示删除成功 （5）返回到出库单管理页面
可选操作流程	直接点击删除，系统提示要选择数据

（2）入库单管理子用例描述

新增入库单用例描述如表 3-6 所示。

表 3-6 　　　　　　　　　　　　　　　　**新增入库单用例描述表**

用例名称	新增入库单
用例描述	增加一个入库单单据
参与者	操作员
前置条件	操作员登录进入系统
后置条件	如果这个用例成功，在系统中增加一个入库单据，同时修改库存数量
基本操作流程	（1）操作员选择入库类型 （2）采购入库：操作员搜索没有入库的采购单，其信息载入至父窗口入库单录入之中 　　　退货入库：搜索客户，输入产品型号及数量，以及退货原因 　　　调拨入库：选择指定的调拨单，将其信息读取到父窗口入库单录入页面 （3）检查入库单必填项是否符合要求 （4）将入库单信息保存到入库单表 （5）修改库存，返回到入库单管理页面
可选操作流程	选择的入库类型中没有数据，用例终止，不能增加新的入库单 选择保存入库单，将入库单状态设为未执行 选择打印入库单，打印当前录入的数据 选择新增入库单，清空当前数据，录入新的入库单 选择返回，转到入库单管理页面

修改入库单用例描述如表 3-7 所示。

表 3-7　　　　　　　　　　　　　修改入库单用例描述表

用例名称	修改入库单
用例描述	修改选中的一个入库单单据
参与者	操作员
前置条件	操作员登录进入系统
后置条件	如果这个用例成功，修改入库单表中的一个记录
基本操作流程	（1）操作员选择要修改的一个记录 （2）单击修改按钮，转入修改页面 （3）读取原来记录的信息，显示在修改页面 （4）修改内容 （5）对修改的内容进行检查 （6）将修改的信息保存到入库单表
可选操作流程	选择多个记录，系统提示只能修改一个记录 修改的内容不合法，系统进行提示，需要重新录入数据 直接选择返回，则转到出库单管理页面，用例终止

查询入库单用例描述如表 3-8 所示。

表 3-8　　　　　　　　　　　　　查询入库单用例描述表

用例名称	查询入库单
用例描述	查询符合条件的入库单单据
参与者	操作员
前置条件	操作员登录进入系统
后置条件	如果这个用例成功，查询出所有符合条件的入库单，以列表的形式显示在入库单管理的主界面
基本操作流程	（1）操作员输入查询条件 （2）点击查询 （3）检索出库单表中符合条件的记录 （4）记录以列表的形式显示在入库单管理主界面上 （5）可以查看单据的详细信息，或者导出单据列表
可选操作流程	操作员清空查询条件，显示所有的单据 没有符合查询条件的数据，显示列表为空，用例终止

删除入库单用例描述如表 3-9 所示。

表 3-9　　　　　　　　　　　　　删除入库单用例描述表

用例名称	删除入库单
用例描述	删除选中的入库单单据
参与者	操作员
前置条件	操作员登录进入系统
后置条件	如果这个用例成功，系统删除出库单表中的对应单据
基本操作流程	（1）操作员选择要删除的记录 （2）点击删除 （3）从入库单表中找出选中的记录，并删除 （4）提示删除成功 （5）返回到入库单管理页面
可选操作流程	直接点击删除，系统提示要选择数据

（3） 库存盘点管理

查询盘点单用例描述如表 3-10 所示。

表 3-10 查询盘点单用例描述表

用例名称	查询盘点单
用例描述	用户输入查询条件，查询盘点单
参与者	操作员
前置条件	操作员登录进入系统
后置条件	操作成功，将符合条件的盘点单显示在列表中
基本操作流程	（1）操作员录入查询条件 （2）选择查询 （3）检索盘点单表中符合条件的记录 （4）记录以列表的形式显示在盘点单管理主界面上 （5）可以查看单据的详细信息，或者导出单据列表
可选操作流程	操作员清空查询条件，显示所有的单据，用例终止 没有符合查询条件的数据，显示列表为空，用例终止

新增盘点单用例描述如表 3-11 所示。

表 3-11 新增盘点单用例描述表

用例名称	新增盘点单
用例描述	增加一个新的盘点单
参与者	操作员
前置条件	操作员登录进入系统
后置条件	操作成功，在盘点单表中增加一个新记录
基本操作流程	（1）选择新增 （2）输入盘点单的基本信息 （3）选择提交 （4）检查必填项信息是否正确 （5）将记录保存到盘点单表中 （5）返回到盘点单管理页面
可选操作流程	选择保存盘点单，将盘点单状态设为未执行 选择打印盘点单，打印当前录入的数据 选择新增盘点单，清空当前数据，录入新的出库单 选择返回，转到盘点单管理页面

查看盘点单用例描述如表 3-12 所示。

表 3-12 查看盘点单用例描述表

用例名称	查看盘点单
用例描述	查看盘点单的详细信息
参与者	操作员
前置条件	操作员登录进入系统
后置条件	操作成功，盘点单的详细信息显示给操作员
基本操作流程	（1）选择盘点单的单号 （2）查询数据库中的详细信息 （3）显示信息给操作员
可选操作流程	选择关闭，则关闭盘点单详情页面，结束用例 选择返回，回到盘点单管理页面

查看差异表用例描述如表 3-13 所示。

表 3-13　　　　　　　　　　查看差异表用例描述表

用例名称	查看差异表
用例描述	查看差异表的详细信息
参与者	操作员
前置条件	操作员登录进入系统
后置条件	操作成功，查询的差异表显示给操作员
基本操作流程	（1）操作员选择差异表链接 （2）查询差异表中的记录 （3）差异表信息显示给操作员
可选操作流程	选择关闭，则关闭盘点单详情页面，结束用例 选择返回，回到盘点单管理页面

（4）　库存明细管理

查询库存信息明细用例描述如表 3-14 所示。

表 3-14　　　　　　　　　　查询库存信息明细用例描述表

用例名称	查询库存信息
用例描述	查询库存的详细信息
参与者	操作员
前置条件	用户登录进入系统
后置条件	如果这个用例成功，操作员将获得库存信息的详细信息
基本操作流程	（1）用户登入库存信息主页面 （2）输入查询条件：用户可以输入库存信息、货位信息、库存数量、产品编码、型号规格等进行查询 （3）按下查询按钮，查询数据库中库存信息 （4）将查询结果显示在库存信息明细列表中
可选操作流程	没有符合条件的数据则用例终止 选择导出按钮，将库存信息导出下载 选择返回，转到库存信息主页面

（5）　仓库库存报表管理

新增仓库报表用例描述如表 3-15 所示。

表 3-15　　　　　　　　　　新增仓库报表用例描述表

用例名称	新增仓库报表
用例描述	增加一个仓库报表数据
参与者	操作员
前置条件	操作员登录进入系统
后置条件	如果这个用例成功，在系统中增加一个仓库报表记录
基本操作流程	（1）操作员选择仓库报表 （2）检查仓库报表必填项是否符合要求 （3）将仓库报表信息保存到仓库报表 （4）提示新增仓库报表成功 （5）返回到仓库报表管理页面
可选操作流程	选择保存仓库报表，将仓库报表状态设为未执行 选择打印仓库报表，打印当前录入的数据 选择新增仓库报表，清空当前数据，录入新的仓库报表 选择返回，转到仓库报表管理页面

修改仓库报表用例描述如表 3-16 所示。

表 3-16 修改仓库报表用例描述表

用例名称	修改仓库报表
用例描述	修改选中的一个仓库报表单据
参与者	操作员
前置条件	操作员登录进入系统
后置条件	如果这个用例成功，会修改仓库报表中的一个指定记录
基本操作流程	（1）操作员选择要修改的一个记录 （2）单击修改按钮，转入修改页面 （3）读取原来记录的信息，显示在修改页面 （4）修改内容 （5）对修改的内容进行检查 （6）将修改的信息保存到仓库报表
可选操作流程	选择多个记录，系统提示只能修改一个记录 修改的内容不合法，系统进行提示，需要重新录入数据 直接选择返回，则转到仓库报表管理页面，用例终止

查询仓库报表用例描述如表 3-17 所示。

表 3-17 查询仓库报表用例描述表

用例名称	查询仓库报表
用例描述	查询符合条件的仓库报表单据
参与者	操作员
前置条件	操作员登录进入系统
后置条件	如果这个用例成功，查询出所有符合条件的仓库报表，以列表的形式显示在仓库报表管理的主界面
基本操作流程	（1）操作员输入查询条件 （2）点击查询 （3）检索仓库报表中符合条件的记录 （4）记录以列表的形式显示在仓库报表管理主界面上 （5）可以查看单据的详细信息，或者导出单据列表
可选操作流程	操作员清空查询条件，显示所有的单据 没有符合查询条件的数据，显示列表为空，用例终止

删除仓库报表用例描述如表 3-18 所示。

表 3-18 删除仓库报表用例描述表

用例名称	删除仓库报表
用例描述	删除选中的仓库报表单据
参与者	操作员
前置条件	操作员登录进入系统
后置条件	如果这个用例成功，系统删除仓库报表中的对应单据
基本操作流程	（1）操作员选择要删除的记录 （2）点击删除 （3）从仓库报表中找出选中的记录，并删除 （4）提示删除成功 （5）返回到仓库报表管理页面
可选操作流程	直接点击删除，系统提示要选择数据

（6）　出入库查询

出入库查询用例描述如表 3-19 所示。

表 3-19　　　　　　　　　　　　出入库查询用例描述表

用例名称	出入库查询
用例描述	根据输入条件查询出入库单据信息
参与者	操作员
前置条件	操作员登录进入系统
后置条件	如果这个用例成功，结果显示在出入库列表中
基本操作流程	（1）操作员输入查询条件 （2）点击查询 （3）检索出入库单据表中符合条件的记录 （4）记录以列表的形式显示在出入库查询主界面上 （5）可以查看单据的详细信息，或者导出单据列表
可选操作流程	操作员清空查询条件，显示所有的单据 没有符合查询条件的数据，显示列表为空，用例终止

（7）　调拨在途查询

调拨在途单据查询用例描述如表 3-20 所示。

表 3-20　　　　　　　　　　　　调拨在途单据查询用例描述表

用例名称	调拨在途单据查询
用例描述	查询调拨在途的出入库单据
参与者	操作员
前置条件	操作员登录进入系统
后置条件	如果这个用例成功，符合条件的出入库单据显示在列表中
基本操作流程	（1）操作员输入查询条件 （2）点击查询 （3）检索调拨在途出入库单据表中符合条件的记录 （4）记录以列表的形式显示在调拨在途查询主界面上
可选操作流程	操作员清空查询条件，显示所有的单据 没有符合查询条件的数据，显示列表为空，用例终止

调拨在途产品查询用例描述如表 3-21 所示。

表 3-21　　　　　　　　　　　　调拨在途产品查询用例描述表

用例名称	产品查询
用例描述	查询调拨在途的产品
参与者	操作员
前置条件	操作员登录进入系统
后置条件	如果这个用例成功，符合条件的调拨在途产品显示在列表中
基本操作流程	（1）操作员输入查询条件 （2）点击查询 （3）检索调拨在途产品中符合条件的记录 （4）记录以列表的形式显示在调拨产品界面中
可选操作流程	操作员清空查询条件，显示所有的产品 没有符合查询条件的数据，显示列表为空，用例终止

（8） 盘点盈亏维护

新增盈亏原因用例描述如表 3-22 所示。

表 3-22　　　　　　　　　　　　新增盈亏原因用例描述表

用例名称	新增盘点盈亏原因
用例描述	增加一个盘点盈亏原因
参与者	操作员
前置条件	操作员登录进入系统
后置条件	如果这个用例成功，在系统中增加一个盈亏原因
基本操作流程	（1）点击新增盈亏原因 （2）输入盘点盈亏原因 （3）点击提交 （4）将新增盈亏原因保存到数据库 （5）返回到盘点盈亏原因维护页面
可选操作流程	选择返回，返回到盘点盈亏原因维护界面

修改盈亏原因用例描述如表 3-23 所示。

表 3-23　　　　　　　　　　　　修改盈亏原因用例描述表

用例名称	修改盈亏原因
用例描述	修改选中的一条盈亏原因
参与者	操作员
前置条件	操作员登录进入系统
后置条件	如果这个用例成功，修改盈亏原因表中的一个记录
基本操作流程	（1）操作员选择要修改的一个记录 （2）单击修改按钮，转入修改页面 （3）读取原来记录的信息，显示在修改页面 （4）修改内容 （5）对修改的内容进行检查 （6）将修改的信息保存到盈亏原因表中
可选操作流程	选择多个记录，系统提示只能修改一个记录 修改的内容不合法，系统进行提示，需要重新录入数据 直接选择返回，则转到修改盈亏原因管理页面，用例终止

删除盈亏原因用例描述如表 3-24 所示。

表 3-24　　　　　　　　　　　　删除盈亏原因用例描述表

用例名称	删除盈亏原因
用例描述	删除选中的盈亏原因
参与者	操作员
前置条件	操作员登录进入系统
后置条件	如果这个用例成功，系统删除盈亏原因表中的对应记录
基本操作流程	（1）操作员选择要删除的记录 （2）点击删除 （3）从盈亏原因表中找出选中的记录，并删除 （4）提示删除成功 （5）返回到盈亏原因维护页面
可选操作流程	直接点击删除，系统提示要选择数据

（9）　退货原因维护

新增退货原因用例描述如表 3-25 所示。

表 3-25　　　　　　　　　　　新增退货原因用例描述表

用例名称	新增退货原因
用例描述	增加一个退货原因
参与者	操作员
前置条件	操作员登录进入系统
后置条件	如果这个用例成功，在系统中增加一个退货原因
基本操作流程	（1）点击新增进入新增页面 （2）输入"退货原因"，必填项，输入备注内容，选填 （3）选择提交 （4）将新增退货原因保存到数据库 （5）返回到退货原因维护页面
可选操作流程	必填项未填则回到新增页面，继续填写 选择返回，转到退货原因维护页面

修改退货原因用例描述如表 3-26 所示。

表 3-26　　　　　　　　　　　修改退货原因用例描述表

用例名称	修改退货原因
用例描述	修改选中的一条退货原因
参与者	操作员
前置条件	操作员登录进入系统
后置条件	如果这个用例成功，修改退货原因表中的一个记录
基本操作流程	（1）操作员选择要修改的一个记录 （2）单击修改按钮，转入修改页面 （3）读取原来记录的信息，显示在修改页面 （4）修改内容 （5）对修改的内容进行检查 （6）将修改的信息保存到出退货原因表中
可选操作流程	选择多个记录，系统提示只能修改一个记录 修改的内容不合法，系统进行提示，需要重新录入数据 直接选择返回，则转到修改退货原因管理页面，用例终止

删除退货原因用例描述如表 3-27 所示。

表 3-27　　　　　　　　　　　删除退货原因用例描述表

用例名称	删除退货原因
用例描述	删除选中的退货原因
参与者	操作员
前置条件	操作员登录进入系统
后置条件	如果这个用例成功，系统删除选中的退货原因表中的对应记录
基本操作流程	（1）操作员选择要删除的记录 （2）点击删除 （3）从退货原因表中找出选中的记录，并删除 （4）提示删除成功 （5）返回到退货原因维护页面
可选操作流程	直接点击删除，系统提示要选择数据

任务3　建立对象模型

对象模型表示静态的、结构化的数据性质，是客观世界实体的对象及对象间的关系的映射。建立对象模型是从客观世界提炼出对具体应用有价值的概念，需要一组符号和组织这些符号的规则组成，在面向对象方法中，可以用类图来表示对象模型。

3.1　确定类

类一般分为三类：边界类、控制类和实体类。

边界类：描述系统与角色之间的接口。在用例图中，每一个参与者至少要与一个边界类交互，一个页面可以看作是一个边界类。

控制类：在分析模型内表示协调、顺序、事务处理，以及控制其他对象的类。控制类负责协调边界类和实体类，通常在现实世界中没有对应的事物。它负责接收边界类的信息，并将其分发给实体类。对于控制类来说，可以给每个用例设置一个控制类，随着分析的发展有可能进行分解和合并。

实体型：为需要长久保存的信息进行建模的类。实体类通常是用例中的参与对象，对应着现实世界中的"事物"。识别实体类需要开发人员进一步理解应用领域，可以通过分析用例描述和词汇表等发现备选的实体对象。

（1）　出库单管理

边界类：出库单管理页面、新增页面、修改页面、查看详情页面。

控制类：控制类主要包括增加类、修改类、删除类、查询类、查看类等，这些都是对数据库进行操作的类，可以归并为出库单操作类。

实体类：主要是出库单类和出库产品类。出库单类对销售产品、退货产品和调拨产品信息进行出库。与出库单相关的实体类是仓库类、操作人类、销售单类、客户类、供应商类。

（2）　入库单管理

边界类：入库单管理页面、新增页面、修改页面、查看详情页面。

控制类：控制类主要包括增加类、修改类、删除类、查询类、查看类等。这些都是对数据库进行操作的类，可以归并为入库单操作类。

实体类：主要是入库单类和入库产品类。入库单类对购买、自产、调拨产品进行入库。与入库单相关的实体类是操作人、仓库类、采购单类、客户类、供应商类。与采购单类相关的还有产品类。

（3）　盘点单管理

边界类：盘点单管理页面、新增盘点页面、查看盘点详情页面、查看差异表页面、新增盘点单管理。

控制类：控制类主要包括增加类、修改类、删除类、查询类、查看类等，这些都是对数据库进行操作的类，可以归并为盘点单操作类。

实体类：主要是库存盘点类和盘点产品类，和库存盘点单相关的实体类是仓库信息类。

（4）　库存信息管理

边界类：库存信息管理页面。

控制类：库存信息查询类，查询仓库商品的详细信息，商品的价格、数量、型号规格等。

实体类：主要是仓库信息类。

（5）　仓库库存报表管理

边界类：库存报表管理页面。

控制类：库存报表查询类，查询仓库中的商品的具体信息，对于产品的入库数量和出库数量记录很详细，以及盈亏数、期末数、调拨在途数。

实体类：主要是仓库信息类。

（6）　出入库查询

边界类：出入库查询页面、单据详情页面。

控制类：查询类和查看类，归并为出入库查询操作类。

实体类：出库单类和入库单类。

（7）　调拨在途查询

边界类：调拨单据查询页面、调拨产品查询页面。

控制类：查询类、导出类，归并为调拨在途操作类。

实体类：出库单类。

（8）　盘点盈亏维护

边界类：盘点盈亏原因管理页面、修改盈亏原因页面、新增盈亏原因页面。

控制类：盘点盈亏操作类。

实体类：盈亏原因类。

（9）　退货原因维护

边界类：退货原因管理页面、修改退货原因页面、新增退货原因页面。

控制类：退货原因操作类。

实体类：退货原因类。

3.2　确定类之间的关联

（1）　界面类间的关系

仓库管理子系统页面包括出库单管理页面、入库单管理页面、盘点单管理页面、库存信息管理页面、仓库库存报表页面、出入库查询页面、调拨在途查询页面、盘点盈亏维护页面、退货原因维护页面，是聚合关系。

出库单管理页面由新增页面、修改页面、查看详情页面组成，是组合关系。

入库单管理页面由新增页面、修改页面、查看详情页面组成，是组合关系。

盘点单管理页面由新增盘点页面、查看盘点详情页面、查看差异表页面、修改盘点单页面组成，是组合关系。

出入库查询页面由单据详情页面构成，是组合关系。

调拨在途查询页面有调拨单据查询和调拨产品查询组成，是组合关系。

盘点盈亏原因管理页面由修改盈亏原因页面、新增盈亏原因页面组成，是组合关系。

退货原因管理页面由修改退货原因页面、新增退货原因页面组成，是组合关系。

（2） 实体类间的关系

出库单类和部门类、仓库类、用户类、采购单类和供应商类关联。

入库单类和部门类、仓库类、用户类、销售单类和客户类关联。

盘点单类和部门类、仓库类、用户类关联。

盘点产品表由盘点单组成，与仓库类和产品类关联。

出库产品类与出库单类、产品类、退货原因类、仓库类相关联。

入库产品类与入库单类、产品类、仓库类相关联。

仓库库存报表类由库存信息组成，与盈亏原因类、出库单类、入库单类、仓库类关联。

仓库类与部门类关联。

仓库信息类与部门类、产品类关联。

（3） 控制类间的关系

对实体类的操作基本包括新增、修改、删除、查询和查看详情，可以抽象为一个接口为数据操作接口，并用数据操作实现类进行实现。各实体类的操作类可以继承数据操作实现类。

3.3　确定类的属性和方法

主要实体类的属性和方法如下：

（1） 出库单类：属性是出库单编号、所属单位编号、出入库类型、产生单据日期、摘要、仓库编号、产品总数量、单据状态、操作人编号、销售单编号、客户编号、调入仓库编号。方法是设值方法和取值方法。

（2） 出库产品类：属性是产品列表编号、出库单编号、产品编号、退货原因编号、仓库编号、出库产品数量、备注、产品状态、期末数。方法是设值方法和取值方法。

（3） 入库单类：属性是入库单编号、所属单位编号、入库类型、单据日期、仓库编号、开单金额合计、优惠后金额合计、单据状态、单据摘要、操作员编号、关联单据编号。方法是各个属性的设值方法和取值方法。

（4） 入库产品类：属性是产品列表编号、入库单编号、仓库编号、产品编号、产品数量、开单单价、开单金额合计、优惠率、优惠后单价、优惠后金额合计、实收单价、实收合计、抹零合计、尚未入库数量、退货入库原因、摘要。方法是属性的设值方法和取值方法。

（5） 盘点单类：属性是盘点单编号、所属单位编号、单据日期、仓库编号、盘点前开单价值、盘点前成本价值、盘点成本差额、盘点基准差额、单据状态、单据备注、操作员编号、差错率、盈亏率。方法是各个属性的设值方法、取值方法。

（5） 盘点产品类：属性是产品列表编号、盘点单编号、仓库编号、产品编号、产品数量、开单单价、成本单价、开单金额合计、成本金额合计、盘点基准差额、盘点成本差额、盘点差异、盈亏原因。方法是各个属性的设置方法和取值方法。

（6） 仓库类：属性是仓库编号、所属单位编号、仓库名称、仓库地址、安全状态、摘要、电话、使用状态。方法是各个属性的设值和取值方法。

（7） 仓库信息类：属性是仓库信息编号、仓库编号 ID、产品编号 ID、所属单位 ID编号、产品数量、采购金额、开单金额、好坏仓库。方法是各个属性的设值方法和取值方法。

（8） 退货原因类：属性是退货原因编号、退货原因名称、所属单位编号、摘要、是否可用。方法是各个属性的设值方法、取值方法。

（9） 盈亏原因类：属性是盈亏原因编号、盈亏原因名称、所属单位编号、摘要，方法是各个属性的设置方法、取值方法。

（10） 数据库操作接口：新增方法、删除方法、查询方法、修改方法。

（11） 数据库操作类：新增方法、删除方法、查询方法、修改方法。

（12） 出库单操作类、入库单操作类、盘点单操作类、库存信息操作类、库存报表查询类、调拨在途查询类、盘点盈亏操作类、退货原因操作类都继承数据库操作类。

3.4 建立对象模型

边界类、控制类和实体类的关系如图 3-13 所示。

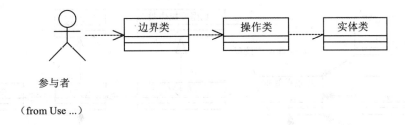

图 3-13 三种类的关系

（1） 出库单管理类图

出库单管理类图如图 3-14 所示。

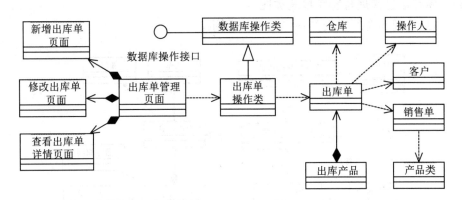

图 3-14 出库单管理类图

（2） 入库单管理类图

入库单管理类图如图 3-15 所示。

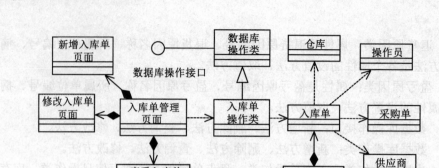

图 3-15　入库单管理类图

（3）　盘点单管理类图

盘点单管理类图如图 3-16 所示。

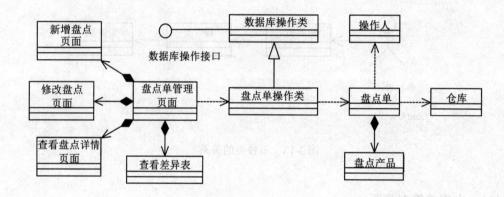

图 3-16　盘点单管理类图

（4）　库存信息管理与仓库报表类图

库存信息管理和仓库报表类图如图 3-17 所示。

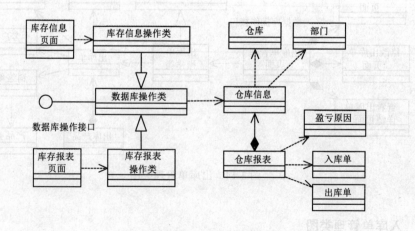

图 3-17　库存信息管理和仓库报表类图

（5）　出入库与调拨在途查询类图

出入库查询和调拨在途查询类图如图 3-18 所示。

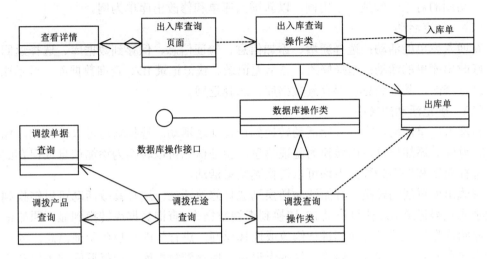

图 3-18　出入库查询和调拨在途查询类图

（6）　盘点盈亏与退货原因维护类图

盘点盈亏与退货原因维护类图如图 3-19 所示。

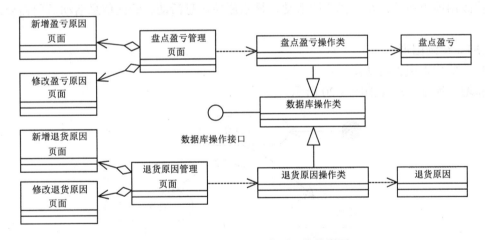

图 3-19　盘点盈亏与退货原因维护类图

任务 4　建立动态模型

动态模型描述与操作时间和顺序有关的系统特征、影响更改的事件、事件的序列、事件的环境，以及事件的组织。借助时序图、状态图和活动图，可以描述系统的动态模型。

4.1　活动图

活动图（activity diagram，动态图）是阐明用例实现的工作流程。工作流程通常包括一个基本工作流程和一个或多个备选工作流程。新增入库单和修改出库单活动图绘制步骤如下：

（1） 确定对象

活动图的对象一般是一个用例，以新增入库单和修改出库单为例。

（2） 确定活动

新增入库单的活动：选择新增、添加信息、验证信息、保存到数据库、选择返回。

修改出库单的活动：选择修改、显示无记录、获得记录 ID、查询数据库、显示原始信息、进行修改、验证信息、保存到数据库、选择返回。

（3） 确定活动的转换

新增入库单活动转换：开始活动转换到选择新增活动。选择新增可以转换到添加信息或选择返回。添加信息可以转换为验证信息。验证信息可以转换为添加信息或保存到数据库，选择返回和保存到数据库均可以转换到结束活动。

修改出库单活动转换：开始活动转换到选择修改活动。选择修改活动可以转换到显示无记录或获得记录 ID。获得记录 ID 转换到查询数据库。查询数据库转换到显示原始信息。显示原始信息活动可以转换到进行修改或选择返回。进行修改转换到验证信息。验证信息转换到保存到数据库或进行修改。显示无记录、保存到数据库、选择返回都可以转换到结束活动。

（4） 添加决策和并行

新增入库单决策：在选择新增活动、验证信息活动后面需要添加决策。

修改出库单决策：在选择修改活动、显示原始信息活动、验证信息活动后面需要添加决策。

（5） 绘制图形

1） 新增入库单活动图

新增入库单活动图如图 3-20 所示。

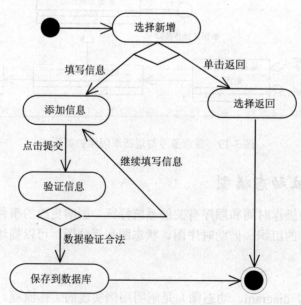

图 3-20　新增入库单活动图

2）修改出库单活动图

修改出库单活动图如图 3-21 所示。

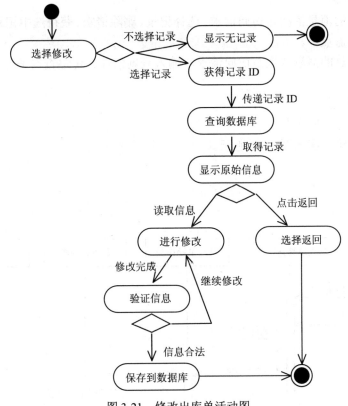

图 3-21　修改出库单活动图

4.2　顺序图

顺序图一般用于确认和丰富一个使用情境的逻辑。一个使用情境的逻辑可能是一个用例的一部分，或是一条备选线路；也可能是一个贯穿单个用例的完整流程，例如动作基本过程的逻辑描述，或是动作的基本过程的一部分再加上一个或多个的备用情境的逻辑描述。或是包含在几个用例中的流程。删除盘点单和查询库存信息顺序图的绘制步骤如下：

（1）　确定工作流

删除盘点单的工作流：操作员访问盘点单管理页面，默认查询数据库，系统显示出所有盘点单。操作员可以选择一条或多条记录，然后点击删除按钮，选择确认，就可以从数据库中删除选中记录并提示用户删除成功对话框。

查询库存信息的工作流：操作员访问库存信息查询页面，输入查询条件，点击查询按钮，系统访问数据库查找符合条件的记录就会显示在列表中。如果没有符合条件的记录，则返回没有符合条件的记录对话框。

（2）　排列对象

删除盘点单由操作员访问盘点单管理页面对象，系统开始访问盘点单操作对象、数据访问对象、盘点单对象，依次排列。

查询库存信息由操作员访问库存信息查询页面对象，系统开始访问库存信息操作对象、数据库访问对象、仓库信息对象，这些对象依次排列。

（3）确定消息

删除盘点单的消息依次是访问请求、选择记录、删除请求、获得选中记录ID、记录ID、删除记录、更新盘点单。

查询库存信息的消息依次是访问请求、输入查询条件、传递查询条件、进行查询、返回查询结果。

（4）绘制图形

1）删除盘点单顺序图

删除盘点单顺序图如图3-22所示。

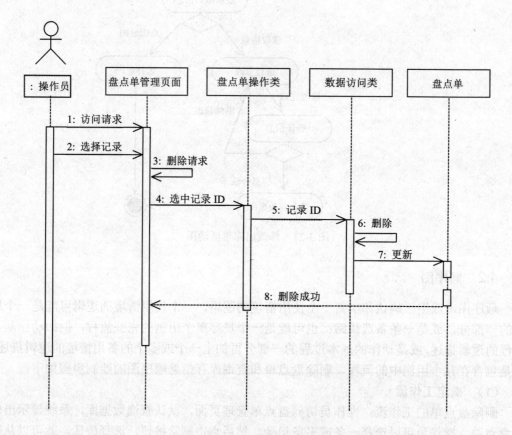

图3-22　删除盘点单顺序图

2）查询库存信息顺序图

查询库存信息顺序图如图3-23所示。

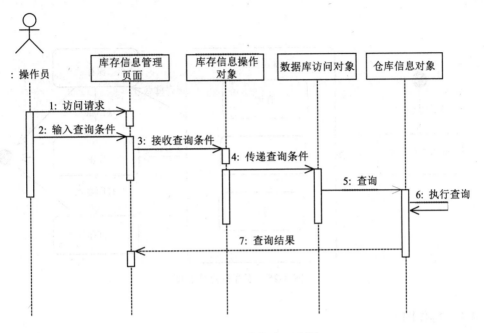

图 3-23 查询库存信息顺序图

4.3 状态图

状态图由状态组成，各状态由转移链接在一起。状态是对象执行某项活动或等待某个事件时的条件。转移是两个状态之间的关系，它由某个事件触发，然后执行特定的操作或评估并导致特定的结束状态。

退货处理状态图，如图 3-24 所示。

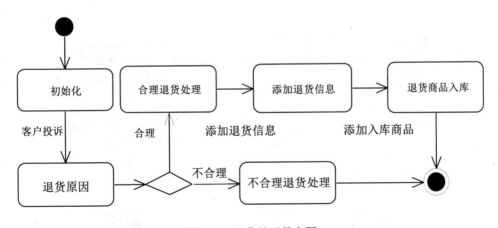

图 3-24 退货处理状态图

库存盘点状态图，如图 3-25 所示。

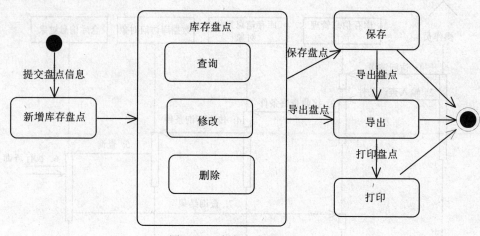

图 3-25　库存盘点状态图

4.4　协作图

协作图强调参与一个交互对象的组织，它由以下基本元素组成：活动者（Actor）、对象（Object）、连接（Link）和消息（Message）。在 UML 中，使用实线标记两个对象之间的连接。

协作图中的消息，由标记在连接上方的带有标记的箭头表示。协作图包含类元角色和关联角色，而不仅仅是类元和关联。类元角色和关联角色描述了对象的配置和当一个协作的实例执行时可能出现的连接。当协作被实例化时，对象受限于类元角色，连接受限于关联角色。

调拨产品查询协作图，如图 3-26 所示。

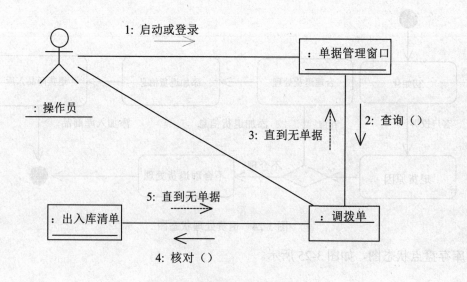

图 3-26　调拨产品查询协作图

盘点盈亏管理协作图如图 3-27 所示。

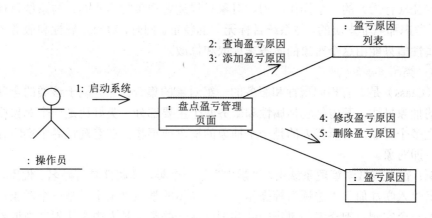

图 3-27　盘点盈亏维护协作图

知识链接　面向对象分析

1　面向对象方法

1.1　面向对象方法概述

面向对象（Object Oriented）方法是软件工程领域中的重要思想。这种软件开发思想比较自然地模拟了人类认识客观世界的方式，成为当前计算机软件工程学中的主流方法。应该特别强调的是，面向对象方法不仅仅是一种程序设计方法，更重要的是一种对真实世界的抽象思维方式。

面向对象方法的基本观点如下：

（1）客观世界是由对象组成的。任何客观的事物或实体都是对象。复杂的对象可以由简单的对象组成。

（2）具有相同数据和相同操作的对象可以归并为一个类。对象是对象类的一个实例。

（3）类可以派生出子类。子类继承父类的全部特性（数据和操作），又可以有自己的新特性。子类与父类形成类的层次结构。

（4）对象之间通过消息传递相互联系。类具有封装性，其数据和操作等对外界是不可见的。外界只能通过消息请求进行某些操作，提供所需要的服务。

软件工程学家 Codd 和 Yourdon 认为：面向对象＝对象＋类＋继承＋通信。

1.2　面向对象的主要概念

（1）对象

对象从不同的角度有不同的含义，我们针对系统开发来讨论对象的概念，其定义是：对象（Object）是系统中用来描述客观事物的一个实体。它是构成系统的一个基本单位，由一组属性和对这组属性进行操作的一组服务组成。在这里，属性和服务是构成对象的两个基本要素，其定义是：属性是用来描述对象静态特征的一个数据项。服务是用来描述对象动态特征（行为）的一个操作序列。对象只描述客观事物本质的、与系统目标有关的特征，而不考虑那些非本质的、与系统目标无关的特征。同时，对象是属性和服务的结合体，对象的属性值只能由这个对象的服务来读取和修改。

（2）类

类（Class）是具有相同属性和服务的一组对象的集合。它为属于该类的全部对象提供了统一的抽象描述，其内部包括属性和服务两个主要部分。类好比是一个对象模板，用它可以产生多个对象。类所代表的是一个抽象的概念或事物。在客观世界中实际存在的是类的实例，即对象。

举例：在学校教学管理系统中，"学生"是一个类，其属性具有姓名、性别、年龄等，可以定义"入学注册""选课"等操作。一个具体的学生"王平"是一个对象，也是"学生"类的一个实例。把众多的事物归纳并划分成一些类，是人类在认识客观世界时经常采用的思维方法。分类的原则是抽象，从那些与当前目标有关的本质特征中找出事物的共性，并将具有共同性质的事物划分成一类，得出一个抽象的概念。

（3）封装

封装（Encapsulation）是把对象的属性和服务结合成一个独立的系统单位，并尽可能隐藏对象的内部细节。封装是面向对象方法的一个重要原则，系统中把对象看成是属性和对象的结合体，使对象能够集中而完整地描述一个具体事物。封装的信息隐蔽作用反映了事物的相对独立性。当我们从外部观察对象时，只需要了解对象所呈现的外部行为（即做什么），而不必关心它的内部细节（即怎么做）。

在软件上，封装要求对象以外的部分不能随意存取对象的内部数据（属性），从而有效地避免了外部错误对它的"交叉感染"，使软件错误能够局部化，大大减少了查错和排错的难度。另外，当对象内部需要修改时，由于它只通过少量的服务接口对外提供服务，便大大减少了内部修改对外部的影响，即减少了修改引起的"波动效应"。封装也有副作用。如果强调严格的封装，则对象的任何属性都不允许外部直接存取。因此就要增加许多没有其他意义、只负责读或写的服务，从而为编程工作增加了负担，增加了运行开销。为了避免这一点，语言往往采取一种比较灵活的做法，即允许对象有不同程度的可见性。

（4）继承

继承（Inheritance）是指子类可以自动拥有父类的全部属性和服务。

继承简化了人们对现实世界的认识和描述。在定义子类时不必重复定义那些已在父类中定义过的属性和服务，只要说明它是某个父类的子类，并定义自己特有的属性和服务即可。

继承对于软件复用是十分有益的。如果将面向对象方法开发的类作为可复用构件，那么在开发新系统时可以直接复用这个类，还可以将其作为父类，通过继承而实现复用，从而大大扩展了复用的范围。

（5）消息

消息（Message）是对象发出的服务请求，一般包含提供服务的对象标识、服务标识、输入信息和应答信息等信息。

通常，一个对象向另一个对象发出消息请求某项服务，接收消息的对象响应该消息，激发所要求的服务操作，并将操作结果返回给请求服务的对象。

面向对象技术的封装机制使对象各自独立，各司其职。消息通信则为它们提供了唯一合法的动态联系途径，使它们的行为能够相互配合，构成一个有机的运动的系统。

（6）　结构与连接

任何事物之间都不是互相孤立，而是彼此联系的，并因此构成一个有机的整体。对象之间常见的联系包括：

- 分类关系，即一般与特殊结构。
- 组成关系，即整体与部分结构。
- 对象属性之间的静态联系，即实例连接。
- 对象行为之间的动态联系，即消息连接。

（7）　多态性

多态性（Polymorphism）是指在父类中定义的属性或服务被子类继承后，可以具有不同的数据类型或表现出不同的行为。

在体现一般与特殊关系的一个类层次结构中，不同层次的类可以共享一个操作，但却有各自不同的实现。当一个对象接收到一个请求时，它根据其所属的类，动态的选用在该类中定义的操作。

多态性机制为软件的结构设计提供了灵活性，减少了信息冗余，明显提高了软件的可复用性和可扩充性。多态性的实现需要 OOPL 提供相应的支持，与多态性实现有关的语言功能包括：重载（overload）、动态绑定（dynamic binding）、类属（generic）。

（8）　主动对象

主动对象（Active Object）是一组属性和一组服务的封装体，其中至少有一个服务不需要接收消息就能主动执行（称为主动服务）。

主动对象的作用是描述问题域中具有主动行为的事物，以及在系统设计时识别的任务。其主动服务描述相应任务所应完成的操作。在系统实现阶段，主动服务应该被实现为一个能并发执行的、主动的程序单位，如进程或线程。除了具有主动服务外，主动对象的其他方面与被动对象没有什么不同。主动对象中也可以有一些在消息的驱动下执行的一般任务。

2　面向对象分析

面向对象分析（Object-Oriented Analysis，简称 OOA）就是运用面向对象的方法进行系统分析。强调运用面向对象方法，对问题域和系统职责进行分析和理解，找出描述问题域及系统职责所需的对象，定义对象的属性、服务，以及它们之间的关系。目标是建立一个符合问题域、满足用户需求的 OOA 模型。

面向对象建模得到的模型包含对象的三个要素（子模型）：静态结构（对象模型），交互次序（动态模型），和数据变换（功能模型），如图 3-28 所示。

功能模型：表达系统的详细需求，由用例图和场景描述组成。

对象模型：表示静态的、结构化的系统"数据"性质。描述现实世界中实体的对象，以及它们之间的关系。表示目标系统的静态数据结构。在面向对象方法中，类图是构建对象模型。

动态模型：描述系统的动态结构和对象之间的交互，表示瞬时的、行为化的系统的"控

"制"特性。常用状态图、顺序图、合作图、活动图构建系统的动态模型。

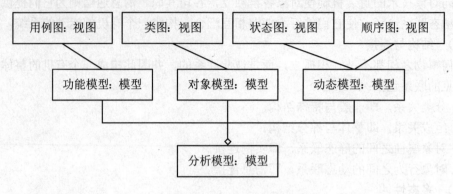

图 3-28　面对对象建模

2.1　功能模型

功能模型表示变化的系统的"功能"性质，它指明了系统应该"做什么"，因此更直接地反映了用户对目标系统的需求。UML 提供的用例图也是进行需求分析和建立功能模型的强有力工具。在 UML 中把用用例图建立起来的系统模型称为用例模型。

用例模型描述的是外部行为者（actor）所理解的系统功能。用例模型的建立是系统开发者和用户反复讨论的结果，它描述了开发者和用户对需求规格所达成的共识。一幅用例图包含的模型元素有系统、行为者、用例及用例之间的关系。

2.2　对象模型

建立对象模型关键是定义所有与待解决问题相关的类，包括类的操作和属性、类与类之间的关系，以及它们表现出的行为，主要完成 5 项任务：

（1）全面深入调研分析，掌握用户业务需求细节及流程；

（2）准确标识类，包括定义其属性和操作；

（3）认真分析定义类的层次关系；

（4）明确表达对象与对象之间的关系（对象的连接）；

（5）具体确定模型化对象的行为；

复杂问题（大型系统）的对象模型由下述五个层次组成（如图 3-29）：类及对象层、属性层、服务层、结构层和主题层（范畴层）。

2.3　动态模型

动态模型描述与操作时间和顺序有关的系统特征、影响更改的事件、事件的序列、事件的环境和事件的组织。

借助时序图、状态图和活动图，可以描述系统的动态模型。动态模型的每个图均有助于理解系统的行为特征。对于开发人员来说，动态建模具有明确性、可视性和简易性的特点。

通过描述分析类实例之间的消息传递，将用例的职责分配到分析类中。

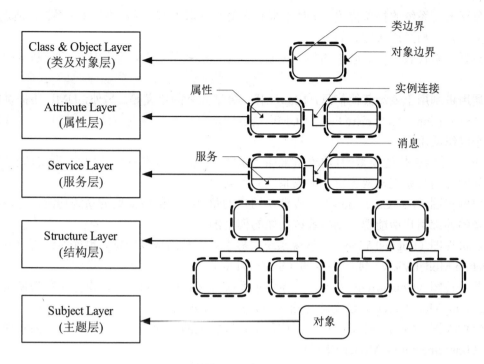

图 3-29 对象模型层

拓展知识 统一建模语言

1 UML

1.1 UML 概述

UML（Unified Modeling Language，统一建模语言），是一种面向对象的建模语言。它的主要作用是帮助用户对软件系统进行面向对象的描述和建模（建模是通过将用户的业务需求映射为代码，保证代码满足这些需求，并能方便地回溯需求的过程）。它可以描述这个软件开发过程从需求分析直到实现和测试的全过程。UML 通过建立各种类，类之间的关联，以及类/对象怎样相互配合实现系统的动态行为等成分（这些都称为模型元素）来组建整个模型。UML 提供了各种图形，比如用例图、类图、时序图、协作图和状态图等，来把这些模型元素及其关系可视化，让人们可以清楚容易地理解模型。可以从多个视角来考察模型，从而更加全面地了解模型。这样就就使得同一个模型元素可能会出现在多个图中，对应多个图形元素。

1.2 UML 组成

UML 由视图（View）、图（Diagram）、模型元素（Model Element）和通用机制（General Mechanism）等几个部分组成。

视图是表达系统的某一方面特征的 UML 建模元素的子集，由多个图构成，是在某一个抽象层上对系统的抽象描述。图是模型元素集的图形表示，通常由弧（关系）和顶点（其他模型元素）相互链接构成的。

模型元素代表面向对象中的类、对象、消息和关系等概念，是构成图的最基本的常用概念。

通用机制用于表示其他信息，比如注释、模型元素的语义等。另外，UML 还提供扩充机制（Extension Mechanism），使 UML 语言能适应一个特殊的方法（或过程），或扩充至一个组织或用户。

UML 是用来描述模型的，用模型来描述系统的结构或静态特征，以及行为或动态特征。从不同的视角为系统构架建模，形成系统的不同视图。

用例视图（Use Case View），强调从用户的角度看到的或需要的系统功能，是被称为参与者的外部用户所能观察到的系统功能的模型图。

逻辑视图（Logical View），展现系统的静态或结构组成及特征，也称为结构模型视图（Structure Model View）或静态视图（Static View）。

并发视图（Concurrent View），体现了系统的动态或行为特征，也称为行为模型视图（Behavioral Model View）或动态视图（Dynamic View）。

组件视图（Component View），体现了系统实现的结构和行为特征，也称为实现模型视图（Implementation Model View）。

配置视图（Deployment View），体现了系统实现环境的结构和行为特征，也称为环境模型视图（Environment Model View）或物理视图（Physical View）。

视图是由图组成的，UML 提供了 9 种不同的图：

（1）用例图（Use Case Diagram），描述系统功能；

（2）类图（Class Diagram），描述系统的静态结构；

（3）对象图（Object Diagram），描述系统在某个时刻的静态结构；

（4）时序图（Sequence Diagram），按时间顺序描述系统元素间的交互；

（5）协作图（Collaboration Diagram），按时间和空间顺序描述系统元素的交互和它们之间的关系；

（6）状态图（State Diagram），描述了系统元素的状态条件和响应；

（7）活动图（Activity Diagram），描述系统元素的活动；

（8）组件图（Component Diagram），描述了实现系统的元素的组织；

（9）配置图（Deployment Diagram），描述了环境元素的配置，并把实现系统的元素映射到配置上。

根据它们在不同架构视图的应用，可以把 9 种图分成：

用户模型视图，用例图；

结构模型视图，类图和对象图；

行为模型视图，时序图、协作图、状态图和活动图；

实现模型视图，组件图；

环境模型视图，配置图。

UML 用来描述模型的内容有 3 种，分别是事物（Things）、关系（Relationships）和图（Diagrams）。

1.3　UML 中的事物

（1）结构事物主要有 7 种，分别是类、接口、协作、用例、活动类、组件和节点。

类（Class）：类是具有相同属性、相同方法、相同语义和相同关系的一组对象的集合。在 UML 图中，类通常用一个矩形来表示。

接口（Interface）：接口是指类或组件所提供的、可以完成特定功能的一组操作的集合。换句话，接口描述了类或组件对外的、可见的动作。通常，一个类实现一个或多个接口。在 UML 图中，接口通常用一个圆形来表示。

协作：协作定义了交互的操作，表示一些角色和其他元素一起工作，提供一些合作的动作。在 UML 图中，协作通常用一个虚线椭圆来表示。

用例（Use Case）：用例定义了系统执行的一组操作，对特定的用户产生可以观察的结果。在 UML 图中，用例通常用一个实线椭圆来表示。

活动类（Actives Class）：活动类是对拥有线程并可发起控制活动的对象（往往称为主动对象）的抽象。在 UML 图中，活动类的表示方法与普通类的表示方法相似，也是使用一个矩形，只是最外面的边框使用粗线。

组件（Component）：组件是物理上可替换的，实现了一个或多个接口的系统元素。在 UML 图中，组件的表示方法比较复杂，如图 3-30 所示。

图 3-30　UML 图中的组件

节点（Node）：节点是一个物理元素，它在运行时存在，代表一个可计算的资源，比如一台数据库服务器。在 UML 图中，节点使用一个立方体来表示。

（2）行为事物（Behavior Things）主要有两种：交互和状态机。

交互（Interaction）：在 UML 图中，交互的消息通常画成带箭头的直线，如图 3-31 所示。

图 3-31　UML 图中的交互

状态机（State Machine）：状态机是对象的一个或多个状态集合。在 UML 图中，状态机通常用一个圆角矩形来表示。

（3）组织事物（Grouping Things）是 UML 模型中负责分组的部分，可以把它看作是一个个盒子，每个盒子里面的对象关系相对复杂，而盒子与盒子之间的关系相对简单。组织事物只有一种，称为包（Package）。包是一种有组织地将一系列元素分组的机制。包与组件的最大区别在于，包纯粹是一种概念上的东西，仅仅存在于开发阶段结束之前；而组件是一种物理元素，存在于运行时。在 UML 图中，包通常表示为一个类似文件夹的符号，如图 3-32 所示。

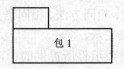

图 3-32　UML 图中的包

辅助事物（Annotation Things）也称注释事物，属于这一类的只有注释。在 UML 图中，一般表示为折起一角的矩形，如图 3-33 所示。

图 3-33　UML 图中的注释

1.4　UML 中的关系

UML 中的关系（Relationships）包含四种：关联关系、依赖关系、泛化关系和实现关系。

关联关系（Association）是一种结构化的关系，指一种对象和另一种对象有联系。如图 3-34 所示。

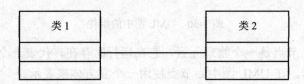

图 3-34　UML 图中的关联关系

依赖关系：对于两个对象 X、Y，如果对象 X 发生变化，可能会引起对另一个对象 Y 的变化，则称 Y 依赖 X。如图 3-35 所示。

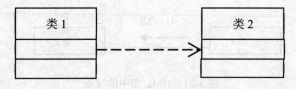

图 3-35　UML 图中的依赖关系

泛化关系（Generalization）：UML 中泛化关系定义了一般元素和特殊元素之间的分类关系。如图 3-36 所示。

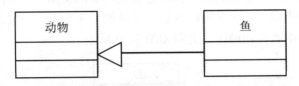

图 3-36　UML 图中的泛化关系

实现关系将一种模型元素（如类）与另一种模型元素（如接口）连接起来，其中接口只是行为的说明而不是结构或者实现。如图 3-37 所示。

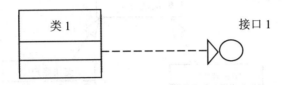

图 3-37　UML 图中的实现关系

1.5　UML 中的图

UML 中的图有 9 种，主要分为两类：静态图和动态图。

UML 中有 5 中静态图：用例图、类图、对象图、组件图和配置图。

（1）　用例图（Use Case Diagram）

用例图展现了一组用例、参与者，以及它们间的关系。可以用用例图描述系统静态使用的情况。在对系统行为组织的建模方面，用例图是相当重要的。ATM 取款机前的业务用例图如图 3-38 所示。

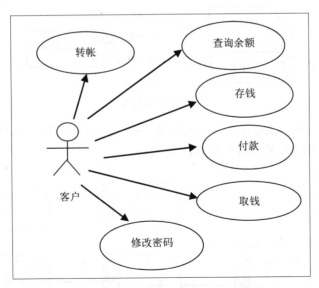

图 3-38　ATM 取款机前的业务用例图

（2）　类图

类图展示了一组类、接口和协作及它们之间的关系，在建模中所建立的最常见的图就是类图。用类图说明系统的静态设计视图，包含主动类的类图——专注于系统的静态进程视图。系统可有几个类图，单个类图仅表达了系统的一个方面。一般在高层给出类的主要职责，在低层给出类的属性和操作。类图如图3-39所示。

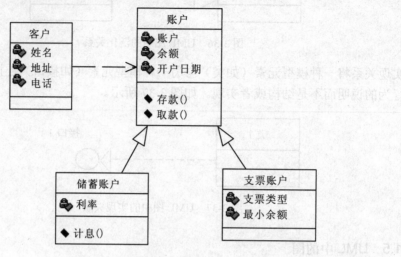

图3-39　类图

对象图（Object Diagram）展示了一组对象及它们之间的关系。用对象图说明类图中所反应的事物实例的数据结构和静态快照。对象图表达了系统的静态设计视图或静态过程视图，除了现实和原型方面的因素外，它与类图的作用是相同的。

组件图（Component Diagram）又称构件图，展现了一组组件之间的组织和依赖，用于对原代码、可执行的发布、物理数据库和可调整的系统建模。组件图的例子如图3-40所示。

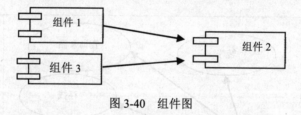

图3-40　组件图

配置图（Deployment Diagram）说明系统结构的静态配置图，即说明分布、交付和安装的物理系统。配置图的例子如下图3-41所示。

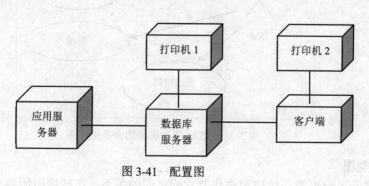

图3-41　配置图

动态图分别有四种，分别是：时序图、协作图、状态图和活动图。

时序图（Sequence Diagram）展现了一组对象和由这组对象收发的消息，用于按时间顺序对控制流进行建模。播放文件的时序图如图 3-42。

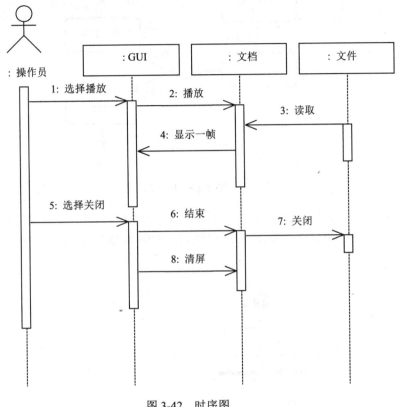

图 3-42　时序图

协作图（Collaboration Diagram）展现了一组对象间的连接以及这组对象收发的消息。它强调收发消息对象的组织结构，按组织结构对控制流建模。协作图的例子如图 3-43 所示。

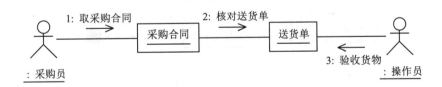

图 3-43　协作图

状态图（Statechart Diagram）展示了一个特定对象的所有可能状态，以及由各种事件的发生而引起的状态间的转移。行车状态图如图 3-44 所示。

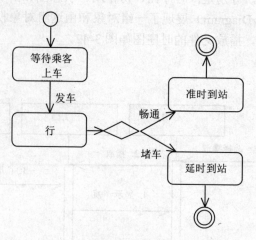

图 3-44　状态图

活动图（Activity Diagram）显示了系统中从一个活动到另一个活动的流程。活动图显示了一些活动，强调的是对象之间的流程控制。如图 3-45 所示。

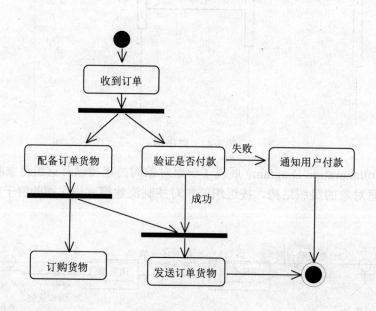

图 3-45　活动图

2　面向对象建模工具 Rational Rose

2.1　Rational Rose 的安装与使用

（1）解压 Rose 安装包，运行 Rose.exe，解析文件，如图 3-46 所示。

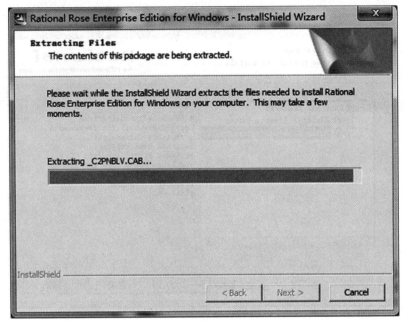

图 3-46　解析 Rose 文件

（2）　文件解析完成后进入安装向导，选择下一步继续安装，如图 3-47 所示。

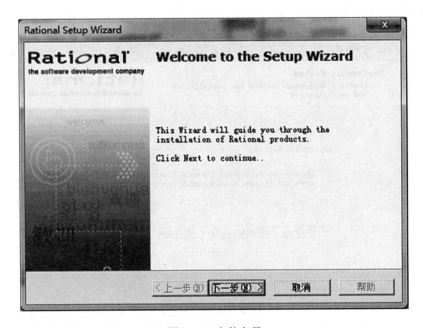

图 3-47　安装向导

（3）　选择需要安装的 Rational 产品，选择 Rational Rose Enterprise Edition，选择下一步，如图 3-48 所示。

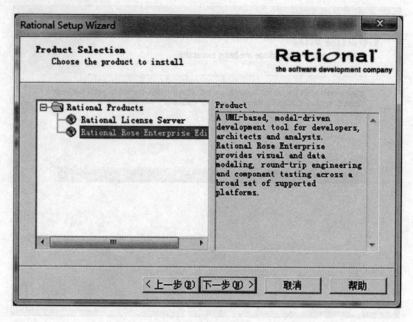

图 3-48　选择产品

（4）选择安装与配置的部署方式，选择从 Desktop installation from CD image，再选择下一步，如图 3-49 所示。

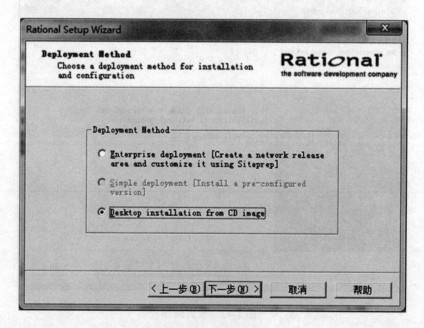

图 3-49　安装方法

（5）配置 Windows 的安装程序，请等待，如图 3-50 所示。

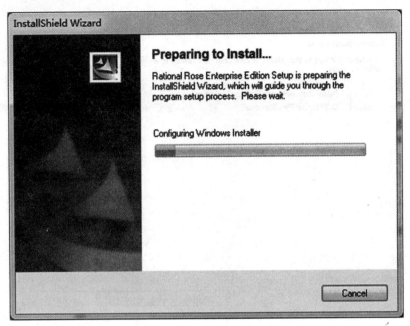

图 3-50　准备进度

（6）许可证协议，选择 I accept the terms in the license agreement，点击 Next，如图 3-51 所示。

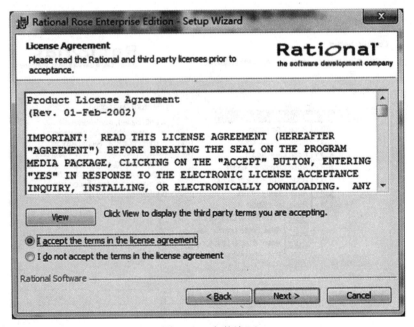

图 3-51　安装许可

（7）选择安装目录。也可以选择默认安装，默认安装在 C:\Program Files\Rational 目录下。选择 Next，如图 3-52 所示。

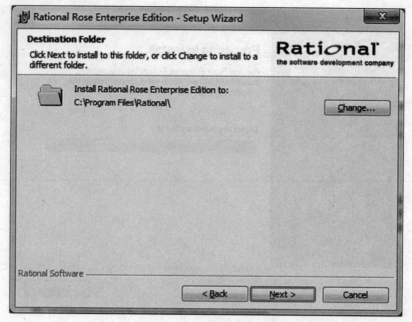

图 3-52　安装目录

（8）选择程序功能，可以根据 Feature Description 中的描述选择要安装的功能，默认安装 Rose Enterprise Edition 中的所有程序，选择 Next 进入下一步，如图 3-53 所示。

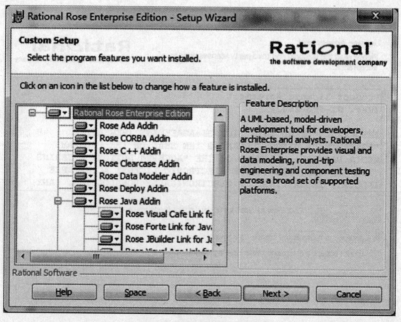

图 3-53　选择程序

（9）经过前面的步骤，Rose 已经准备好安装程序，选择 Install 就可以安装程序了，如图 3-54 所示。

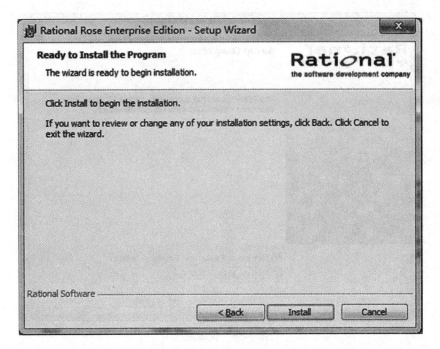

图 3-54　准备完成

（10）　等待安装完成，如图 3-55 所示。

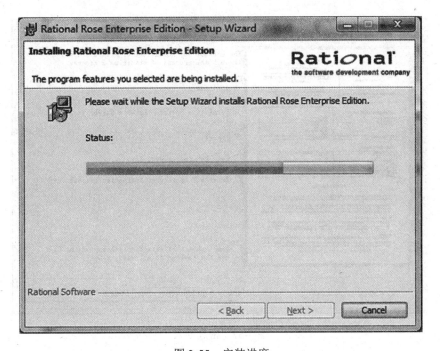

图 3-55　安装进度

安装完成后出现如图 3-56 所示界面，选择 Finish 结束。

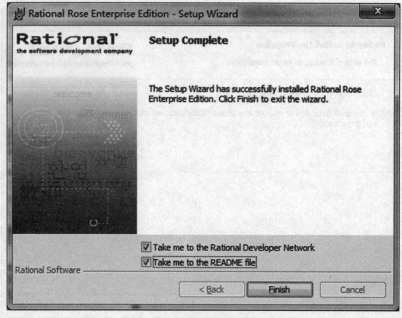

图 3-56　安装完成

（11）　导入许可文件。购买的产品中会包括一个 License 文件，选择 Import a Rational License File，找到 License 文件导入即可，如图 3-57 所示。

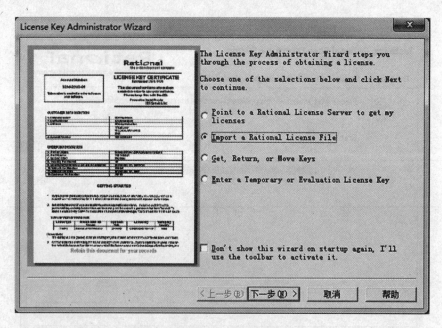

图 3-57　密匙导入

（12）　安装完成，可以从程序中找到 Rational Software，选择 Rational Rose Enterprise Edition 会打开图 3-58 所示界面。

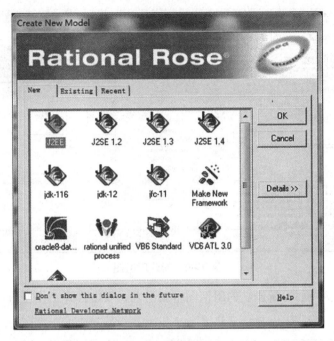

图 3-58　选择模型

（13）选择 J2EE 模型，点击 OK 即进入 Rose 的操作界面，如图 3-59 所示。可以绘制 UML 中的所有图形。

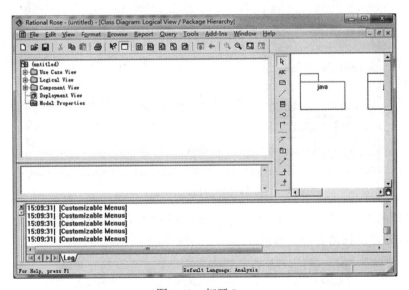

图 3-59　打开 Rose

2.2　Rational Rose 绘制用例图

（1）建立用例视图。打开 Rose 工作界面后，在左边窗口会看到三个视图，选中 Use Case View，点击右键选择 New，在弹出的菜单中选择 Use Case Diagram，如图 3-60 所示。

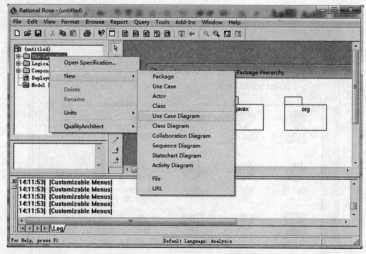

图 3-60　新建用例图

（2）命名用例图。为新建立的用例图重新命名，双击打开工作窗口，中间为工具栏，如图 3-61 所示。

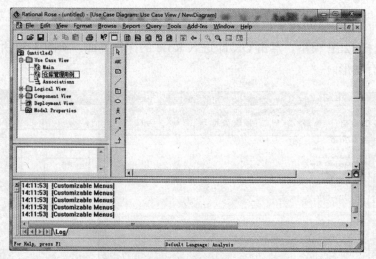

图 3-61　打开工作区

若工具栏的工具不完整，可以自己定制。定制方法是在工具栏的空白处单击鼠标右键，选择 Customize，选择需要的工具进行添加，如图 3-62 所示。

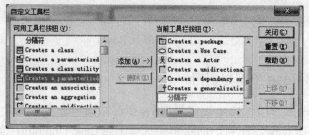

图 3-62　添加工具

（3）　加入参与者。在工具栏单击参与者图标，在工作区点击即画出参与者，可以为参与者命名，如图 3-63 所示。

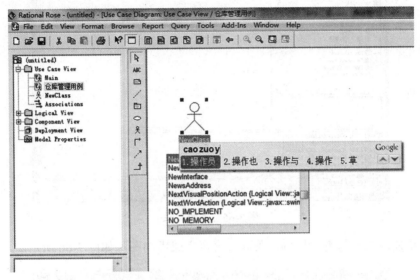

图 3-63　加入参与者

（4）　加入用例。在工具栏选择用例图标，在工作区单击即可画出用例。可以双击用例图标为用例命名、添加描述、选择类型等，如图 3-64 所示。

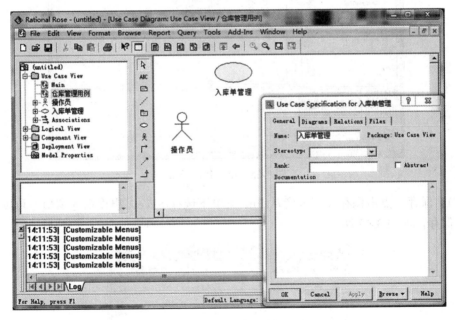

图 3-64　添加用例

（5）　添加关联。为参与者和用例添加关联，如图 3-65 所示。

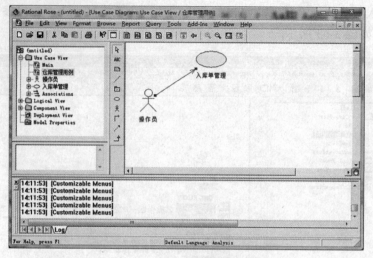

图 3-65　添加关联

（6）　重复添加参与者、用例、关联，直至完成用例图，如图 3-66 所示。

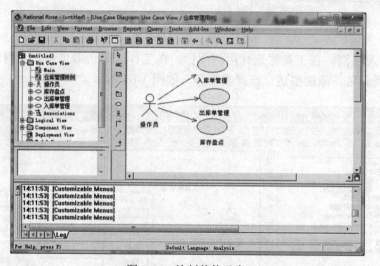

图 3-66　绘制其他元素

（7）　保存。点击保存图标或者从 File 菜单下选择 Save，出现保存窗口，可以为图形命名并保存，如图 3-67 所示。

图 3-67　保存

2.3　Rational Rose 绘制类图

（1）打开 Rose，进入工作界面，可以右键单击"Logic View"节点。在弹出的菜单中依次选择 New、ClassDiagram，如图 3-68 所示。

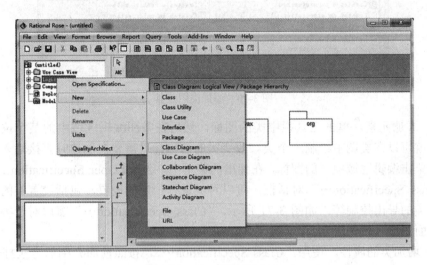

图 3-68　新建类图

（2）为新建的类图命名，双击工作窗口，中间为绘制类图的工具栏，如图 3-69 所示。

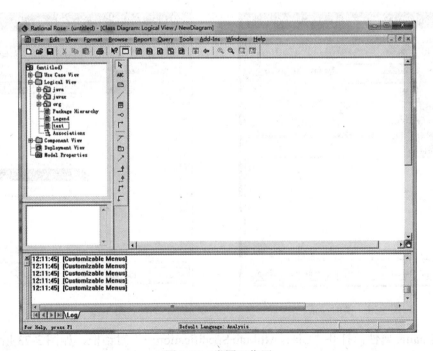

图 3-69　类图工作区

如果工具栏中的工具不完整，可以自己定制。定制方法是在工具栏的空白处单击鼠标右键，选择 customize，从而选择需要的工具进行添加，界面如图 3-70 所示。

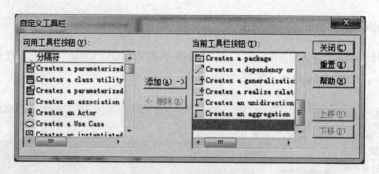

图 3-70　添加类图工具

（3）添加元素。单击工具栏中类的图标，然后在类图编辑区域中的某个位置单击鼠标左键，就可以在类图中绘制一个类。改变类的名称，只需要在创建时直接输入即可。还可以右键单击编辑区域中类的图标，在弹出的菜单中，选择【Open Specification…】按钮，弹出"Class Specification…"对话框，可以对类进行一定的设置，包括设置类的名字，类的类型，类的导出控制等，如图 3-71 所示。"Class Specification…"窗口对于类是非常重要的，后面也会多处使用到。

（4）增加类的属性。使用"Class Specification…"，按照前面介绍的方法打开"Class Specification…"窗口，然后选择"Attitutes"选项卡，在窗口的空白的地方单击右键，并且选择 Insert 按钮，如图 3-72 所示。

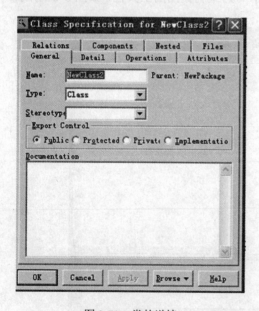

图 3-71　类的详情

图 3-72　添加属性

双击 name 属性，打开"Class Attibute Specification…"对话框，如图 3-73 所示。

在打开的对话框中，可以对属性的名字、类型、修饰符、初始值等进行设置。修饰符是指该属性或方法使用的范围。面向对象变成语言一般有 3 个修饰符：public，private 和 protect，如图 3-74 所示。

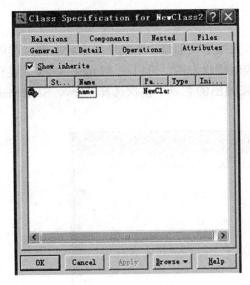

图 3-73 设置属性

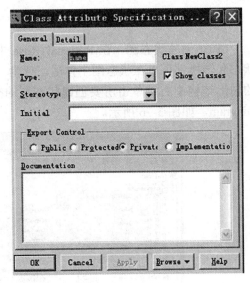

图 3-74 属性选项

（5） 增加类的方法，增加类的方法与增加属性相似。下面介绍一下类方法的设置。首先，新建一个方法，然后双击该方法的名字（与打开"Class Attribute Specification…"相似），就可以打开"Operation Specification…"对话框，如图 3-75 所示。

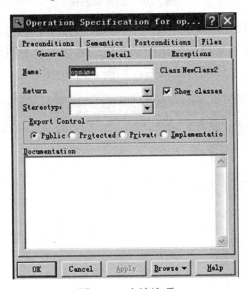

图 3-75 方法选项

两个主要的选项卡：

1） "General"选项卡包括方法的一般设置，如方法名（Name）、返回类型（Return Type）、修饰符（Export Control）等设置。

2） "Detail"选项卡可以添加该方法的参数（Arguments）、协议（Protocol）、条件（Qualification）、运行时的空间大小（Size）、时间（Time），是否是抽象方法（Abstract），以及同步性（Concurrency）。

2.4 Rational Rose 绘制状态图

（1） 创建状态图。在 Rational Rose 中可以为每个类创建一个或者多个状态图，类的状态和转换都可以在状态图中体现。要为一个类创建状态图，可以在"Logic View"展开的树形结构中右键单击所要创建状态图的类，在弹出的菜单中依次选择 New、Statechart Diagram，如图 3-76 所示。

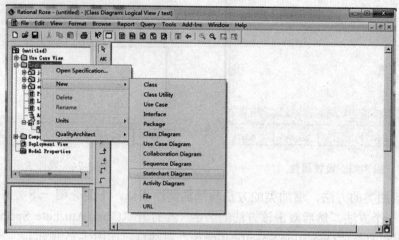

图 3-76　创建状态图

（2） 命名。新建的状态图默认名称为"NewDiagram"，右键单击状态图的图标，在弹出的菜单中选择 Rename 可以更改创建的状态图的名字。状态图创建后，双击状态图的图标，出现状态图绘制区域，中间为工具栏，如图 3-77 所示。

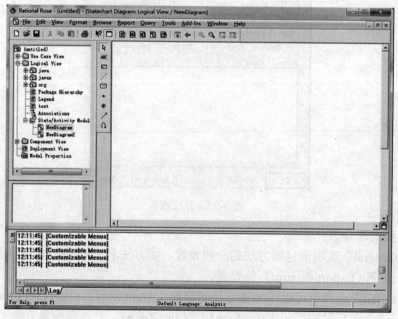

图 3-77　状态图工作区

　　状态图的工具栏也可以定制。如果发现工具栏中没有上表中列出的图标按钮，则可以从自定义对话框中选择，如图 3-78 所示。

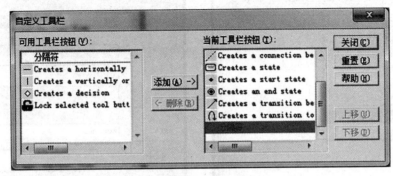

图 3-78　添加状态图工具

　　（3）加入开始状态和终止状态。开始状态在图中显示为实心圆，点击开始状态图标，然后在绘制区域要绘制开始状态的地方单击鼠标左键，就可以加入开始状态。终止状态的加入方法和开始状态相同，如图 3-79 所示。

图 3-79　起止状态

　　（4）增加状态

　　1）增加状态。要增加状态，首先要点击工具栏中的状态图标，然后在绘制区域中要绘制的地方单击鼠标左键。

　　可以修改状态的属性信息，如状态的名字和文档说明等。要修改状态属性，可以双击状态图标，在弹出的对话框的"General"选项卡里进行设置。

　　2）增加入口动作。入口动作是对象进入某个状态时发生的动作，进入动作在状态内显示，前面有"entry"前缀。添加入口动作可以在状态属性设置对话框里进行：点击对话框的"Actions"选项卡，在空白处单击鼠标右键，在弹出菜单中选择【Insert】菜单项，如图 3-80。

　　接着双击出现的动作类型"Entry/"，在出现的对话框的"When"选项的下拉列表中选择"On Entry"，在"Name"选项中填入动作的名字，如图 3-81 所示。

　　点击"OK"按钮，退出此对话框，然后在点击属性设置对话框的"OK"按钮，在状态图的入口动作就添加完成。

　　3）增加出口动作。出口动作与入口动作相似，不过它在对象退出某个状态时发生。它的添加方法也和入口动作相似，只不过在"When"选项的下拉菜单中要选择"On Exit"。

　　4）增加活动。活动是对象在特定状态时进行的行为，活动与入口动作/出口动作不同，活动是可以中断的。增加活动与增加入口动作和出口动作类似，只要在"When"选项的下拉列表中要选择"Do"即可。

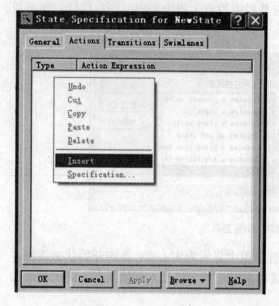

图 3-80　增加入口动作

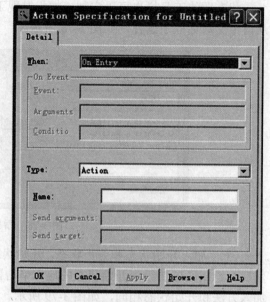

图 3-81　输入动作

（5）　增加转换

转换是从一种状态到另一种状态的过渡。在 UML 中转换用一条带箭头的直线表示，增加转换的步骤如下：

1）　加入转换图标。转换要在两个状态之间进行。要增加转换，首先点击工具栏中的状态之间的转换图标，然后单击转换的源状态，即转换开始状态，向目标状态拖动一条直线。如图 3-82 所示。

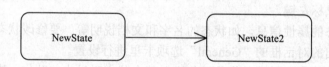

图 3-82　加入转换

2）　增加事件。事件导致对象从一种状态转变到另一种状态。双击两状态之间的转换图标，出现一个事件转换窗口。在框图中，事件可以用操作名和有意义的字符串表示。要增加事件，可以双击转换的图标，在出现的对话框的"General"选项卡里增加，如图 3-83 所示。

从图中可以看到，可以在"Event"选项中添加触发转换的事件，在"Argument"选项中添加事件的参数，还可以在"Documentation"选项添加对事件的描述。

3）　增加动作。动作是转换过程中发生的不可中断的行为，大多数动作要在转换时发生。要增加动作，可以双击转换的图标，选择出现的对话框中的"Detail"选项卡的"Action"选项中填入要发生的动作。如图 3-84 所示。

4）　增加监护条件。监护条件控制转换发生与否。监护条件的添加方法与动作的添加方法相似，都是在上图中进行，只不过是在"Guard Condition"选项中填入监护条件。

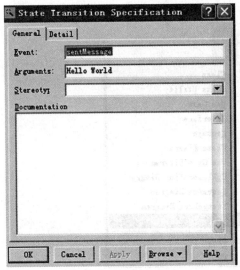
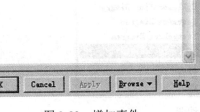
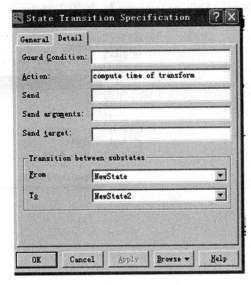

图 3-83　增加事件　　　　　　　　　　　图 3-84　增加动作

（6）增加历史状态

历史状态的添加方法如下：

1）双击要添加历史状态的状态，在打开的对话框中选择"General"选项卡。

2）将左下角的"State/Activity History"复选框勾选，就可以增加历史状态了，如图 3-85 所示。

图 3-85　增加历史状态

2.5　Rational Rose 绘制活动图

（1）创建活动图。在"Logic View"的图标下单击鼠标右键，在弹出的菜单中选择

【New->Activity Diagram】，如图 3-86 所示。

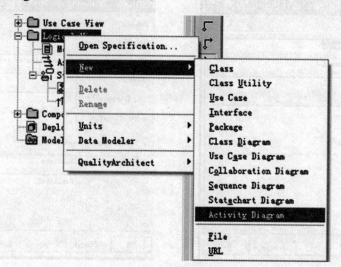

图 3-86　新建活动图

（2）　与状态图一样，Rose 也会在"Logic"目录下创建"State/Activity Model"子目录，目录下新建"New Diagram"，右键单击活动图的图标，在弹出的菜单中选择【Rename】，可以更改创建的活动图名字。建立活动图以后，双击活动图的图标，出现活动图的绘制区域，如图 3-87 所示。

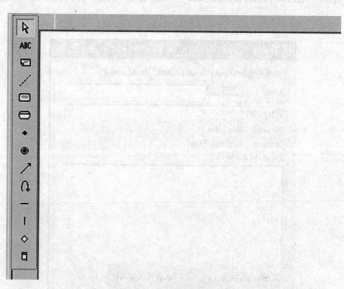

图 3-87　活动图工作区

（3）　加入出态和终态。加入出态和终态方法跟加入状态图一样。

（4）　增加动作状态。要增加动作状态，首先点击工具栏中的添加活动的图标，然后在绘制区域要绘制动作状态的地方单击鼠标左键即可。

可以修改动作状态的属性信息，如名字和文档说明等。要修改属性，可以双击相应的动作状态图标，在弹出的对话框的"General"选项卡里修改。

（5）　增加活动状态

活动状态的表示图标和动作状态图标相同，与动作状态不同的是活动状态可以添加动作。添加动作的步骤如下：

1）　选中要添加动作的活动状态的图标，右键单击，在弹出的菜单中选择菜单项【Open Specification】。

2）　在弹出的对话框中选择"Action"选项卡，在空白处单击鼠标右键，从弹出的菜单中选择【Insert】菜单项。

3）　接着双击列表中出现的默认状态"Entry"选项卡，在出现的对话框的"When"选项的下拉列表中有"On Entry""On Exit""Do"和"On Event"等动作选项。用户可以根据需要进行选择。下面的"Name"字段要求用户加入所添加动作的名称，如图 3-88 所示。

图 3-88　动作设置

4）　如果选择"On Event"，则要求在相应的字段中输入事件的名称"Event"、参数"Argument"和事件发生的条件"Condition"。

5）　点击"OK"按钮，退出当前对话框，然后点击属性设置对话框的"OK"按钮，活动状态的动作就添加完成。

（6）　增加动作流。动作流显示了活动之间的转移，动作流在状态之间进行。点击工具栏中的状态之间转换图标，然后在两个要转换的动作状态之间拖动一条直线，如图 3-89 所示。

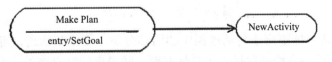

图 3-89　增加动作流

（7）增加分支与合并。分支与合并描述对象的条件行为。要增加分支与合并，点击工具栏的图标按钮◇，然后在要绘制区域要加入分支与合并的地方单击鼠标左键。由于一个分支有一个入转换和两个带条件的出转换，一个合并有两个带条件的入转换和一个出转换，所以分支与合并要和动作流相结合才有意义。如图3-90所示。

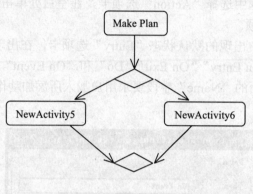

图3-90 增加分支与合并

（8）增加分叉与汇合。分叉与汇合描述对象的并发行为。分叉分为水平分叉与垂直分叉。两者在表达的意义上没有任何区别，只是为了画图的方便才分为两种。要增加分叉与汇合，点击工具栏中的水平同步图标按钮，在绘制区域在要加入分叉与汇合的地方单击鼠标左键。由于每个分叉有一个输入转换和两个或多个输出转换，每个汇合有两个或多个输入转换和一个输出转换，所以分叉与会合也要和动作流相结合。如图3-91所示。

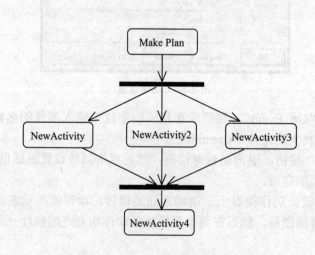

图3-91 增加分叉与汇合

（9）增加咏道。咏道用于将活动图中的活动分组。要绘制咏道，可以点击工具栏中的咏道图标按钮，然后在绘制区域点击鼠标左键，咏道就绘制出来了。可以修改咏道的名字一反映咏道的分组情况，修改方法如下。

1)　选种相应的咏道，右键单击，在弹出的菜单中选择【Open Specification…】。

2)　在弹出的对话框中的"Name"字段可以修改咏道的名字。

（10）　增加对象和对象流。可以通过对象流显示工作流如何影响或使用对象。对象与活动间的带箭头的虚线表示对象流。

1)　增加对象。要增加对象，可以点击工具栏中对象图标按钮，在绘制区域要绘制的地方单击鼠标左键。增加了对象以后，可以输入对象名，标出对象的状态和增加对对象的说明等。要增加上述内容，右键单击相应的对象，在弹出的菜单中选择【Open Specification…】，再选择弹出对话框的"General"选项卡，如图 3-92 所示。

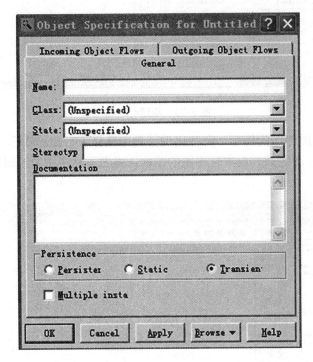

图 3-92　对象选项

从图中可以看出，在"Name"字段可以填入对象的名字。如果建立相应的对象类，可以在"Class"对象的下拉列表中选择。如果建立了相应的状态，则需要从"State"字段下拉列表中选择。如果没有状态或需要添加状态，则选择"New"，在出现的"State Specification"窗口输入新状态名并点击"OK"按钮即可，还可以在"Documentation"字段输入对对象的说明。

2)　增加对象流。要增加对象流，可以点击工具栏中的对象流图标按钮，从改变对象的活动拖放到相应的对象上，或从对象拖放到使用对象的活动。

2.6　Rational Rose 绘制时序图

（1）　创建时序图。在"Use Case View"的图标上单击鼠标右键，在弹出的菜单中选择【New->Sequence Diagram】，在"Use Case View"目录下将创建时序图"New Diagram"，如图 3-93 所示。

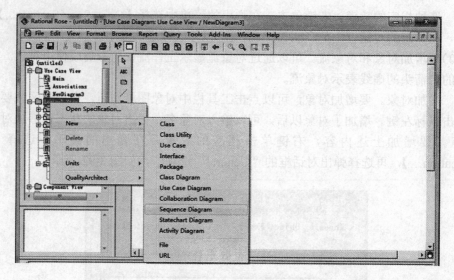

图 3-93　新建时序图

（2）　右键单击时序图的图标，在弹出的菜单中选择【Rename】，可以更改创建的时序图的名字。建立时序图之后，双击时序图的图标，将出现时序图的绘制区域，如图 3-94 所示。

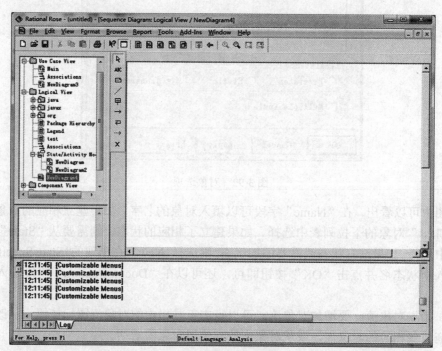

图 3-94　时序图工作区

（3）　添加对象。时序图与对象密不可分，要绘制时序图，首先要添加对象。

1）　向时序图增加对象，要将对象添加到时序图，首先点击工具栏中的添加对象图标按钮，然后在绘制区域要绘制的地方单击鼠标左键即可。如图 3-95 所示。

图 3-95 添加对象

2）设置对象属性。新创建的对象需要一个有意义的对象名称，可以修改对象的属性信息，如名称和文档说明等。要修改对象属性，可以双击相应的对象图标，在弹出的对话框的"General"选项卡里修改，如图所 3-96 所示。

3）设置对象持续性。可以设置对象的持续性，Rose 中提供了 3 个选项，"持续性（Persistent）"对象保存到数据库或其他形式的永久存储体中，即使程序终止，对象依然存在。"静态（Static）"对象保存在内存中直到程序终止。"临时（Transient）"对象只是在短时间内保存在内存中。

要设置对象持续性，右键单击要设置持续性的对象，从弹出菜单中选择"Open Specification"。在出现的对话框的"General"选项卡中的"Persistence"字段中选择相应的菜单按钮"Persistent""Static"和"Transient"。

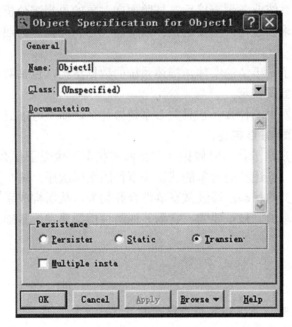

图 3-96 对象选项

（4）添加消息。消息是对象间的通信，一个对象可以请求另一个对象做某件事。在时序图中，消息用两个对象生命线之间的箭头表示。要增加对象之间的消息，首先点击工具栏中的图标按钮 ⟶ ，然后拖动鼠标从发送消息的对象或角色的生命线拖动到接受消息的对象或角色的生命线，如图 3-97 所示。

消息绘制出来以后还要输入消息文本，双击表示消息的箭头，在弹出的对话框中的"Name"字段里输入要添加的文本即可。

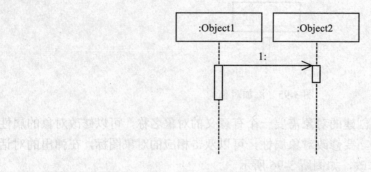

图 3-97　添加消息

小结

面向对象方法学比较自然地模拟了人类认识客观世界的思维方式。它所追求的目标和遵循的基本原则，就是使描述问题的问题空间和在计算机中解决问题的解空间，在结构上尽可能一致。

面向对象分析（Object-Oriented Analysis，OOA，面向对象分析方法），是在一个系统的开发过程中进行了系统业务调查以后，按照面向对象的思想来分析问题。面向对象分析的过程是提取系统需求的过程，主要包括：理解、表达和验证。它通过建立以下三个模型来完成：

对象模型：定义了做事情的实体，描述系统的数据结构，包括对象之间的关系、对象的属性和操作，用对象图表示。

功能模型：说明发生了什么。它只关心系统做什么，而不考虑怎么做。描述系统的功能结构，用数据流程图 DFD 描述。

动态模型：明确规定了什么时候做（即在何种状态下接受了什么事件的触发）。描述系统的控制结构，即：描述类的对象的状态和事件的正确次序。每个类的动态行为用一张状态图来描绘，各个类的状态图通过共享事件合并起来，从而构成系统的动态模型。

对象模型是最基本的、最重要的。它为其他两种模型奠定了基础。

习题

一、选择题

1. 面向对象分析时，所标识的对象错误的是（　　　　）。

　　A. 与目标系统有关的物理实体　　　　　B. 与目标系统发生作用的人或组织的角色

　　C. 目标系统运行中需记忆的事件　　　　D. 目标系统中环境场所的状态

2. 需求分析中开发人员要从用户那里了解（　　　　）。

　　A. 软件做什么　　　　B. 用户使用界面　　　C. 输入的信息　　　D. 软件的规模

3. 面向对象的分析方法主要是建立三类模型，即（　　　　）。

　　A. 系统模型、ER 模型、应用模型　　　　　B. 对象模型、动态模型、应用模型

　　C. E-R 模型、对象模型、功能模型　　　　D. 对象模型、动态模型、功能模型

4. 软件开发过程中，抽取和整理用户需求并建立问题域精确模型的过程是（　　　　）。

  A. 生存期　　　　　　　　　　B. 面向对象设计

  C. 面向对象程序设计　　　　　D. 面向对象分析

5. 具有相同属性和服务的一组对象的集合是（　　　）。

  A. 类　　　　　　B. 封装　　　　　C. 继承　　　　　D. 消息

6. 把对象的属性和服务结合成一个独立的系统单位，并隐藏对象的内部细节是（　　　）。

  A. 类　　　　　　B. 封装　　　　　C. 继承　　　　　D. 消息

7. 子类可以自动拥有父类的全部属性和服务的机制是（　　　）。

  A. 类　　　　　　B. 封装　　　　　C. 继承　　　　　D. 消息

8. 对象发出的服务请求，一般包含提供服务的对象标识、服务标识、输入信息和应答信息等信息是（　　　）。

  A. 类　　　　　　B. 封装　　　　　C. 继承　　　　　D. 消息

9. 在父类中定义的属性或服务被子类继承后，可以具有不同的数据类型或表现出不同的行为的是（　　　）。

  A. 类　　　　　　B. 封装　　　　　C. 多态性　　　　D. 消息

10. 描述从用户的角度看到的或需要的系统功能的视图是（　　　）。

  A. 用例视图　　　B. 逻辑视图　　　C. 组件视图　　　D. 配置视图

11. 描述系统功能的图是（　　　）。

  A. 活动图　　　　B. 组件图　　　　C. 用例图　　　　D. 状态图

12. 描述系统的静态结构的图是（　　　）。

  A. 活动图　　　　B. 类图　　　　　C. 配置图　　　　D. 状态图

13. 按时间顺序描述系统元素间的交互的图是（　　　）。

  A. 活动图　　　　B. 时序图　　　　C. 配置图　　　　D. 状态图

14. 描述了系统元素的状态条件和响应的图是（　　　）。

  A. 活动图　　　　B. 组件图　　　　C. 状态图　　　　D. 状态图

15. 定义了一般元素和特殊元素之间的分类关系的是（　　　）。

  A. 关联关系　　　B. 依赖关系　　　C. 泛化关系　　　D. 实现关系

二、名词解释

1. 面向对象分析

2. 对象

3. 类

4. 消息和方法

三、分析题

  1. 某网络学院决定开发一个管理所有学生和教师信息的交互式网络系统，其中网络学院人员包括学生、教师、管理员。该系统提供如下服务：

  ⅰ 浏览学生信息：网络学院的任何人员，包括学生和老师均可以浏览学院任何学生的信息，包括姓名、学号和专业名称。

  ⅱ 浏览教师信息：网络学院的任何人，包括学生和老师均可以浏览学院任何教师的信息，包括姓名、工号和职称。

iii 登录：网络学院给每人一个账号。拥有授权帐号的学生和老师可以使用系统提供的页面设置个人密码，并使用该帐号和密码向系统注册。

iv 修改个人信息：学生或老师向系统注册后，可以发送电子邮件或使用系统提供的页面，对个人信息进行修改。

v 删除个人信息：只有管理员才能删除相关人员的信息。

根据以上描述，完成下面题目。

（1） 找出系统中的参与者。

（2） 找出系统中的用例。

（3） 请用 UML 的用例图分析题目中的系统行为。

2. 某客户信息管理系统中保存着两类客户的信息：

（1） 个人客户。对于这类客户，系统保存了其客户标识（由系统生成）和基本信息（包括姓名、住宅电话和 email）。

（2） 集团客户。集团客户可以创建和管理自己的若干名联系人。对于这类客户，系统除了保存其客户标识（由系统生成）之外，也保存了其联系人的信息。联系人的信息包括姓名、住宅电话、email、办公电话和职位。

该系统除了可以保存客户信息之外，还具有以下功能：

（1） 向系统中添加客户（addCustomer）；

（2） 根据给定的客户标识，在系统中查找该客户（getCustomer）；

（3） 根据给定的客户标识，从系统中删除该客户（removeCustomer）；

（4） 创建新的联系人（addContact）；

（5） 在系统中查找指定的联系人（getContact）；

（6） 从系统中删除指定的联系人（removeContact）。

根据题目描述完成下面题目：

（1） 找出系统中的实体类。

（2） 找出实体类的属性和方法。

（3） 画出实体类的类图。

实训项目 实验教学管理系统需求分析

1 实训目标

（1） 采用面向对象方法分析实验教学管理系统的业务需求、用户需求、功能需求。

（2） 建立实验教学管理系统的功能模型、对象模型、动态模型。

2 实训要求

（1） 采用面向对象方法分析实验教学管理系统的业务需求、用户需求、功能需求、性能需求和其他需求。

（2） 采用用例图建立实验教学管理系统的功能模型，用类图建立对象模型，用活动图、顺序图、协作图建立系统的动态模型。

（3） 撰写实验教学管理系统的需求规格说明书。

3　相关知识点

（1）　面向对象需求分析。

（2）　功能模型、对象模型、动态模型。

案例二　仓库管理子系统设计

【任务描述】

完成仓库管理子系统需求分析后，已经明确用户需求，获取初步类图，然后需要进行软件设计。在软件设计阶段需要进行系统体系结构设计、选择设计模式，根据体系结构和设计模式补充、完善类图，设计数据库和用户界面，主要包括以下内容：

- 体系结构设计
- 设计模式选择
- 补充、完善类图
- 数据库设计
- 界面设计

【任务分析】

软件设计：一是体系结构设计，主要设计软件的层次和各层组件。二是设计模式选择，根据软件特点，选择合适的设计模式。三是补充、完善类图，根据体系结构和设计模式补充、完善类图。四是根据类与数据库表的映射规则，设计表、字段和关系。五是根据用户要求和界面设计原则设计软件界面。

【实施方案】

任务 1　体系结构设计

1.1　设计体系结构

为使用户能够在简单、易用、单一、统一的可视化界面下，轻松、方便地访问到各种类型的数据，本系统采用客户/服务器（B/S）体系结构。体系结构层次如图 3-98 所示。

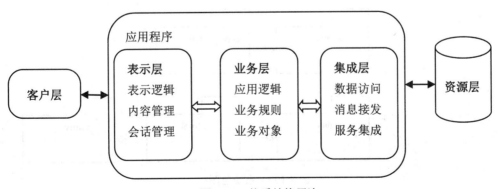

图 3-98　体系结构层次

客户层：用户通过客户层与系统交互。该层可以是各种类型的客户端。

表示层：也称为 Web 层或服务器端表示层，用户通过表示层访问应用程序。表示层有用户界面和控制器。

业务层：包含表示层中的控制器没有实现的一部分应用逻辑。负责确认和执行业务规则和事务，并管理业务对象。

集成层：负责建立和维护与数据源的连接。

资源层：即数据库，可以分布在多个服务器上。

客户层请求将提交到表示层，由表示层调用业务层，业务层调用集成层，集成层读写资源层。

1.2 设计各层组件

各层对应的组件是：客户层采用 JSP 组件，表示层采用 Action 组件，业务层采用 Service 组件，集成层采用 Dao 组件，之间的对应关系如图 3-99 所示。

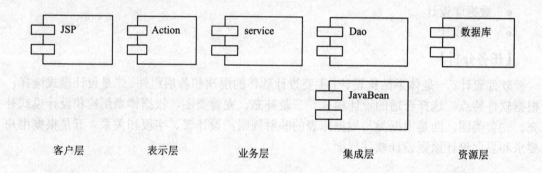

图 3-99 各层组件

根据体系结构及组件设计的包图，如图 3-100 所示。

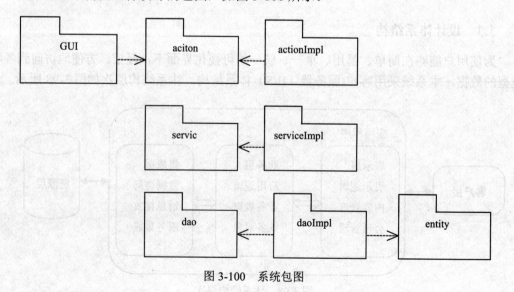

图 3-100 系统包图

GUI 包中是所有界面相关的 JSP 页面。

Action 包中是顶层的 Action 接口，ActionImpl 包中的所有类都实现 Action 包中的接口，这些类分别是不同的业务控制器。

Service 包中是负责业务处理的顶层 Service 接口和继承这个接口的其他负责不同业务的接口，ServiceImpl 中的类分别继承 Service 包中的接口。

Dao 包中是访问数据的接口，DaoImpl 中的类实现了 Dao 中的接口。

Entity 包中是所有的实体类。

任务 2　设计模式选择

设计模式是"对一些经过定制、能相互通信的对象和类的描述，用来解决特定场景下某个普遍的设计问题。"设计模式是面向对象的高层次解决方案。它不会过于关注具体问题的细节，所以应该把现实世界中存在的问题进行抽象。设计模式在选择对象和决定对象粒度方面都能起到作用。

仓库管理子系统中有多个产品族，而系统一次只可能消费其中一族产品，因此适合采用抽象工厂模式。

抽象工厂模式的各个角色如下：

（1）抽象工厂角色：这是工厂方法模式的核心，它与应用程序无关。是具体工厂角色必须实现的接口或者必须继承的父类。用 BaseService 接口来实现。

（2）具体工厂角色：它含有和具体业务逻辑有关的代码。由应用程序调用以创建对应的具体产品的对象。如盘点单用 InveBillService 接口及其子类 InveBillServiceImpl 实现。

（3）抽象产品角色：它是具体产品继承的父类或者是实现的接口。用 BaseDao 接口来实现。

（4）具体产品角色：具体工厂角色所创建的对象就是此角色的实例。如盘点单用 InveBillDao 接口及其子类 InveBillDaoImpl 实现。

以盘点单和出库单为例的类图，如图 3-101 所示：

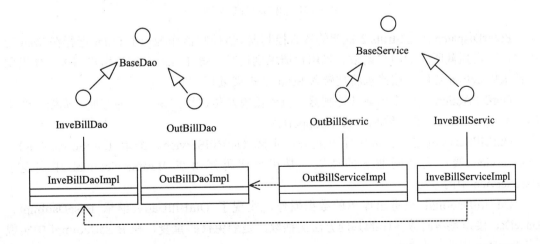

图 3-101　出入单类图

出库单、仓库信息、仓库报表、盈亏原因、退货原因可以分别继承抽象工厂和抽象产品，扩充类图。系统设计符合封闭开放原则、Liskov 替换原则、接口隔离原则。

任务3　补充、完善类图

面向对象设计（Object-Oriented Design，OOD）最重要的是设计类图，体系结构和设计模式确定后，对象模型便过于简单，需要依据体系结构和设计模式进行调整。调整重点一是类的层次结构，二是类的属性方法。

对象模型中只有边界类、控制类和实体类，没有体现分层，不符合面向对象思想。因此需要依据体系结构调整类图，将控制类细分层次，分为客户层、表示层、业务层、集成层和资源层，将表示层、业务层、集成层采用设计模式进行调整，调整后图中不再绘制边界类和关联的实体类。

调整后的类图如下。

（1）出库单管理类图

调整后的出库单管理类图，如图 3-102 所示。

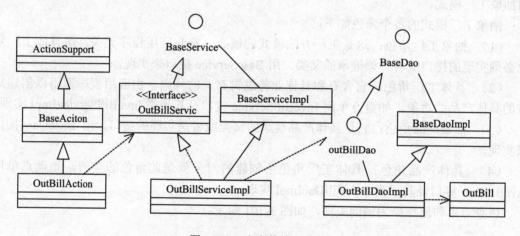

图 3-102　出库单管理类图

FilterDispatcher 是 Struts 2 框架的核心控制器。该控制器作为一个 Filter 运行在 Web 应用中，负责拦截所有的用户请求。当用户请求到达时，该 Filter 会过滤用户请求。如果用户请求以 action 结尾，该请求将被转入 Struts 2 框架处理。

OutBillAction 是出库单业务控制器，负责接收及传递用户请求，为方便扩充统一继承 BaseAction，BaseAction 继承 ActionSupport。

OutBillServiceImpl 负责出库单业务，实现 OutBillService、继承 BaseServiceImpl。BaseService 接口是共同业务的抽取，是提高代码复用在 BaseServiceImpl 中实现了 BaseService 中的方法。

OutBillDaoImpl 负责出库单的数据操作，实现了 OutBillDao、继承 BaseDaoImpl。BaseDao 接口是访问数据库的共同方法的抽取，是避免代码重复，在 BaseDaoImpl 中实现了 BaseDao 中的所有方法。

OutBill 是出库单的实体类。

（2）　入库单管理类图

调整后的入库单管理类图，如图 3-103 所示。

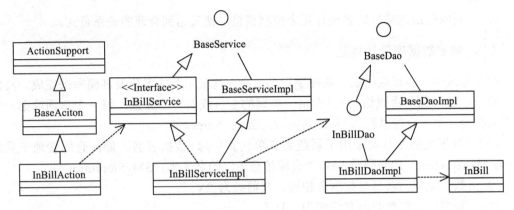

图 3-103　入库单管理类图

（3）　盘点单管理类图

调整后的盘点单管理类图，如图 3-104 所示。

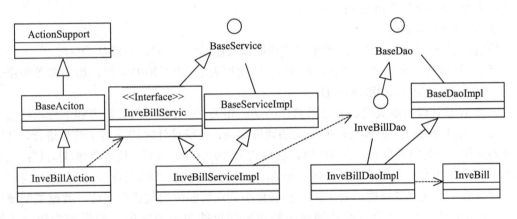

图 3-104　盘点单管理类图

其他类图可以依照体系结构和设计模式画出。

任务 4　数据库设计

4.1　制定类与表的映射规范

（1）　一个对象类可以映射为一个以上的数据库表，当类间有一对多的关系时，一个表也可以对应多个类。

（2）　关系（一对一、一对多、多对多，以及三项关系）的映射可能有多种情况，但一般映射为一个表，也可以在对象类表间定义相应的外键。对于条件关系的映射，一个表至少应有 3 个属性。

（3）　单一继承的泛化关系可以对超类、子类分别映射表，也可以不定义父类表，而让子类表拥有父类属性；反之，也可以不定义子类表，而让父类表拥有全部子类属性。

（4）对多重继承的超类（父类）和子类分别映射表，对多次多重继承的泛化关系映射一个表。

（5）对映射后的数据库表进行冗余控制调整，使其达到合理的关系范式。

4.2　制定数据库设计规范

在本系统中，所有数据表、数据字段名的命名均采用英文名称及其简写来完成。具体为：第一个单词的全拼或简写+后面每一单词的全拼或简写。并且，每一个单词的第一个字母为大写。如"仓库名称"，其命名应为：Store_Name。

（1）数据表的命名均采用子系统英文单词首字母+数据表名。如：仓库管理子系统（Store Management）的简码是 SM，"仓库信息表"的名字为：SM_StoreInfo。

（2）数据视图的命名与数据表相同，其前缀为"V_"。

（3）数据库触发器的命名前缀为"T_"。

（4）数据表约束的表示方法：

主键 Primary Key：PK；

外键 Foreign Key：FK；

不为空 Not Null：Not null；

索引 Index：Index；

校验：Check（'√'，'×'）：表示该字段取值只能是'√'，'×'，且默认为'×'。

（5）数据表约束的命名方法：约束类型_数据表名_约束相关字段，如出库单的所属部门外键为:FK_SM_OutBill_Sys_Dept。

（6）存储过程和函数的命名与其具体的功能相关，与其作用的数据表和字段相联系。

（7）在本系统中，所有与时间相关的属性字段，系统设计时均采用字符型进行，其格式分为两种，一是精确至天，为 10 位，其格式为"yyyy-mm-dd"，代表"年-月-日"；二是精确至秒，为 19 位，其格式为"yyyy-mm-dd, hh-mi-ss"代表"年-月-日，小时：分：秒"。

数据类型定义：数值型：对于需要精确至小数点后四位的数值型字段，数据类型统一采用 Number(12,4)。对于需要精确至小数点后两位的数据型字段，数据类型统一采用 Number(12,2)。对于整数类型,统一采用 Number(8,0)。对于标志字段,统一采用 Number(1,0)。字符型：对于长度固定的字符型数据，采用 Char 类型。对于长度不固定的字符型数据，采用 Varchar 类型；至于 ID 型数据，无特殊要求时统一采用整数类型。

4.3　数据库表

（1）盘点单表 SM_InveBill，与部门表、仓库表、用户表相关联，如表 3-28 所示。

表 3-28　　　　　　　　　　　　　　　盘点单表

字 段 名	数据类型	是否为空	级　　联	说　　明
InveBill_ID	char(20)	not null		盘点单编号
Dept_id	char(20)	not null	与 Sys_Dept 级联	所属单位编号
Bill_Date	datetime	not null		单据日期
Store_ID	char(20)	not null	与 SM_StoreHouse 级联	仓库编号

（续表）

字 段 名	数据类型	是否为空	级　联	说　明
Norm_Sum	decimal(18, 6)	not null		盘点前开单价值
Cost_Sum	decimal(18, 6)	not null		盘点前成本价值
Margin_Cost	decimal(18, 6)	not null		盘点成本差额
Margin_Norm	decimal(18, 6)	not null		盘点基准差额
Bill_Status	int	not null		单据状态 0（保存）1（提交）
Remark	varchar(MAX)			单据备注
Operator_ID	char(20)	not null		操作员编号
diffRate	decimal(10, 4)	not null		差错率
plRate	decimal(10, 4)	not null		盈亏率

（2）盈亏原因表 SM_InveCause，与部门表关联，如表 3-29 所示。

表 3-29　　　　　　　　　　　　　　　盈亏原因表

字 段 名	数据类型	是否为空	级　联	说　明
Dict_id	nvarchar(36)	not null		盈亏原因编号
Dict_name	varchar(50)	not null		盈亏原因名称
Dept_id	char(20)	not null	与 Sys_Dept 级联	所属单位编号
remark	varchar(MAX)			摘要

（3）盘点产品表 SM_InveProd，与盘点单表表、仓库表、产品表关联，如表 3-30 所示。

表 3-30　　　　　　　　　　　　　　　盘点产品表

字 段 名	数据类型	是否为空	级　联	说　明
id	nvarchar(36)	not null		产品列表编号
InveBill_ID	char(20)	not null	与 SM_InveBill 级联	盘点单编号
Store_ID	char(20)	not null	与 SM_StoreHouse 级联	仓库编号
Prod_ID	char(20)	not null	与 BD_Product 级联	产品编号
Quantity	numeric(10, 2)	not null		产品数量
Norm_Price	decimal(18, 6)	not null		开单单价
Cost_Price	decimal(18, 6)	not null		成本单价
Norm_Sum	decimal(18, 6)	not null		开单金额合计
Cost_Sum	decimal(18, 6)	not null		成本金额合计
Margin_Norm	decimal(18, 6)	not null		盘点基准差额
Margin_Cost	decimal(18, 6)	not null		盘点成本差额
Margin_Sum	decimal(12, 2)	not null		盘点差异
Rec_Caus	nvarchar(36)	not null		盈亏原因

（4）出入库单表 SM_OutBill。出库单和入库单的数据一个关联销售单，一个关联采购单，其他字段全部相同，为操作方便将出库单表和入库单表合并为一个出入库单表。出入库单表与部门表、仓库表、用户表、销售单表、采购单表、客户表/供应商表的关联关系如表 3-31 所示。

表 3-31   出入库单表

字 段 名	数据类型	是否为空	级　　联	说　　明
OutBill_ID	char(20)	not null		出/入库单 id
Dept_ID	char(20)	not null		所属单位 id
Out_Type	char(20)	not null		出入库类型 01（销售出库/采购入库）02（退货出库/退货入库）03（调拨出库/调拨入库）
Bill_Date	datetime	not null		产生单据的日期
Bill_Berief	varchar(200)			摘要
Store_ID	char(20)	not null		仓库 id
Norm_Sum	decimal(18, 2)	not null		产品总数量
Bill_Status	int	not null		单据状态 0（保存）1（提交）2（单据产品已经完毕）
Operator_ID	char(20)	not null		操作人 id
LinkBill_ID	varchar(20)			关联的销售单 id
Incept_Dept	nvarchar(36)			相关的公司 id 包括（客户和供应商）
Store_in_ID	char(20)			调拨时调入的仓库 id
crkType	int			出入库 0（出库）1（入库）
ReceiptBill_ID	char(20)			采购单的 id

（5） 出入库的产品表 SM_OutProd，与出入单表、产品表、退货原因表、仓库表相关联，如表 3-32 所示。

表 3-32 ·   出入库的产品表

字 段 名	数据类型	是否为空	级　　联	说　　明
id	nvarchar(36)	not null		产品列表编号
Out_Bill_Id	char(20)	not null	与 SM_OutBill 级联	出/入库单 id
Prod_Id	char(20)	not null	与 BD_Product 级联	产品 id 编号
Quantity	numeric(10, 2)	not null		入库数量
OutCause_Id	nvarchar(36)			退货原因 id
Store_ID	char(20)			仓库 id
Norm_Sum	decimal(18, 6)			入库产品开单金额合计
Discount_Rate	numeric(5, 2)			入库产品优惠率
Discount_Price	decimal(18, 6)			入库产品优惠后单价
Discount_Sum	decimal(18, 6)			入库产品优惠后金额合计
Cost_Sum	decimal(18, 6)			入库产品实收合计
Tax_Sum	decimal(18, 6)			入库产品抹零合计
Out_Quantity	numeric(10, 2)	not null		出库产品数量
Remark	varchar(MAX)			备注
In_out_type	int			出入库 0（出库）1（入库）
Qimoshu	numeric(10, 2)	not null		期末数
Prod_status	numeric(10, 2)			产品的状态,是否数量完毕 0（完毕）1（可用）
No_in_Quantity	int			没有入库的数量

（6） 仓库总表 SM_StoreHouse，与部门表关联，如表 3-33 所示。

表 3-33　　　　　　　　　　　　　　　　仓库总表

字 段 名	数据类型	是否为空	级　联	说　明
Store_ID	char(20)	not null		仓库编号
Dept_ID	char(20)	not null	与 Sys_Dept 级联	所属单位编号
Store_Name	varchar(100)	not null		仓库名称
Store_Addr	varchar(100)			仓库地址
iSAnquan	Integer			状态：0 不安全　1 安全
Remark	varchar(100)			摘要
Tel	varchar(100)			电话
Valid_Flag	tinyint	not null		仓库状态:是否可用 0（不可用）1（可用）

（7）仓库信息表 SM_StoreInfo，部门表、产品表关联，如表 3-34 所示。

表 3-34　　　　　　　　　　　　　　　　仓库信息表

字 段 名	数据类型	是否为空	级　联	说　明
id	nvarchar(36)	not null		仓库信息表编号
Store_ID	char(20)	not null	与 SM_StoreHouse 级联	仓库编号 id
Prod_ID	nvarchar(36)	not null	与 BD_Product 级联	产品编号 id
Dept_ID	char(20)	not null		所属单位 ID 编号
Quantity	numeric(16, 2)	not null		产品数量
Norm_Price	decimal(18, 6)	not null		采购金额
Cost_Price	decimal(18, 6)	not null		开单金额
HaoHuai	int	not null		好坏仓库

（8）退货原因表 PCD_ReturnCause，如表 3-35 所示。

表 3-35　　　　　　　　　　　　　　　　退货原因表

字 段 名	数据类型	是否为空	级　联	说　明
dict_code	Int	Not Null		退货原因编号
dict_name	Varchar(50)	Not Null		退货原因名称
Dept_id	Char(20)	Not Null	与 Sys_Dept 级联	所属单位编号
Remark	Varchar(1000)			摘要
validFlag	tinyint	Not Null		是否可用

任务 5　界面设计

5.1　界面结构设计

（1）界面布局设计

界面平行方向分三栏：标题栏、主体栏和版权栏。

标题栏在右侧显示用户名称和注销。

主体栏包括左右两部分，左边是导航，右边是主窗口。

版权栏显示帮助、版本信息和问题反馈。

（2）色彩设计

色彩以蓝色为主，恰当使用图片。

一级菜单采用黑色，二级菜单采用蓝色，除了图片，界面色彩不要超过3种。

色彩、字体、字号要协调。

（3）交互设计

系统接受客户的正确输入并做出提示。

系统拒绝客户的错误输入并做出提示。

系统提示用户操作不成功的原因。

系统提示所用的图标或图形具有代表性和警示性。

系统提示用语按警告级别和完成程度进行分级。

系统在界面（主要是菜单、工具条）上提供突显功能（比如鼠标移动到控件时，控件图标变大或颜色变化至与背景有较大反差，当移动开后恢复原状）。

系统在用户完成操作时给出操作成功的提示。

（4）一致设计

提示、菜单、帮助的格式和术语一致。

各个控件之间的对齐方式一致。

输入界面和输出界面在外观、布局、交互方式上一致。

功能类似的相关界面是否在外观、布局、交互方式上一致。

多个连续界面依次出现的情况下，界面的外观、操作方式一致。

（5）子系统管理界面设计

每个子系统都要有主界面。主界面显示在主窗口内，水平分为5栏，分别是标题栏、查询区、功能区、记录列表区、分页区。

按照以上要求，设计界面的子系统界面和管理界面如图3-105、图3-106所示。

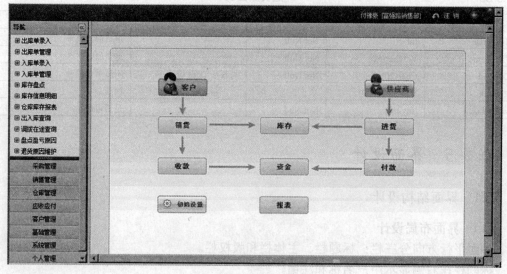

图3-105　子系统界面

图 3-106 管理主界面

5.2 界面设计

5.2.1 功能界面设计

（1） 出库管理子系统界面

出库管理子系统界面包括出库管理界面、新增界面、查看详情界面和修改界面。
出库管理界面控件包括查询条件、功能链接和记录列表。

查询条件是单据单号、出库仓库、单据状态、单据日期、出库类型。

功能链接是查询按钮、清除按钮、新增按钮、修改按钮、删除按钮、导出按钮。

其控件布局如图 3-107 所示。

	号号	出库类型	单据日期	仓库	开单金额	结算金额	单据状态	操作人	单据摘要
1	CKD130811000030	销售出库	2013-08-11	好货库	357.40	357.40	已执行	张邦政	
2	CKD130811000029	销售出库	2013-08-11	好货库	710.00	710.00	已执行	张邦政	
3	CKD130811000028	销售出库	2013-08-11	好货库	480.00	480.00	已执行	张邦政	
4	CKD130811000027	销售出库	2013-08-11	好货库	113.00	62.15	已执行	张邦政	
5	CKD130811000026	销售出库	2013-08-11	好货库	240.00	76.80	已执行	张邦政	
6	CKD130811000025	销售出库	2013-08-11	好货库	3614.00	1918.00	已执行	张邦政	
7	CKD130811000024	销售出库	2013-08-11	好货库	1050.00	1050.00	已执行	张邦政	
8	CKD130811000023	销售出库	2013-08-11	好货库	2167.00	2167.00	已执行	张邦政	
9	CKD130811000022	销售出库	2013-08-11	好货库	639.00	351.45	已执行	张邦政	
10	CKD130811000021	销售出库	2013-08-11	好货库	443.00	443.00	已执行	张邦政	
11	CKD130811000020	销售出库	2013-08-11	好货库	5940.00	5940.00	已执行	张邦政	
12	CKD130811000019	销售出库	2013-08-11	好货库	4421.80	2404.05	已执行	张邦政	
13	CKD130811000018	销售出库	2013-08-11	好货库	733.61	505.77	已执行	张邦政	
14	CKD130811000017	销售出库	2013-08-11	好货库	75890.00	75890.00	已执行	张邦政	
15	CKD130811000016	销售出库	2013-08-11	好货库	170.00	170.00	已执行	张邦政	

图 3-107 出库管理

点击新增，跳转到出库单录入页面，如图 3-108 所示。

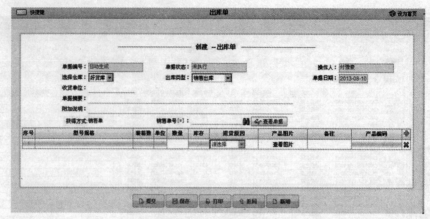

图 3-108　出库单录入

点击单据列表中的单号，弹出指定出库单的查看页面，如图 3-109 所示。

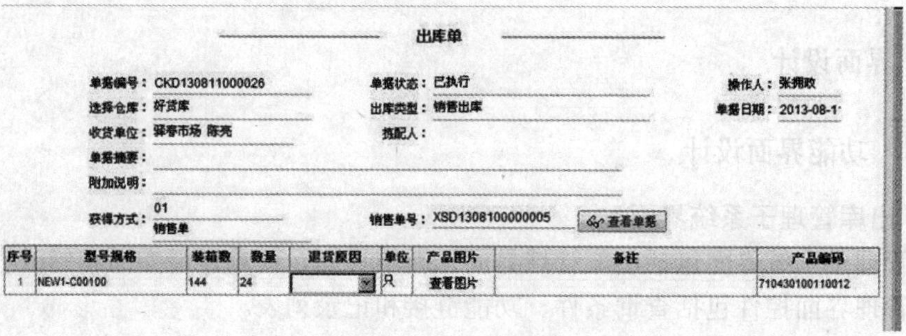

图 3-109　出库单详情

在出库单查看页面，点击销售单号右侧的查看单据，弹出销售单查看页面，如图 3-110 所示。

图 3-110　查看销售单

（2）入库管理子系统界面

入库管理子系统界面包括入库管理界面、新增界面、查看详情界面和修改界面。

入库管理界面控件包括查询条件、功能链接和记录列表。

查询条件是单据单号、入库仓库、单据状态、单据日期、入库类型。

功能链接是查询按钮、清除按钮、新增按钮、修改按钮、删除按钮、导出按钮。

其控件布局如图 3-111 所示。

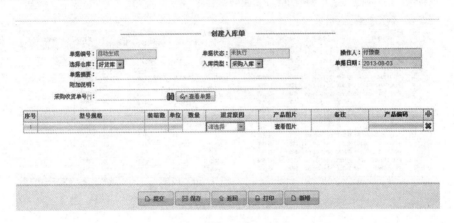

图 3-111　入库管理

点击新增，跳转到入库单录入页面，如图 3-112 所示。

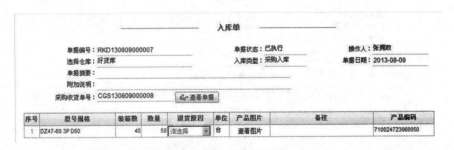

图 3-112　入库单录入

点击单据列表中的单号，弹出指定入库单的查看页面，如图 3-113 所示。

图 3-113　入库单详情

在入库单查看页面，点击采购收货单号右侧的查看单据，弹出采购收货单查看页面，如图 3-114 所示。

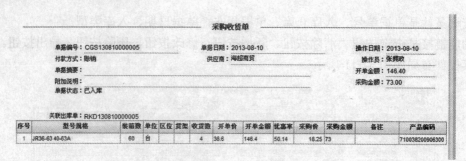

图 3-114　采购收货单

（3）　库存盘点

库存盘点界面控件包括查询条件、功能链接和记录列表。

查询条件是单据编号、盘点仓库、单据日期、单据状态。

功能链接是新增按钮、修改按钮、删除按钮、导出按钮。

其控件布局如图 3-115 所示。

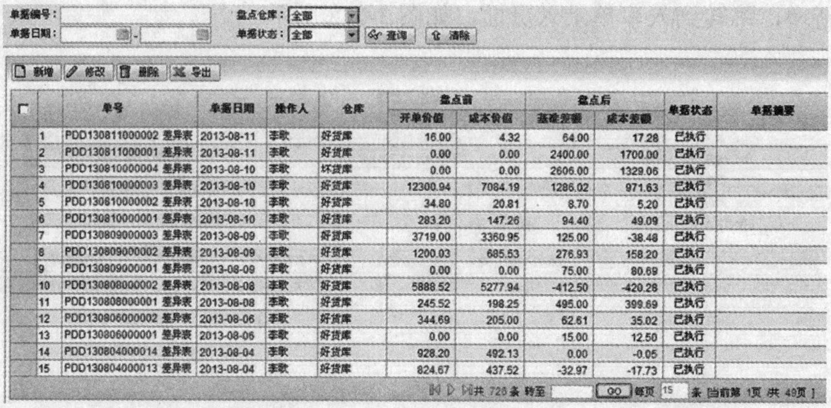

图 3-115　库存盘点

点击盘点单主页面中的新增按钮，跳转到盘点单录入页面，如图 3-116 所示。

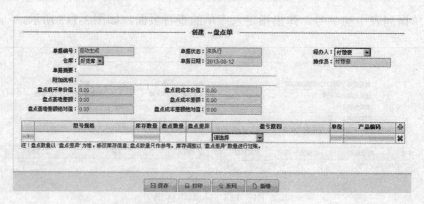

图 3-116　盘点单录入

点击盘点单主页面中盘点单列表中的单据编号，弹出指定盘点单的查看页面，如图

3-117 所示。

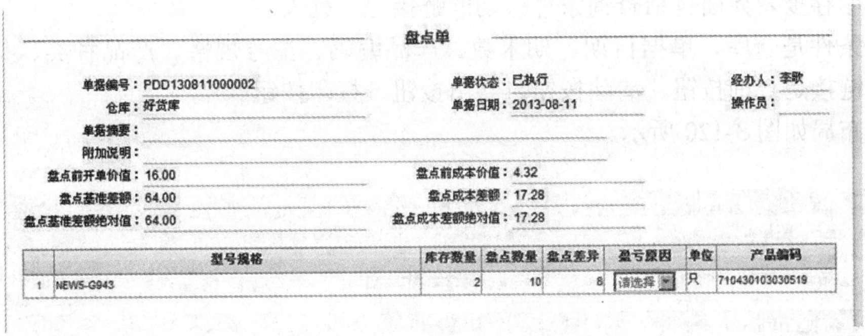

盘点单

单据编号：PDD130811000002　　单据状态：已执行　　经办人：李歌
仓库：好货库　　单据日期：2013-08-11　　操作员：
单据摘要：
附加说明：
盘点前开单价值：16.00　　盘点前成本价值：4.32
盘点基准差额：64.00　　盘点成本差额：17.28
盘点基准差额绝对值：64.00　　盘点成本差额绝对值：17.28

	型号规格	库存数量	盘点数量	盘点差异	盈亏原因	单位	产品编码
1	NEW5-G943	2	10	8	请选择	只	710430103030519

图 3-117　盘点单详情

点击盘点单主页面中盘点单类表中单据编号右侧的差异表超级链接，弹出指定盘点的差异表查看页面，供用户查看，差异表如图 3-118 所示。

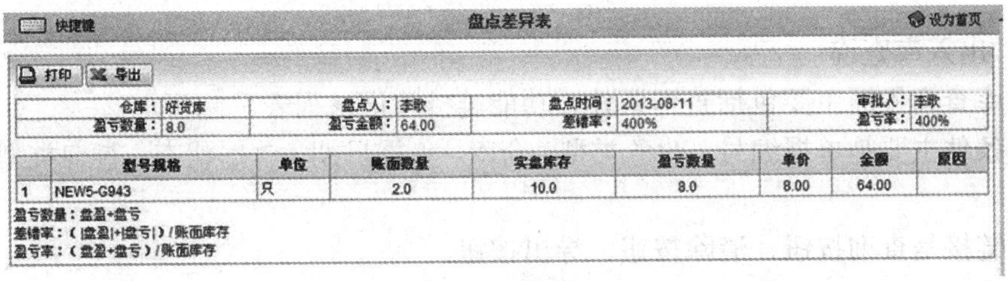

快捷键　　盘点差异表　　设为首页

打印　导出

仓库：	好货库	盘点人：	李歌	盘点时间：	2013-08-11	审批人：	李歌
盈亏数量：	8.0	盈亏金额：	64.00	差错率：	400%	盈亏率：	400%

	型号规格	单位	账面数量	实盘库存	盈亏数量	单价	金额	原因
1	NEW5-G943	只	2.0	10.0	8.0	8.00	64.00	

盈亏数量：盘盈+盘亏
差错率：（|盘盈|+|盘亏|）/账面库存
盈亏率：（盘盈+盘亏）/账面库存

图 3-118　盘点差异表

（4）　库存信息明细

库存信息明细界面包括查询条件、功能链接和记录列表。

查询条件是仓库、货位标识、库存数量、产品编码、型号规格。

查询按钮执行查询功能，清空可以清除查询条件。

功能链接是查询按钮、清除按钮和导出按钮。

其控件布局如图 3-119 所示。

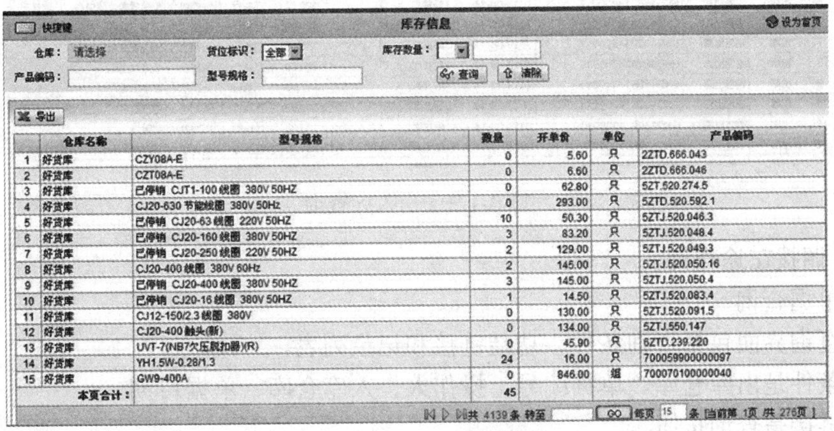

快捷键　　库存信息　　设为首页

仓库：请选择　　货位标识：全部　　库存数量：
产品编码：　　型号规格：　　查询　清除

导出

	仓库名称	型号规格	数量	开单价	单位	产品编码
1	好货库	CZY08A-E	0	5.60	只	2ZTD.666.043
2	好货库	CZT08A-E	0	6.60	只	2ZTD.666.046
3	好货库	已停销 CJT1-100 线圈 380V 50HZ	0	62.80	只	5ZT.520.274.5
4	好货库	CJ20-630 节能线圈 380V 50Hz	0	293.00	只	5ZTD.520.592.1
5	好货库	已停销 CJ20-63 线圈 220V 50HZ	10	50.30	只	5ZTJ.520.046.3
6	好货库	已停销 CJ20-160 线圈 380V 50HZ	3	83.20	只	5ZTJ.520.048.4
7	好货库	已停销 CJ20-250 线圈 220V 50HZ	2	129.00	只	5ZTJ.520.049.3
8	好货库	CJ20-400 线圈 380V 60Hz	2	145.00	只	5ZTJ.520.050.16
9	好货库	已停销 CJ20-400 线圈 380V 50HZ	3	145.00	只	5ZTJ.520.050.4
10	好货库	已停销 CJ20-16 线圈 380V 50HZ	1	14.50	只	5ZTJ.520.083.4
11	好货库	CJ12-150/2.3 线圈 380V	0	130.00	只	5ZTJ.520.091.5
12	好货库	CJ20-400 触头(新)	0	134.00	只	5ZTJ.550.147
13	好货库	UVT-7(NB7欠压脱扣器)(R)	0	45.90	只	6ZTD.239.220
14	好货库	YH1.5W-0.28/1.3	24	16.00	只	700059900000097
15	好货库	GW9-400A	0	846.00	组	700070100000040
本页合计：			45			

共 4139 条 转至 GO 每页 15 条 [当前第 1页 共 276页]

图 3-119　库存信息

（5） 仓库库存报表

仓库库存报表界面包括查询条件、功能链接记录列表。

查询条件是仓库、单据日期、期末数、产品编码、型号规格、产品种类、货位货架。

功能链接是查询按钮、清除按钮、导出按钮、打印按钮。

控件布局如图 3-120 所示。

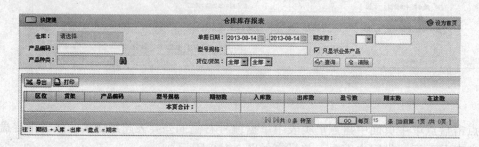

图 3-120　仓库库存报表

（6） 出入库查询

出入库查询界面主要包括查询条件、功能链接和记录列表。

查询条件主要是单据编号、业务类型、仓库、单据日期、单据状态、查询类型、产品、操作人。

功能链接是查询按钮、清除按钮、导出按钮。

其控件布局如图 3-121 所示。

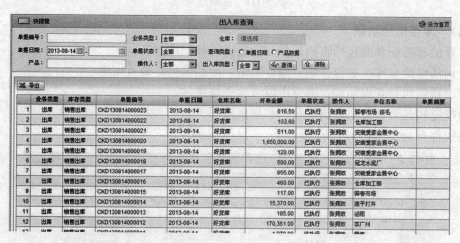

图 3-121　出入库查询

（7） 调拨在途查询

1）　单据查询

单据查询界面包括查询条件、功能链接和记录列表。

查询条件是出库仓库、单据编号、操作人、入库仓库、单据日期。

功能链接是查询按钮、。

查询按钮：查询记录、清除按钮、导出按钮。

其控件布局如图 3-122 所示。

图 3-122　调拨单据查询

2)　产品查询

产品查询界面包括查询条件、功能链接和记录列表。

查询条件是出库仓库、单据编号、产品编码、入库仓库、单据日期、型号规格。

功能链接是查询按钮、清除按钮、导出按钮。

其控件布局如图 3-123 所示。

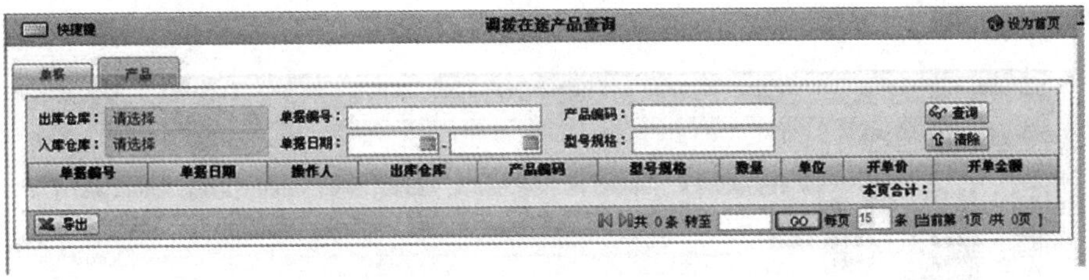

图 3-123　调拨产品查询

（8）　盘点盈亏维护

盘点盈亏维护界面主要包括查询条件、功能链接和记录列表。

查询条件是原因名称。

功能链接是查询按钮、清除按钮、新增按钮、修改按钮、删除按钮。

控件布局如图 3-124 所示。

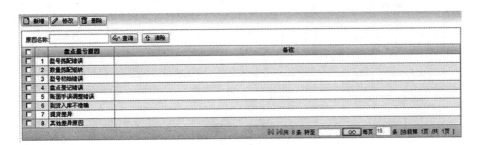

图 3-124　盘点盈亏

点击新增按钮进入新增盘点盈亏原因页面，如图 3-125 所示。

图 3-125　盘点盈亏录入

（9）　退货原因维护

退货原因维护界面主要由功能链接和记录列表。

功能链接新增按钮、修改按钮、删除按钮。

控件布局如图 3-126 所示。

图 3-126　退货原因维护

点击新增按钮进入新增退货原因界面，如图 3-127 所示。

图 3-127　退货原因录入

5.2.2　交互界面

（1）　操作成功交互

"新增信息成功"的交互界面，反馈用户操作成功，如图 3-128 所示。

"删除成功"的交互界面，反馈用户操作成功，如图 3-129 所示。

"修改成功"的交互界面，反馈用户操作结果，如图 3-130 所示。

图 3-128　添加成功　　　　图 3-129　删除成功　　　　图 3-130　修改成功

（2）操作询问交互

"文件导出"的询问界面，询问用户是否导出，用户可以选择确定和取消，如图 3-131 所示。

"是否删除"的询问界面，询问用户是否执行删除操作，可以确定或取消，如图 3-132 所示。

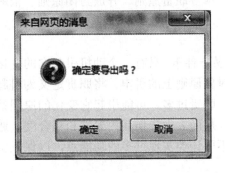

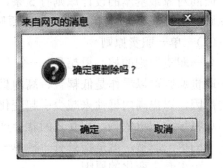

图 3-131　询问　　　　　　　　　　　图 3-132　确认

（3）操作失败提示交互

"缺少填写的信息"的提示界面，提示用户提交的记录缺少什么信息，如图 3-133 所示。

"没有选择记录"的提示界面，提示用户的操作需要选择记录，如图 3-134 所示。

图 3-133　缺少信息　　　　　　　　　图 3-134　没有选择记录

"操作不成功"的提示界面，提示用户为什么没有操作成功，如图 3-135 所示。

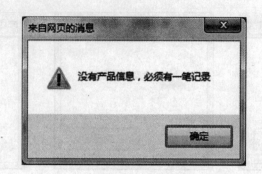

图 3-135 查询失败

知识链接 面向对象设计

1 设计原则

面向对象最基本的设计原则有 5 条，分别是：单一职责原则、开放封闭原则、依赖倒置原则、接口隔离原则和 Liskov 替换原则。

（1） 单一职责原则

单一职责原则的核心思想是：一个类，最好只做一件事，只有一个动机引起它的变化。单一职责原则可以看作是低耦合、高内聚在面向对象原则上的引申，将职责定义为引起变化的原因，以提高内聚性来减少引起变化的原因。职责过多，可能引起它变化的原因就越多，这将导致职责依赖，相互之间就会产生影响，从而大大损伤其内聚性和耦合度。通常意义下的单一职责，就是指只有一种单一功能，不要让类实现过多的功能点，以保证实体只有一个引起它变化的原因。

（2） 开放封闭原则

开放封闭原则核心思想是：软件实体应该是可扩展的，而不可修改的。也就是，对扩展开放，对修改封闭的。它是面向对象所有原则的核心。软件设计说到底追求的目标就是封装变化、降低耦合，而开放封闭原则就是这一目标的最直接体现。

因此，开放封闭原则主要体现在两个方面：1、对扩展开放，意味着有新的需求或变化时，可以对现有代码进行扩展，以适应新的情况。2、对修改封闭，意味着类一旦设计完成，就可以独立完成其工作，而不要对其进行任何尝试的修改。

实现开放封闭原则的核心思想就是对抽象编程，而不对具体编程，因为抽象相对稳定。让类依赖于固定的抽象，所以修改就是封闭的。而通过面向对象的继承和多态机制，又可以实现对抽象类的继承，通过重写其方法来改变固有行为，实现新的拓展方法，所以就是开放的。

（3） 依赖倒置原则

依赖倒置原则核心思想是：依赖于抽象。具体而言就是高层模块不依赖于底层模块，二者都依赖于抽象；抽象不依赖于具体，具体依赖于抽象。

依赖一定会存在于类与类、模块与模块之间。当两个模块之间存在紧密的耦合关系时，最好的方法就是分离接口和实现：在依赖之间定义一个抽象的接口，使得高层模块调用接口，而底层模块实现接口的定义，以此来有效控制耦合关系，达到依赖于抽象的设计目标。

抽象的稳定性决定了系统的稳定性，因为抽象是不变的。依赖于抽象是面向对象设计的精髓，也是依赖倒置原则的核心。

依赖于抽象是一个通用的原则，而某些时候依赖于细节则是在所难免的。必须权衡在抽象和具体之间的取舍，方法不是一成不变的。依赖于抽象，就是对接口编程，不要对实现编程。

（4）　接口隔离原则

接口隔离原则核心思想是：使用多个小的专门的接口，而不要使用一个大的总接口。具体而言，接口隔离原则体现在：接口应该是内聚的，应该避免"胖"接口。一个类对另外一个类的依赖应该建立在最小的接口上，不要强迫依赖不用的方法，这是一种接口污染。

接口有效地将细节和抽象隔离，体现了对抽象编程的一切好处。接口隔离强调接口的单一性。而胖接口存在明显的弊端，会导致实现的类型必须完全实现接口的所有方法、属性等。而某些时候，实现类型并非需要所有的接口定义，在设计上这是"浪费"，而且在实施上这会带来潜在的问题。对胖接口的修改将导致一连串的客户端程序需要修改，有时候这是一种灾难。在这种情况下，将胖接口分解为多个特定的接口，使得客户端仅仅依赖于它们实际调用的方法。

分离的手段主要有以下两种：一、委托分离，通过增加一个新的类型来委托客户的请求，隔离客户和接口的直接依赖，但是会增加系统的开销。二、多重继承分离，通过接口多继承来实现客户的需求，这种方式是较好的。

（5）　Liskov 替换原则

Liskov 替换原则核心思想是：子类必须能够替换其基类。这一思想体现为对继承机制的约束规范。只有子类能够替换基类时，才能保证系统在运行期内识别子类，这是保证继承复用的基础。在父类和子类的具体行为中，必须严格把握继承层次中的关系和特征，将基类替换为子类，程序的行为不会发生任何变化。同时，这一约束反过来则是不成立的，子类可以替换基类，但是基类不一定能替换子类。

Liskov 替换原则，主要着眼于对抽象和多态建立在继承的基础上，因此只有遵循了Liskov 替换原则，才能保证继承复用是可靠地。实现的方法是面向接口编程：将公共部分抽象为基类接口或抽象类，通过 Extract Abstract Class，在子类中通过覆写父类的方法实现新的方式支持同样的职责。

Liskov 替换原则是关于继承机制的设计原则，违反了 Liskov 替换原则就必然导致违反开放封闭原则。

Liskov 替换原则能够保证系统具有良好的拓展性，同时实现基于多态的抽象机制，能够减少代码冗余，避免运行期的类型判别。

以上 5 个基本的设计原则就像面向对象程序设计中的金科玉律。遵守它们可以使我们的代码更加鲜活，易于复用，易于拓展，灵活优雅。

2　体系结构

系统体系结构用于描述系统各部分的结构、接口，以及用于通信的机制，包括软件系统体系结构模型和硬件系统体系结构模型。而软件体系结构模型对系统的用例、类、对象、接口，以及相互之间的交互和协作进行描述，可以用组件图描述；硬件系统体系结构模型对系统的组件、结点的配置进行描述，可以用配置图描述。

（1）组件图

1）组件分类：在 UML 中，将组件分为源代码组件（编译时组件），二进制代码组件（连接时组件）和可执行代码组件（运行时组件）。

源代码组件是在软件开发过程中产生的，是实现一个或多个类的源代码文件，用于产生可执行系统。

二进制代码组件是源代码组件经过编译后产生的目标代码文件或静态、动态库文件。可执行代码组件是系统执行时使用的组件，表示在处理机上运行的可执行单元。

2）组件接口：通过接口可描述一个组件能够提供的服务的操作集合。接口一般位于2 个组件之间，这样就阻断了 2 个组件之间的依赖关系，使得组件自身具有良好的封装性。UML 组件具有输入接口和输出接口。

3）组件图建模的步骤

① 分析系统，从系统组成结构、软件复用、物理结点配置、系统归并、组件组成等几个方面寻找并确定组件。

② 使用结构型说明组件，并为组件命名，组件的命名应有意义。

③ 标示组件之间的依赖关系，对于接口应注意的是输出接口还是输入接口。

④ 进行组件的组织，对于复杂的软件系统，应使用"包"组织组件，形成清晰的结构层次图。

（2）配置图

配置图用于硬件系统体系结构建模，主要用于在网络环境下运行的分布式系统或嵌入式系统建模。

配置图主要由节点及节点之间的关联关系组成，在一个节点内部还可以包含组件和对象。

设计步骤：

① 根据硬件设备配置（如服务器，工作站，交换机，I/O 设备等），和软件体系结构功能（如网络服务器，数据库服务器，应用服务器，客户机等）确定节点。

② 确定驻留在节点内的组件和对象，并标明组件之间及组件内对象之间的依赖关系。

③ 用构造型注明节点的性质。

④ 确定节点之间的通信联系。

⑤ 对节点进行统一组织和分配，绘制结构清晰并具有层次的配置图。

3　设计模式

设计模式（Design Pattern）是一套被反复使用、多数人知晓的、经过分类编目的、代码设计经验的总结。使用设计模式是为了可重用代码，让代码更容易被他人理解，保证代码可靠性。毫无疑问，设计模式于己、于他人、于系统都是多赢的。设计模式使代码编制真正工程化。设计模式是软件工程的基石脉络，如同大厦的结构一样。

设计模式分为三种类型，共 23 种。

创建型模式：单例模式、抽象工厂模式、建造者模式、工厂模式、原型模式。

结构型模式：适配器模式、桥接模式、装饰模式、组合模式、外观模式、享元模式、代理模式。

行为型模式：模版方法模式、命令模式、迭代器模式、观察者模式、中介者模式、备忘录模式、解释器模式、状态模式、策略模式、职责链模式、访问者模式。

（1） 工厂模式（Factory Pattern）

工厂模式定义一个用于创建对象的接口，让子类决定实例化哪一个类。Factory Method 使一个类的实例化延迟到其子类。

适用于以下情况：

1） 当一个类不知道它所必须创建的对象的类的时候。

2） 当一个类希望由它的子类来指定它所创建的对象的时候。

3） 当类将创建对象的职责委托给多个子类中的某一个，并且希望将那一个子类是代理者这一信息局部化的时候。

其类图如图 3-136 所示。

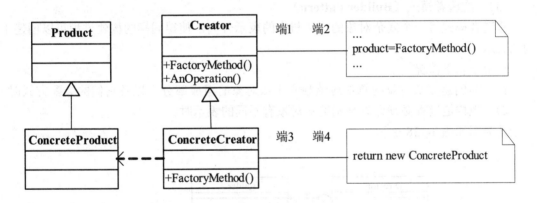

图 3-136 工厂模式

（2） 抽象工厂模式（Abstract Factory Pattern）

抽象工厂模式提供一个创建一系列相关或相互依赖对象的接口，而无需指定它们具体的类。

适用于以下情况：

1） 一个系统要独立于它的产品的创建、组合和表示时。

2） 一个系统要由多个产品系列中的一个来配置时。

3） 当要强调一系列相关的产品对象的设计以便进行联合使用时。

4） 当提供一个产品类库，而只想显示它们的接口而不是实现时。

其类图如图 3-137 所示。

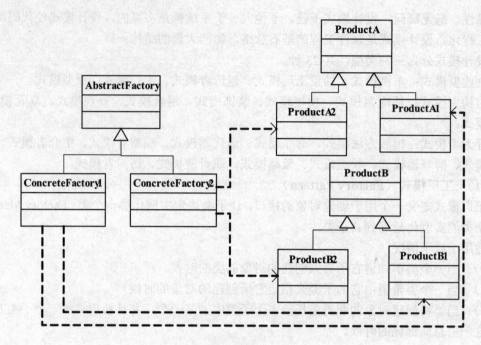

图 3-137　抽象工厂模式

（3）　建造者模式（Builder Pattern）

建造者模式将一个复杂对象的构建与它的表示分离，使得同样的构建过程可以创建不同的表示。

适用于以下情况：

1）　当创建复杂对象的算法应该独立于该对象的组成部分，以及它们的装配方式时。

2）　当构造过程必须允许被构造的对象有不同的表示时。

其类图如图 3-138 所示。

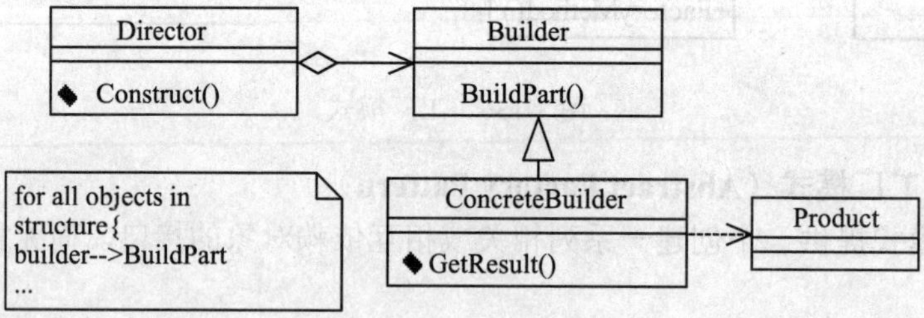

图 3-138　建造者模式

（4）　原型模式（Prototype Pattern）

原型模式用原型实例指定创建对象的种类，并且通过拷贝这些原型创建新的对象。

适用于以下情况：

1）　当要实例化的类是在运行时刻指定时，例如，通过动态装载；或者为了避免创建一个与产品类层次平行的工厂类层次时。

2）　当一个类的实例只能有几个不同状态组合中的一种时。建立相应数目的原型并克隆它们可能比每次用合适的状态手工实例化该类更方便一些。

其类图如图 3-139 所示。

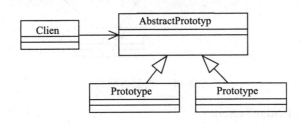

图 3-139　原型模式

（5）　单例模式（Singleton Pattern）

单例模式保证一个类仅有一个实例，并提供一个访问它的全局访问点。

适用于以下情况：

1）　当类只能有一个实例而且客户可以从一个众所周知的访问点访问它时。

2）　当这个唯一实例应该是通过子类化可扩展的，并且客户应该无需更改代码就能使用一个扩展的实例时。

其类图如图 3-140 所示。

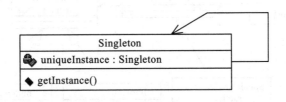

图 3-140　单例模式

（6）　适配器模式（Adapter Pattern）

适配器模式将一个类的接口转换成另外一个客户希望的接口。它使得原本由于接口不兼容而不能一起工作的那些类可以一起工作。

适用于以下情况：

1）　想使用一个已经存在的类，而它的接口不符合需求。

2）　想创建一个可以复用的类，该类可以与其他不相关的类或不可预见的类（即那些接口可能不一定兼容的类）协同工作。

3）　（仅适用于对象 Adapter）想使用一些已经存在的子类，但是不可能对每一个都进行子类化以匹配它们的接口。对象适配器可以适配它的父类接口。

其类图如图 3-141 所示。

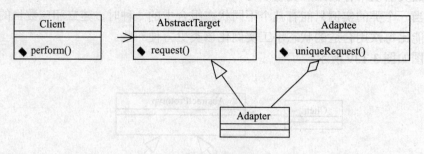

图 3-141　适配器模式

（7）桥接模式（Bridge Pattern）

桥接模式将抽象部分与它的实现部分分离。桥接模式使它们都可以独立地变化。

适应于以下情况：

1）不希望在抽象和它的实现部分之间有一个固定的绑定关系。

2）类的抽象及它的实现都应该可以通过生成子类的方法加以扩充。

3）对一个抽象的实现部分的修改应对客户不产生影响，即客户的代码不必重新编译。

4）在多个对象间共享实现（可能使用引用计数），但同时要求客户并不知道这一点。

其类图如图 3-142 所示。

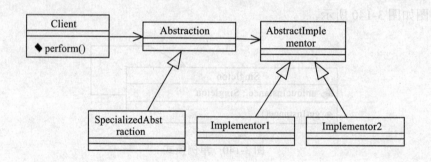

图 3-142　桥接模式

（8）组合模式（Composite Pattern）

组合模式将对象组合成树形结构以表示"部分-整体"的层次结构。它使得用户对单个对象和组合对象的使用具有一致性。

适用于以下情况：

1）想表示对象的"部分-整体"层次结构。

2）希望用户忽略组合对象与单个对象的不同，用户将统一地使用组合结构中的所有对象。

其类图如图 3-143 所示。

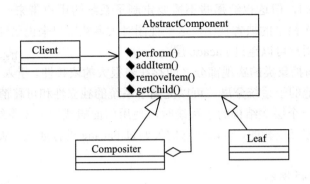

图 3-143　组合模式

（9）　装饰模式（Decorator Pattern）

装饰模式动态地给一个对象添加一些额外的职责。就增加功能来说，它相比生成子类更为灵活。

适用于以下情况：

1）　在不影响其他对象的情况下，以动态、透明的方式给单个对象添加职责。

2）　处理那些可以撤销的职责。

3）　当不能采用生成子类的方法进行扩充时。一种情况是可能有大量独立的扩展，为支持每一种组合将产生大量的子类，使得子类数目呈爆炸性增长。另一种情况可能是因为类定义被隐藏，或类定义不能用于生成子类。

其类图如图 3-144 所示。

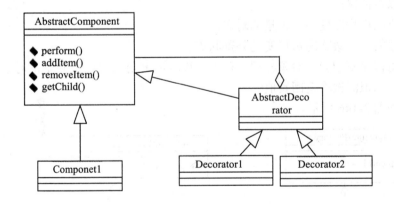

图 3-144　装饰模式

（10）　门面模式（Facade Pattern）

门面模式为子系统中的一组接口提供了一个一致的界面。它定义了一个高层接口，这个接口使得这一子系统更加容易使用。

适用于以下情况：

1）　要为一个复杂子系统提供一个简单接口时。子系统往往因为不断演化而变得越来越复杂。大多数模式使用时都会产生更多更小的类。这使得子系统更具可重用性，也更容易对子系统进行定制，但这也给那些不需要定制子系统的用户带来一些使用上的困难。Facade 可以提供一个简单的缺省视图，这一视图对大多数用户来说已经足够，而那些需要更多的可定制性的用户可以越过 Facade 层。

2）客户程序与抽象类的实现部分之间存在着很大的依赖性。引入 Facade 将这个子系统与客户，以及其他的子系统分离，可以提高子系统的独立性和可移植性。

3）需要构建一个层次结构的子系统时，使用门面模式定义子系统中每层的入口点。如果子系统之间是相互依赖的，可以让它们仅通过 Facade 进行通讯，从而简化了它们之间的依赖关系。

其类图如图 3-145 所示。

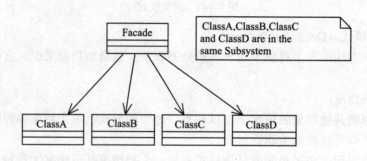

图 3-145　门面模式

（11）享元模式（Flyweight Pattern）

享元模式运用共享技术有效地支持大量细粒度的对象。

适用于以下情况：

1）一个应用程序使用了大量的对象。

2）对象的大多数状态都可变为外部状态。

3）应用程序不依赖于对象标识。由于 Flyweight 对象可以被共享，对于概念上明显有别的对象，标识测试将返回真值。

其类图如图 3-146 所示。

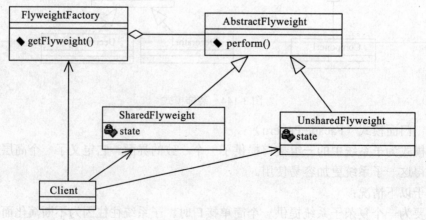

图 3-146　享元模式

（12）　代理模式（Proxy Pattern）

代理模式为其他对象提供一种代理以控制对这个对象的访问。

适用于以下情况：

1）　远程代理（Remote Proxy）为一个对象在不同的地址空间提供局部代表。

2）　虚代理（Virtual Proxy）根据需要创建开销很大的对象。

3）　保护代理（Protection Proxy）控制对原始对象的访问。保护代理用于对象应该有不同的访问权限的时候。

4）　智能指引（Smart Reference）取代了简单的指针，它在访问对象时执行一些附加操作。它的典型用途包括：对指向实际对象的引用计数，这样当该对象没有引用时，可以自动释放它（也称为 SmartPointers）。当第一次引用一个持久对象时，将它装入内存。在访问一个实际对象前，检查是否已经锁定了它，以确保其他对象不能改变它。

其类图如图 3-147 所示。

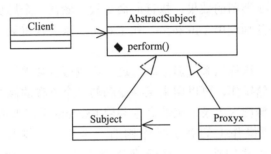

图 3-147　代理模式

（13）　职责链模式（Chain of Responsibility）

职责链模式使多个对象都有机会处理请求，从而避免请求的发送者和接收者之间的**耦合关系**。将这些对象连成一条链，并沿着这条链传递该请求，直到有一个对象处理它为止。

适用于以下情况：

1）　有多个对象可以处理一个请求，哪个对象处理该请求运行时刻自动确定。

2）　想在不明确指定接收者的情况下，向多个对象中的一个提交一个请求。

3）　可处理一个请求的对象集合应被动态指定。

其类图如图 3-148 所示。

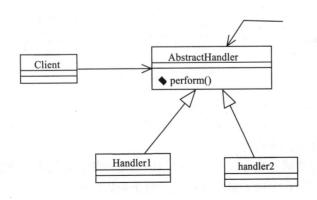

图 3-148　职责链模式

（14） 命令模式（Command Pattern）

命令模式将一个请求封装为一个对象，从而使可用不同的请求对客户进行参数化。支持请求排队、修改日志、取消操作。

适用于以下情况：

1） 抽象出待执行的动作以参数化某对象。可用过程语言中的回调（callback）函数表达这种参数化机制。所谓回调函数是指函数先在某处注册，而它将在稍后某个需要的时候被调用。Command 模式是回调机制的一个面向对象的替代品。

2） 在不同的时刻指定、排列和执行请求。一个 Command 对象可以有一个与初始请求无关的生存期。如果一个请求的接收者可用一种与地址空间无关的方式表达，那么就可将负责该请求的命令对象传送给另一个不同的进程并在那儿实现该请求。

3） 支持取消操作。Command 的 Execute 操作可在实施操作前将状态存储起来，在取消操作时这个状态用来消除该操作的影响。Command 接口必须添加一个 Execute 操作，该操作取消上一次 Execute 调用的效果。执行的命令被存储在一个历史列表中。可通过向后和向前遍历这一列表并分别调用 Unexecute 和 Execute 来实现重数不限的"取消"和"重做"。

4） 支持修改日志，这样当系统崩溃时，这些修改可以被重做一遍。在 Command 接口中添加装载操作和存储操作，可以用来保持变动的一个一致的修改日志。从崩溃中恢复的过程包括从磁盘中重新读入记录下来的命令并用 Execute 操作重新执行它们。

5） 用构建在原语操作上的高层操作构造一个系统。这样一种结构在支持事务（Transaction）的信息系统中很常见。一个事务封装了对数据的一组变动。Command 模式提供了对事务进行建模的方法。Command 有一个公共的接口，可以用同一种方式调用所有的事务。同时使用该模式也易于添加新事务以扩展系统。

其类图如图 3-149 所示。

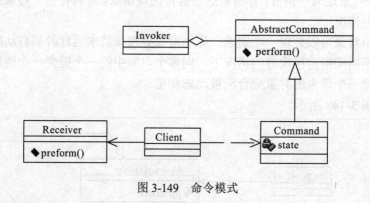

图 3-149 命令模式

（15） 解析器模式（Interpreter Pattern）

解析器模式给定一个语言，定义它的文法的一种表示，并定义一个解释器，这个解释器使用该表示来解释语言中的句子。

当有一个语言需要解释执行，并且可将该语言中的句子表示为一个抽象语法树时，可使用解释器模式。而当存在以下情况时该模式效果最好：

1） 该文法相对简单，其他复杂的文法因类层次庞大而无法管理。此时语法分析程序生成器，这样的工具是更好的选择。它们无需构建抽象语法树即可解释表达式，这样可以节省空间，而且还可能节省时间。

2） 效率不是一个关键问题。最高效的解释器通常不是通过直接解释语法分析树实现的，而是首先将它们转换成另一种形式。例如，正则表达式通常被转换成状态机。但即使在这种情况下，转换器仍可用解释器模式实现，该模式仍是有用的。

其类图如图 3-150 所示。

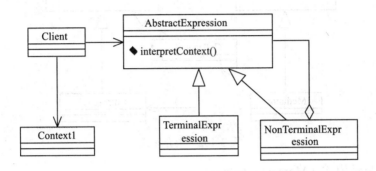

图 3-150　解析器模式

（16） 迭代器模式（Iterater Pattern）

提供一种方法顺序访问一个聚合对象中各个元素，而又不需暴露该对象的内部表示。

适用于以下情况：

1） 访问一个聚合对象的内容而无需暴露它的内部表示。

2） 支持对聚合对象的多种遍历。

3） 为遍历不同的聚合结构提供一个统一的接口（即，支持多态迭代）。

其类图如图 3-151 所示。

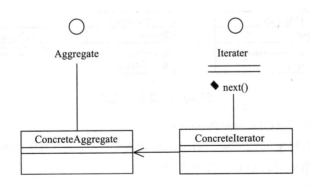

图 3-151　迭代器模式

（17） 中介模式（Mediator Pattern）

中介模式用一个中介对象来封装一系列的对象交互。中介者使各对象不需要显式地相互引用，从而使其耦合松散，而且可以独立地改变它们之间的交互。

适用于以下情况：

1） 一组对象以定义良好但是复杂的方式进行通信。产生的相互依赖关系结构混乱且难以理解。

2）　一个对象引用其他很多对象并且直接与这些对象通信，导致难以复用该对象。

3）　想定制一个分布在多个类中的行为，而又不想生成太多的子类。

其类图如图 3-152 所示。

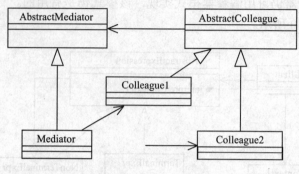

图 3-152　中介模式

（18）　备忘录模式（Memento Pattern）

备忘录模式在不破坏封装性的前提下，捕获一个对象的内部状态，并在该对象之外保存这个状态。这样以后就可将该对象恢复到保存的状态。

适用于以下情况：

1）　必须保存一个对象在某一个时刻的（部分）状态，这样以后需要时它才能恢复到先前的状态。

2）　如果一个用接口来让其他对象直接得到这些状态，将会暴露对象的实现细节并破坏对象的封装性。

其类图如图 3-153 所示。

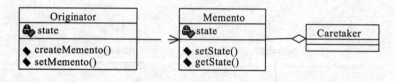

图 3-153　备忘录模式

（19）　观察者模式（Observer Pattern）

观察者模式定义对象间的一种一对多的依赖关系，当一个对象的状态发生改变时，所有依赖于它的对象都得到通知并被自动更新。

适用于以下情况：

1）　当一个抽象模型有两个方面，其中一个方面依赖于另一方面。将这二者封装在独立的对象中，以使它们可以各自独立地改变和复用。

2）　当对一个对象的改变需要同时改变其他对象，而不知道具体有多少对象有待改变。

3）　当一个对象必须通知其他对象，而它又不能假定其他对象是谁。换言之，不希望这些对象是紧密耦合的。

其类图如图 3-154 所示。

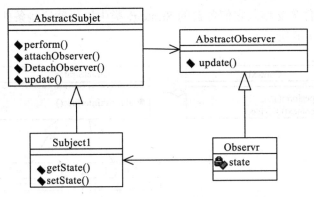

图 3-154　观察者模式

（20）状态模式（State Pattern）

状态模式允许一个对象在其内部状态改变时改变它的行为。对象看起来似乎修改了它的类。适用于以下情况：

1）一个对象的行为取决于它的状态，并且它必须在运行时刻根据状态改变它的行为。

2）一个操作中含有庞大的多分支的条件语句，且这些分支依赖于该对象的状态。这个状态通常用一个或多个枚举常量表示。通常，有多个操作包含这一相同的条件结构。状态模式将每一个条件分支放入一个独立的类中。这使得可以根据对象自身的情况将对象的状态作为一个对象，这一对象可以不依赖于其他对象而独立变化。

其类图如图 3-155 所示。

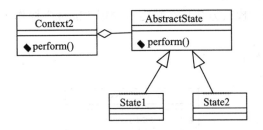

图 3-155　状态模式

（21）策略模式（Strategy Pattern）

策略模式定义一系列的算法，把它们一个个封装起来，并且使它们可相互替换。本模式使得算法可独立于使用它的客户而变化。

适用于以下情况：

1）许多相关的类仅仅是行为有异。"策略"提供了一种用多个行为中的一个行为来配置一个类的方法。

2）需要使用一个算法的不同变体。例如，可能会定义一些反映不同的空间/时间权衡的算法。当这些变体实现为一个算法的类层次时，可以使用策略模式。

3）算法使用客户不应该知道的数据。可使用策略模式以避免暴露复杂的、与算法相关的数据结构。

4）一个类定义了多种行为，并且这些行为在这个类的操作中以多个条件语句的形式出现。将相关的条件分支移入它们各自的 Strategy 类中以代替这些条件语句。

其类图如图 3-156 所示。

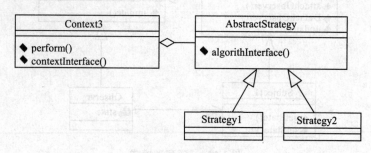

图 3-156   策略模式

（22）   模版模式（Template Pattern）

模板模式定义一个操作中的算法的骨架，而将一些步骤延迟到子类中。Template Method 使得子类可以不改变一个算法的结构，即可重定义该算法的某些特定步骤。

适用于以下情况：

1）   一次性实现一个算法的不变的部分，并将可变的行为留给子类来实现。

2）   各子类中公共的行为应被提取出来并集中到一个公共父类中以避免代码重复。这是 Opdyke 和 Johnson 所描述过的"重分解以一般化"的一个很好的例子。首先，识别现有代码中的不同之处，并且将不同之处分离为新的操作。最后，用一个调用这些新的操作的模板方法来替换这些不同的代码。

3）   控制子类扩展。模板方法只在特定点调用"hook"操作，这样就只允许在这些点进行扩展。

其类图如图 3-157 所示。

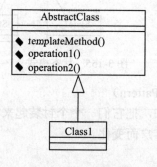

图 3-157   模板模式

（23）   访问者模式（visitor Pattern）

访问者模式表示一个作用于某对象结构中的各元素的操作。它使可以在不改变各元素的类的前提下定义作用于这些元素的新操作。

适用于以下情况：

1）   一个对象结构包含很多类对象，它们有不同的接口，而想对这些对象实施一些依赖于其具体类的操作。

2）　需要对一个对象结构中的对象进行很多不同的，且不相关的操作，而想避免让这些操作"污染"这些对象的类。Visitor 使得可以将相关的操作集中起来定义在一个类中。当该对象结构被很多应用共享时，用访问者模式让每个应用仅包含需要用到的操作。

3）　定义对象结构的类很少改变，但经常需要在此结构上定义新的操作。改变对象结构类需要重定义对所有访问者的接口，这可能需要很大的代价。如果对象结构类经常改变，那么可能还是在这些类中定义这些操作较好。

其类图如图 3-158 所示。

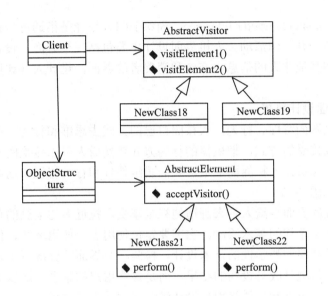

图 3-158　访问者模式

3　数据库设计

面向对象数据库设计分为两个阶段：逻辑设计和物理设计。

（1）　逻辑设计

逻辑设计通常包括以下几个步骤：

1）　识别类：对需求进行分析时应该确定主要的对象，确定数据库的类。

2）　定义类的层次：应用程序中的类要按照能表示特殊性与一般性的自然关系的类层次关系进行组织。决定类的层次需要考虑包含规则、如何使用多态、如何使用多重继承、避免多重继承的二义性、重用已有的类。

3）　定义属性：需求分析完成后，识别类中的属性通常不会有什么困难。

4）　定义关系：定义关系时需要考虑的因素一是使用对象引用而不是主键的便利之处。二是可以保持一对多关系和多对多关系的其他方法。三是维持引用完整性。

（2）　物理设计

物理设计包括以下步骤：

1）　定义存储体。逻辑设计完成后，在早期的原型中会有一个单一的存储体原型，在原来的设计中考虑多存储体的情况。当创建一个存储体时可以对他指定多个文件，如果系统存储体能跨越多驱动程序时，非常有用。通常没有必要为了管理磁盘空间的使用或扩大输入/输出数据的装载而将数据库分解成多个存储体。如果一个存储体占用的磁盘空间的增长超过了原先估计的分配值，也可以使用.extendStore 命令对所有的分配值进行扩展。

2) 定义索引。数据的空间不断增加时，使用恰当的索引与否对性能的影响具有很大的区别。与关系数据库相同，一个查询数据是否与给定的属性值进行匹配时要使用索引。如果有索引会直接进行检索，但如果没有索引将会扫描类的所有实例。

4 界面设计

人机界面（Human Computer Interface，简称 HCI）设计是指通过一定的手段对用户界面有目标和计划的一种创作活动。人机界面设计主要包括三个方面：设计软件构件之间的接口，设计模块和其他非人的信息生产者和消费者的界面，设计人（如用户）和计算机间的界面。

（1）人机界面设计思想

计算机按照机器的特性去行为，人按照自己的方式去思维和行为。要把人的思维和行为转换成机器可以接受的方式，把机器的行为方式转换成人可以接受的方式，这个转换就是人机界面。使计算机在人机界面上适应人的思维特性和行动特性，这就是"以人为本"的人机界面设计思想。

一个友好美观的界面会给人带来舒适的视觉享受，拉近人与电脑的距离，为商家创造卖点。界面设计不是单纯的美术绘画，它需要定位使用者、使用环境、使用方式并且为最终用户而设计，是纯粹的科学性的艺术设计。检验一个界面的标准既不是某个项目开发组领导的意见，也不是项目成员投票的结果，而是最终用户的感受。所以界面设计要和用户研究紧密结合，是一个不断为最终用户设计满意视觉效果的过程。

（2）人机界面设计原则

1) 以用户为中心的基本设计原则

在系统的设计过程中，设计人员要抓住用户的特征，发现用户的需求。在系统整个开发过程中要不断征求用户的意见，向用户咨询。系统的设计决策要结合用户的工作和应用环境，必须理解用户对系统的要求。最好的方法就是让真实的用户参与开发，这样开发人员就能正确地了解用户的需求和目标，系统就会更加成功。

2) 顺序原则

即按照处理事件顺序、访问查看顺序（如由整体到单项，由大到小，由上层到下层等）、控制工艺流程等，设计监控管理和人机交互主界面及其二级界面。

3) 功能原则

即按照对象应用环境及场合具体使用功能要求，如各种子系统控制类型、不同管理对象的同一界面并行处理要求、多项对话交互的同时性要求等，设计多级菜单、分层提示信息和多项对话栏等人机交互界面，从而使用户易于分辨和掌握交互界面的使用规律和特点，提高其友好性和易操作性。

4) 一致性原则

包括色彩的一致，操作区域一致，文字的一致。即一方面界面颜色、形状、字体与国家、国际或行业通用标准相一致。另一方面界面颜色、形状、字体自成一体，不同设备及其相同设计状态的颜色应保持一致。界面细节美工设计的一致性使运行人员看界面时感到舒适，从而不分散他的注意力。对于新运行人员，或紧急情况下处理问题的运行人员来说，一致性还能减少他们的操作失误。

5）频率原则

即按照管理对象的对话交互频率高低设计人机界面的层次顺序和对话窗口莱单的显示位置等，提高监控和访问对话频率。

6）重要性原则

即按照管理对象在控制系统中的重要性和全局性水平，设计人机界面的主次菜单和对话窗口的位置和突显性，从而有助于管理人员把握好控制系统的主次，实施好控制决策的顺序，实现最优调度和管理。

7）面向对象原则

即按照操作人员的身份特征和工作性质，设计与之相适应和友好的人机界面。根据其工作需要，宜以弹出式窗口显示提示、引导和帮助信息，从而提高用户的交互水平和效率。

（3）人机界面设计步骤

1）界面风格的设计

控制台人机界面选用非标准 Windows 风格，以实现用户个性化的要求。但考虑到大多数用户对于标准 Windows 系统较熟悉，在界面设计中尽量兼容标准 Windows 界面的特征。因为位图按钮可在操作中实现高亮度、突起、凹陷等效果，使界面表现形式更灵活，同时可以方便用户对控件的识别。但是，界面里使用的对话框、编辑框、组合框等都选用 Windows 标准控件，对话框中的按钮也使用标准按钮。控件的大小和间距尽量符合 Windows 界面推荐值的要求。

界面默认窗体的颜色是亮灰色。因为灰色调在不同的光照条件下容易被识别，且避免了色盲用户在使用窗体时带来的不便。为了区分输入和输出，供用户输入的区域使用白色作为底色，能使用户容易看到这是窗体的活动区域；显示区域设为灰色（或窗体颜色），目的是告诉用户那是不可编辑区域。窗体中所有的控件依据 Windows 界面设计标准采用左对齐的排列方式。对于不同位置上多组控件，各组也是左对齐。

2）系统界面布局分析

人机界面的布局设计根据人体工程学的要求应该实现简洁、平衡和风格一致。典型的工控界面分为 3 部分：标题菜单部分、图形显示区和按钮部分。根据一致性原则，保证屏幕上所有对象，如窗口、按钮、菜单等风格的一致。各级按钮的大小、凹凸效果和标注字体、字号都保持一致，按钮的颜色和界面底色保持一致。

3）打开界面的结构体系

选择界面的概念取决于多个界面。可将界面设计为循环。如果运行大量界面，必须设计一个合理的结构体系来打开界面。选择简单而永久的结构以便操作员能够快速了解如何打开界面。

用户一次处理的信息量是有限的，所以大量信息堆积在屏幕上会影响界面的友好性。为了在提供足够的信息量同时保证界面的简明，因此在设计上采用了控件分级和分层的布置方式。分级是指把控件按功能划分成多个组，每一组按照其逻辑关系细化成多个级别。用一级按钮控制二级按钮的弹出和隐藏保证了界面的简洁。分层是把不同级别的按钮纵向展开在不同的区域，区域之间有明显的分界线。在使用某个按钮弹出下级按钮的同时对其他同级的按钮实现隐藏，使逻辑关系更清晰。

通常要由3个层面组成。层面1是总览界面。该层面要包含不同系统部分在系统所显示的信息，以及如何使这些系统部分协同工作。层面2是过程界面。该层面包含指定过程部分的详细信息，并显示哪个设备对象属于该过程部分。层面3是详细界面。该层面提供各个设备对象的信息，例如控制器、控制阀、控制电机等，并显示消息、状态和过程值。如果合适的话，还包含与其他设备对象工作有关的信息。

4）文字的应用

界面设计中常用字体有中文的宋体、楷体，英文的 Times New Roman 体等。因为这些字体容易辨认、可读性好。考虑到一致性，控制台软件界面所有的文本都选用中文宋体，文字的大小根据控件的尺寸选用了大小两种字号，使显示信息清晰并保证风格统一。

人体工程学要求界面的文本用语简洁，尽量用肯定句和主动语态，英文词语避免缩写。控制台人机界面中应用的文本有两类：标注文本和交互文本。标注文本是写在按钮等控件上，表示控件功能的文字，所以尽量使用了描述操作的动词如"设备操作""系统设置"等。交互文本是人与计算机以及计算机与总控制台等系统交互信息所需要的文本，包括输入文本和输出文本。交互文本使用的语句为了在简洁的同时表达清晰，尽量采用用户熟悉的句子和礼貌的表达方式如"请检查交流电压""系统警告装置锁定"。对于信息量大的情况，采用上下滚动而不用左右滚屏，因为这样更符合人的操作习惯。

5）色彩的选择

人机界面设计中色彩的选择也是非常重要的。人眼对颜色的反应比对文字的反应要快，所以不同的信息用颜色来区别比用文字区别的效果要好。不同色彩给人的生理和心理的感觉是不同的，所以色彩选择是否合理也会对操作者的工作效率产生影响。在特定的区域，不同颜色的使用效果是不同的。例如：前景颜色要鲜明一些，使用户容易识别。而背景颜色要暗淡一些，以避免对眼睛的刺激。所以，红色、黄色、草绿色等耀眼的色彩不能应用于背景色。蓝色和灰色是人眼不敏感的色彩，无论处在视觉的中间还是边缘位置，眼睛对它的敏感程度是相同的，作为人机界面的底色调是非常合适的。但是在小区域内的蓝色就不容易感知，而红色和黄色则很醒目。因此提示和警告等信息的标志宜采用红色、黄色。

使用颜色时应注意几点：

① 限制同时显示的颜色数一般同一界面不宜超过 4 或 5 种，可用不同层次及形状来配合颜色增加的变化。

② 界面中对象颜色应不同。活动对象颜色应鲜明，而非活动对象应暗淡。前景色宜鲜艳一些，背景则应暗淡。中性颜色（如浅灰色）往往是最好的背景颜色，浅色具有跳到面前的倾向，而黑色则使人感到退到了背景之中。

③ 避免不兼容的颜色放在一起（如黄与蓝，红与绿等），除非作对比时用。

6）图形和图标的使用

图形和图标能形象地传达信息，这是文本信息达不到的效果。控制台人机界面通过可视化技术将各种数据转换成图形、图像信息显示在图形区域。选择图标时力求简单化、标准化，并优先选用已经创建并普遍被大众认可的标准化图形和图标。

拓展知识　正向工程与反向工程

1　正向工程

正向工程是通过到实现语言的映射而把模型转换为代码的过程。正向工程步骤如下。

（1）打开设计好的类图，选择需要转换的类图，依次选择工具 Tools、Java/J2EE、Generate Code 如图 3-159 所示。

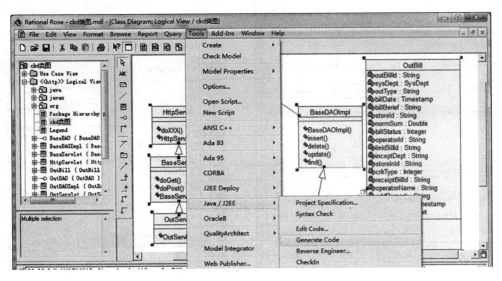

图 3-159　选择工具

（2）进入路径设置界面，如图 3-160 所示。

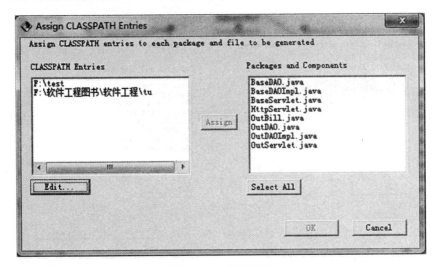

图 3-160　路径设置

（3）可以选择已有路径，也可以点击 Edit 按钮重新设置路径，如图 3-161 所示。

（4）选择 Directory 按钮，出现选择目录界面如图 3-162 所示。

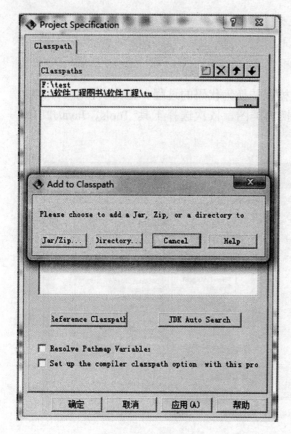

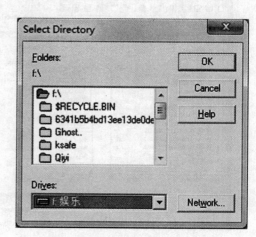

图 3-161　设置路径　　　　　　　　图 3-162　选择目录

（5）　选好路径后，依次选择确定，回到路径选择界面，完成设置如图 3-163 所示。

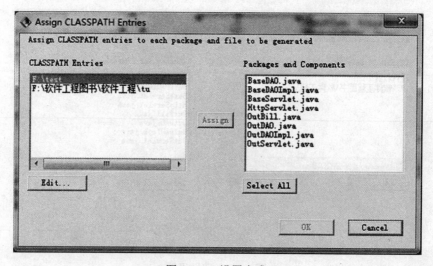

图 3-163　设置完成

（6）　选择需要转换的类，也可以点击 Select All 全部选择，然后点击 OK，完成操作，可以到指定目录查看已经生成的源文件，如图 3-164 所示。

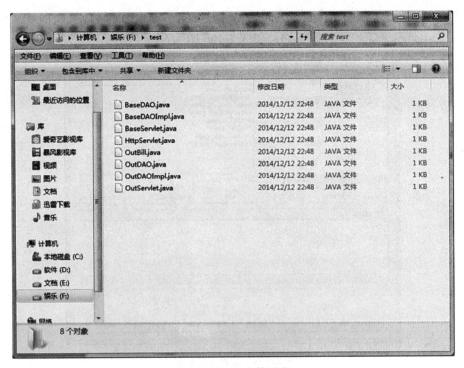

图 3-164 源文件列表

2 反向工程

反向工程与正向工程相反，是有源程序转换为类图的过程，主要操作步骤如下：

（1） 打开 Rose，新建一个类图，依次选择工具 Tools、Java/J2EE、Reverse Engineer，如图 3-165 所示。

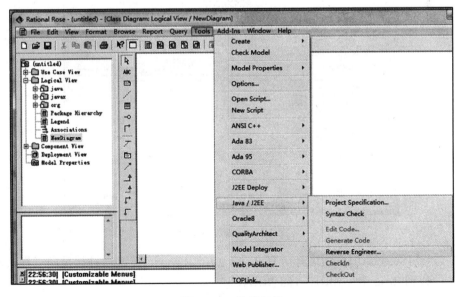

图 3-165 选择工具

软件工程案例教程（第2版）

（2）选择需要转换的文件目录（也可以通过 Edit CLASSPATH 添加新的目录），在目录右侧会列出该目录下的所有源文件，如图 3-166 所示。

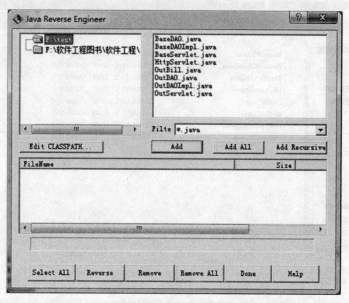

图 3-166　设置文件目录

（3）选择需要转换为类图的源文件，可以通过 Add All 选中所有文件，文件添加后自动转到 FileName 中，如图 3-167 所示。

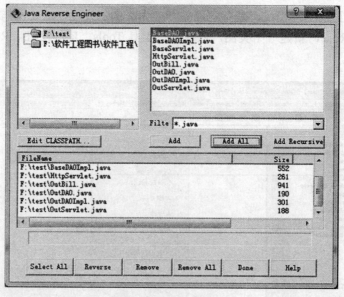

图 3-167　添加源文件

（4）点击[Select All]按钮选择所有文件，点击[Reverse]按钮，进行反向工程，反向的类会自动加载到 Rose 中，如图 3-168 所示。

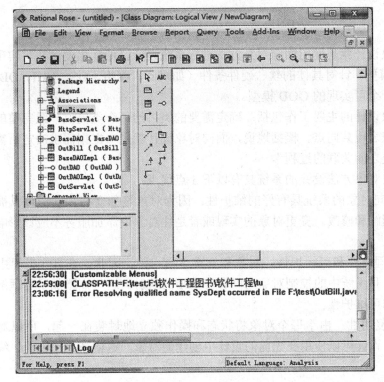

图 3-168　开始转换

（5）　将生成的类依次拖入工作区，完成反向工程，生成类图，如图 3-169 所示。

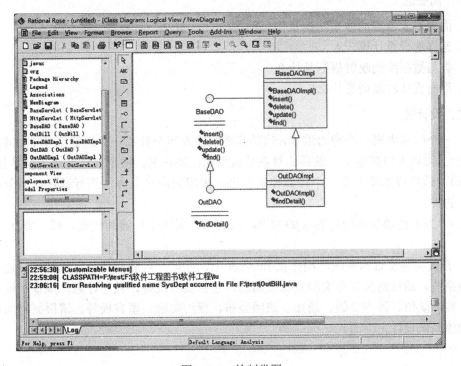

图 3-169　绘制类图

小结

面向对象设计就是运用面向对象方法进行系统设计。OOD 主要解决与实现有关的问题，基于 OOA 模型，针对具体的软、硬件条件（如机器、网络、OS、GUI、DBMS、编程语言等）产生一个可实现的 OOD 模型。

面向对象设计的主要工作包括：确定需要的类；给每个类提供一组完整的操作；明确地使用继承来表现共同点。概括地说，面向对象设计就是"根据需求决定所需的类、类的操作，以及类之间关联的过程"。

使用面向对象方法设计的系统具有以下 3 点优点：

（1）面向对象的系统具有好的维护性：因为对象是独立的。它们可以被当成一个独立的实体去理解和修改。变更对象的实现或者是往对象中添加服务不应该影响系统中其他的系统对象。

（2）可理解性和可维护性：对象和真实事物相关。因此，在真实世界中的实体（例如硬件组件）和系统中的控制对象之间存在清晰的映射。这一点增加了可理解性，进而也增进了设计的可维护性。

（3）可复用性：由于每个对象将状态和操作独立地封装在一起，所以对象是潜在的可复用组件。设计可以使用在先前的设计中创建的对象。这就减少了设计、编程和有效性验证等成本。

习题

一、简答题

1. 面向对象常用的体系结构是什么？

2. 怎样选择设计模式？

3. 类与数据库的映射规则是什么？

4. 界面设计的原则是什么？

二、设计题

1. 一个网站内嵌一个智力游戏，该游戏要求输入两个数和一个运算符号（加减乘除中的一个）。可以先口算结果，然后比对系统输出的正确答案。根据描述完成下面题目。

（1）该游戏本质上是一个计算控制程序，采用面向对象方法进行设计，请分析游戏中涉及的类。

（2）为方便增加其他运算（如 M 的 N 次方），采用工厂设计模式，画出类图。

2. 开放实验室管理系统，构建在 Internet 上，任何一台联网的计算机都可以通过网络访问该系统，通过网页发布实验室综合信息，包括实验设备、教学计划、规章制度、操作规程、教师队伍、课程介绍、通知、成绩公布、预约实验、留言板等。请根据界面设计的原则为该系统设计主界面。

实训项目　实验教学管理系统设计

1　实训目标

（1）采用面向对象方法设计实验教学管理系统的体系结构。

（2）完善类图。

（3）设计数据库。

2　实训要求

（1）设计实验教学管理系统的体系结构和各层组件。

（2）补充、完善实验教学管理系统的类图。

（3）设计实验教学管理系统的数据库。

3　相关知识点

（1）体系结构、设计模式。

（2）数据库设计、界面设计。

案例三　仓库管理子系统实现

【任务描述】

软件设计完成后，需要将体系结构、设计模式、界面等设计结果转换为程序，分析、选择一种面向对象设计语言，理解、制定、执行编程规范，理解、搭建系统框架，采用版本控制工具管理进行版本控制，主要包括以下内容：

- 选择编程语言
- 制定编程规范
- 编程

【任务分析】

软件实现一是选择编程语言，熟悉主流编程语言、分析各种语言特点，选择合适的编程语言。二是制定编程规范，命名规范、排版规范、注释规范和编程惯例。三是进行编程，系统环境的搭建、版本控制工具的使用和调试。

【实施方案】

任务 1　选择语言

选择使用什么样编程语言对于一个项目来说是一个最关键的技术决策。因为这项决策会影响到项目框架结构和所能够利用上的资源，以及人员。

选择语言需要考虑以下因素。

（1）　团队熟悉的语言：应该选择团队精英熟悉的语言。并不是说团队里的每个人都必须是这门语言方面的专家。甚至可以让团队的一小部分不熟悉这门语言的人加入开发中来保证其他人能有较高的效率。好的程序员都有不错的适应能力。

（2）　需求是否明确：不管是什么语言所写，好的程序总是能够快速地重构和调整。一些语言本身就可以建立快速原型。而且很多商务项目完全没有规范，或者极其粗糙。这种情况下，客户在看到最初产品前完全不知道它应该是什么样子。这就需要不断地修改，直到每个人都满意。

（3）　产品的生命期：如果产品寿命很长，无疑需要考虑能够向后兼容的语言。不是所有语言都是足够稳定的。许多年轻的动态语言在升级中会变得不向后兼容或者大量修改它的核心代码。

综合以上因素，编程语言确定选择 Java 语言。Java 语言语法简洁（没有指针、多继承），运行在虚拟环境中能满足 Web 应用、分布式系统、开放性体系、平台无关、安全的发展趋势，具有面向基于 Java EE（Java Enterprise Edition）框架的大型电子商务平台与应用，具有功能强大的开发工具。世界主要的计算机公司、移动通信公司、我国的移动、联通等，均支持或已经采用了 Java 技术。

任务 2　确定编程规范

编码规范对于程序员而言尤为重要，每个人必须遵守。

（1）　命名规范

命名规范使程序更易读，从而更易于理解。它们也可以提供一些有关标识符功能的信息，以助于理解代码。项目中需要命名的内容如下：

1）　包名：包名是唯一的，前缀全部是小写的字母，可以分级别，中间用"点"隔开。例如：com.sun.eng。

2）　类名：一个名词，采用大小写混合方式，每个单词的首字母大写。尽量使类名简洁而富于描述。

3）　接口：名字与类名同。

4）　方法：方法名是一个动词，采用大小写混合方式，第一个单词的首字母小写，其后单词的首字母大写。

5）　变量：除了变量名外，所有实例，包括类，类常量，均采用大小写混合的方式，第一个单词的首字母小写，其后单词的首字母大写。变量名不应以下划线或美元符号开头，尽管这在语法上是允许的。

6）　实例变量：名应简短且富于描述。变量名的选用应该易于记忆，即能够指出其用途。尽量避免单个字符的变量名，除非是一个临时变量。

7）　常量：大小写规则和变量名相似，除了前面需要一个下划线隔开。尽量避免 ANSI 常量，因其容易引起错误。

（2）　注释规范

注释应该概括代码的功能，并提供代码自身没有提供的附加信息。注释应该仅包含与阅读和理解程序有关的信息。

1）　块注释通常用于提供对文件、方法、数据结构和算法的描述。块注释被置于每个文件的开始处和每个方法之前。它们也可以被用于其他地方，比如方法的内部。在功能和方法内部的块注释应该和它们所描述的代码具有一样的缩进格式。

块注释之首应该有一个空行，用于把块注释和代码分割开来，例如：

```
/ *
    * Here is a block comment.
 */
```

2）单行注释：短注释可以显示一行内，并与其后的代码具有一样的缩进层级。如果一个注释不能在一行内写完，就该用块注释（参见"块注释"）。单行注释之前应该有一个空行。例如：

```
if (condition) {
    / * Handle the condition. */
    ……
}
```

3）尾端注释：极短的注释可以与它们所要描述的代码位于同一行，但是应该有足够的空白来分开代码和注释。若有多个短注释出现于大段代码中，它们应该具有相同的缩进。例如：

```
if (a ==2) {
    return TRUE;              / * special case */
} else {
    return isPrime(a);        / * works only for odd a */
}
```

4）行末注释：注释界定符"//"，可以注释掉整行或者一行中的一部分。它一般不用于连续多行的注释文本；然而，它可以用来注释掉多行的代码段。例如：

```
if(foo > 1) {
    // Do a double-filp.
    ……
}
```

避免在一行代码或表达式的中间插入注释。

（3）排版规范

1）行长度：尽量避免一行长度超过 80 个字符，因为很多终端和工具不能很好处理。不允许把多个短语句写在一行中，一行只写一条语句。

2）换行：当一个表达式无法容纳在一行内时，可以依据如下一般规则断开之：

在一个逗号后面断开，在一个操作符前面断开。

宁可选择较高级别的（higher-level）的断开，而非选较低级别（lower-level）的断开。

新的一行应该与上一行同一级别表达式的开头处对齐。

操作符放在新行之首，划分出的新行要进行适当缩进，使排版整齐，语句可读。

3）空行：将逻辑相关的代码段分隔开，以提高可读性。

下列情况应总是使用空行：

一个源文件的两个片段（section）之间，类声明和接口声明之间，两个方法之间，方法内的局部变量和方法的第一条语句之间，一个方法内的两个逻辑段之间，用以提高可读性。

4）　空格：程序块要采用缩进风格，缩进的空格数为 4 个。分界符（如大括号）应各独占一行且位于同一列，同时引用它们的语句左对齐。对齐只使用空格键，不使用 TAB 键。

在函数体的开始、类和接口的定义、以及 if、for、do、while、switch、case 语句中的程序都要采用以上的缩进方式，且执行语句多少都要加大括号。

在两个以上的关键字、变量、常量进行对等操作时，他们之间的操作符之前、之后或者前后都要加空格；进行非对等操作时，如果是关系密切的立即操作符（如.），后不应加空格。

（4）　编程惯例

1）　开头注释：所有的源文件都应该在开头有一个注释，其中列出类名、版本信息，日期和版权声明。

2）　包和引入：在多数 Java 源文件中，第一个非注释行是包语句行。在它之后可以跟引入语句。

3）　类和接口声明：包括以下内容类和接口的文档注释、声明、实现注释、类的变量、实例变量、构造器、方法。

4）　类的变量一般声明为 private，并提供对应的 set 和 get 方法进行设值和取值操作。

5）　类变量和类方法应该用类名访问，避免用类的对象访问。

6）　避免在一个语句中给多个变量赋相同的值。

7）　一般而言，在含有多种运算符的表达式中使用括号来避免运算符优先级问题。

8）　if 语句应采用以下格式：

```
if (condition) {
    statements;
}
if (condition) {
    statements;
} else {
    statements;
}
```

9）　for 语句格式应采用以下格式：

```
for (initialization; condition; update) {
    statements;
}
```

10）　一个 while 语句应该具有如下格式：

```
while (condition) {
    statements;
}
```

一个空的 while 语句应该具有如下格式：

```
while (condition);
```

11）一个 do-while 语句应该具有如下格式：

```
do {
    statements;
} while (condition);
```

12）一个 switch 语句应该具有如下格式：

```
switch (condition) {
case ABC:
        statements;
        / * falls through */
case DEF:
        statements;
        break;
case XYZ:
        statements;
        break;
}
```

13）一个 try-catch 语句应该具有如下格式：

```
try {
    statements;
} catch (ExceptionClass e) {
    statements;
}
```

任务 3 进行编程

3.1 搭建系统框架

系统采用主流的 SSH（Struts+Spring+Hibernate)技术构架，具有以下优点：

（1）可以让开发人员减轻重新建立解决复杂问题方案的负担和精力。便于敏捷开发出新的需求，降低开发时间成本。

（2）良好的可扩展性，针对特殊应用时具有良好的可插拔性，避免大部分因技术问题不能实现的功能。

（3）良好的可维护性，业务系统经常会有新需求，三层构架因为逻辑层和展现层的合理分离，可使需求修改的风险降低到最低。随着新技术的流行或系统的老化，系统可能需要重构。ssh 构架重构成功率要比其他构架高很多。

（4）优秀的解耦性，很少有软件产品的需求从一开始就完全是固定的。客户对软件需求，是随着软件开发过程的深入而不断明晰起来的。因此，常常遇到软件开发到一定程度时，由于客户对软件需求发生了变化，使得软件的实现不得不随之改变。ssh 三层构架，表示层依赖于业务层，但绝不与任何具体的业务组件耦合，只与接口耦合。同样，业务层依赖于集成层，也不会与任何具体的集成层组件耦合，而是面向接口编程。采用这种方式的软件实现，即使软件的部分发生改变，其他部分也不会改变。

系统框架搭建步骤如下：

（1）准备工作

1）下载安装 MyEclipse。登录官方网站 http://www.myeclipseide.com/，下载稳定版本 MyEclipse，然后安装，可以按照安装向导完成安装。

2）下载安装 JDK。登录官方网站 http://java.sun.com/，下载稳定版本的 JDK，安装安装向导即可完成安装，完成后设置环境变量 PATH、CLASSPATH、JAVA_HOME。

3）下载安装 Tomcat。登录官方网站 http://tomcat.apache.org，下载稳定版本的 Tomcat，按照安装向导完成安装。然后将 Tomcat 加载到 MyEclipse。

4）下载安装 Struts。登录官方网站 http://struts.apache.org/，下载稳定版本的 Struts，按照安装向导完成安装。

5）下载安装 SQL Server。下载地址 http://download.microsoft.com，搜索 Microsoft SQL Server JDBC Driver 3.0，并下载，下载的文件名为 sqljdbc_3.0.1301.101_chs.exe（版本号 1.1 之后都支持 sql2005，2.0 的支持 sql2008）。下载文件解压后就可以使用，不需要安装，找到其中的 sqljdbc4.jar 放入 $MYECLIPSEHOME/dropins/jdbc 目录中即可。

（2）搭建框架

1）创建工程。启动 MyEclipse，点击 File->New->Other->MyEclipse->Java Enterprise Projects->Web Project，然后点击 Next。设置 Project Name 为 chint，Location Dircetory 为 E:\J2EE\chint，J2EE Specification Level 为 Java EE 5.0，点击 Finish。

选择 File->New->Package 新建如下几个包：

```
com.chint.action
com.chint.action.impl
com.chint.dao
com.chint.dao.impl
com.chint.entity
com.chint.interceptor
com.chint.pageModel
com.chint.service
com.chint.service.impl
com.chint.util
```

2）添加 Struts2.1.8.1 的 jar 包。导入 struts2 的核心 jar 包（原始路径为 struts-2.1.8.1-all\struts-2.1.8.1\lib），导入位置为 chint\WebRoot\WEB-INF\lib，右键点击工程名称 Refresh 即可加入。核心包为 commons-fileupload-1.2.1.jar、commons-logging-1.0.4.jar、freemarker-2.3.15.jar、ognl-2.7.3.jar、struts2-core-2.1.8.1.jar、struts2-spring-plugin-2.1.8.1.jar、xwork-core-2.1.6.jar。

3）添加 Spring 2.5 的 jar 包。右键点击工程名称，MyEclipse->Add Spring Capabilities。选择 Spring version 为 Spring 2.5，选中 Spring 2.5 AOP Libraries、Spring 2.5 Core Libraries、Spring 2.5 Persistence Core Libraries、Spring 2.5 Persistence JDBC Libraries、Spring 2.5 Web Libraries 共 5 个包。

选中 Copy checked Library contents to project folder（TLDs always copied），点击 Next。点击 Next，点击 Folder 文本框后的 Browse，在弹出对话框中选择 spring 配置文件存储位

置为 WebRoot/WEB-INF，点击 Finish。至此已经完成加载 Spring，在 WEB-INF 文件夹下已经生成了配置文件 applicationContext.xml。

4）创建数据库连接。

下载驱动程序：下载地址 http://download.microsoft.com，搜索 Microsoft SQL Server JDBC Driver 3.0，并下载，下载的文件名为 sqljdbc_3.0.1301.101_chs.exe（版本号 1.1 之后都支持 sql2005，2.0 的支持 sql2008）。下载文件解压后就可以使用，不需要安装，找到其中的 sqljdbc4.jar 放入 $MYECLIPSEHOME/Common/JDBC 目录中即可。

配置 sql2005 服务器：配置 TCP 端口：开始->程序->Microsoft SQL Server 2005->配置工具->SQL Server Configuration Manager->SQL Server 2005 网络配置->MSSQLSERVER 协议，启用 TCP/IP。然后在 SQL Server Configuration Manager->SQL Server 2005 网络配置->MSSQLSERVER 协议中双击 TCP/IP，在 IP 地址标签页中将所有 TCP 端口项设置默认的 1433 端口。SQL Server Configuration Manager->SQL Server 2005 服务中重新启动 SQL Server 服务器，这样就完成了对 sql2005 服务器的配置。

MyEclipse 中的配置：. Windows->Open Perspective->MyEclipse DataBase Explorer，在 DB Browser 中选择 NEW，然后设置如下：

```
Driver template = Microsoft SQL Server 2005
Driver name = SQL Server 2005
Connection URL = jdbc:sqlserver://localhost:1433;databaseName=chint
User name = sa
Password = PASSWORD
```

导入 $MYECLIPSEHOME/Common/JDBC 中的 sqljdbc4.jar，勾选复选框 Save password，点击按钮 Test Driver，测试连接成功。

5）添加 Hibernate 3.2 的 Capabilities。右键点击工程名称，MyEclipse->Add Hibernate Capabilities。选择 Hibernate Specification 为 Hibernate 3.2，选中所有包，选中 Copy checked Library Jars to project folder and add to build-path，点击 Next。

选择 Spring configuration file （applicationContext.xml），点击 Next。

选择 Existing Spring configuration file，点击 Next。

只需在 Bean Id 文本框中输入一个 Id 名，作为数据库源的代用名，意义不大，采用默认设置即可。然后在 DB Driver 下拉列表中，选择上一步在 MyEclipse 中创建好的数据库源 SQL Server 2005，其他信息将自动填写，点击 Next。

在弹出对话框中去掉 Create SessionFactory class?复选框，不创建该类，点击 Finish 完成。

创建过程中，加载的 jar 包文件可能有重复，所以这个时候如果提示有某些 jar 包重复，选择 Keep Existing 即可。

6）删除冲突的 Jars。右键点击工程名称，选择 Properties->Java Build Path，删除三个重复的 jar 包：asm-2.2.3.jar、cglib-2.1.3.jar、xerces-2.6.2.jar。

7）创建 struts.xml。在 src 包下新建一个 struts.xml 文件。文件内容如下：

```
<!DOCTYPE struts PUBLIC "-//Apache Software Foundation//DTD Struts
Configuration 2.3//EN" "http://struts.apache.org/dtds/struts-2.3.dtd">
<struts>
```

```
    <!-- 指定由 spring 负责 action 对象的创建 -->
    <constant name="struts.objectFactory" value="spring" />
    <!-- 所有匹配*.action 的请求都由 struts2 处理 -->
    <constant name="struts.action.extension" value="action" />
    <!-- 是否启用开发模式 -->
    <constant name="struts.devMode" value="true" />
    <!-- struts 配置文件改动后，是否重新加载 -->
    <constant name="struts.configuration.xml.reload" value="true" />
    <!-- 设置浏览器是否缓存静态内容 -->
    <constant name="struts.serve.static.browserCache" value="false" />
    <!-- 请求参数的编码方式 -->
    <constant name="struts.i18n.encoding" value="utf-8" />
    <!-- 每次 HTTP 请求系统都重新加载资源文件，有助于开发 -->
    <constant name="struts.i18n.reload" value="true" />
    <!-- 文件上传最大值 -->
    <constant name="struts.multipart.maxSize" value="104857600" />
    <!-- 让 struts2 支持动态方法调用 -->
    <constant name="struts.enable.DynamicMethodInvocation" value="true" />
    <!-- Action 名称中是否还是用斜线 -->
    <constant name="struts.enable.SlashesInActionNames" value="false" />
    <!-- 允许标签中使用表达式语法 -->
    <constant name="struts.tag.altSyntax" value="true" />
    <!-- 对于 WebLogic,Orion,OC4J 此属性应该设置成 true -->
    <constant name="struts.dispatcher.parametersWorkaround" value="false"
/>
    <package name="basePackage" extends="struts-default">
    </package>
</struts>
```

8）重写 web.xml。内容如下：

```
<?xml version="1.0" encoding="UTF-8"?>
<web-app version="2.5"
    xmlns="http://java.sun.com/xml/ns/javaee"
    xmlns:xsi="http://www.w3.org/2001/XMLSchema-instance"
    xsi:schemaLocation="http://java.sun.com/xml/ns/javaee
http://java.sun.com/xml/ns/javaee/web-app_2_5.xsd">
    <context-param>
        <param-name>contextConfigLocation</param-name>
        <param-value>classpath:spring.xml,classpath:spring-hibernate.xml,
classpath:spring-druid.xml,classpath:spring-tasks.xml</param-value>
    </context-param>
   <filter>
        <filter-name>struts2</filter-name>
        <filter-class>org.apache.struts2.dispatcher.ng.filter.Struts
PrepareAndExecuteFilter
        </filter-class>
    </filter>
    <filter-mapping>
        <filter-name>openSessionInViewFilter</filter-name>
        <url-pattern>*.action</url-pattern>
```

```
    </filter-mapping>
    <filter-mapping>
      <filter-name>struts2</filter-name>
      <url-pattern>*.action</url-pattern>
  </filter-mapping>
      <welcome-file-list>
        <welcome-file>login.jsp</welcome-file>
      </welcome-file-list>
      <listener>
        <listener-class>
            org.springframework.web.context.ContextLoaderListener
        </listener-class>
      </listener>
  </web-app>
```

9）重写 spring-hibernate.xml。内容如下：

```xml
<?xml version="1.0" encoding="UTF-8"?>
<beans xmlns=http://www.springframework.org/schema/beans
  mlns:xsi="http://www.w3.org/2001/XMLSchema-instance"
  xmlns:tx="http://www.springframework.org/schema/tx"
  xmlns:aop="http://www.springframework.org/schema/aop"
  xsi:schemaLocation="
  http://www.springframework.org/schema/beans
  http://www.springframework.org/schema/beans/spring-beans-3.0.xsd
  http://www.springframework.org/schema/tx
  http://www.springframework.org/schema/tx/spring-tx-3.0.xsd
  http://www.springframework.org/schema/aop
  http://www.springframework.org/schema/aop/spring-aop-3.0.xsd
  ">
<!-- 配置数据源 -->
<bean  name="dataSource"  class="com.alibaba.druid.pool.DruidDataSource"
init-method="init" destroy-method="close">
    <property name="url" value="${jdbc_url}" />
    <property name="username" value="${jdbc_username}" />
    <property name="password" value="${jdbc_password}" />
    <property name="driverClassName" value="${driverClassName}" />
    <!-- 初始化连接大小 -->
    <property name="initialSize" value="0" />
    <!-- 连接池最大使用连接数量 -->
    <property name="maxActive" value="20" />
    <!-- 连接池最大空闲 -->
    <property name="maxIdle" value="20" />
    <!-- 连接池最小空闲 -->
    <property name="minIdle" value="0" />
    <!-- 获取连接最大等待时间 -->
    <property name="maxWait" value="60000" />
    <property name="poolPreparedStatements" value="true" />
    <property name="maxPoolPreparedStatementPerConnectionSize" value="33"
/>
    <property name="validationQuery" value="${validationQuery}" />
```

```xml
    <property name="testOnBorrow" value="false" />
    <property name="testOnReturn" value="false" />
    <property name="testWhileIdle" value="true" />
    <!-- 配置间隔多久才进行一次检测，检测需要关闭的空闲连接，单位是毫秒 -->
    <property name="timeBetweenEvictionRunsMillis" value="60000" />
    <!-- 配置一个连接在池中最小生存的时间，单位是毫秒 -->
    <property name="minEvictableIdleTimeMillis" value="25200000" />
    <!-- 打开 removeAbandoned 功能 -->
    <property name="removeAbandoned" value="true" />
    <!-- 1800 秒，也就是 30 分钟 -->
    <property name="removeAbandonedTimeout" value="1800" />
    <!-- 关闭 abanded 连接时输出错误日志 -->
    <property name="logAbandoned" value="true" />
    <!-- 监控数据库 -->
    <!-- <property name="filters" value="stat" /> -->
    <property name="filters" value="mergeStat" />
    </bean>
    <!-- 配置 hibernate session 工厂 -->
    <bean id="sessionFactory" class="org.springframework.orm.hibernate4.
LocalSessionFactoryBean">
        <property name="dataSource" ref="dataSource" />
        <property name="hibernateProperties">
    <props>
        <prop
key="hibernate.hbm2ddl.auto">${hibernate.hbm2ddl.auto}</prop>
            <prop key="hibernate.dialect">${hibernate.dialect}</prop>
            <prop key="hibernate.show_sql">${hibernate.show_sql}</prop>
            <prop key="hibernate.format_sql">${hibernate.format_sql}</prop>
            <prop key="hibernate.jdbc.fetch_size">200</prop>
            <prop key="hibernate.jdbc.batch_size">35</prop>
        </props>
    </property>
    <!-- 自动扫描注解方式配置的 hibernate 类文件 -->
    <property name="packagesToScan">
        <list>
            <value>com.chint.entity</value>
        </list>
    </property>
    </bean>
    <!-- 配置事务管理器 -->
    <bean name="transactionManager" class="org.springframework.orm.hibernate4.
HibernateTransactionManager">
        <property name="sessionFactory" ref="sessionFactory"></property>
    </bean>
    <!-- 拦截器方式配置事务 -->
    <tx:advice id="transactionAdvice" transaction-manager="transactionManager">
        <tx:attributes>
            <tx:method name="add*" propagation="REQUIRED"/>
            <tx:method name="save*" propagation="REQUIRED" />
            <tx:method name="update*" propagation="REQUIRED"/>
```

```
            <tx:method name="modify*" propagation="REQUIRED"/>
            <tx:method name="edit*" propagation="REQUIRED"/>
            <tx:method name="delete*" propagation="REQUIRED"/>
            <tx:method name="remove*" propagation="REQUIRED"/>
            <tx:method name="repair" propagation="REQUIRED"/>
            <tx:method name="deleteAndRepair" />
            <tx:method name="init*" propagation="REQUIRED" />
            <tx:method name="get*" propagation="SUPPORTS" />
            <tx:method name="find*" propagation="SUPPORTS" />
            <tx:method name="load*" propagation="SUPPORTS" />
            <tx:method name="search*" propagation="SUPPORTS" />
            <tx:method name="datagrid*" propagation="SUPPORTS" />
            <tx:method name="*" propagation="SUPPORTS" />
        </tx:attributes>
    </tx:advice>
    <aop:config>
        <aop:pointcut id="transactionPointcut" expression="execution(* com.
chint.service..*Impl.*(..))" />
        <aop:advisor pointcut-ref="transactionPointcut" advice-ref=
"transactionAdvice" />
    </aop:config>
</beans>
```

10）　创建 log4j.properties。内容如下：

```
# Set root category priority to INFO and its only appender to CONSOLE.
log4j.rootCategory=INFO, CONSOLE
#log4j.rootCategory=INFO, CONSOLE, LOGFILE
# Set the enterprise logger category to FATAL and its only appender to CONSOLE.
log4j.logger.org.apache.axis.enterprise=FATAL, CONSOLE
# CONSOLE is set to be a ConsoleAppender using a PatternLayout.
log4j.appender.CONSOLE=org.apache.log4j.ConsoleAppender
log4j.appender.CONSOLE.Threshold=INFO
log4j.appender.CONSOLE.layout=org.apache.log4j.PatternLayout
log4j.appender.CONSOLE.layout.ConversionPattern=- %m%n
# LOGFILE is set to be a File appender using a PatternLayout.
log4j.appender.LOGFILE=org.apache.log4j.FileAppender
log4j.appender.LOGFILE.File=axis.log
log4j.appender.LOGFILE.Append=true
log4j.appender.LOGFILE.Threshold=INFO
log4j.appender.LOGFILE.layout=org.apache.log4j.PatternLayout
log4j.appender.LOGFILE.layout.ConversionPattern=%-4r [%t] %-5p %c %x - %m%n
```

3.2　代码编写

在编码时采用版本控制系统（SVN）进行版本管理。

（1）　项目导入。SVN 环境搭建成功后由项目经理进入资源管理器，选择项目的顶层目录，右击打开上下文菜单。选择命令 TortoiseSVN → Import，会弹出一个对话框，如图 3-170 所示。

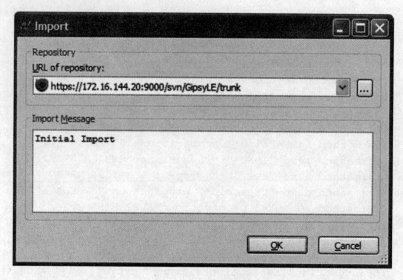

图 3-170　项目导入

需要输入项目导入到版本库的 URL，并写下输入信息将用作提交日志。

点击 OK，TortoiseSVN 会导入包含所有文件的完整目录树到版本库。导入的文件夹名称不会在版本库中出现，只有这个文件夹的内容会在版本库中出现。现在这个工程就存储在版本库，被版本控制。请注意，导入的文件夹没有被版本控制！需要检出刚才导入的版本，以便获得受版本控制的工作目录。

（2）检出工作副本。在 Windows 资源管理器里选择一个存放工作副本的目录。右键点击弹出右键菜单，选择 TortoiseSVN → Checkout 命令。然后就会看到如图 3-171 所示的对话框。

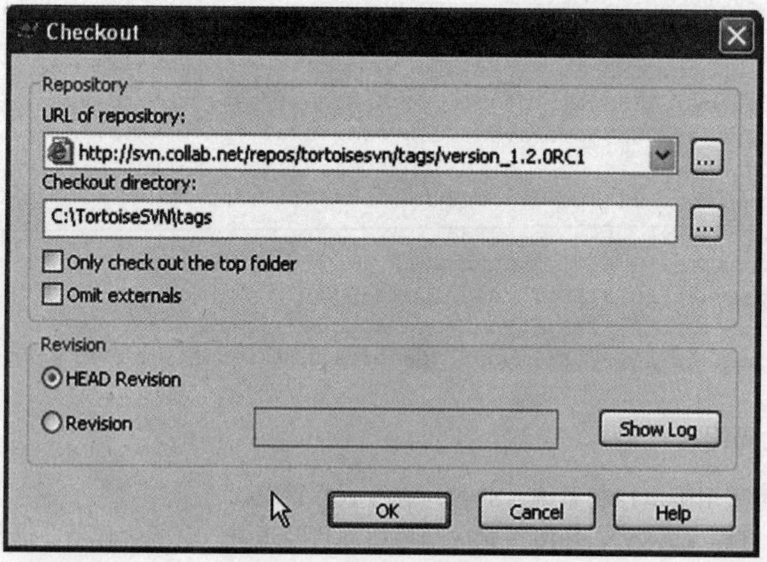

图 3-171　检出工作副本

如果输入一个并不存在的目录名，那么这个名字的目录就会被创建出来。

源代码只能检出到一个空的目录。如果要将源代码树检出到与导入它们时相同的目录，Subversion 会给出一个错误信息，它不会用已受控的文件覆盖已经存在的但未受控的文件。必须检出到一个不同的目录或是先将已经存在的源代码树删除。

如果只希望检出最顶层的文件夹而忽略子文件夹，请选中只检出顶层文件夹复选框。

如果项目含有外部项目的引用，而这个引用不希望同时检出，请选中忽略外部的复选框。

（3）　在检出的文件中编写、修改代码。

（4）　提交修改。对工作复本的修改发送给版本库，称为提交修改。但在提交之前要确保工作副本是最新的。可以直接使用 TortoiseSVN → Update，或者可以先使用 TortoiseSVN → Check Update 看看哪些文件在本地或是服务器上已经有了改动。

如果工作复本是最新的，并且没有冲突，就已经为提交做好准备了，选择要提交的文件和/或文件夹，然后 TortoiseSVN →Commit，会出现如图 3-172 所示界面。

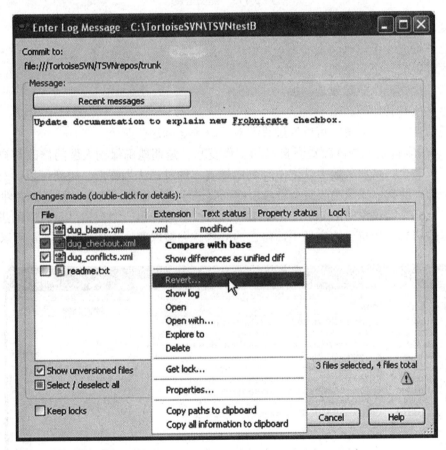

图 3-172　提交修改

提交对话框将显示每个被改动过的文件，包括新增的、删除的和未受控的文件。如果不想改动被提交，只要将该文件的复选框的"勾"去掉就可以了。如果要加入未受控的文件，只要勾选该文件把它加入提交列表就可以了。

点击 OK 之后，会出现一个对话框显示提交的进度，如图 3-173.所示。

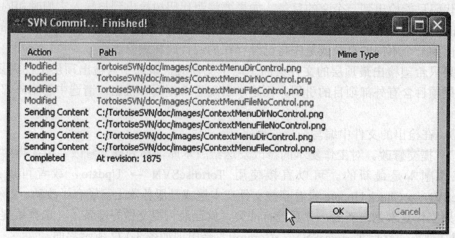

图 3-173　提交进度

进度对话框使用不同的颜色区分不同的提交行为。

蓝色：提交一个修改。

紫色：提交一个新增项。

深红：提交一个删除或是替换。

黑色：所有其他项。

这是默认的配色方案，可以通过设置对话框来定制这些颜色。

（5）用来自别人的修改更新自己的工作复本。定期地确保别人做的修改与自己的工作复本可以整合。从服务器上获取改动到本地复本的过程称为更新。更新可以针对一个文件、几个选中的文件或是递归整个目录层次。要进行更新操作，请选择要更新文件和/或路径，右击选择右键菜单中的 TortoiseSVN → Update，会弹出一个窗口显示更新的进度。别人做的修改将合并到自己的文件中，自己的的修改会被保留。出现如图 3-174 所示界面。

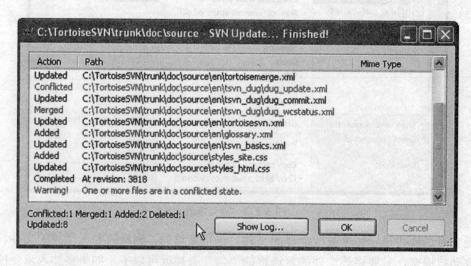

图 3-174　更新进度

进度对话框使用颜色代码来表示不同的更新行为。

紫色：新项已经增加到工作副本中。

深红：工作副本中删除了多余项，或是工作副本中丢失的项被替换。

绿色：版本库中的修改与本地修改成功合并。

亮红：来自版本库的修改在与本地修改合并时出现了冲突，需要解决。

黑色：WC 中的没有改动的项被来自版本库中新版本所更新。

（6）解决冲突。在更新中遇到了冲突（这是由于别人与自己修改了同一个文件的同一行代码，并且两者的修改不匹配），对话框中将冲突显示为红色，可以双击这些行，以启动外部合并工具来解决冲突。一旦出现冲突，就应该打开有问题的文件，查找以字符串<<<<<<<开头的行。

对于每个冲突的文件 Subversion 在目录下放置了三个文件：

filename.ext.mine：这是自己的文件，在更新自己工作复本之前存在于自己的工作复本中，没有冲突标志。这个文件除了最新修改外没有别的东西。

filename.ext.rOLDREV：这是在更新工作复本之前的基础版本（BASE revision）文件。也就是说，它是在自己做最后修改之前所检出的文件。

filename.ext.rNEWREV：这个文件是当更新工作复本时，自己的 Subversion 客户端从服务器接收到的。这个文件对应于版本库中的最新版本。

可以通过 TortoiseSVN → 编辑冲突运行外部合并工具/冲突编辑器，或者可以使用任何别的编辑器手动解决冲突。需要确定哪些代码是需要的，做一些必要的修改，然后保存。

接着，执行命令 TortoiseSVN → 已解决并提交人的修改到版本库。需要注意的是已解决命令并不是真正的解决了冲突，它只是删除了 filename.ext.mine 和 filename.ext.r*两个文件，允许提交修改。

如果二进制文件有冲突，Subversion 不会试图合并文件。本地文件保持不变（完全是你最后修改时的样子），但会看到 filename.ext.r*文件。如果要撤消修改，保留版本库中的版本，请使用还原（Revert）命令。如果要保持版本覆盖版本库中的版本，使用已解决命令，然后提交新的版本。可以右击父文件夹，选择 TortoiseSVN → 已解决...，使用"已解决"命令来解决多个文件。这个操作会出现一个对话框，列出文件夹下所有有冲突的文件，可以选择将哪些标记成已解决。

（7）版本日志。对于每次进行修改和提交，应该有针对性地留下日志信息。可以在以后方便地查看做了什么，为什么这么做。当然这么做还是拥有了开发过程的详细日志。有几种途径可以调出日志对话框：从右键菜单的 TortoiseSVN 子菜单中调用或者从属性页中调用，或者在更新结束后，从进度对话框中调用。

版本日志对话框可以获取所有的日志信息，并将其显示出来。对话框的视图分成 3 个面板。最上方的面板显示了版本的列表。这其中包含了日期和时间，以及提交的用户和日志信息开头的部分内容。以蓝色显示的行，表示某些内容被复制到该开发版本中（可能是从一个分支中复制而来）。中间的面板显示了被选中的版本的完整的日志信息。最下面的面板显示了被选中版本中都对哪些文件和文件夹进行了修改。如图 3-175 所示。

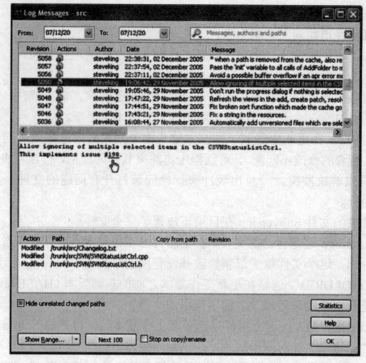

图 3-175　版本日志

3.3　调试

调试（debug）又称排错或纠错，对错误进行定位并分析原因，即诊断；对于错误部分重新编码以改正错误。调试的步骤，如图 3-176 所示。

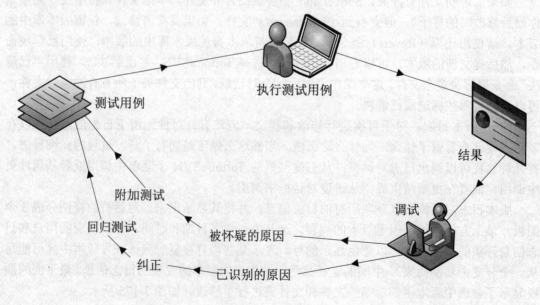

图 3-176　调试步骤

（1）　调试过程从执行一个测试用例开始，然后从错误的外部表现形式入手，确定程序中出错位置。

（2）　研究有关部分的程序，找出错误的内在原因。

（3）　修改设计和代码，以排除这个错误。

（4）　重复进行暴露了这个错误的原始测试或某些有关测试，以确认：是否排除了该错误、是否引进了新的错误。

（5）　如果所做的修正无效，则撤消这次改动，恢复程序修改之前的状态。重复上述过程，直到找到一个有效的解决办法为止。

目前常用的调试方法有如下几种：

（1）　试探法

试探法又称蛮干法，这种方法工作量大，浪费时间，不需要过多的分析，效率很低。

（2）　回溯法

调试人员从发现错误症状的位置开始，人工沿着程序的控制流程往回跟踪程序代码，直到找出错误根源为止。

（3）　对分查找法

对分查找法的基本思路是，如果已经知道每个变量在程序内若干个关键点的正确值，则可以用赋值语句或输入语句在程序中间的空行位置"注入"这些变量的正确值，然后运行程序并检查输出。如果输出结果是正确的，则错误原因在程序的前半部分；反之，错误原因在程序的后半部分。

（4）　归纳法

归纳法是一种从特殊推断一般的系统化思考方法。归纳法排错的基本思想是：从一些错误征兆的线索着手，通过分析它们之间的关系来找出错误。它一般从测试所暴露的问题出发，收集所有正确或不正确的数据，分析它们之间的关系，提出假想的错误原因，用这些数据来证明或反驳，从而查出错误所在。

（5）　演绎法

演绎法是一种从一般原理或前提出发，经过排除和精化的过程来推导出结论的思考方法。演绎法排错是测试人员根据测试结果，列出所有可能的错误原因。分析已有的数据，排除不可能和彼此矛盾的原因。对余下的原因，选择可能性最大的，利用已有的数据完善该假设，使假设更具体。用假设来解释所有的原始测试结果。如果能解释这一切，则假设的以证实，也就找出错误；否则，要么是假设不完备或不成立，要么有多个错误同时存在。需要重新分析，提出新的假设，直到发现错误为止。演绎法排错的流程，如图 3-177 所示。

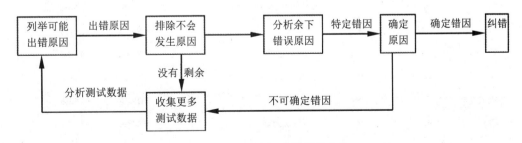

图 3-177　演绎法排错的步骤

对分查找法、归纳法和演绎法都是对错误发生有关的数据进行分析，来寻找到潜在的原因，因此它们都属于原因排除法。在使用这 3 种方法进行排错时都可以使用调试工具来辅助完成，如可以使用许多带调试功能的编译器、动态的调试辅助工具（"跟踪器"）、自动的测试用例生成器、内存映象工具、以及交叉引用生成工具等。但是，工具并不能代替人工对全部设计文档和源程序的仔细分析与评估。

知识链接　软件实现

1　主流的编程语言

2014 年 TIOBE 发布了一个的编程语言排行榜。该排行榜依据互联网上有经验的程序员、课程和第三方厂商的数量，并通过主流搜索引擎进行统计。只是反映某个编程语言的热门程度，并不能说明一门编程语言好不好，或者一门语言所编写的代码数量多少。

（1）　排行榜的前 20 名如图 3-178 所示。

May 2014	May 2013	Change	Programming Language	Ratings	Change
1	1		C	16.926%	-1.80%
2	2		Java	16.907%	-0.01%
3	3		Objective-C	11.791%	+1.36%
4	4		C++	5.986%	-3.21%
5	⌃		(Visual) Basic	4.197%	-0.46%
6	5	⌄	C#	3.745%	-2.37%
7	6	⌄	PHP	3.386%	-2.40%
8	8		Python	3.057%	-1.26%
9	11	⌃	JavaScript	1.788%	+0.25%
10	9	⌄	Perl	1.470%	-0.81%
11	12	⌃	Visual Basic .NET	1.264%	+0.13%
12	10	⌄	Ruby	1.242%	-0.43%
13	38	⌃⌃	F#	1.030%	+0.79%
14	14		Transact-SQL	1.025%	+0.21%
15	17	⌃	Delphi/Object Pascal	0.974%	+0.24%
16	13	⌄	Lisp	0.967%	+0.07%
17	19	⌃	Assembly	0.773%	+0.14%
18	15	⌄	Pascal	0.752%	-0.05%
19	21	⌃	MATLAB	0.711%	+0.12%
20	42	⌃⌃	ActionScript	0.674%	+0.47%

图 3-178　编程语言排行榜 top20

（2）　编程语言 top10 走势如图 3-179 所示。

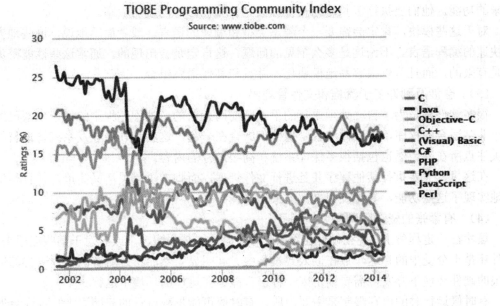

图 3-179　编程语言 top10 走势

2　怎样为项目选择合适的编程语言

　　每次开始一个新项目，无论是一个独立的程序，还是现有计划的一个组件，都会面临着一个应该选择什么样的编程语言的问题。只考虑之前用过的编程语言或者现在最流行的语言的话，很可能会得到一个糟糕的结果。应该实时评估自己的选择，并不断寻找更好的替代方法。

　　评估一种语言的同时，需要考虑项目的整体架构，并不是项目的所有部分都适合用同一种语言来写。选择编程语言的过程，实际上也是项目初步设计中的一个重要组成部分。如何分解和连接组件也非常受语言选择的结果影响。有些项目很容易就能看出最合适的语言，能够自己得出结论。当然语言也会随时间而改变，所以两年前的最佳选择也许现在已经不再适用，而当初首先被排除的语言反而变成了最佳选择。选择语言时可以参考以下几个方面。

（1）　团队有过什么样的经验

　　也许应该选择自己最熟悉的那门语言。虽然尝试新的编程语言是一项伟大的创新，但非研究性项目并不是适合试验的地方。如果需要预测出项目的时间表，并且避免大规模的未知变数，不会愿意使用任何不熟悉的语言。

　　这并不是说团队里的每个人都必须是这门语言方面的专家。甚至可以让团队的一小部分不熟悉这门语言的人加入开发中来，以保证其他人能有较高的效率。仅仅因为不熟悉项目所需要的语言就把有经验或者有才华的程序员排除在开发团队之外，实在是非常愚蠢的行为！好的程序员都有不错的适应能力。当然，即使优先选择熟悉的编程语言，肯定也有不得不使用陌生编程语言的时候。

（2） 有没有计算开销大的操作

比如视频处理，图形渲染，密码学，统计分析，信号处理这些对原始处理能力有巨大需求的功能。他们要执行多长时间直接影响到计算机芯片的使用效率。

对于这些模块，肯定会需要一个静态类型和编译的语言。或者简单地说，这些地方需要快速的编程语言。不论这是多么罕见的问题，这肯定是会出现的。通常这些性能密集组件是有限的，而且可以很容易地模块化，并且和其他语言组合。

（3） 会涉及到许多子流程和文件管理吗

很多软件都是为了自动处理重复的手工劳动而存在的。处理过程中的每一步都已经有了个非常适合的程序，需要做的就是把他们组合在一起，这就是软件开发系统管理员的主要关注点所在，当然也包括很多保证系统和高级运行的内容。

在这里，需要执行其他程序并且进行文件管理，而脚本语言灵活又简单，并且与生俱来地实现了这些功能，毫无疑问是你的最佳选择！

（4） 有紧张的资源限制吗

虽然在一定程度上，现在硬件已经够用了，但是在某些情况下或者对于某些应用来说，硬件还是十分受限的！这一点在嵌入式设备中尤其明显。然而不是所有的编程语言都适合受限的硬件环境下开发，需要编出来一种语言能够在这样的环境下运行。

有时候运行时的内存限制是主要问题，有时候可能加载过程的问题更大！也许会遇到这样的问题：应用需要从 EEPROM 或者网络中初始化，可能需要静态链表或者未修剪的库。这并不是排除了使用基于 VM 的语言的可能，相反，有时甚至需要一个小型的 VM。

（5） 是否有明确的需求

不管是什么语言所写，好的程序总是能够快速地重构和调整。一些语言本身就可以建立快速原型。而且很多商务项目完全没有规范，或者极其粗糙。这种情况下，客户在看到最初产品前完全不知道它应该是什么样子。需要不断地修改，直到每个人都满意。

如果需要在会议中频繁修改程序来演示，或者是为了作一份它的详细报告，会发现快速原型非常重要。动态语言在这里很有优势。它可以很容易地结合多个不相关的库。当然，隐藏"细节编程"，比如内存管理，也非常有助于建立快速原型。

（6） 产品的生命周期有多长

不是所有语言都是足够稳定的，许多年轻的动态语言在升级中会变得不向后兼容或者大量修改它的核心代码。瞬息万变的项目决不会真的考虑这个问题。事实上，许多项目甚至还会从这些变化中受益。因为时间向后兼容性成为一个问题，寿命短的项目也会因此变成没有人关心的项目。

如果产品寿命长达五年，十年，甚至二十或更多年，无法向后兼容的问题可能会成为噩梦。继续使用过久的编译器和其他古老的工具将会是错误，特别是在当它们还跟老的硬件挂钩时。项目支持新的版本或者新产品肯定会让你受益。这个时候最需要的肯定是一个有标准委员会管理，并以长期支持和向后兼容为目标定制的稳定的语言。

（7） 需要支持什么平台

不是所有的语言都适用于所有平台。如果目标设备不支持你喜欢的语言，那么肯定是没法使用它的！当然也不能信任实验性的支持。喜欢使用 C 语言，而目标 OS 上也有 C 编译器也并不一定意味着它会很合适。定制化的芯片或者甚至是 GPU 之类有时只支持部分语言产生出来的二进制文件。

芯片组兼容性问题并不唯一，对于需要同时工作的其他软件也一样。比如需要在用户的浏览器中运行代码，那就没有多少语言可供选择了。某些消费设备供应商也只允许部分语言在自己的平台上使用。服务供应商往往只专注于某些语言和框架，而并不在意别人因此带来的牺牲。如果打算为 Linux 编写设备驱动程序，会发现它的内核小组只支持一种语言。想支持某些特定平台，别无选择，只能遵守该平台的意愿。

（8）　是否会有大量的位操作

文件格式和协议相关的工作往往会需要对字节和位操作。需要将格式转换到更高级的格式，然后再序列化成一个紧凑的格式。一些算法也会需要对数据进行位操作。最低级的线路协议也会根据行为对比特流进行操作。

做这样的工作需要一个能够很容易地进行位操作并且能够提供合适数据类型（比如无符号整数类型）的语言。但也并非所有的二进制操作都这么麻烦，某些二进制结构就很简单，甚至经过高级包装的函数都可以对它们进行操作。需要仔细审查自己的工作对二进制操作的需求，然后选择一个不太麻烦的编程语言。

（9）　是否涉及到某些特定领域

不是所有问题的最佳语言都是一样的，有很多非常具体的领域存在的专业语言。比如：人工智能、文本解析、数据转换、专家系统、数学、财务分析等。领域特定语言往往以节省大量的编码工作，而不会产生大的缺陷，应该尽可能使用它们。不妨选择专业语言来代替熟悉的编程语言。

领域特定语言的使用在一定程度上也限制了你可以在项目中使用的其他语言。一些被翻译成另一种语言，而另一些则可以作为可调用模块。无论哪种方式，还需要某种方法来整合。

如果存在一个优秀的库也适用这一原则。无论它依赖哪种语言，建议使用它！

要作出一个明智的选择，需要了解足够多的语言。如果仅仅关注某一门编程语言，会被这门语言及它的思想牢牢拴住。但相比于语言来说，它们的风格可能更重要。良好地组合静态和动态语言/函数式和命令式/高级和低级语言，再考虑具体领域环境的特点，才能评估 出最适合答案。在选择语言之外，还需要足够的经验来最佳地利用最后确定的语言。

拓展知识　软件配置管理工具 SVN

SVN 是 Subversion 的简称，是一个开放源代码的版本控制系统，相较于 RCS、CVS，它采用了分支管理系统，它的设计目标就是取代 CVS。互联网上很多版本控制服务已从 CVS 迁移到 SVN。

SVN 的工作流程如下：

（1）　从服务器下载项目组最新代码。

（2）　进入自己的分支，进行工作，每隔一个小时向服务器自己的分支提交一次代码（很多人都有这个习惯。因为有时候自己对代码改来改去，最后又想还原到前一个小时的版本，或者看看前一个小时自己修改了哪些代码，就需要这样做了）。

（3）　下班时间快到了，把自己的分支合并到服务器主分支上，一天的工作完成，并反映给服务器。

1 SVN 服务器配置

SVN 服务器安装配置步骤如下：

（1） 下载后，运行 VisualSvn-Server-2.1.4.msi 程序，点击 Next，安装首页界面，如图 3-180 所示。

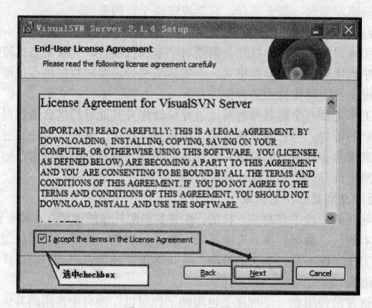

图 3-180　安装许可协议

（2） 选择组件为服务器和管理终端功能，如图 3-181 所示。

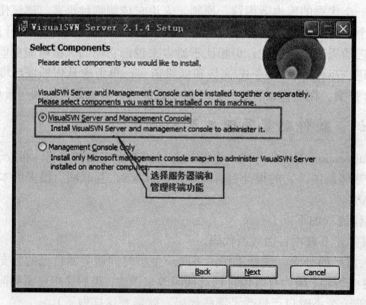

图 3-181　选择服务器功能

（3） 自定义安装配置，如图 3-182 所示。

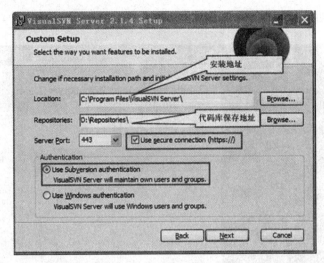

图 3-182　设置安装目录

注　意

代码库保存地址你可以选择合适的目录，这个代码库 Repositories 是根目录，创建了就不能删除，如果删除了，VisualSVN Server 就不能运作。实际上这个 Repositories 文件夹创建了之后就可以不用理会它了，也不用进文件夹里面修改里面的文件。

如果不选择 Use secure connection，Server Port 那里，默认端口有 80/81/8080 三个；如果选中最后面的 CheckBox，则表示使用安全连接【https 协议】，端口只有 433/8433 两个可用。

默认是选用的。至于授权 Authentication，默认选择 VisualSVN Server 自带的用户和用户组。

（4）　点击安装按钮，进行安装，见图 3-183 所示。

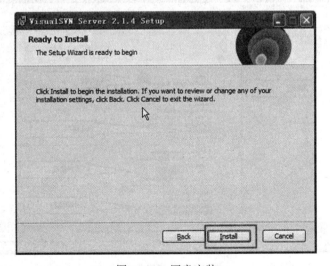

图 3-183　同意安装

（5） 安装成功，服务启动，如图 3-184 所示。

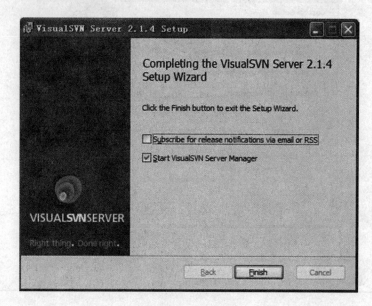

图 3-184　启动 SVN

（8） 安装后会添加 VisualSvn Server 服务，如图 3-185 所示。

图 3-185　添加服务

安装好 VisualSVN Server 后，运行 VisualSVN Server Manger（一个非常有用的管理工具），启动界面如图 3-186 所示。

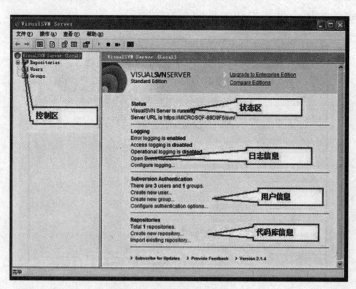

图 3-186　启动服务器

2　SVN 客户端配置

SVN 的客户端是 TortoiseSVN，安装步骤如下：

（1）　双击 TortoiseSVN-1.7.6-win32-svn.msi 进入安装向导，如图 3-187 所示。

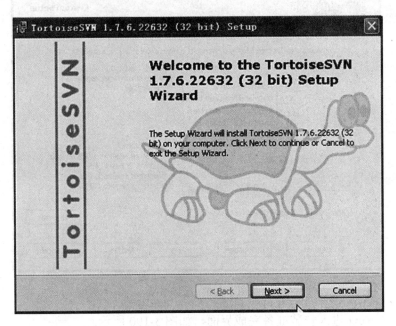

图 3-187　安装向导

（2）　点击 Next 进入许可协议界面，选择同意即可，界面如图 3-188 所示。

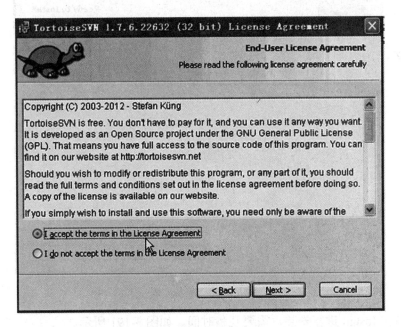

图 3-188　许可协议

（3）点击 Next 进入目录选择界面，可以采用默认目录，也可以点击 Browse 重新设置，界面如图 3-189 所示。

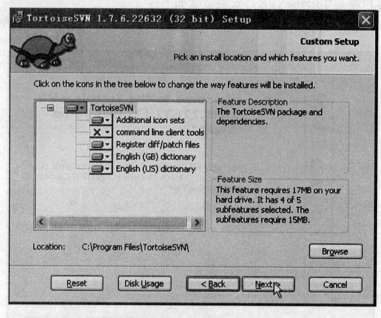

图 3-189　选择产品

（4）点击 Next 进入安装准备完成界面，如图 3-190 所示。

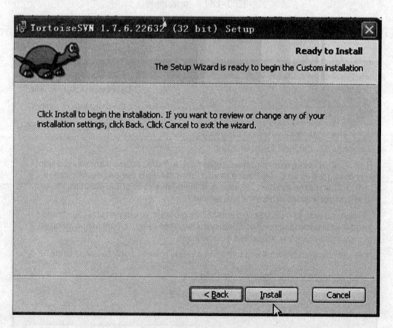

图 3-190　准备完成

（5）点击 Install 进行安装，需要几秒时间，如图 3-191 所示。

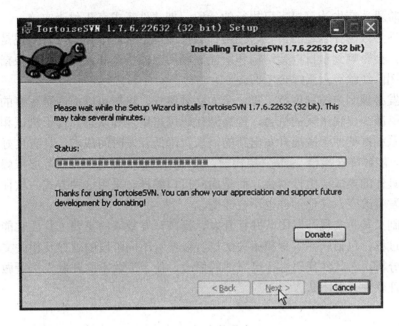

图 3-191　安装进度

（6）　安装完成后，出现安装完成界面，点击 Finish，完成安装，如图 3-192 所示。

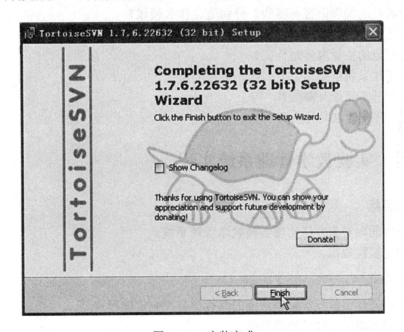

图 3-192　安装完成

小结

软件实现，狭义上是软件编码或者软件编程。它是软件开发最终要实现的目标，即产生能在计算机上执行的程序。分析阶段和设计阶段产生的文档都不能在计算机上运行，只有到了编码阶段才产生计算机上可执行的代码，把软件需求真正付诸实施。

　　软件实现必须选择合适的语言，使用什么样编程语言对于一个项目来说是一个最关键的技术决策，会影响到项目框架结构和所能够利用上的资源和人员。可以根据项目规模、用户要求、团队经验等因素综合考虑。

　　团队开发必须制定编程规范，每一个人必须遵守，这样可以提高源程序的可读性和可维护性，能够减少出现错误的机会，提高源代码可重用性和质量，便于测试和维护。

　　良好的系统框架便于敏捷开发出新的需求，降低开发时间成本，具有良好的可扩展性和可维护性，能够降低耦合。ssh 三层构架，表示层依赖于业务层，业务层依赖于集成层，不会与任何具体的集成层组件耦合，而是面向接口编程。采用这种方式的软件实现，即使软件的部分发生改变，其他部分也不会改变。

　　版本控制工具是实现开发团队并行开发、提高开发效率的重要工具。它能够记录整个软件的开发过程，包括软件本身和相关文档，以便对不同阶段的软件及相关文档进行表示并进行差别分析，对软件代码进行可撤消的修改，便于汇总不同开发人员所做的修改，辅助协调和管理软件开发团队。

习题

一、简答题

1. 目前流行的编程语言有哪些？分别适合什么领域？
2. 怎样选择合适的编程语言？
3. 编程规范的主要内容是什么？
4. 怎样搭建系统框架？
5. SVN 的基本操作有哪些？
6. 调试程序的方法是什么？

实训项目　实验教学管理系统实现

1　实训目标

（1）采用面向对象方法实现实验教学管理系统。
（2）制定编程规范。

2　实训要求

（1）选择适合实验教学管理系统的编程语言，制定编程规范。
（2）编程实现实验教学管理系统。
（3）调试程序。

3　相关知识点

（1）编程规范。
（2）软件配置管理。

案例四　仓库管理子系统测试

【任务描述】

项目开发过程中必须对软件进行较为系统、详细的测试来保证软件的质量。在软件开发过程中，不同的开发阶段对应不同类型的测试。它们的测试目的、测试内容、测试方法、测试工具和测试人员等不尽相同。软件孵化中心主要采用白盒测试和黑盒测试的方法进行测试，测试流程遵循单元测试、集成测试、系统测试和验收测试。

主要包括以下内容：

- 单元测试
- 集成测试
- 系统测试
- 验收测试

【任务分析】

库存管理子系统的测试主要包括单元测试、集成测试、系统测试和验收测试。测试方法大体上主要采用白盒测试方法和黑盒测试方法：白盒测试时可以采用逻辑覆盖、基本路径覆盖等方法进行测试；黑盒测试可以采用等价类划分法、边界值分析法、错误推测法等方法进行测试。测试的主要环节是测试需求分析→测试计划→测试设计→测试环境搭建→测试执行→缺陷跟踪→测试总结和评估。

【实施方案】

任务 1　单元测试

单元测试是在软件开发过程中进行的较低级别的测试活动。单元测试可以发现软件的独立单元可能存在的各种错误，及早发现单元逻辑、单元接口、数据结构、边界、错误处理等方面的缺陷。单元测试阶段可以进行代码审查及结构分析，也可以对代码进行动态测试。

1.1　制定单元测试计划

（1）测试目标

本次单元测试的目标为仓库管理子系统中的各个类，主要检查类的实现是否完全满足类的说明所描述的要求。

（2）测试方法

单独地看待类的成员函数，与面向过程程序中的函数或过程没有任何本质的区别，几乎所有传统的单元测试中所使用的方法，都可在面向对象的单元测试中使用。对于存在继承关系的类，要先测试父类，再测试子类，且测试子类时只需测试与父类不同的地方及所调用的方法发生变动的成员函数。

本次单元测试中，对类成员函数的测试大多采用白盒测试方法中的基本路径测试法。此方法是在程序控制流图的基础上，通过分析程序的环路复杂度，导出基本可执行路径集合，从而设计测试用例的方法。其设计出的测试用例能够保证在测试中程序的每个可执行语句至少执行一次。

（3）进入准则

1）编码阶段已经审核完成；

2）项目经理已经批准了单元测试计划；

3）测试组已经设计好测试用例，经过测试组组长的检查，并通过项目经理批准，本项目的单元测试人员为开发人员；

4）测试资源已经到位（软件、硬件、人力）。

（4）结束准则

1）测试遇到的所有问题已经记录下来；

2）所有测试用例都已运行；

3）95%的测试用例已经成功通过；

4）测试结果已经记录，测试分析报告已经提交项目经理检查。

（5）考虑事项

1）按类进行划分，每个类的每个重要函数作为一个单元，每个单元采用基本路径覆盖法来设计测试用例；

2）接口是否正确；

3）局部数据结构是否正确；

4）边界处理是否正确；

5）错误处理是否正确。

1.2 设计单元测试用例

仓库管理子系统功能繁多，所牵涉到的代码规模较大，限于篇幅有限，在此仅以退货产品信息处理模块为例，给出其单元测试的测试用例设计过程。

退货产品信息处理模块思路：首先创建存放退货产品的 list 对象，并从数据库中读取退货产品信息。如果有退货产品就获取产品退货原因。若退货原因为空或者 null，则设置退货原因，然后设置开单金额和退货产品的详细信息；若已指定退货原因，则直接设置开单金额和退货产品详细信息。伪代码如下：

```
begin
…  //创建 List 的对象 list，并从数据库中读取退货产品信息
if(list!=null&&list.size()>0){//有退货产品
   for(inti=list.size()-1;i>=0;i--){
     String aa=""+list.get(i).getValue("tuihuocause");//获取产品退货原因
     if(aa.equals("") ||aa.equals("null")){
     set（退货原因）//设置产品的退货原因
     }
   set（开单金额）//设置开单金额
    update（退货产品）//更新退货产品详细信息
   }
   }
}
end
```

以上代码的流程如图 3-193 所示。

从上述模块代码结构中可以看出，模块中含多个判定和一个循环，程序执行路径数随着循环次数的增多而急剧增长。比较理想的测试方法是基本路径测试法。这种方法将测试路径压缩到一定限度内，简化了循环路径，程序中的循环体最多只执行一次，同时能保证程序的每个可执行语句至少执行一次。基本路径测试方法在程序控制流图的基础上，通过分析程序的环路复杂度，导出独立路径集合，从而设计测试用例。

（1）　绘制控制流图

根据代码块逻辑，绘制其控制流图，如图 3-194 所示。（控制流图相关知识见第 3 章的知识链接部分）

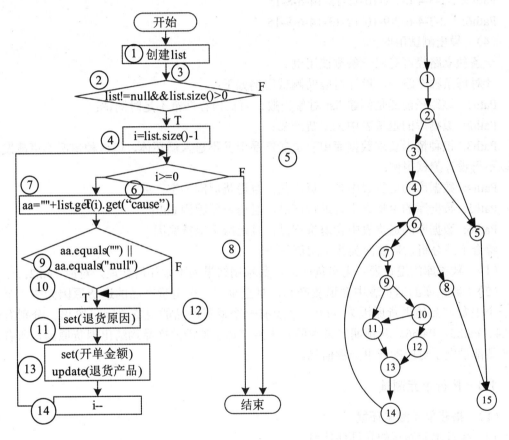

图 3-193　退货原因分析流程　　　　　图 3-194　控制流图

（2）　计算环路复杂度

环路复杂度是一种为程序逻辑复杂性提供定量测度的软件度量，给出了程序基本路径集中的独立路径条数，这是确保程序中每个可执行语句至少执行一次所必需的测试用例数目的上界。独立路径必须包含一条在定义之前不曾用到的边。

环路复杂度计算方法在模块 2 中案例二的知识链接的"复杂度计算"部分已有介绍。在此，直接计算本代码块的环路复杂度。

V(G) = 判定结点数 ＋ 1 = 5+1 = 6。

（3）　确定独立路径

一条独立路径是指和其他的独立路径相比，至少引入一个新处理语句或一个新判断的程序通路。

环路复杂度值正好等于该程序的独立路径的条数。

根据第二步所得的区域数，即可知本代码块的独立路径数为6，独立路径如下：

Path1: 1-2-5-15

Path2: 1-2-3-5-15

Path3: 1-2-3-4-6-8-15

Path4: 1-2-3-4-6-7-9-11-13-14-6-8-15

Path5: 1-2-3-4-6-7-9-10-11-13-14-6-8-15

Path6: 1-2-3-4-6-7-9-10-12-13-14-6-8-15

（4）　导出测试用例

一条独立路径可对应一条测试用例。

针对每条独立路径，设计对应的测试用例如下：

Path1: 该路径前提是创建 list 对象失败，可在内存严重不足时测试；

Path2: 数据库的退货表中无退货产品；

Path3: 该种情形要求数据库中有退货产品但又不进入循环体，但这种情况不可能发生，所以不再设计测试用例；

Path4: 数据库的退货表中含退货产品，且退货原因为空；

Path5: 数据库的退货表中含退货产品，且退货原因为 null；

Path6: 数据库的退货表中含退货产品，且已给出退货原因。

综合上述分析，需要两类测试用例如下：

（1）　数据库的退货表中无退货产品，其预期结果为不做任何处理，对应 Path2；

（2）　数据库的退货表中含退货产品，且至少有一个退货产品的退货原因为空，至少有一个退货产品的退货原因为 null，至少有一个退货产品的退货原因已给出，分别对应 Path4、Path5、Path6。其预期结果为所有未给定退货原因的产品均给出退货原因，所有退货产品都设定了对应的开单金额信息。

1.3　执行单元测试

（1）　搭建单元测试环境

1）　执行单元测试的软硬件环境

2）　待测单元

3）　驱动模块和桩模块

单元是整个系统的一部分，不能单独运行。为了执行单元测试用例需要开发驱动模块和桩模块。驱动模块是用来模拟调用函数的一段代码。它可以替代调用被测单元的模块；桩模块用于模拟被测单元所调用函数的一段代码。它可以替代被测单元调用的模块。

4）　单元测试用例

（2）　执行测试

在执行测试时，应如实记录测试的过程和结果。若实际结果与预期结果相同，则测试用例状态为通过。否则为失败，并给出缺陷报告。

1.4　单元测试报告

（1）　测试执行情况

测试用例覆盖率达到 100%，98%的测试用例已经成功通过。

（2）　主要问题及解决情况

1）　主要问题

① 个别模块接口参数本应给定默认值，但未给出；

② 部分判定中的条件运算符、逻辑运算符错误；

③ 存在错误处理提示描述不清晰的情况；

④ 部分 sql 语句构造错误。

2）　解决情况

相关程序员对发现的缺陷进行了修复，并对可能存在类似问题的程序模块进行了核实。

（3）　测试结论

单元测试基本结束，可以进行集成测试。

任务 2　集成测试

集成测试是在单元测试的基础上，将程序单元按照概要设计要求逐步组装成系统时的测试，主要检查程序单元集成在一起时能否正常工作。集成测试可以发现单元间接口、功能组合是否达到预期、误差累积、数据结构等方面存在的问题。

集成测试跨越产品多个模块，如为了完成出库操作，测试用例包括销售单管理、供应商管理等相关操作，需要考虑集成测试时单元的集成顺序和集成方式。

传统软件测试中常用的集成方式有一次性集成和增量式集成。而增量式集成又细分为自上而下集成和自下而上集成，它们是根据系统功能组织结构和调用关系进行集成测试的。在面向对象方法中，协作集成是针对系统完成的功能，将可以相互协作完成特定功能的类集成在一起进行测试。面向对象集成测试主要对系统内部的相互服务进行测试，如成员函数间的相互作用、类之间的消息传递等。

2.1　制定集成测试计划

（1）　测试目标

在单元测试的基础上，通过将所有单元/模块按照设计要求逐步集成测试，来发现单元接口间数据传递是否有误、单元集成在一起后是否满足既定功能和性能、误差积累是否超过预期等。

（2）　测试方法

面向对象的集成主要是类与类的集成。本次集成测试采用功能集成测试方法。也就是说，以功能为引导，从功能的入口方法开始，逐步集成需要调用的方法所属类的过程。

（3）　进入准则

1）　所需单元的单元测试完成；

2）　项目经理已经批准了集成测试计划；

3）　测试组已经设计好测试用例，经过测试组组长的检查，并通过项目经理批准，本项目的集成测试人员为开发人员、测试人员；

4） 测试资源已经到位（软件、硬件、人力）。

（4） 结束准则

1） 测试用例覆盖率达到 100%；

2） 缺陷修复率达到 95% 以上；

3） 单元模块集成后效果与设计说明书一致；

（5） 考虑因素

1） 建议增量集成的方式，不推荐将通过单元测试的所有类进行一次性集成测试，避免问题一次性爆发而导致很难错误定位。

2） 增量集成时，若功能 fun 的操作流程为：从类 A 中的成员函数 A_m 进入，A_m 需要调用 B 类中成员函数 B_n，B_n 又需要调用 C 类中成员函数 C_k，才能最终实现功能 fun。则在集成时，首先需要类 A 和类 B 集成，此时类 B 中的 B_n 所需调用的 C_k 可以首先用一个桩模块替代。若类 A 和类 B 集成成功，则将类 C 集成进行联合测试。

2.2　设计集成测试用例

在进行面向对象的集成测试时，一般情况下可以根据顺序图、状态图等动态模型来分析某操作所涉及的类和类之间的消息传递过程，也可以从对象模型中获取类之间的关系进而进行集成。

此处以出库单管理为例阐述集成测试用例设计的思想。

（1）　分析业务消息传递过程

本书中关于出库单管理操作的描述可以从模块 3 的案例二"仓库管理子系统设计"的任务 3 中获取，图 3-102 出库单管理类图描述了出库单管理所涉及的类和类之间的关系。

出库单管理主要由出库单管理页面、新增出库单页面等，以及 OutBillAction、OutBillService、OutBillServiceImpl、OutBillDaoImpl、OutBillDao 这几个类相互协作完成所需功能。其各类所包含的基本方法，如图 3-195 所示。

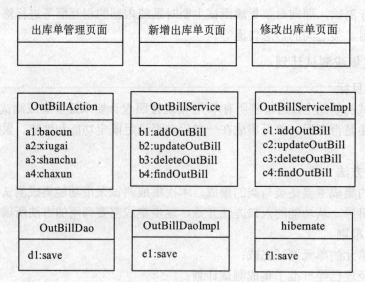

图 3-195　出库单管理相关类

在进行出库单管理时，首先进入出库单管理页面，分别点击"新增""修改""删除""查询"按钮进行相关操作：

① 点击"新增"按钮，跳转到新增出库单页面，输入相应信息后点击"提交"则依次调用

"OutBillAction.baocun()→OutBillService.addOutBill()→OutBillServiceImpl.addOutBill()→OutBillDao.save()→OutBillDaoImpl.save()→hibernate.save()"来完成新增出库单操作。

② 点击"修改"按钮，跳转到修改出库单页面，输入相应信息后点击"提交"则依次调用"OutBillAction.xiugai()→OutBillService.updateOutBill()→OutBillServiceImpl. updateOutBill()→OutBillDao.save()→OutBillDaoImpl.save()→hibernate.save()"来完成新增出库单操作。

③ 选中某出库单点击"删除"按钮，则系统依次调用"OutBillAction.delete()→OutBillService.deleteOutBill()→OutBillServiceImpl.deleteOutBill()→OutBillDao.save()→OutBillDaoImpl.save()→hibernate.save()"来完成新增出库单操作。

④ 输入查询条件后点击"查询"按钮，则系统依次调用"OutBillAction.chaxun()→OutBillService.findOutBill()→OutBillServiceImpl.findOutBill()→OutBillDao.save()→OutBillDaoImpl.save()→hibernate.save()"来完成新增出库单操作。

由以上分析，可得到出库单管理消息传递过程，如图 3-196 所示。

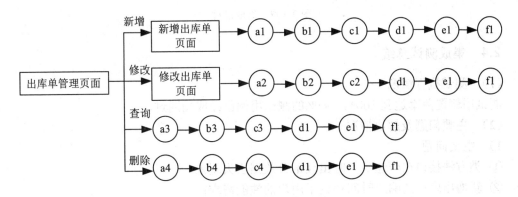

图 3-196　出库单管理消息传递过程

（2）　确定集成过程

根据消息传递过程可以构建集成测试路径。比如新增出库单操作的集成过程如图 3-197 所示。其中，还未集成的类方法需设计相应的桩模块用以模拟该方法的操作。

（3）　设计测试用例

在集成过程中，每当集成一个新的类或方法时，应对新产生的路径给出相应的测试用例，设计测试用例方法可结合白盒测试中的测试用例设计方法进行。

2.3　执行集成测试

根据 2.2 中分析所得的集成过程及测试用例，搭建测试环境并测试，逐步集成相关的类资源，并进行集成测试。在此过程中，应忠实地记录测试过程进展情况，并对发现的问题进行汇总。

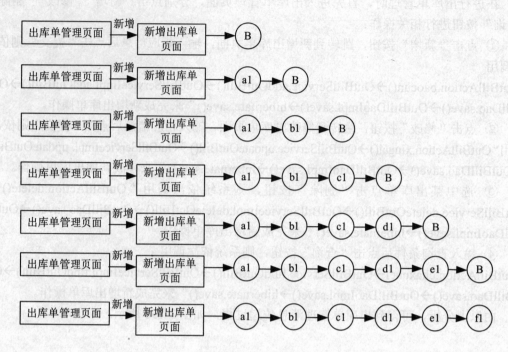

图 3-197　集成过程

2.4　集成测试总结

（1）　测试执行情况

测试用例覆盖率达到 100%，95%的测试用例已经成功通过。

（2）　主要问题及解决情况

1）　主要问题

① 类方法接口在传递数据时出现部分数据丢失现象；

② 新增出库单的响应时间超过了用户的性能需求；

③ 部分异常处理未能捕获；

2）　解决情况

项目组成员集中对类间消息传递所用的接口再次进行统一说明。牵涉到数据库操作时响应时间较长，因此对数据库操作进行了优化。发现的缺陷 98%被修复。

3）　测试结论

系统测试基本结束，可以进行系统测试工作。

任务 3　系统测试

系统测试应该尽量搭建与用户实际使用环境相同的测试平台，应该保证被测系统的完整性，对临时没有的系统设备部件，也应有相应的模拟手段。

在系统的大部分或全部功能实现后，必须对系统进行有效的系统测试，比如：功能测试、性能测试、可用性测试、易用性测试、可靠性测试、安全性测试等。

3.1 制定系统测试计划

（1） 测试目标

将已经集成确认的软件与计算机硬件、外设、网络等其他元素结合在一起进行一系列的测试，验证系统是否符合需求规格的定义。对于找到与需求不符或与之矛盾的地方，要找出错误原因和位置，然后进行改正。

（2） 测试内容

本系统测试的测试内容包括功能测试和非功能测试两大部分。

1） 功能性测试

对仓库管理子系统的所有功能模块进行测试，包括：出库单的录入和查询、入库单的录入和查询、出入库查询、调拨在途查询、退货原因录入及修改、库存盘点、库存信息明细查询、仓库报表查询、盘点盈亏录入和修改等。

2） 非功能性测试

① 界面测试，确保系统界面友好、美观；

② 易用性测试：菜单、按钮操作正常、灵活，功能清晰，符合使用者习惯；

③ 数据备份与恢复测试：系统中重要数据按照重要程度定期及时备份；

④ 性能测试：测试系统响应数据是否在 1s 范围内。系统在多用户并发情况下是否运转正常。

⑤ 安全性测试：系统操作是否安全，用户权限设置是否合理。

（3） 进入准则

1） 集成测试已成功完成；

2） 集成测试中发现的问题都已修改；

3） 测试组已经设计好系统测试案例，并经过测试组负责人的检查，得到项目经理的批准；

4） 测试所需资源（硬件、软件、人力资源等）到位。

（4） 结束准则

1） 已经运行了系统测试的所有测试用例

2） 遇到的所有问题/错误已经记录下来

3） 99%的测试用例已成功通过

4） 没有严重的问题/错误存在

5） 系统测试报告已经完成并经过项目经理检查认可

（5） 考虑因素

1） 要同时考虑合理的、有效的输入和不合理的、无效的输入；

2） 出错处理是否正确；

3） 相关人员修复缺陷后，应重点对修改部分和修改产生的影响部分进行回归测试。

3.2 设计系统测试用例

系统测试中，最基本的就是功能测试。在此，以"新增出库单"功能的测试为例，简要叙述功能测试中设计测试用例的具体方法和步骤。

（1）细化测试需求

"新增出库单"功能需求在"第4章仓库管理子系统需求分析"中"任务1"的"确定功能需求"部分有较为详尽的描述。针对不同的出库类型，操作的业务流程和界面亦稍有差异。"新增销售出库单"界面原型如图3-198所示，对应的"销售单选择"界面原型如图3-199所示；"新增退货出库单""新增调拨出库单"界面原型与"新增销售出库单"稍有区别，在此不再给出。

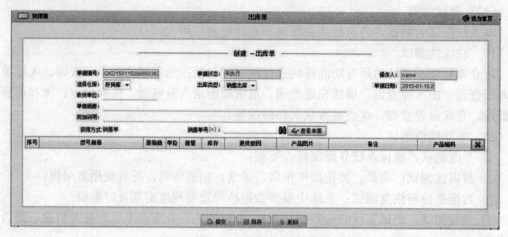

图 3-198　新增销售出库单界面

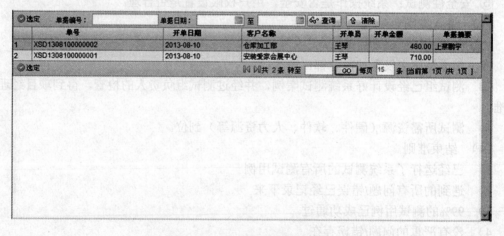

图 3-199　"销售单选择"界面

对"新增出库单"的功能需求进行分析后，可以明确以下7点：

1）出库类型有三种：销售出库、退货出库和调拨出库。三种出库类型对应的出货界面不同，业务流程也不尽相同，需要分别进行测试；

2）新增出库单时，单据编号、单据状态、操作人和单据日期都是由系统按照特定原则自动生成。其中，单据编号有相应的编码规范；单据状态为未执行；操作人为系统当前操作人；单据日期为系统当前日期。测试时应检测这些生成的信息是否符合系统要求；

3）新增销售出库单时，出库类型选择销售出库后，操作员点击销售单号右侧的搜索按钮，弹出销售单选择页面，可以查看所有没有进行过出库操作的销售单。选择相应的销售单，则自动将该销售单的信息载入至父窗口出库单录入之中，即可对该销售单进行出库操作。销售单号是销售出库的根本和前提，为必填项。

用户强调，销售单对应的产品可以一次性完成出库，也可以分批次出库，这一点需要重点测试。

测试时，应检验系统在进行销售单选择时显示的是否是未进行过出库操作的销售单；还应检验系统在选定销售单后，是否能够正确的读取该销售单的信息。

另外，销售单选择页面中含查询、清楚、选定、翻页等多个功能，建议作为一个测试点单独进行测试。

4）　新增退货出库单时，出库类型选择退货出库后，操作员点击收货单位右侧的搜索按钮，弹出供应商选择页面或在收货单位右侧的编辑框中输入"%供应商简称"进行模糊查询，选取指定供应商。在产品列表中输入产品型号、数量，以及退货原因，即可对该退货出库单进行保存或提交。操作员可以直接输入产品型号或通过"%产品型号简称"进行模糊查询并选择指定产品。收货单位是退货出库的根本和前提，为必填项。

测试时，应检验系统能否正确地搜索供应商信息和产品型号信息、能否正确地进行退货等。

5）　新增调拨出库单时，出库类型选择调拨出库后，操作员选择转入仓库，并在产品列表中输入产品的型号、数量，即可对该调拨出库单进行提交操作。在输入产品型号是同样可以使用"%产品型号简称"进行模糊查询。转入仓库是调拨出库的根本和前提，为必填项。

测试时，亦应考虑系统能否正确地进行调拨出库。

6）　操作员填写出库单信息后，可以选择保存、提交、打印、返回等操作。"保存"操作类似于暂存为草稿，其状态仍为"未执行"；"提交"操作将出库单提交给系统，使出库单生效，出库单状态更新为"已执行"；"返回"操作返回到系统主界面。在测试时，应对这些操作依次测试，并检验系统是否正确地进行了相应操作。

7）　测试时应特别注意，增加一个出库单据后，是否修改了库存数量。

（2）　设计测试用例

新增出库单对应三种不同的出库操作，分别为销售出库、退货出库和调拨出库。每种出库操作对应的业务流程和操作信息不同，因此，测试时应针对这三种出库操作结合对应的业务流程分别进行测试。此外，每种出库操作均可以以场景法为导引、配合等价类划分方法、边界值分析法和错误推测法进行测试用例的设计。

另外，在执行销售单选择、供应商选择等操作时，基本上都是查询、翻页、选择等功能，且这些功能没有明确的先后之分，但可以从有效数据、无效数据、边界等角度考虑测试数据。因此，在测试这些子功能时可以综合运用等价类划分方法、边界值分析法和错误推测法设计测试用例。

1）　新增销售出库

①　新增销售出库界面

在新增出库单时，需要输入的信息中，部分信息由系统自动生成，部分信息从系统预设的列表中选择，部分信息从数据库中搜索和读取，部分信息由操作员输入，测试的成功与否很大程度上决定于选取的测试数据，而不同来源的数据，其测试数据的选择也不同。

a、系统自动生成的数据

首先，应确保这些系统自动生成的数据不能由操作员随意修改；

其次，应测试这些自动生成的数据是否正确。

b、从下拉列表中选择的数据

首先，应确保下拉列表中给出的数据是可用的、有效的；

其次，应测试用户选择特定数据后系统进行了正确的处理。

c、从数据库中搜索和读取的数据

需要测试这些数据是否与数据库中的信息保持一致。

d、用户自行输入的数据

需要测试合理的、有效的输入和不合理的、无效的输入，以及一些特殊的容易出错的情况。

在新增销售出库时所涉及的每一项输入的测试数据汇总如下：

单据编号：按特定规则自动生成，用户不得擅自更改。测试时需检验生成的单据编号是否符合编码规范且具备唯一性；

单据状态：

- 初始时应为"未执行"状态，用户不得擅自更改；
- 在操作员点击"提交"按钮后应为"已执行"状态；

操作人：当前登录系统用户，用户不得擅自更改；

选择仓库：根据用户的需要，目前系统中只有"好货库"一个仓库；

出库类型：选择"销售出库"；

单据日期：系统当前日期；

收货单位：从选中的销售单中获取，用户不得擅自更改；

单据摘要：从选中的销售单中获取，用户不得擅自更改；

附加说明：由操作员自行输入，可以为空；

获得方式："销售单"。

销售单号：

- 操作员点击销售单号右侧的搜索按钮，弹出销售单选择页面（只显示未进行过出库操作的销售单），在销售单列表中选择某个销售单，系统即自动将该销售单的信息载入到出库单录入窗口中；
- 用户不得自行输入或更改；

产品列表：

- 从选中的销售单中读取对应的产品信息，包括型号规格、装箱数、单位、数量、库存（从仓库信息中获取）、退货原因（不是退货出库，该项应为灰色，不能操作）、产品图片（点击"查看图片"可获取产品对应图片信息）、备注、产品编码等信息；
- 删除部分产品信息；
- 修改产品数量；
- 添加产品备注；
- 查看产品图片；

e、"保存"按钮

用户点击"保存"按钮后，可以到出库单管理页面中检查是否存在该出库单。

f、"提交"按钮

用户点击"提交"按钮后，需要检查以下两项内容：

● 出库单管理页面中是否存在该出库单；

● 仓库中相应产品库存数量是否更新。

g、"返回"按钮

用户点击"返回"按钮后，返回到系统主界面。

测试用例设计结果如表 3-36 所示。

表 3-36　　　　　　　　　　　　　新增销售出库单测试用例设计

前置条件	操作员登录系统，并进入新增出库单操作界面			
业务场景	用例描述	测试步骤/数据	预期结果	实际结果
场景 1： 新增销售出库 单操作成功	销售单所有产品一次性完成销售出库	1. 出库类型选择"销售出库" 2. 选择销售单号 点击销售单号右侧的查询按钮，从销售单选择界面中选择某条销售单 3. 点击"提交"按钮	新增销售出库单操作成功	
	销售单中产品分批次完成销售出库	1. 出库类型选择"销售出库" 2. 选择销售单号 点击销售单号右侧的查询按钮，从销售单选择界面中选择某条销售单 3. 从产品列表中删除部分产品 4. 点击"提交"按钮	新增销售出库单操作成功	
		1. 出库类型选择"销售出库" 2. 选择销售单号 点击销售单号右侧的查询按钮，从销售单选择界面中选择上一测试用例中的销售单 3. 点击"提交"按钮	新增销售出库单操作成功	
	用户更改销售单中的部分产品的数量	1. 出库类型选择"销售出库" 2. 选择销售单号 点击销售单号右侧的查询按钮，从销售单选择界面中选择某条销售单 3. 从产品列表中修改部分产品的数量（销售单中产品原本的数量） 4. 点击"提交"按钮	新增销售出库单操作成功	
	用户查看产品图片	1. 出库类型选择"销售出库" 2. 选择销售单号 点击销售单号右侧的查询按钮，从销售单选择界面中选择某条销售单 3. 点击产品列表中某个产品的"查看图片"按钮	系统给出该产品对应的图片信息	
	用户为产品添加备注	1. 出库类型选择"销售出库" 2. 选择销售单号 点击销售单号右侧的查询按钮，从销售单选择界面中选择某条销售单 3. 为产品列表中某个产品添加备注信息 4. 点击"提交"按钮	新增销售出库单操作成功	

（续表）

业务场景	用例描述	测试步骤/数据	预期结果	实际结果
	用户为出库单添加附加说明	1. 出库类型选择"销售出库" 2. 选择销售单号 点击销售单号右侧的查询按钮，从销售单选择界面中选择某条销售单 3. 在"附加说明"中填写部分相关信息	新增销售出库单操作成功	
场景2：保存销售出库单操作成功	用户执行保存操作	1. 出库类型选择"销售出库" 2. 选择销售单号 点击销售单号右侧的查询按钮，从销售单选择界面中选择某条销售单 3. 点击"保存"按钮	保存销售出库单操作成功	
场景3：返回到系统主界面	用户执行返回操作	1. 出库类型选择"销售出库" 2. 选择销售单号 点击销售单号右侧的查询按钮，从销售单选择界面中选择某条销售单 3. 点击"返回"按钮	成功返回到系统主界面	
场景4：不选择销售单提交	不选择销售单，直接点击"提交"	1. 出库类型选择"销售出库" 2. 点击"提交"按钮	操作失败；系统给出提示"请选择销售单"	
场景5：无任何产品出库	选择了销售单，但无任何产品出库	1. 出库类型选择"销售出库" 2. 选择销售单号 点击销售单号右侧的查询按钮，从销售单选择界面中选择某条销售单 3. 将销售单中的所有产品都删除 4. 点击"提交"按钮	操作失败；系统给出提示"无产品出库"	
场景6：出库产品数量高于库存量	需要出库的产品数量高于库存量	1. 出库类型选择"销售出库" 2. 选择销售单号 点击销售单号右侧的查询按钮，从销售单选择界面中选择某条销售单 3. 将销售单中某产品的数量修改为高于库存数量 4. 点击"提交"按钮	操作失败；系统给出提示"出库产品数量不能高于销售单中产品数量"	
检查单	检查单1	检查单据编号是否为自动生成，且符合编码规范、具备唯一性	是	
	检查单2	检查出库单的初始状态是否为"未执行"	是	
	检查单3	检验操作人是否为自动生成，且为当前登录用户	是	
	检查单4	检查单据日期是否为自动生成，且为当前时间	是	
	检查单5	检查系统自动生成的数据不能由操作员随意修改	操作员不能修改这些数据	
	检查单6	在操作成功时，系统是否提示"操作成功"	是	
	检查单7	在操作成功时，系统相应产品的库存数量是否更新	是	
	检查单8	销售单号选择界面是否只显示未执行过销售出库的销售单	是	
	检查单9	用户选定销售单后，系统读取并显示的销售单相关信息，比如：收货单位、单据摘要、销售单号、产品信息等是否正确	是	
	检查单10	系统读取的产品的库存是否正确	是	
	检查单11	销售单、收货单位、单据摘要等信息是否可以由用户自行更改或输入	否	

（续表）

业务场景	用例描述	测试步骤/数据	预期结果	实际结果
	检查单 12	检查操作员点击"提交"按钮后，出库单状态是否更新为"已执行"	是	
	检查单 13	删除产品信息时，能否正确删除第一条、最后一条、中间某条、同时删除多条等产品信息	能	
	检查单 14	在删除产品时，系统是否提示"确定要删除该产品信息吗？"	是	

② 销售单选择界面

对销售单选择界面测试数据考虑如下：

数据库中无任何销售单；

只含已出库销售单，无未进行过销售出库的销售单；

既含已出库销售单，亦含多条未出库销售单：

a、查询操作

● 给定单据编号查询

● 给定单据日期范围查询

● 单据编号和单据日期组合查询

b、翻页操作

● 上一页

● 下一页

● 直接跳转至第 n 页

● 指定每页显示数据条目数，然后翻页

c、选择操作

● 从未出库销售单列表中选择第一条销售单进行销售出库操作

● 从未出库销售单列表中选择最后一条销售单进行销售出库操作

● 从未出库销售单列表中选择中间一条销售单进行销售出库操作

● 从未出库销售单列表中同时选择多条销售单进行销售出库操作

● 不选任何销售单进行销售出库操作

d、清除操作

测试用例设计结果如表 3-37 所示。

表 3-37　　　　　　　　　　　　　销售单选择测试用例设计

前置条件	操作员登录系统，进入新增出库单操作界面，点击销售单号右侧的查询按钮，弹出销售单选择界面			
被测功能	用例描述	测试步骤/数据	预期结果	实际结果
查询操作	给定单据编号查询	1. 输入一个未执行过出库操作的销售单编号 2. 点击查询按钮	查询结果正确	
		1. 输入一个已执行过出库操作的销售单编号 2. 点击查询按钮	系统提示"无符合条件的记录"	
		1. 输入一个不存在的销售单编号 2. 点击查询按钮	系统提示"无符合条件的记录"	

（续表）

被测功能	用例描述	测试步骤/数据	预期结果	实际结果
	给定日期范围查询	1. 给定一个有效的日期范围，在该日期范围内有未出库的销售单 2. 点击查询按钮	查询结果正确	
		1. 给定一个有效的日期范围，但在该日期范围内无未出库的销售单 2. 点击查询按钮	系统提示"无符合条件的记录"	
		1. 只给定一个有效的起始日期 2. 点击查询按钮	系统提示"请指定结束日期"	
		1. 只给定一个有效的结束日期 2. 点击查询按钮	系统提示"请指定起始日期"	
		1. 指定的日期范围中起始日期大于结束日期 2. 点击查询按钮	系统提示"请指定有效的日期范围"	
	单据编号和单据日期组合查询	1. 输入一个未执行过出库操作的销售单编号 2. 给定相应的日期范围（该销售单在此日期范围内） 3. 点击查询按钮	查询结果正确	
		1. 输入一个未执行过出库操作的销售单编号 2. 给定日期范围（该销售单不在此日期范围内） 3. 点击查询按钮	系统提示"无符合条件的记录"	
		1. 输入一个不存在的销售单编号 2. 给定有效的日期范围 3. 点击查询按钮	系统提示"无符合条件的记录"	
翻页操作		（前提：数据库中含至少30条未执行过出库的销售单信息，以便测试翻页功能） 1. 不输入任何查询条件 2. 点击查询按钮	查询结果正确	
	"下一页"功能	测试点击一次到多次"下一页"按钮	系统显示的结果正确	
	"上一页"功能	测试点击一次到多次"上一页"按钮	系统显示的结果正确	
	"跳转到第n页"功能	测试直接跳转到某一特定页	系统显示的结果正确	
	指定每页显示的数据条目数后翻页	指定每页显示5条记录，测试上一页、下一页、直接跳转到某页的功能是否正确	系统翻页功能正常	
选择操作	选择第一个销售单	1. 单击第一个销售单 2. 单击"选定"按钮	系统将该销售单信息正确地读取到父页面中	
	选择最后一个销售单	1. 单击最后一个销售单 2. 单击"选定"按钮	系统将该销售单信息正确地读取到父页面中	
	选择某页中间的某个销售单	1. 单击某页中间的某个销售单 2. 单击"选定"按钮	系统将销售单信息正确地读取到父页面中	
	同时选择多条销售单	1. 同时选择多条销售单 2. 单击"选定"按钮	不能同时选定多条销售单	
清除操作	清除操作	点击"清除"操作	系统清空当前查询信息	

2）　新增退货出库

测试用例设计思路与新增销售出库类似，只不过新增退货出库的操作是以收货单位为前提进行，在此不再赘述。

3）　新增调拨出库

测试用例设计思路与新增销售出库类似，只不过新增调拨出库的操作是以转入仓库为前提，在此不再赘述。

3.3　执行系统测试

根据测试用例设计结果，搭建测试环境并测试，将表 3-37 中的实际结果填写完整。

在执行测试时，应如实记录测试的过程和结果，若实际结果与预期结果相同，则测试用例状态为通过，否则为失败，并给出缺陷报告。

3.4　系统测试总结

（1）　测试执行情况

测试用例覆盖率达到 100%，99% 的测试用例已经成功通过。

（2）　主要问题及解决情况

1）　主要问题

① 类似操作的界面风格不太一致；

② 部分必填项未给出明确标识；

③ 部分异常情况未能捕获；

④ 打印功能存在异常。

⑤ 搜索功能响应时间较长。

2）　解决情况

项目组成员集中讨论了界面风格中存在的不一致情况，达成了共识，统一了界面风格；发现的缺陷 98% 被修复，并对可能存在类似问题的功能模块进行了核实。

3）　测试结论

系统测试基本结束，可以进行验收工作。

任务 4　验收测试

验收测试是部署软件之前的最后一个测试操作，也称为交付测试。验收测试的目的是确保软件准备就绪，并且可以让最终用户将其用于执行软件的既定功能和任务。它让系统用户决定是否接收系统。验收测试是以用户为主的测试。

4.1　α 测试

α 测试是由用户在开发环境下进行的测试，也可以是公司内部的用户在模拟实际操作环境下进行的受控测试。相关的用户和独立测试人员根据测试计划和结果对系统进行测试和接收。发现的错误可以在测试现场立刻反馈给开发人员，由开发人员及时分析和处理。

在经过了较为全面的系统测试并对发现的缺陷进行了修复后，项目组邀请正泰集团相关负责人到场，对开发出来的系统进行初步验收。项目组派一名代表为用户演示了系统的主要操作流程，并针对用户的提问进行了解答和实际操作。用户对系统的整体实现效果比较满意。同时，对一些实现细节提出了一些改进建议。项目组收到这些反馈信息后，对系统又进行了相应的修改和完善。

4.2 β 测试

β 测试是软件的一个或多个用户在实际使用环境下进行的测试，开发者通常不在测试现场。测试过程中，由用户记下遇到的所有问题，定期向开发方报告。开发方在综合用户的报告后，做出修改，最后将软件产品交付给全体用户使用。

α 测试通过后，项目组决定将系统交给用户试用一个月。在这一个月期间，用户在自己的实际工作环境中，使用本系统进行相应的业务操作，并将发现的问题定期或不定期反馈给项目负责人。项目组接到反馈信息后，相关人员对系统进行修改和完善。最终，项目组将一个质量较高的系统交付给正泰集团。

知识链接　测试方法

1　白盒测试

白盒测试，也称为结构化测试、基于代码的测试，是一种测试用例设计方法。它从程序的控制结构导出测试用例。盒子指的是被测试的软件。白盒意味着盒子是可视的。你可以清楚地看到盒子内部的东西及里面是如何运作的。白盒测试法是在全面了解程序内部逻辑结构的基础上进行测试的。在使用这一方法时，测试者必须检查程序的内部结构，从检查程序的逻辑着手，得出测试数据。

（1）优点

- 迫使测试人员去仔细思考软件的实现；
- 可以检测代码中的每条分支和路径；
- 揭示隐藏在代码中的错误；
- 对代码的测试比较彻底。

（2）缺点

- 无法检测代码中遗漏的路径；
- 不能查出程序违反了设计规范；
- 不验证规格的正确性；
- 可能发现不了一些与数据相关的错误。

白盒测试的测试方法有代码检查法、静态结构分析法、静态质量度量法、逻辑覆盖法、基本路径测试法、域测试、符号测试、路径覆盖和程序变异。其覆盖标准有语句覆盖、判定覆盖、条件覆盖、判定/条件覆盖、条件组合覆盖和路径覆盖。其发现错误的能力呈由弱至强的变化。

2　逻辑覆盖

现有如下代码块，以此为例对逻辑覆盖方法进行介绍。其程序流程图如图 3-200 所示。

```
scanf("%d %d %d",&A,&B,&X);
if((A>1)&&(B==0))  X=X/A;
if((A==2)||(X>1))  X=X+1;
printf("%d",X);
```

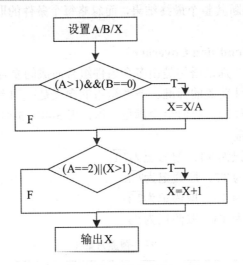

图 3-200　程序流程图

（1）　语句覆盖（Statement Coverage）

为了暴露程序中的错误，程序中的每条语句至少应该执行一次。因此，语句覆盖的含义是：选择足够多的测试数据，使被测程序中每条语句至少执行一次。语句覆盖是很弱的逻辑覆盖。

只需设计一个测试用例即可达到语句覆盖，如表 3-38 所示。

表 3-38　　　　　　　　　　语句覆盖测试用例表

用例编号	输入数据			预期结果	通过路径
	A	B	X	X	
Case_1	2	0	4	3	ace

缺点：若 AND 写成 OR，X>1 写成 X<1，通过上述测试用例是无法发现的。

（2）　判定覆盖（Decision Coverage）

比语句覆盖稍强的覆盖标准是判定覆盖。判定覆盖的含义是：设计足够的测试用例，使得程序中的每个判定至少都获得一次"真"值或"假"值，或者说使得程序中的每一个取"真"分支和取"假"分支至少经历一次，因此判定覆盖又称为分支覆盖。

只需设计两个测试用例即可达到判定覆盖，如表 3-39 所示。

表 3-39　　　　　　　　　　判定覆盖测试用例表

用例编号	输入数据			预期结果	通过路径
	A	B	X	X	
Case_1	3	0	3	1	acd
Case_2	2	1	1	2	abe

优点：判定覆盖具有比语句覆盖更强的测试能力，而且具有和语句覆盖一样的简单性，无需细分每个判定就可以得到测试用例。

缺点：往往大部分的判定语句是由多个逻辑条件组合而成（如，判定语句中包含 AND、OR、CASE），若仅仅判断其整个最终结果，而忽略每个条件的取值情况，必然会遗漏部分测试路径。

（3）条件覆盖（Condition Coverage）

在设计程序中，一个判定语句是由多个条件组合而成的复合判定。为了更彻底地实现逻辑覆盖，可以采用条件覆盖的标准。条件覆盖的含义是：构造一组测试用例，使得每一判定语句中每个逻辑条件的可能值至少满足一次。表 3-40、3-41 分别为两种测试用例设计方案，均可实现条件覆盖。

设条件 A>1，取真记为 T1，取假记为 $\overline{T1}$；

条件 B=0，取真记为 T2，取假记为 $\overline{T2}$；

条件 A=2，取真记为 T3，取假记为 $\overline{T3}$；

条件 X>1，取真记为 T4，取假记为 $\overline{T4}$。

表 3-40　　　　　　　　　　　　　　条件覆盖方案 1

用例编号	输入数据			预期结果	满足的条件	通过路径
	A	B	X	X		
Case_1	2	0	4	3	T1T2　T3　T4	ace
Case_2	1	1	1	2	$\overline{T1T2T3T4}$	abd

表 3-41　　　　　　　　　　　　　　条件覆盖方案 2

用例编号	输入数据			预期结果	满足的条件	通过路径
	A	B	X	X		
Case_1	1	0	3	4	$\overline{T1}$T2　$\overline{T3}$T4	abe
Case_2	2	1	1	2	T1$\overline{T2}$　T3　$\overline{T4}$	abe

根据以上分析，可以看出：条件覆盖不一定包含判定覆盖；而判定覆盖也不一定包含条件覆盖。

（4）判定/条件覆盖

设计足够多的测试用例，使判断中的每个条件的所有可能取值至少执行一次，同时每个判断本身的所有可能判断结果至少执行一次。表 3-42 为判定/条件覆盖测试用例表。

表 3-42　　　　　　　　　　　　　判定/条件覆盖测试用例表

用例编号	输入数据			预期结果	满足的条件	通过路径
	A	B	X	X		
Case_1	2	0	4	3	T1T2　T3　T4	ace
Case_2	1	1	1	2	$\overline{T1T2T3T4}$	abd

（5）条件组合覆盖

设计足够的测试用例，使得每个判定中条件的各种可能组合都至少出现一次。显然满足条件组合覆盖的测试用例一定满足判定覆盖、条件覆盖和判定/条件覆盖的。表 3-43 为条件组合覆盖测试用例表。

表 3-43　　　　　　　　　条件组合覆盖测试用例表

用例编号	输入数据			预期结果	满足的条件	通过路径
	A	B	X	X		
Case_1	2	0	4	3	T1T2　T3　T4	ace
Case_2	2	1	1	2	T1$\overline{T2}$　T3　$\overline{T4}$	abe
Case_3	1	0	2	3	$\overline{T1}$T2　$\overline{T3}$T4	ace
Case_4	1	1	1	2	$\overline{T1}$T2$\overline{T3}$T4	abd

（6）修正条件判定覆盖

修正条件判定覆盖是由欧美的航空/航天制造厂商和使用单位联合制定"航空运输和装备系统软件认证标准"，目前在国外的国防、航空航天领域应用广泛。这个覆盖度量需要足够的测试用例来确定各个条件能够影响到包含的判定的结果。它要求满足两个条件：①每一个程序模块的入口和出口点都要考虑至少要被调用一次，每个程序的判定到所有可能的结果值要至少转换一次；②程序的判定被分解为通过逻辑操作符（and、or）连接的布尔条件，每个条件对于判定的结果值是独立的。

对于一个给定的表达式语法分析树，遍历完此树即可达到修正判定覆盖。

步骤：首先选择一个条件（即子句，作为待考察因素/测试子句），然后从此子句的叶子结点往上一直走到该语法树的根节点，再从根节点到其他的每个子句（叶子节点）。在遍历树的过程中，若给定子句的父节点是 or，则其兄弟结点的值必须是 false；是 and，则必须是 true；是 not，则其父节点的值是 not 结点上值的反值。

如此重复下去，直至遍历完成。

例：A∪B∩C，其语法分析树如图 3-201 所示。

若 B 作为测试子句，则 A 应为 false，C 应为 true。

同理，若 A 作为测试子句，则 B 应为 false，C 为 true；若 C 作为测试子句，则 A、B 的取值保证 A∪B 为真即可。

图 3-201　表达式语法分析树

3　路径覆盖

路径覆盖的含义是，选取足够多的测试数据，使程序的每条可能路径都至少执行一次。路径覆盖要求设计足够多的测试用例，在白盒测试法中，覆盖程度最高的就是路径覆盖，因为其覆盖程序中所有可能的路径。

对于比较简单的小程序来说，实现路径覆盖是可能的。但是如果程序中出现了多个判断和多个循环，可能的路径数目将会急剧增长，以致实现路径覆盖是几乎不可能的。

案例：图 3-202 中的程序含 5 个分支，循环次数≤20，从 A 到 B 的可能路径有多少？假设测试一条路径需 1ms，则测试所有可能路径需要多长时间？

可能路径数=$5^1+5^2+\ldots+5^{19}+5^{20}≈10^{14}$

执行时间=$(10^{14}*0.001)/(365*24*60*60) ≈3170.98$ 年

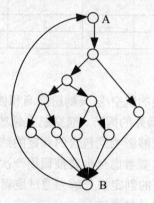

图 3-202　穷举测试案例

4　基本路径测试

白盒测试的测试方法中运用最为广泛的是基本路径测试法。

基本路径测试法是在程序控制流图的基础上，通过分析控制构造的环路复杂性，导出基本可执行路径集合，从而设计测试用例的方法。

设计出的测试用例要保证在测试中程序的每个可执行语句至少执行一次。

在程序控制流图的基础上，通过分析控制构造的环路复杂性，导出基本可执行路径集合，从而设计测试用例。

基本路径测试法的步骤：

第一步，画出控制流图

第二步，计算环路复杂度

第三步，确定独立路径

第四步，导出测试用例

具体做法参看任务 1 中描述。

5　黑盒测试

黑盒测试是以用户的角度，从输入数据与输出数据的对应关系出发进行测试的。

黑盒测试也称功能测试，它是通过测试来检测每个功能是否都能正常使用。在测试中，把程序看作一个不能打开的黑盒子，在完全不考虑程序内部结构和内部特性的情况下，在程序接口进行测试。它只检查程序功能是否按照需求规格说明书的规定正常使用，程序是否能适当地接收输入数据而产生正确的输出信息。黑盒测试着眼于程序外部结构，不考虑内部逻辑结构，主要针对软件界面和软件功能进行测试。

黑盒测试法注重于测试软件的功能需求，主要试图发现下列几类错误：

- 功能不正确或遗漏；
- 界面错误；
- 输入和输出错误；
- 数据库访问错误；
- 性能错误；
- 初始化和终止错误等。

从理论上讲，黑盒测试只有采用穷举输入测试，把所有可能的输入都作为测试情况考虑，才能查出程序中所有的错误。实际上测试情况有无穷多个，人们不仅要测试所有合法的输入，而且还要对那些不合法但可能的输入进行测试。这样看来，完全测试是不可能的，所以我们要进行有针对性的测试，通过制定测试案例指导测试的实施，保证软件测试有组织、按步骤、有计划地进行。

常用的黑盒测试用例设计方法包括等价类划分法、边界值分析法、错误推测法、因果图法、场景法、正交试验设计法等。

6　等价类划分

等价类划分的方法是把程序的输入域划分成若干部分（子集），然后从每个部分中选取少数代表性数据作为测试用例。每一类的代表性数据在测试中的作用等价于这一类中的其他值。该方法是一种重要的、常用的黑盒测试用例设计方法。

（1）等价类

等价类是指某个输入域的子集合。在该子集合中，各个输入数据对于揭露程序中的错误都是等效的，并合理地假定：测试某等价类的代表值就等于对这一类其他值的测试。因此，可以把全部输入数据合理划分为若干等价类，在每一个等价类中取一个数据作为测试的输入条件，就可以用少量代表性的测试数据取得较好的测试结果。

（2）划分等价类

等价类划分有两种不同的情况：有效等价类和无效等价类。

有效等价类：是指对于系统的规格说明来说是合理的、有意义的输入数据构成的集合，利用有效等价类可检验系统是否实现了规格说明中所规定的功能和性能。

无效等价类：是指对于系统的规格说明来说，是不合理的、无意义的输入数据构成的集合，利用无效等价类可检验系统对于无效的、不合理的情况是否能够正常处理。

软件不仅要能接收合理的数据，也要能经受意外的考验，这样的测试才能确保软件具有更高的可靠性。

设计测试用例时，要同时考虑有效等价类和无效等价类。

划分等价类时可以参考以下原则：

① 在输入条件规定了取值范围或值的个数的情况下，则可以确立一个有效等价类和两个无效等价类。

例如：最终成绩的取值范围为[0,100]，则该数据对应一个有效等价类"0≤有效成绩≤100"和两个无效等价类"最终成绩<0""最终成绩>100"。用图形描述如图 3-203 所示。

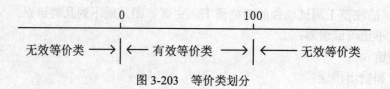

图 3-203　等价类划分

② 在输入条件规定了输入值的集合或者规定了"必须如何"的条件的情况下，可确立一个有效等价类和一个无效等价类。

③ 在输入条件是一个布尔量的情况下，可确定一个有效等价类和一个无效等价类。

④ 在规定了输入数据的一组值（假定 n 个），并且程序要对每一个输入值分别处理的情况下，可确立 n 个有效等价类和一个无效等价类。

如：学历可为：学士、硕士、博士三种之一，则分别取这三个值作为三个有效等价类。另外，这三种学历之外的任何学历为无效等价类。

⑤ 在规定了输入数据必须遵守的规则的情况下，可确立一个有效等价类（符合规则）和若干个无效等价类（从不同角度违反规则）。

例如：C 语言规定"一个语句必须以分号 ';' 结束"。这时可以确定一个有效等价类"以 ';' 结束"和若干个无效等价类，如："以 ':' 结束""以 ',' 结束""以 ' ' 结束""以 LF 结束"等。

⑥ 在确知已划分的等价类中各元素在程序处理中的方式不同的情况下，则应再将该等价类进一步地划分为更小的等价类。

（3）设计测试用例

在确立了等价类后，可建立等价类表，列出所有划分出的等价类，如图 3-204 所示。根据分析得到的所有有效等价类和无效等价类，进行测试用例的设计。

输入条件	有效等价类	无效等价类
……	……	……
……	……	……

图 3-204　等价类表

在设计测试用例时，有效等价类和无效等价类代表的意义不同，设计测试用例的原则也不同，应区别对待。划分的结果，从划分出的等价类中按以下三个原则设计测试用例：

① 为每一个等价类规定一个唯一的编号。

② 设计一个新的测试用例，使其尽可能多地覆盖尚未被覆盖地有效等价类，重复这一步，直到所有的有效等价类都被覆盖为止。

③ 设计一个新的测试用例，使其仅覆盖一个尚未被覆盖的无效等价类，重复这一步，直到所有的无效等价类都被覆盖为止。

（4）案例：某报表处理系统

系统要求用户输入处理报表的日期，日期限制在 2012 年 1 月至 2015 年 12 月，即系统只能对该段期间内的报表进行处理，如日期不在此范围内，则显示输入错误信息。系统日期规定由年、月的 6 位数字字符组成，前四位代表年，后两位代表月。

如何用等价类划分法设计测试用例，来测试程序的日期检查功能？

第一步，划分等价类，如表 3-44 所示。

表 3-44　　　　　　　　　　　报表处理系统等价类表

输入条件	有效等价类	无效等价类
报表日期的类型	数字字符(1)	含非数字字符(5)
报表日期的长度	6 位(2)	少于 6 位(6) 多于 6 位(7)
年份范围	在 2012-2015 之间(3)	小于 2012(8) 大于 2015(9)
月份范围	在 1-12 之间(4)	小于 1(10) 大于 12(11)

第二步，设计测试用例

A、有效等价类

为表 3-44 中的有效等价类用一个测试用例即可覆盖，如表 3-45 所示。

表 3-45　　　　　　　　有效等价类测试用例设计

用例编号	测试数据	预期结果	覆盖范围
Case_1	201310	输入有效	有效等价类(1)(2)(3)(4)

B、无效等价类

为表 3-44 中的每一个无效等价类至少设计一个测试用例，如表 3-46 所示。

表 3-46　　　　　　　　无效等价类测试用例设计

用例编号	测试数据	预期结果	覆盖范围
Case_2	2012.1	输入无效	无效等价类(5)
Case_3	20121	输入无效	无效等价类(6)
Case_4	20120010	输入无效	无效等价类(7)
Case_5	200508	输入无效	无效等价类(8)
Case_6	201602	输入无效	无效等价类(9)
Case_7	201000	输入无效	无效等价类(10)
Case_8	201115	输入无效	无效等价类(11)

7　边界值分析

长期的测试工作经验告诉我们，大量的错误是发生在输入或输出范围的边界上，而不是发生在输入、输出范围的内部。因此针对各种边界情况设计测试用例，可以查出更多的错误。

边界值分析法不仅重视输入条件边界，而且也必须考虑输出域边界。它是对等价类划分方法的有效补充。

使用边界值分析方法设计测试用例，首先应确定边界情况。通常输入和输出等价类的边界就是应着重测试的边界情况。应当选取"正好等于""刚刚大于"或"刚刚小于"边界的值作为测试数据，而不是选取等价类中的典型值或任意值作为测试数据。

基于边界值分析方法选择测试用例的原则：

（1）　如果输入条件规定了值的范围，则应取刚达到这个范围的边界的值，以及刚刚超越这个范围边界的值作为测试输入数据。

（2）　如果输入条件规定了值的个数，则用最大个数、最小个数、比最小个数少一，比最大个数多一的数作为测试数据。

（3）　根据规格说明的每个输出条件，使用前面的原则"（1）"。

（4）　根据规格说明的每个输出条件，应用前面的原则"（2）"。

（5）　如果程序的规格说明给出的输入域或输出域是有序集合，则应选取集合的第一个元素和最后一个元素作为测试用例。

（6）　如果程序中使用了一个内部数据结构，则应当选择这个内部数据结构的边界上的值作为测试用例。

（7）　分析规格说明，找出其他可能的边界条件。

案例：某报表处理系统

结合边界值分析思想，对等价类划分方法所得的报表处理系统的测试用例进行加工，结果如表 3-47 所示。

表 3-47　　　　　　　　　　　　　　报表处理系统测试用例改进

用例编号	测试数据	预期结果	覆盖范围	考虑边界
Case_1	201210	输入有效	有效等价类(1)(2)(3)(4)	
Case_2	200801	输入有效	有效等价类(1)(2)(3)(4)	年月的有效下边界
Case_3	201412	输入有效	有效等价类(1)(2)(3)(4)	年月的有效上边界
Case_4	2012.1	输入无效	无效等价类(5)	含非数字字符的下边界
Case_5	20121	输入无效	无效等价类(6)	数据长度的边界
Case_6	2012005	输入无效	无效等价类(7)	数据长度的边界
Case_7	200708	输入无效	无效等价类(8)	年份的下边界
Case_8	201502	输入无效	无效等价类(9)	年份的上边界
Case_9	201000	输入无效	无效等价类(10)	月份的下边界
Case_10	201113	输入无效	无效等价类(11)	月份的上边界

8　错误推测

错误推测法是基于经验和直觉推测程序中所有可能存在的各种错误，从而有针对性地设计测试用例的方法。

错误推测方法的基本思想：列举出程序中所有可能存在的错误和容易发生错误的特殊情况，根据它们选择测试用例。

一定要考虑以下情况：

- 默认值；
- 空白；
- 空值；
- 零值；
- 无输入条件；
- 数据库表格内容为空；
- 重复信息等。

另外，请在已经找到软件缺陷的地方再找找。

例如，在测试时曾列出的许多在模块中常见的错误，以前产品测试中曾经发现的错误等，这些就是经验的总结。还有，输入表格为空格或输入表格只有一行等。这些都是容易发生错误的情况。可选择这些情况下的例子作为测试用例。

9　场景法

现在的软件几乎都是用事件触发来控制流程的，事件触发时的情景便形成了场景，而同一事件不同的触发顺序和处理结果就形成事件流。这种在软件设计方面的思想也可以引入到软件测试中，可以比较生动地描绘出事件触发时的情景，有利于测试设计者设计测试用例，同时使测试用例更容易理解和执行。

业务流程中含基本流和备选流，分别描述业务的正常处理流程和各类异常情况。图3-205为一个典型的业务场景描述，图中经过用例的每条路径都用基本流和备选流来表示。直黑线表示基本流，是经过用例的最简单的路径。备选流用不同的色彩表示，一个备选流可能从基本流开始，在某个特定条件下执行，然后重新加入基本流中（如备选流 1 和 3）；也可能起源于另一个备选流（如备选流 2），或者终止用例而不再重新加入到某个流（如备选流 2 和 4）。

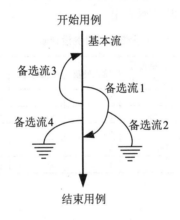

图 3-205　场景法

案例：加油站业务测试

某 IC 卡加油机应用系统的基本流 A 和备选流 B 至 E 描述，如表 3-48 和表 3-49 所示。

表 3-48　　　　　　　　　　　　　　　　基本流 A

序　　号	用例名称	用例描述
1	准备加油	客户将 IC 加油卡插入加油机
2	验证加油卡	加油机从加油卡的磁条中读取账户代码，并检查它是否属于可以接收的加油卡
3	验证黑名单	加油机验证卡账户是否存在于黑名单中，如果属于黑名单，加油机吞卡
4	输入购油量	客户输入需要购买的汽油数量
5	加油	加油机完成加油操作，从加油卡中扣除相应金额
6	返回加油卡	退还加油卡

表 3-49   备选流

序　号	用例名称	用例描述
B	加油卡无效	在基本流 A2 过程中，该卡不能够识别或是非本机可以使用的 IC 卡，加油机退卡，并退出基本流
C	卡账户属于黑名单	在基本流 A3 过程中，判断该卡账产属于黑名单，例如：已经挂失，加油机吞卡、退出基本流
D	加油卡账面现金不足	系统判断加油卡内现金不足，重新加入基本流 A4，或选择退卡
E	加油机油量不足	系统判断加油机内油量不足，重新加入基本流 A4，或选择退卡

（1）　分析业务场景

根据上述的基本流和备选流描述，可获取 IC 卡加油时 5 个典型的业务场景：

场景 1：A

场景 2：A、B

场景 3：A、C

场景 4：A、D

场景 5：A、E

（2）　测试用例设计

每个场景中对应的输入元素取值及预期结果如表 3-50 所示，其中 V 表示有效数据元素，I 表示无效数据元素，n/a 表示不适用。

表 3-50   系统测试用例设计表

测试用例 ID 号	场景	帐号	是否黑名单卡	输入油量	帐面金额	加油机流量	预期结果
Case_1	场景 1：成功加油	V	I	V	V	V	成功加油
Case_2	场景 2：卡无效	I	n/a	n/a	n/a	n/a	退卡
Case_3	场景 3：黑名单卡	V	V	n/a	n/a	n/a	吞卡
Case_4	场景 4：金额不足	V	I	V	I	V	提示错误，重新输入加油量
Case_5	场景 5：油量不足	V	I	V	V	I	提示错误，重新输入加油量

10　因果图法

等价类划分方法和边界值分析方法都是着重考虑输入条件，但未考虑输入条件之间的联系，相互组合等。若考虑输入条件之间的相互组合，可能会产生一些新的情况。但要检查输入条件的组合不是一件容易的事情，即使把所有输入条件划分成等价类，他们之间的组合情况也相当多。因此必须考虑采用一种适合于描述对于多种条件的组合，相应产生多个动作的形式来考虑设计测试用例。这就需要利用因果图（逻辑模型）。

因果图方法最终生成的就是判定表。它适合于检查程序输入条件的各种组合情况。

生成测试用例的步骤如下：

（1）　分析软件规格说明描述中，哪些是原因（即输入条件或输入条件的等价类），哪些是结果（即输出条件），并给每个原因和结果赋予一个标识符。

（2）　分析软件规格说明描述中的语义。找出原因与结果之间，原因与原因之间对应的关系，根据这些关系画出因果图。

（3）　由于语法或环境限制，有些原因与原因之间，原因与结果之间的组合情况不可能出现。为表明这些特殊情况，在因果图上用一些记号标明约束或限制条件。

（4）　把因果图转换为判定表。

（5）　把判定表的每一列拿出来作为依据，设计测试用例。

从因果图生成的测试用例（局部，组合关系下的）包括了所有输入数据的取 TRUE 与取 FALSE 的情况，构成的测试用例数目达到最少，且测试用例数目随输入数据数目的增加而线性地增加。

关于判定表的描述方式，请参照第四章中的知识链接部分。

拓展知识　软件测试

软件测试是使用人工操作或者软件自动运行的方式，来检验它是否满足规定的需求或弄清预期结果与实际结果之间的差别的过程。

它是帮助识别开发完成（中间或最终的版本）的计算机软件（整体或部分）的正确度（correctness）、完全度（completeness）和质量（quality）的软件过程；是 SQA（software quality assurance）的重要子域。

Glenford J.Myers 曾对软件测试的目的提出过以下观点：

（1）　测试是为了发现程序中的错误而执行程序的过程。

（2）　好的测试方案是极可能发现迄今为止尚未发现的错误的测试方案。

（3）　成功的测试是发现了至今为止尚未发现的错误的测试。

（4）　测试并不仅仅是为了找出错误。通过分析错误产生的原因和错误的发生趋势，可以帮助项目管理者发现当前软件开发过程中的缺陷，以便及时改进。

（5）　这种分析也能帮助测试人员设计出有针对性的测试方法，改善测试的效率和有效性。

（6）　没有发现错误的测试也是有价值的，完整的测试是评定软件质量的一种方法。

（7）　另外，根据测试目的的不同，还有回归测试、压力测试、性能测试等，分别为了检验修改或优化过程是否引发新的问题，软件所能达到处理能力和是否达到预期的处理能力等。

1　软件测试的目的、误区、原则

软件测试是软件开发过程中的一个重要组成部分，是贯穿整个软件开发生命周期、对软件产品（包括阶段性产品）进行验证和确认的活动过程，其目的是尽快尽早地发现在软件产品中所存在的各种问题——与用户需求、预先定义的不一致性。

（1）　软件测试目的

软件测试的目的是为了保证软件产品的最终质量，在软件开发的过程中，对软件产品进行质量控制。一般来说软件测试应由独立的产品评测中心负责，严格按照软件测试流程制定测试计划、测试方案、测试规范，实施测试，对测试记录进行分析，并根据回归测试情况撰写测试报告。测试是为了证明程序有错，而不能保证程序没有错误。

软件测试的目的决定了如何去组织测试。如果测试的目的是为了尽可能多地找出错误，那么测试就应该直接针对软件比较复杂的部分或是以前出错比较多的位置。如果测试目的是为了给最终用户提供具有一定可信度的质量评价，那么测试就应该直接针对在实际应用中会经常用到的商业假设。

不同的软件项目会有不同的测试目的；相同的软件项目，不同的时期也可能有不同测试目的，可能是测试不同区域或是对同一区域的不同层次的测试。

（2） 软件测试的定义

① 软件测试是为了发现错误而执行程序的过程；

② 测试是为了证明程序有错，而不是证明程序无错误。

③ 一个好的测试用例是在于它能发现至今未发现的错误；

④ 一个成功的测试是发现了至今未发现的错误的测试。

这种观点可以提醒人们测试要以查找错误为中心，而不是为了演示软件的正确功能。但是仅凭字面意思理解这一观点可能会产生误导，认为发现错误是软件测试的唯一目的，查找不出错误的测试就是没有价值的，事实并非如此。

首先，测试并不仅仅是为了要找出错误。通过分析错误产生的原因和错误的分布特征，可以帮助项目管理者发现当前所采用的软件过程的缺陷，以便改进。同时，这种分析也能帮助我们设计出有针对性地检测方法，改善测试的有效性。

其次，没有发现错误的测试也是有价值的，完整的测试是评定软件质量的一种方法。

对于测试数据的动态积累可以给项目管理者展示出当前项目的实时状态，为科学的决策提供有力的保障，并且为今后的培训、考评、工作的检查等提供强有力的数据基础。

（3） 软件测试的目标

① 发现一些可以通过测试避免的开发风险。

② 实施测试来降低所发现的风险。

③ 确定测试何时可以结束。

④ 在开发项目的过程中将测试看作是一个标准项目。

（4） 软件测试的原则

① 测试应该尽早进行，最好在需求阶段就开始介入，因为最严重的错误不外乎是系统不能满足用户的需求。

② 程序员应该避免检查自己的程序，软件测试应该由第三方来负责。

③ 设计测试用例时应考虑到合法的输入和不合法的输入，以及各种边界条件。特殊情况下要制造极端状态和意外状态，如网络异常中断、电源断电等。

④ 应该充分注意测试中的群集现象。

⑤ 对错误结果要进行一个确认过程。一般由 A 测试出来的错误，一定要由 B 来确认。严重的错误可以召开评审会议进行讨论和分析，对测试结果要进行严格地确认，是否真的存在这个问题，以及严重程度等。

⑥ 制定严格的测试计划。一定要制定测试计划，并且要有指导性。测试时间安排要尽量宽松，不要奢望在极短的时间内完成一个高水平的测试。

⑦ 妥善保存测试计划、测试用例、出错统计和最终分析报告，为维护提供方便。

（5） 软件测试的误区

误区一：软件开发完成后进行软件测试

人们一般认为，软件项目要经过以下几个阶段：需求分析，概要设计，详细设计，软件编码，软件测试，软件发布。据此，认为软件测试只是软件编码后的一个过程。这是不了解软件测试周期的错误认识。

软件测试是一个系列过程活动，包括软件测试需求分析，测试计划设计，测试用例设计，执行测试。因此，软件测试贯穿于软件项目的整个生命过程。在软件项目的每一个阶段都要进行不同目的和内容的测试活动，以保证各个阶段的正确性。软件测试的对象不仅仅是软件代码，还包括软件需求文档和设计文档。软件开发与软件测试应该是交互进行的，例如，单元编码需要单元测试，模块组合阶段需要集成测试。如果等到软件编码结束后才进行测试，那么，测试的时间将会很短，测试的覆盖面将很不全面，测试的效果也将大打折扣。更严重的是如果此时发现了软件需求阶段或概要设计阶段的错误，如果要修复该类错误，将会耗费大量的时间和人力。

误区二：软件发布后如果发现质量问题，那是软件测试人员的错

这种认识非常打击软件测试人员的积极性。软件中的错误可能来自软件项目中的各个过程，软件测试只能确认软件存在错误，不能保证软件没有错误。因为从根本上讲，软件测试不可能发现全部的错误。从软件开发的角度看，软件的高质量不是软件测试人员测出来的，是靠软件生命周期的各个过程中设计出来的。出现软件错误，不能简单地归结为某一个人的责任，有些错误的产生可能不是技术原因，可能来自于混乱的项目管理。应该分析软件项目的各个过程，从过程改进方面寻找产生错误的原因和改进的措施。

误区三：软件测试要求不高，随便找个人都行

很多人都认为软件测试就是安装和运行程序，点点鼠标，按按键盘的工作。这是由于不了解软件测试的具体技术和方法造成的。随着软件工程学的发展和软件项目管理经验的提高，软件测试已经形成了一个独立的技术学科，演变成一个具有巨大市场需求的行业。软件测试技术不断更新和完善，新工具，新流程，新测试设计方法都在不断更新，需要掌握和学习很多测试知识。所以，具有编程经验的程序员不一定是一名优秀的测试工程师。软件测试包括测试技术和管理两个方面。完全掌握这两个方面的内容，需要很多测试实践经验和不断学习的精神。

误区四：软件测试是测试人员的事情，与程序员无关

开发和测试是相辅相成的过程，需要软件测试人员、程序员和系统分析师等保持密切的联系，需要更多的交流和协调，以便提高测试效率。另外，对于单元测试主要应该由程序员完成，必要时测试人员可以帮助设计测试样例。对于测试中发现的软件错误，很多需要程序员通过修改编码才能修复。程序员可以通过有目的地分析软件错误的类型、数量，找出产生错误的位置和原因，以便在今后的编程中避免同样的错误，积累编程经验，提高编程能力。

误区五：项目进度吃紧时少做些测试，时间富裕时多做测试

这是不重视软件测试的表现，也是软件项目过程管理混乱的表现，必然会降低软件测试的质量。一个软件项目的顺利实现需要有合理的项目进度计划，其中包括合理的测试计划，对项目实施过程中的任何问题都要有风险分析和相应的对策，不要因为开发进度的延期而简单地缩短测试时间、人力和资源。因为缩短测试时间带来的测试不完整，对项目质量的下降引起的潜在风险往往造成更大的浪费。克服这种现象的最好办法是加强软件过程的计划和控制，包括软件测试计划、测试设计、测试执行、测试度量和测试控制。

误区六：软件测试是没有前途的工作，只有程序员才是软件高手

由于我国软件整体开发能力比较低，软件过程很不规范，很多软件项目的开发都还停留在"作坊式"和"垒鸡窝"阶段。项目的成功往往靠个别全能程序员决定。他们负责总体设计和程序详细设计，认为软件开发就是编写代码，给人的印象往往是程序员是真正的牛人，具有很高的地位和待遇。因此，在这种环境下，软件测试很不受重视。软件测试人员的地位和待遇自然就很低了，甚至软件测试变得可有可无。随着市场对软件质量的不断提高，软件测试将变得越来越重要，相应的软件测试人员的地位和待遇将会逐渐提高。在微软等软件过程比较规范的大公司，软件测试人员的数量和待遇同程序员没有多大差别，甚至优秀测试人员的待遇比程序员还要高。软件测试将会成为一个具有很大发展前景的行业，软件测试大有前途。市场需要更多具有丰富测试技术和管理经验的测试人员，他们同样是软件专家。

（6） 优秀软件测试人员的素质要求

- 责任心；
- 学习能力；
- 怀疑精神；
- 沟通能力；
- 专注力；
- 洞察力；
- 团队精神；
- 注重积累。

2　软件测试方法

软件测试方法种类繁多，记忆起来混乱。如果把软件测试方法进行分类，就会清晰很多。

（1） 从测试是否考虑软件结构来分类，如表 3-51 所示。

表 3-51　　　　　　　　　　　　　软件测试方法分类 1

测试名称	测试内容
Black box 黑盒测试	把软件系统当作一个"黑箱"，无法了解或使用系统的内部结构及知识。从软件的行为，而不是内部结构出发来设计测试
White box 白盒测试	设计者可以看到软件系统的内部结构，并且使用软件的内部知识来指导测试数据及方法的选择
Gray box 灰盒测试	介于黑盒和白盒之间

实际工作中，对系统的了解越多越好。目前大多数的测试人员都是做黑盒测试，很少有做白盒测试的。因为白盒测试对软件测试人员的要求非常高，需要有很多编程经验。比如：做 JAVA 程序的测试，需要能看懂 JAVA 的代码。

（2） 从测试是手动还是自动上分类，如表 3-52 所示。

表 3-52　　　　　　　　　　　　　软件测试方法分类 2

测试名称	测试内容
Manual Test 手动测试	测试人员用鼠标去手动测试（测试 GUI）
Automation 自动化测试	用程序测试程序（测试 API）

对于项目来说，手动测试和自动化测试同等重要，都是保障软件质量的方法。目前大部分的项目组都是手动测试和自动化测试相结合。因为很多测试无法做成自动化，很多复杂的业务逻辑也很难自动化，所以自动化测试无法取代手动测试。

对于软件测试人员个人发展来说，做自动化测试是个挑战，也是测试人员发展的一个方向，需要测试人员进行脚本编写和调试，需要大量的开发知识。从长远角度来看，自动化测试肯定是越来越吃香的。而手动测试比较适合刚工作不久的人，其最大的缺点就是技术含量低、单调乏味。

（3）从测试的目的分类，如表 3-53 所示。

表 3-53　　　　　　　　　　　　　软件测试方法分类 3

测试名称	测试内容
Unit Test 单元测试	在最低的功能/参数上验证程序的准确性，比如测试一个函数的正确性（开发人员做的）
Functional Test 功能测试	验证模块的功能（测试人员做的）
Integration Test 集成测试	验证几个互相有依赖关系的模块的功能（测试人员做的）
Scenario Test 场景测试	验证几个模块是否能完成一个用户场景（测试人员做的）
System Test 系统测试	对于整个系统功能的测试（测试人员做的）
Alpha 测试	软件测试人员在真实用户环境中对软件进行全面的测试（测试人员做的）
Beta 测试	真实的用户在真实的用户环境中进行的测试，也叫公测（最终用户做的）
performance test 性能测试	测试软件的各项性能是否满足用户需求
Stress test 压力测试	验证软件在超过负载设计的情况下仍能返回正确的结果，没有崩溃
Load test 负载测试	测试软件在负载情况下能否正常工作
Performance test 性能测试	测试软件的效能是否提供满意的服务质量
Accessibility test 辅助功能测试	软件辅助功能测试-测试软件是否向残疾用户提供足够的辅助功能
Localization/Globalization 本地化/全球化测试	本地化/全球化测试
Compatibility Test 兼容性测试	兼容性测试
Configuration Test 配置测试	测试软件在各种配置下能否正常工作
Usability Test 可用性测试	测试软件是否可用
Security Test 安全性测试	安全性测试

（4）按测试的时机和作用分类。

在开发软件的过程中，不少测试起着"烽火台"的作用。它们告诉我们软件开发的流程是否畅通，如表 3-54 所示。

表 3-54　　　　　　　　　　　　　软件测试方法分类 4

测试名称	测试内容
Smoke Test 冒烟测试	"冒烟"–如果测试不通过，则不能进行下一步工作
Build Verification Test（BVT）构建测试	验证构建是否通过基本测试，指 Build 生成好之后，检查这个 Build 的基本功能。如果 BVT 测试失败了，需要开发人员马上修改，重新生成 Build
Acceptance Test 验收测试	验收测试，为了全面考核某功能/特性而做的测试

（5）按测试策略分类，如表 3-55 所示。

表 3-55   软件测试方法分类 5

测试名称	测试内容
Regression Test 回归测试	对一个新的版本，重新运行以往的测试用例，看看新版本和已知的版本相比是否有退化（regression） 对软件测试人员来说就是重复测试，所以回归测试最好是自动化的，否则测试人员就要一遍又一遍地重复测试 1. 若开发人员做些小改动，就需要测试人员做回归测试，以确保现有的功能没有被破坏 2. bug 修复后也需要回归测试，确保新的代码修复了缺陷，也确保现有的功能没有被破坏 3. 项目后期，需要做一个完整回归测试，确保所有的功能都是好的
Ad hoc Test 探索性测试	随机进行的、探索性的测试
Sanity Test 粗略测试	执行部分的测试用例

3　测试用例

如何以最少的人力、资源投入，在最短的时间内完成测试，发现软件系统的缺陷，保证软件的优良品质，是软件公司探索和追求的目标。每个软件产品或软件开发项目都需要有一套优秀的测试方案和测试方法。

影响软件测试的因素很多，例如软件本身的复杂程度、开发人员（包括分析、设计、编程和测试的人员）的素质、测试方法和技术的运用等等。如何保障软件测试质量的稳定？有了测试用例，无论是谁来测试，参照测试用例实施，都能保障测试的质量，可以把人为因素的影响减少到最小。因此测试用例的设计和编制是软件测试活动中最重要的。测试用例是测试工作的指导，是软件测试的必须遵守的准则，更是软件测试质量稳定的根本保障。

测试用例（Test Case）目前没有经典的定义。比较通常的说法是：指对一项特定的软件产品进行测试任务的描述，体现测试的方案、方法、技术和策略等。其主要内容包括测试目标、测试环境、测试步骤、输入数据、预期结果、测试脚本等，并形成文档。

平常人们所说的白盒测试、黑盒测试等均为测试用例设计方法。

4　软件测试过程

一般而言，软件测试从项目确立时就开始了。一个典型的软件测试过程需要经过以下一些主要环节：测试需求分析→测试计划→测试设计→测试环境搭建→测试执行→缺陷跟踪→→测试总结和评估。

通常情况下，测试需求分析、测试用例编写、测试环境搭建、测试执行等属于测试开发人员工作范畴。而测试执行和缺陷提交等属于普通测试人员的工作范畴。测试负责人负责整个测试各个环节的跟踪、实施、管理等。

（1）　测试需求分析

测试需求分析（Requirment Analyzing）应该说是软件测试的一个重要环节。测试开发人员对这一环节的理解程度如何，将直接影响到接下来有关测试工作的开展。可能有些人认为测试需求分析无关紧要，这种想法是很不对的。测试需求分析不但重要，而且至关重要！

一般而言，测试需求分析包括软件功能需求分析、测试环境需求分析、测试资源需求分析等。其中最基本的是软件功能需求分析，测一款软件首先要知道软件能实现哪些功能，以及是怎样实现的。比如一款 Smartphone 包括 VoIP、Wi-Fi 和 Bluetooth 等功能。那我们就应该知道软件是怎样来实现这些功能的，为了实现这些功能需要哪些测试设备，以及如何搭建相应测试环境等，否则测试就无从谈起！

做测试需求分析的依据有软件需求文档、软件规格书，以及开发人员的设计文档等。相信管理一些规范的公司在软件开发过程中都有这些文档。

（2）测试计划

测试计划（Test Plan）一般由测试负责人来编写。

测试计划的依据主要是项目开发计划和测试需求分析结果。测试计划一般包括以下一些方面：

① 测试背景

a. 软件项目介绍；

b. 项目涉及人员（如软硬件项目负责人等）介绍，以及相应联系方式等。

② 测试依据

a. 软件需求文档；

b. 软件规格书；

c. 软件设计文档；

d. 其他，如参考产品等。

③ 测试资源

a. 测试设备需求；

b. 测试人员需求；

c. 测试环境需求；

d. 其他。

④ 测试策略

a. 采取测试方法；

b. 搭建哪些测试环境；

c. 采取哪些测试工具以测试管理工具；

d. 对测试人员进行培训等。

⑤ 测试日程

a. 测试需求分析；

b. 测试用例编写；

c. 测试实施，根据项目计划，测试分成哪些测试阶段（如单元测试、集成测试、系统测试阶段，α、β 测试阶段等），每个阶段的工作重点和投入资源等。

⑥ 其他。

测试计划还要包括测试计划编写的日期、作者等信息，计划越详细越好。

计划赶不上变化，一份计划做得再好，当实际实施的时候就会发现往往很难按照原有计划开展。如在软件开发过程中资源匮乏、人员流动等都会对测试造成一定的影响。所以，这些就要求测试负责人能够从宏观上来调控了。在变化面前能够做到应对自如、处乱不惊，那是最好不过了。

（3）测试设计

将测试计划阶段制订的测试需求分解、细化为若干个可执行的测试过程，并为每个测试过程选择适当的测试用例（测试用例选择的好坏将直接影响到测试结果的有效性）。

测试设计主要包括测试用例编写和测试场景设计两方面。

一份好的测试用例对测试有很好的指导作用，能够发现很多软件问题。而测试场景设计主要也就是测试环境问题了。

（4）测试环境搭建

不同软件产品对测试环境有着不同的要求。如 C/S、B/S 架构相关的软件产品，那么对不同操作系统，如 Windows 系列、Unix、Linux、Mac OS 等，这些测试环境都是必须的。而对于一些嵌入式软件，如手机软件，如果我们想测试一下有关功能模块的耗电情况，手机待机时间等，那么我们可能就需要搭建相应的电流测试环境了。当然测试中对于如手机网络等环境都有所要求。

测试环境很重要，符合要求的测试环境能够帮助我们准确地测出软件问题，并且做出正确的判断。

为了测试一款软件，我们可能根据不同的需求点要使用很多不同的测试环境。有些测试环境我们是可以搭建的，有些环境我们无法搭建或者搭建成本很高。不论如何，我们的目标是测试软件问题，保证软件质量。测试环境问题可以根据具体产品和开发者的实际情况而采取最经济的方式。

（5）测试执行

手动或者自动执行测试设计，忠实地记录测试执行的过程和结果并提交软件缺陷。

在缺陷的描述上，主要包括以下一些方面内容：

- 缺陷编号；
- 标题；
- 预置条件；
- 操作步骤；
- 预期结果；
- 实际结果；
- 严重程度；
- 优先级；
- 版本；
- 测试者；
- 测试时间。

（6）缺陷跟踪

一个缺陷从发现、报告到这个缺陷被修复直至关闭经历了多个不同的状态，这个过程需要一个有效的跟踪机制。缺陷状态转换如图 3-206 所示。

很多公司都采取缺陷管理工具来进行缺陷管理和跟踪，常见缺陷管理工具有 Test Director、Bugfree 等。

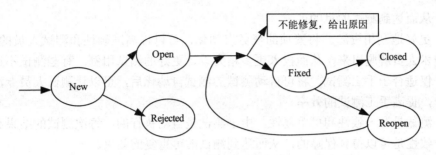

图 3-206　缺陷状态转换图

（7）　测试总结和评估

分析测试过程和缺陷报告，评估测试质量和测试效果。结合量化的测试覆盖域及缺陷跟踪报告，对于应用软件的质量和开发团队的工作进度及工作效率进行综合评价。

补充说明：

（1）　以上流程各环节并未包含软件测试过程的全部，如根据实际情况还可以实施一些测试计划评审、用例评审，测试培训等。在软件正式发行后，当遇到一些严重问题时，还需要进行一些后续维护测试等。

（2）　以上各环节并不是独立没联系的，实际工作千变万化，各环节有些交织、重叠在所难免，比如编写测试用例的同时就可以进行测试环境的搭建工作，当然也可能由于一些需求不清楚而重新进行需求分析等。所以在实际测试过程中也要做到具体问题具体分析、具体解决。

5　自动化测试

自动化测试，顾名思义，就是利用软件测试工具实现全部或部分测试。目前，软件测试自动化的研究领域主要集中在软件测试流程的自动化管理和动态测试的自动化上（如单元测试、功能测试以及性能测试方面）。在这两个领域，与手工测试相比，自动化测试的优势是明显的。首先，自动化测试可以提高测试效率，使测试人员更加专注于新的测试模块的建立和开发，从而提高测试覆盖率；其次，自动化测试更便于测试资产的数字化管理，使得测试资产在整个测试生命周期内可以得到复用。这个特点在功能测试和回归测试中尤其具有意义；此外，测试流程自动化管理可以使机构的测试活动开展更加过程化，这很符合 CMMI 过程改进的思想。

（1）　自动化测试的优点

1）　对程序的回归测试更方便。这可能是自动化测试最主要的任务，特别是在程序修改比较频繁时，效果是非常明显的。由于回归测试的动作和用例是完全设计好的，测试期望的结果也是完全可以预料的。将回归测试自动运行，可以极大提高测试效率，缩短回归测试时间。

2）　可以运行更多、更繁琐的测试。自动化的一个明显的好处是可以在较少的时间内运行更多的测试。

3）　可以执行一些用手工测试困难或不可能进行的测试。比如，对于大量用户的测试，不可能同时让足够多的测试人员同时进行测试，但是却可以通过自动化测试模拟同时有许多用户，从而达到测试的目的。

4）　更好地利用资源。将繁琐的任务自动化，可以提高准确性和测试人员的积极性，将测试技术人员解脱出来，从而投入更多精力设计更好的测试用例。有些测试不适合于自动测试，仅适合于手工测试，将可自动测试的测试自动化后，可以让测试人员专注于手工测试部分，提高手工测试的效率。

5）　测试具有一致性和可重复性。由于测试是自动执行的，每次测试的结果和执行的内容的一致性是可以得到保障的，从而达到测试的可重复的效果。

6）　测试的复用性。由于自动测试通常采用脚本技术，这样就有可能只需要做少量的、甚至不做修改，实现在不同的测试过程中使用相同的用例。

7）　增加软件信任度。由于测试是自动执行的，所以不存在执行过程中的疏忽和错误，完全取决于测试的设计质量。一旦软件通过了强有力的自动测试后，软件的信任度自然会增加。

（2）　自动化测试的缺点

1）　不能取代手工测试；

2）　手工测试比自动测试发现的缺陷更多；

3）　对测试质量的依赖性极大；

4）　测试自动化不能提高有效性；

5）　测试自动化可能会制约软件开发。由于自动测试比手动测试更脆弱，所以维护会受到限制，从而制约软件的开发；

6）　工具本身并无想像力。

综上所述，自动化测试完成不了的，手工测试都能弥补，两者有效地结合是测试质量保证的关键。

（3）　实施自动化测试的前提条件

实施自动化测试之前需要对软件开发过程进行分析，以观察其是否适合使用自动化测试。通常需要同时满足以下条件：

1）　需求变动不频繁。测试脚本的稳定性决定了自动化测试的维护成本。如果软件需求变动过于频繁，测试人员需要根据变动的需求来更新测试用例，以及相关的测试脚本，而脚本的维护本身就是一个代码开发的过程，需要修改、调试，必要的时候还要修改自动化测试的框架。如果所花费的成本高于用其测试来达到节省目的所预期的测试成本，那么自动化测试便是失败的。

项目中的某些模块相对稳定，而某些模块需求变动性很大。我们便可对相对稳定的模块进行自动化测试，而变动较大的仍用手工测试。

2）　项目周期足够长。自动化测试需求的确定、自动化测试框架的设计、测试脚本的编写与调试均需要相当长的时间来完成，这样的过程本身就是一个测试软件的开发过程，需要较长的时间来完成。如果项目的周期比较短，没有足够的时间去支持这样一个过程，那么自动化测试便成为笑谈。

3）　自动化测试脚本可重复使用。如果费尽心思开发了一套近乎完美的自动化测试脚本，但是脚本的重复使用率很低，致使其间所耗费的成本大于所创造的经济价值，自动化测试便成为了测试人员的练手之作，而并非是真正可产生效益的测试手段了。

4)　在手工测试无法完成、需要投入大量时间与人力时也需要考虑引入自动化测试。比如性能测试、配置测试、大数据量输入测试等。

（4）　自动化测试基本流程

表 3-56　　　　　　　　　　　　　自动化测试基本流程

自动化测试流程图	负责人	输出文档
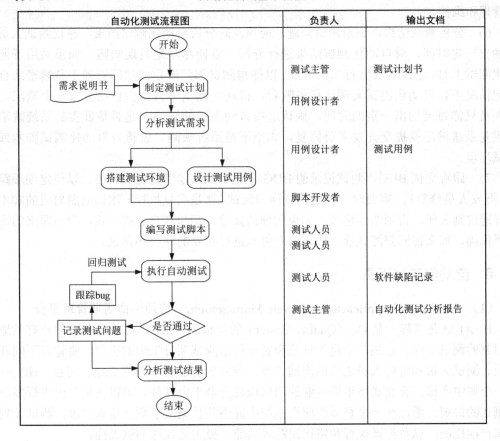	测试主管 用例设计者 用例设计者 脚本开发者 测试人员 测试人员 测试人员 测试主管	测试计划书 测试用例 软件缺陷记录 自动化测试分析报告

1)　制定测试计划。在展开自动化测试之前，最好做个测试计划，以明确测试对象、测试目的、测试的项目内容、测试的方法、测试的进度要求，并确保测试所需的人力、硬件、数据等资源都准备充分。制定好测试计划后，下发给用例设计者。

2)　分析测试需求。用例设计者根据测试计划和需求说明书来分析测试需求，设计测试需求树，以便用例设计时能够覆盖所有的需求点。

3)　设计测试用例。通过分析测试需求，设计出能够覆盖所有需求点的测试用例，形成专门的测试用例文档。由于不是所有的测试用例都能用自动化来执行，所以需要将能够执行自动化测试的用例汇总成自动化测试用例。必要时，要将登录系统的用户、密码、产品、客户等参数信息独立出来形成测试数据，便于脚本开发。

4)　搭建测试环境。自动化测试人员在用例设计工作开展的同时，即可着手搭建测试环境。因为自动化测试的脚本编写需要录制页面控件，添加对象。测试环境的搭建，包括被测系统的部署、测试硬件的调用、测试工具的安装盒设置、网络环境的布置等。

5)　编写测试脚本。根据自动化测试用例和问题的难易程度，采取适当的脚本开发方法编写测试脚本。一般先通过录制的方式获取测试所需要的页面控件，然后再用结构化语句控制脚本的执行，插入检查点和异常判定反馈语句，将公共普遍的功能独立成共享脚本，必要时对数据进行参数化。当然还可以用其他高级功能编辑脚本。脚本编写好了之后，需要反复执行，不断调试，直到运行正常为止。脚本的编写和命名要符合管理规范，以便统一管理和维护。

6）分析测试结果、记录测试问题。应该及时分析自动化测试结果，建议测试人员每天抽出一定时间，对自动化测试结果进行分析，以便尽早地发现缺陷。如果采用开源自动化测试工具，建议对其进行二次开发，以便与测试部门选定的缺陷管理工具紧密结合。理想情况下，自动化测试案例运行失败后，自动化测试平台就会自动上报一个缺陷。测试人员只需每天抽出一定的时间，确认这些自动上报的缺陷，是否是真实的系统缺陷。如果是系统缺陷就提交开发人员修复，如果不是系统缺陷，就检查自动化测试脚本或者测试环境。

7）跟踪测试 BUG。测试记录的 BUG 要记录到缺陷管理工具中去，以便定期跟踪处理。开发人员修复后，需要对此问题执行回归测试，就是重复执行一次该问题对应的脚本，执行通过则关闭，否则继续修改。如果问题的修改方案与客户达成一致，但与原来的需求有所偏离，那么在回归测试前，还需要对脚本进行必要的修改和调试。

6 自动化测试工具

（1） HP ALM（Application Lifecycle Management）应用生命周期管理平台

HP ALM 是老牌产品 QC（Quality Center）的升级版。HP ALM 能够帮助用户有效地管理日常的测试工作。它是一个用于规范和管理日常测试项目工作的平台，将管理不同开发人员、测试人员和管理人员之间的沟通调度，项目内容管理和进度追踪。而且，HP ALM 是一个集中实施、分布式使用的专业的测试项目管理平台软件，可以在用户内进行多项目的测试的协调。通过在一个整体的应用系统中提供并且集成了测试需求管理，测试计划，测试日程控制，以及测试执行和错误跟踪等功能，极大地加速测试过程。

建立测试项目之后，首先根据用户的业务功能需求和性能需求，建立相应的测试需求，即建立测试的内容；接着，根据测试需求设计生成测试计划，并反向考察测试计划对测试需求的覆盖率；然后，由测试计划安排和运行测试，根据运行结果来修改测试计划；最后，在测试全过程中的所有缺陷信息由缺陷跟踪模块记录和管理。

主要功能模块
- 项目管理（项目计划和跟踪、发布管理、报表）；
- 需求管理（业务需求和测试需求、业务模型管理）；
- 测试计划（测试案例管理）；
- 测试运行（测试任务调度、执行和审计）；
- 缺陷管理（系统缺陷的集中管理和流转）；
- 项目自定义（后台的客户定制化平台，包括客户化字段和工作流的自定义）。

（2） HP UFT（Unified Functional Testing）自动化功能测试工具

HP UFT 自动化功能测试工具，HP 是一种企业级的用于检验应用程序是否如期运行的功能性测试工具。通过自动捕获、检测和重复用户交互的操作，能够辨认缺陷并且确保那些跨越多个应用程序和数据库的业务流程在初次发布时就能避免出现故障，并且保持长期可靠运行。HP UFT 可以覆盖绝大多数的软件开发技术，简单高效，并具备测试用例可重用的特点。

自动化功能测试克服了手工测试难于重复的缺点，同时具有很高的可靠性。可以覆盖大部分的系统测试，减少人为错误，可以让测试人员集中精力提高效率来专注新模块的测试。

主要功能模块

- GUI 自动化测试（源于 HP QTP 的功能，针对有界面的系统进行自动测试）；
- API 自动化测试（源于 HP Service Test 的功能，针对无界面的系统进行自动化测试，包括 WebService、Java API 等）。

（3） LoadRunner + HP Diagnostics 自动化性能测试工具

HP LoadRunner 是一种预测系统行为和性能的负载测试工具。通过以模拟上千万用户实施并发负载及实时性能监测的方式来确认和查找问题，LoadRunner 能够对整个企业架构进行测试。通过使用 LoadRunner，企业能最大限度地缩短测试时间，优化性能和加速应用系统的发布周期。LoadRunner 是一种适用于各种体系架构的自动负载测试工具，它能预测系统行为并优化系统性能。

HP Diagnostics 是 HP 性能中心的组成部分之一。系统上线前，一般都需要进行有效的性能测试，而性能测试通常只能给出系统级性能分析，无法告诉客户应用级性能问题究竟在哪里。当上线后事务响应变慢，传统的性能测试工具无法了解究竟是哪个 METHOD，或者是 SQL 语句性能低下。性能瓶颈究竟在哪里？HP Diagnostics™专门为解决这类问题而设计，深入诊断应用程序中的性能问题，了解真实性能瓶颈。

主要功能模块

- 虚拟用户生成器（用于捕获最终用户业务流程和创建自动性能测试脚本，也称为虚拟用户脚本）；
- 控制器（用于组织、驱动、管理和监控负载测试）；
- 诊断工具（作为控制器的一部分，用于源码级性能问题监控和诊断）；
- 负载产生器（用于通过运行虚拟用户生成负载）；
- 测试结果分析器（有助于您查看、分析和比较性能结果）。

（4） Fortify SCA 源代码安全漏洞扫描工具

HP Fortify SCA 是一个静态的、白盒的软件源代码安全测试工具。它通过内置的五大主要分析引擎——数据流、语义、结构、控制流和配置流对应用软件的源代码进行静态的分析。通过扫描应用软件的源代码，与工具本身特有的软件安全漏洞规则集进行全面的匹配、查找，从而将源代码中存在的安全漏洞扫描出来并给予整理报告。扫描的结果中不但包括详细的安全漏洞的信息，还会有相关的安全知识的说明和修复意见。

主要功能模块

- 源代码分析器（5 大核心分析引擎）；
- 安全检查规则包（HP 提供在线的更新，用户也可以自定义。目前支持 570 多种安全漏洞定义）；

- 审计工作台（安全分析人员通过平台审计代码漏洞，提交漏洞报告）；
- IDE 插件（在 IDE 中调用 HP Fortify SCA）。

（5）Rational Robot

Rational Robot 是业界比较顶尖的功能测试工具。它甚至可以在测试人员学习高级脚本技术之前帮助其进行成功的测试。它集成在测试人员的桌面 IBM Rational Test Manager 上，在这里测试人员可以计划、组织、执行、管理和报告所有测试活动，包括手动测试报告。这种测试和管理的双重功能是自动化测试的理想开始。

（6）SilkTest

SilkTest 是业界领先的、用于对企业级应用进行功能测试的产品，可用于测试 Web、Java 或是传统的 C/S 结构。SilkTest 提供了许多功能，使用户能够高效率地进行软件自动化测试。这些功能包括：测试的计划和管理；直接的数据库访问及校验；灵活、强大的 4Test 脚本语言，内置的恢复系统（Recovery System）；以及具有使用同一套脚本进行跨平台、跨浏览器和技术进行测试的能力。

（7）QA Run

QARun 的测试实现方式是通过鼠标移动、键盘点击操作被测应用，既而得到相应的测试脚本，对该脚本可以进行编辑和调试。在记录的过程中可针对被测应用中所包含的功能点进行基线值的建立。换句话说，就是在插入检查点的同时建立期望值。在这里检查点是目标系统的一个特殊方面在一特定点的期望状态。通常，检查点在 QARun 提示目标系统执行一系列事件之后被执行。检查点用于确定实际结果与期望结果是否相同。

（8）Test Partner

是一个自动化的功能测试工具，它专为测试基于微软、Java 和 Web 技术的复杂应用而设计。它使测试人员和开发人员都可以使用可视的脚本编制和自动向导来生成可重复的测试。用户可以调用 VBA 的所有功能，并进行任何水平层次和细节的测试。TestPartner 的脚本开发采用通用的、分层的方式来进行。没有编程知识的测试人员也可以通过 TestPartner 的可视化导航器来快速创建测试并执行。通过可视的导航器录制并回放测试，每一个测试都将被展示为树状结构，以清楚地显现测试通过应用的路径。

小结

软件测试是保证软件质量的有效手段之一。测试用例设计的好坏是测试成功与否的关键。常用的软件测试方法有白盒测试法和黑盒测试法。白盒测试关注程序内部结构，黑盒测试关注系统的输入和输出。两者测试侧重点不同，各有千秋。本章结合仓库管理子系统的测试过程，介绍了软件测试的目的、原则、常用软件测试方法和软件测试过程，并在最后对自动化测试进行了简单描述。

习题

一、选择题

1. 软件测试的目的是（　　）。

  A. 评价软件的质量   B. 发现软件的错误

C. 找出软件中所有的错误　　　　　　　D. 证明软件是正确的

2. 在下面所列举的逻辑测试覆盖中，测试覆盖最强的是（　　），最弱的是（　　）。

 A. 条件覆盖　　　　　　　　　　　B. 条件组合覆盖

 C. 语句覆盖　　　　　　　　　　　D. 条件及判定覆盖

3. 对下面的个人所得税程序中满足语句覆盖测试用例的是（　　），满足判定覆盖测试的用例是（　　）。

```
If (income<800) tarrate=0;
else if(income<=1500) taxrate=0.05;
else if(income<2000) taxrate=0.08;
Else taxrate=0.1;
```

 （1）　A. income=(800,1500,2000,2001)　　　　B. income=(800,801,1999,2000)

    C. income=(799,1499,2000,2001)　　　　D. income=(799,1500,1999,2000)

 （2）　A. income=(799,1500,1999,2001)　　　　B. income=(799,1501,2000,2001)

    C. income=(800,1500,2000,2001)　　　　D. income=(800,1499,2000,2001)

4. 在某大学学籍管理信息系统中，假设学生年龄的输入范围为 16-40，则根据等价类划分方法，下面划分正确的是（　　）。

 A. 可划分为 2 个有效等价类，2 个无效等价类

 B. 可划分为 1 个有效等价类，2 个无效等价类

 C. 可划分为 2 个有效等价类，1 个无效等价类

 D. 可划分为 1 个有效等价类，1 个无效等价类

5. 某软件公司在招聘软件评测师时，应聘者甲向公司做如下保证：

① 经过自己测试的软件今后不会再出现问题；

② 在工作中对所有程序员一视同仁，不会因为在某个程序员编写的程序中发现的问题多，就重点审查该程序，以免不利于团结；

③ 承诺不需要其他人员，自己就可以独立进行测试工作；

④ 发扬咬定青山不放松的精神，不把所有问题都找出来，决不罢休；

你认为应聘者甲的保证（　　）。

 A. ①④是正确的　　　　　　　　　B. ②是正确的

 C. 都是正确的　　　　　　　　　　D. 都不正确

二、测试用例设计题

1. 使用基本路径测试方法，为以下程序段设计测试用例。

```
void Do (int X,int A,int B)
{
    if ( (A>1)&&(B=0) )
        X = X/A;
    if ( (A=2)||(X>1) )
        X = X+1;
}
```

2. 现有如下代码块，请采用基本路径测试方法为该代码块设计测试用例。

```
void Sort ( int iRecordNum, int iType )
{
    int x=0;
    int y=0;
    while ( iRecordNum-- > 0 )
    {
        If ( iType==0 )
          x=y+2;
        else
          If ( iType==1 )
                x=y+10;
          else
              x=y+20;
    }
}
```

3. 中国象棋里，马走日字型（邻近交叉点无棋子），遇到对方棋子可以吃掉，遇到本方棋子不能落到该位置。

（1）　根据上述说明，下面列出走棋出现的情况和结果。利用因果图法找出哪些是正确的输入条件，哪些是正确的输出结果，请把相应的字母编号填入表中。

A. 落点在棋盘上；

B. 落点与起点构成日字；

C. 移动棋子；

D. 落点处为对方棋子；

E. 落点处为自己方棋子；

F. 移动棋子，并除去对方棋子；

G. 落点方向的邻近交叉点无棋子；

H. 不移动棋子；

I. 落点处无棋子。

输入条件	输出结果

（2）　下图画出中国象棋中马的走法的因果图，请把输入条件和输出结果的字母编号填入到空白框中相应的位置。

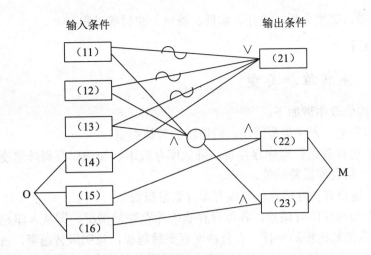

输入条件　　　　　　　　　　输出条件

实训项目　实验教学管理系统测试

1　实训目标

（1）对实验教学管理系统进行白盒测试。

（2）对实验教学管理系统进行黑盒测试。

2　实训要求

（1）采用白盒测试方法，对实验教学管理系统进行测试。采用逻辑覆盖、路径覆盖、路径覆盖等方法进行测试。

（2）采用黑盒测试方法，如等价类划分、边界值分析、错误推测等方法测试实验教学管理系统。

（3）设计测试用例、分析测试结果。

3　相关知识点

（1）白盒测试。

（2）黑盒测试。

案例五　仓库管理子系统维护

【任务描述】

仓库管理子系统交付使用后就进入了维护阶段，也是软件生命周期中最长的时期。软件维护一般是用户提出维护要求，由软件开发方进行维护。正泰集团使用系统后提出一些新的需求，软件孵化中心接受后进入维护阶段，维护主要包括以下内容：

● 分析维护类型；

● 执行维护。

【任务分析】

用户提出维护要求后要确定维护的类型，根据维护类型安排维护工作，一般也要经过对维护进行分类、需求分析、设计、实现、测试、交付等过程。

【实施方案】

任务1 分析维护类型

用户提出的修改申请如下：

（1）出库类型、入库类型固定，应该添加其他类型。

（2）为了更有效地管理库存存货，降低库存成本、加快库存周转速度、及时发现缺货存货，可以使用仓库报警功能。

（3）为方便查看库存信息，应该有库存数量报表。

（4）为查询指定的时间点，各库存存货的库存账龄情况，即从入库起在仓库中放置了多久。与应收账款的账龄一样，存货的库存账龄越长，说明周转越慢，占压的资金也就越多。从计划的源头控制入手，才能最有效的降低无效的库存，达到降低库存总额的目的。

需要维护的需求归纳如下：

出库类型原来只有退货出库、销售出库和调拨出库，出库类型应该还有其他，需要改正，是改正性维护。

仓库报警是仓库管理的必要功能，是管理需求变化而进行的修改，是适应性维护。

库存数量报表、库存账龄分析是为扩充功能而进行的修改，是对已有的软件系统增加系统分析中没有规定的功能，是完善性维护。

维护申请属于系统需要进行的维护，同意进行维护。

任务2 执行维护

（1）分析维护需求

分析维护的详细需求，建立用例图、类图、活动图、顺序图等，完全按照案例一的分析详细描述。

1）出入库类型设置：先选择仓库，然后选择出库类型名称和入库类型名称，保存或返回即可。仓库出入库类型设置界面，如图3-207所示。

图3-207 仓库出入库类型设置

2）　仓库报警：设置管理仓库的安全库存数量，主要包括新增仓库安全数量、修改仓库安全数量、删除安全数量、查询产品的安全数量。在仓库报警管理页面显示仓库名称、产品编码、型号规格、安全库存、当前库存，仓库报警管理界面，如图 3-208 所示。

快捷键
仓库报警
设为首页
仓库：全部
产品编号/型号：
货位：全部
查询
清除
新增
修改
删除
仓库名称
产品编码
型号规格
安全库存
当前库存
好货库
e2a93dbad31545f5957a9d7204a77150
lol
100
91
导出
共 1条 转至
GO
每页 15 条 [当前第 1页 /共 1页]

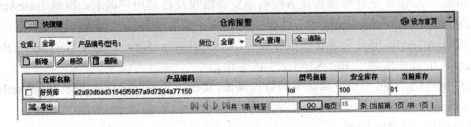

图 3-208　仓库报警管理

3）　库存数量报表：可以通过仓库、单据日期、型号规格等条件查询产品的库存，也能导出产品的库存数量报表。库存数量报表界面，如图 3-209 所示。

库存数量报表
仓库：全部
单据日期：
型号规格：
查询
清除
导出
序号
产品编码
型号规格
期初数
入库
出库
期末数
差异
1
e2a93dbad31545f5957a9d7204a77150
lol
0.00
20.00
0.00
20.00
0.00
2
05d6228699fd40398034e0456e996e77
mtbj
0.00
21.00
1.00
20.00
0.00
共 2条 转至
GO
每页 10 条 [当前第 1页 /共 1页]

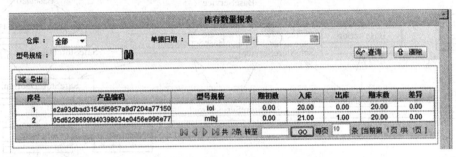

图 3-209　库存数量报表

4）　库存账龄分析：主要统计各类产品存放仓库的时间，从时间长短分出快销产品和滞销产品，可以通过仓库、产品编码查询产品的库存账龄，也可以导出账龄分析。界面如图 3-210 所示。

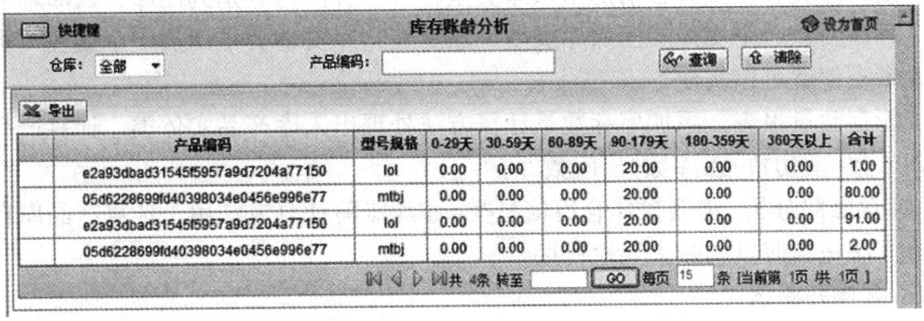

快捷键
库存账龄分析
设为首页
仓库：全部
产品编码：
查询
清除
导出
产品编码
型号规格
0-29天
30-59天
60-89天
90-179天
180-359天
360天以上
合计
e2a93dbad31545f5957a9d7204a77150
lol
0.00
0.00
0.00
20.00
0.00
0.00
1.00
05d6228699fd40398034e0456e996e77
mtbj
0.00
0.00
0.00
20.00
0.00
0.00
80.00
e2a93dbad31545f5957a9d7204a77150
lol
0.00
0.00
0.00
20.00
0.00
0.00
91.00
05d6228699fd40398034e0456e996e77
mtbj
0.00
0.00
0.00
20.00
0.00
0.00
2.00
共 4条 转至
GO
每页 15 条 [当前第 1页 /共 1页]

图 3-210　库存账龄分析

（2）　进行设计

1）　仓库报警。仓库报警的边界类有仓库报警管理页面、新增安全数量页面、修改安全数量页面。

仓库报警实体类 SafeStore 的属性是：安全数量、备注、产品详情。方法是每个属性的设值和取值方法。

仓库报警实体类关联的实体类是产品类、部门类、仓库类、货位类。

仓库报警的操作类根据体系结构和设计模式进行细化。

SafeStoreAction 是仓库报警业务控制器负责接收及传递用户请求，继承 BaseAction，BaseAction 继承 ActionSupport。

SafeStoreServiceImpl 负责仓库报警业务，实现 SafeStoreService、继承 BaseServiceImpl，BaseServiceImpl 中实现了 BaseService 中的方法。

SafeStoreDaoImpl 负责仓库报警的数据操作，实现了 SafeStoreDao、继承 BaseDaoImpl，BaseDaoImpl 中实现了 BaseDao 中的所有方法。

其类图如图 3-211 所示。

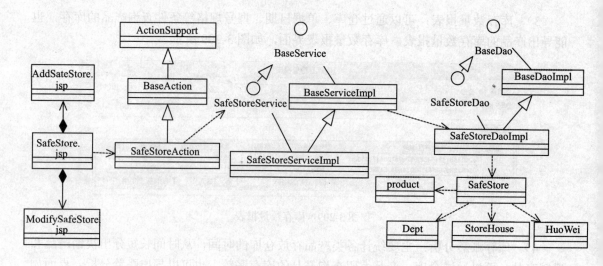

图 3-211　仓库报警类图

2）　出入库类型设置。目前的出入库类型各有三种，再分别为出库、入库增加一个其他类型，可以新建一个实体类出入库类型，然后在仓库实体类中增加一个属性"类型"关联到出入库类型就可以实现。

3）　库存数量报表。添加库存数量计算方法处理出入库产品实体类，计算产品出入库信息，期末数=期初数+入库数-出库数。

4）　库存账龄分析。需要操作仓库信息类，添加账龄计算方法用于计算产品库存时间，账龄计算方法是当前日期减去入库日期。

（3）　编程并测试

遵守编程规范，采用 SVN 管理编程。具体见案例三。

采用案例四的方法进行测试。

（4）　交付

重新打包发布，交付产品。

保存维护阶段的所有文档。

知识链接

1 软件维护概述

软件维护主要是指根据需求变化或硬件环境的变化对应用程序进行部分或全部的修改，是软件生命周期的最后一个阶段，也是持续时间最长，代价最大的一个阶段。

（1）软件维护的定义

如前所述，软件维护的类型是多样的，不同类型有不同的定义。在国标 GB/T11457-89 中明确指出软件运行、维护阶段是软件生存期中的一部分，"对软件产品进行检测，以期获的满意性能；当需要时对软件产品进行修改以改正问题或对变化了的需求做出响应"。这是从软件生命周期层面对软件维护做出的定义。从另一方面看，软件维护是一种技术措施，需要从技术的角度加以说明。国标 GB/T11457-89 对软件维护给出了如下两个定义：

1）在一软件产品交付使用后对其进行修改，以纠正故障。

2）在一软件产品交付使用后对其进行修改，以纠正故障，改进其性能和其他属性，以使产品适应已改变的环境。

（2）软件维护的特点

为了改正软件系统中的错误，使软件能够满足预期的正常运行状态的要求所进行的维护，叫做改正型维护，随着计算机科学技术领域的各个方面都在迅速地进步，特别是 20 世纪 80 年代之后，大约每过 36 个月就有新一代的硬件宣告出现。经常推出具有新功能的硬件，软件驱动的外围设备的增加或者发生变更时所做的软件维护，我们称适应型维护。当一个软件顺利地进行时，常常会出现第三项维护的活动：在用户使用的过程中，用户往往会提出增加新功能或修改已有功能的建议，还有可能提出一些改进的意见，为了满足这类要求，需要进行完善型的维护。据统计，这类维护活动通常占软件维护的一半左右。为了改进软件效率，可靠性和可维护而进行的维护，出现的这种第四项维护活动，在我们现代的软件业中是很少的。

通过以上对软件的定义，软件维护不仅限于纠正使用的错误等活动。据国外权威数字统计，完善性占全部软件维护的 60.5%，改正性占维护的 17.5%，适应性占 18%，其他只占 4%左右。

2 软件维护类型

软件维护类型主要有四类：改正性维护（纠错性维护）、适应性维护、完善性维护、预防性维护。除此四类维护活动外，还有一些其他类型的维护活动，如：支援性维护（如用户的培训等）。

针对以上几种类型的维护可以采取一些维护策略，以控制维护成本。

（1）改正性维护

改正性维护是指改正在系统开发阶段已发生而系统测试阶段尚未发现的错误。这方面的维护工作量要占整个维护工作量的 17%～21%。所发现的错误有的不太重要，不影响系统的正常运行，其维护工作可随时进行。而有的错误非常重要，甚至影响整个系统的正常运行，其维护工作必须制定计划，进行修改，并且要进行复查和控制。

（2）适应性维护

适应性维护是指使用软件适应信息技术变化和管理需求变化而进行的修改。这方面的维护工作量占整个维护工作量的 18%～25%。由于目前计算机硬件价格的不断下降，各类系统软件屡出不穷。人们常常为改善系统硬件环境和运行环境而产生系统更新换代的需求。企业的外部市场环境和管理需求的不断变化也使得各级管理人员不断提出新的信息需求。这些因素都将导致适应性维护工作的产生。进行这方面的维护工作也要像系统开发一样，有计划、有步骤地进行。

（3）完善性维护

完善性维护是为扩充功能和改善性能而进行的修改，主要是指对已有的软件系统增加一些在系统分析和设计阶段中没有规定的功能与性能特征。这些功能对完善系统功能是非常必要的。另外，还包括对处理效率和编写程序的改进，这方面的维护占整个维护工作的 50%～60%。比重较大，也是关系到系统开发质量的重要方面。这方面的维护除了要有计划、有步骤地完成外，还要注意将相关的文档资料加入到前面相应的文档中去。

（4）预防性维护

预防性维护为了改进应用软件的可靠性和可维护性，为了适应未来的软硬件环境的变化，应主动增加预防性的新的功能，以使应用系统适应各类变化而不被淘汰。例如，将专用报表功能改成通用报表生成功能，以适应将来报表格式的变化。这方面的维护工作量占整个维护工作量的 4%左右。

3 软件维护的过程

早在维护申请提出之前，与维护有关的工作已经开始。首先的工作是要建立一个机构，对每一个维护申请写出报告并对其过程进行评价，而且对每类维护都要制定规范化的工作程序。虽然对于大多数软件开发机构并未建立专门的维护机构，但很有必要委派一个非专门的人员来负责相关工作，可以称之为维护控制元。所有维护请求都必须唯一提交给该人员，由他提交给相关系统管理人员对该维护请求进行评价。所有维护请求都必须采用标准格式，一般包含以下内容：（1）所需工作量。（2）修改要求的性质、该申请的优先次序、修改后的结果。

软件维护的过程如图 3-212 所示。

总的来说，软件维护过程涉及到下列 12 项工作：

1）评价系统提升请求：根据软件功能和使用环境的分析，对用户提升系统的请求进行评价，评价后提出提升建议。

2）评价改正问题请求：分析系统在用户使用环境中出现的问题和请求，评价后应提出改正问题请求解决方法。

3）程序紧急排错：根据改正问题请求解决办法，对出现故障的程序实施紧急排错，使程序尽快恢复正常工作。

4）指定系统维护更新计划：根据用户的请求和系统提升建议，如"改正问题请求解决办法"和"程序紧急排错"等措施，制定系统更新计划，确定优先级别和维护更新版本日期。

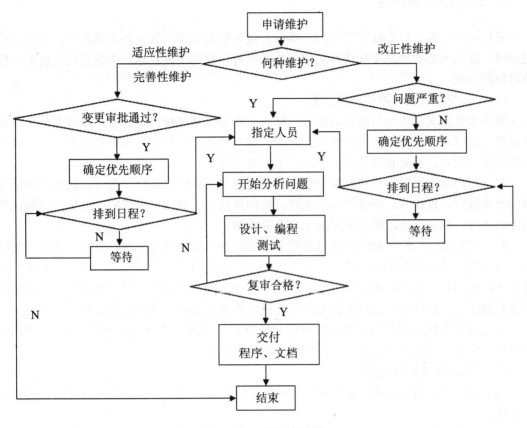

图 3-212　软件维护过程

5)　维护更新版本需求分析：详细的分析与系统更新版本有关的需求。编写出版维护更新版本的需求文档。

6)　维护更新版本的设计：设计维护更新版本的程序，以及数据结构完成版本的概要设计和详细设计。

7)　维护更新版本编写和测试：对正常维护的更新版本进行编码新版本的概要设计和详细设。

8)　新版本的发布。

9)　实行预防性维护：对投入市场，正在使用的软件进行监督，及时掌握进行情况，如确实需要适当地对程序进行预防性维护，使软件处于最佳运行状态。

10)　人员培训：针对拥护和市场需要编写维护更新版本培训资料，组织员工培训，提高员工的能力，支持新版本发布后的用户服务工作。

11)　周期性系统评估：软件开发维护单位主动对软件进行的定期评估，用来考察本系统开发的软件产品的效能和适用性，每次评估后应撰写出评估报告。

12)　进行执行后评审：在软件使用相当长时间后，对系统的功能和性能进行全面的评审，评估后应撰写出执行后评审报告。事实上，软件维护就是实际软件工程的循环应用，不同的是维护类型不同，重点不同，但整个方法没有改变。

4　软件的可维护性

软件可维护性可以定性的定义为：维护人员理解改正这个软件的难易程度。我们一直在强调，提高可维护性是支配软件工程方法论所有步骤的关键目标，也是延长软件生产期的最好的方法。

（1）决定软件的可维护性的因素

维护就是在交付使用后进行的修改，修改之前必须理解修改的对象，修改之后应该进行必要的测试，以保证所做的修改是正确的。如果是改正性修改，还必须预先进行调试以确定故障。因此，影响软件可维护的因素主要有下述3个。

1）可理解性。软件可理解性表现为外来读者理解软件的结构、接口、功能和内部过程的难易程度。模块化、详细的设计文档、结构化设计、源代码内部的文档和良好的高级设计语言等，都对改进软件的可理解性有重要贡献。

2）可测试性。诊断和测试的难易程度主要取决于软件容易理解的程度，良好的文档对诊断和测试是至关重要的。此外，软件结构，可用的测试工具和调试工具，以及以前设计的测试也都是非常重要的，维护人员应该能够得到在开发阶段用过的测试方案，以便进行回归测试。在设计阶段应该尽力把软件设计成容易测试和容易诊断的结构。

3）可修改性。软件容易修改的程度和软件设计原理、规章直接有关，藕合，内聚，局部化，控制工作域的关系等，都影响软件的可维护性。

（2）提高可维护性的方法

为了延长软件的生存期，提高软件的可维护性具有决定的意义。采用的方法主要有以下5种。

1）确定质量管理目标。可维护性是所有软件都应具备的基本特点。一个可维护的程序应该是可理解的，可修改的和可测试的。但是要实现所有这些目标，需要付出很大的代价，而且也不是一定能够完全实现。因为有些维护属性之间是相互促进的。例如，可理解和可测试，可理解和可修改性，而另外一些之间则是相互抵触的。因此，尽管可维护性要求每一种维护属性都得到满足，但是他们的重要性是与程序的用途及计算机环境情况相关的。因此，在提出维护目标的同时，规定好维护属性的优先级是非常必要的。这样对于提高软件的质量和减少软件在生存周期的费用是非常有帮助的。在程序的开发阶段就应保证软件具有可理解性、可修改性和可测试性。在软件开发的每一个阶段都应尽力考虑软件的可维护性。如需求分析阶段应该对将来要改进的部分和可能会修改的部分加以注明；对软件的每个测试步骤结束后提交可维护性的说明等。

2）规范化的程序设计风格。

① 模块化程序设计：模块化设计方法可提高可修改性。可测试性对某个模块的改动，此举对其他模块影响不大。采用模块化设计方法后，如果需要增加程序的某些功能，则只需增加完成这些功能的程序模块即可。对程序的测试和重复测试都较容易。易寻找、易修改程序中的错误。

② 结构化程序设计：利用结构化程序设计可提高程序的可理解性。当要修改程序的某一模块时，可以采用一个新的结构优良的模块替代原来的整个模块，这种方法只要了解

了模块之间的接口就可以，不必去了解内部的工作情况。这样有利于寻找新的错误，在软件开发过程中可采用结构化小组，建立主程序小组，实现严格的组织化管理、职能分工、规范标准。在对程序的质量进行检测时也可以采用分工合作的方法，从而有效地提高质量和检测效率。

3）选择可维护的程序设计语言。选择较好的程序设计语言对软件维护有很大的影响。低级语言（机器代码或汇编语言）是一般人很难掌握和理解的，因而很难维护。高级语言比低级容易理解，具有更好的可维护性。但是高级语言中的，一些语言可能比另外一些语言更容易理解。例如，cobol 语言比 fortran 语言更容易理解，因为 cobol 的变量接近英语；pl/1 比 cobol 更容易理解，因为 pl/1 有更丰富、更强的语言集等。

第四代语言（例如，查询语言、图形语言、报表生成器等）比上述高级语言更容易理解、使用和修改。用户用第四代语言开发的过程通常比用高级语言要快得多。第四代语言分为过程的语言和非过程化的语言。对于非过程化的第四代语言，用户不需要指出完成某一项工作的实现算法，仅需要提出操作要求即可。无论使用哪类第四代语言都能缩短程序的长度，减少程序的复杂性。此外，第四代语言易理解、易编程，程序也易修改，因此提高了软件的可维护性

4）改进程序文档。程序文档是影响软件可维护性的另一决定因素。它记载了程序的功能和程序各组成部分之间的关系，以及程序设计策略和程序实现过程的历史数据的说明和补充。程序文档具备下列内容。

- 有使用这个系统的描述；
- 有安装和管理这个系统的描述；
- 有系统需求和设计描述；
- 有系统的实现和测试描述。

程序文档对提高程序的可理解性有着重要的作用。即使是一个相对简单的程序，要想有效地迅速对它进行维护，也需要编制文档对它的目的和任务进行解释。而对于程序的维护人员来说，要想对程序编制人员的意图进行重新修改，并对今后可能出现的变化进行估计，缺少文档的帮助是不可能实现的。例如，通过了解原设计思想，可以指导维护人员选择适当的方法去修改代码而不影响系统的完整性。了解系统开发人员对系统困难部分的理解，可以帮助维护人员判断系统哪些部分出了问题。

5）保证软件质量审查方法。保证质量审查方法对于获得和维护软件质量是非常有用的方法。除了保证软件得到适当的质量外，对于在软件开发和维护阶段内所发生的质量变化也可以通过审查来检测。当审查的结果都有质量保证部门，就可以及时采取措施纠正，以控制不断增加的软件成本。所有的软件开发组织都有质量保证部门。对底层来讲，保证质量是个人的职责，开发人员可以在任意级别上进行设计、评审和测试等工作。对高层来讲，质量保证部门的职责是：建立相应的标准和过程，并保证每一项都顺利执行。

软件维护主要是指根据需求变化或硬件环境的变化对应用程序进行部分或全部的修改。修改时应充分利用源程序，修改后要填写《程序修改登记表》，并在《程序变更通知书》上写明新旧程序的不同之处。

小结

软件维护主要是指根据需求变化或硬件环境的变化对应用程序进行部分或全部的修改，是软件生命周期的最后一个阶段，也是持续时间最长，代价最大的一个阶段。软件维护类型总结起来大概有四种：改正性维护（纠错性维护）、适应性维护、完善性维护、预防性维护。

软件可维护性可以定性是维护人员理解改正，改动和改正这个软件的难易程度。可理解性、可修改性、可测试性是决定软件可维护性的主要因素。提高软件可维护性的方法是确定质量管理目标、规范化的程序设计风格、选择可维护的程序设计语言、改进程序文档、保证软件质量审查方法等。

习题

一、选择题

1. 可维护性的特性中相互促进的是（　　）。
　　A. 可理解性和可测试性　　　　　　B. 效率和可移植性
　　C. 效率和可修改性　　　　　　　　D. 效率和结构合理

2. 维护中，因误删除一个标识符而引起的错误是_____副作用。
　　A. 文档　　　　　　　　　　　　　B. 数据
　　C. 编码　　　　　　　　　　　　　D. 设计

3. 产生软件维护的副作用，是指（　　）。
　　A. 开发时的错误　　　　　　　　　B. 隐含的错误
　　C. 因修改软件而造成的错误　　　　D. 运行时误操作

4. 根据用户在软件使用过程中提出的建设性意见而进行的维护活动称为（　　）。
　　A. 纠错性维护　　　　　　　　　　B. 适应性维护
　　C. 改善性维护　　　　　　　　　　D. 预防性维护

5. 为改正软件系统中潜藏的错误而进行的维护活动称为（　　）。
　　A. 纠错性维护　　　　　　　　　　B. 适应性维护
　　C. 改善性维护　　　　　　　　　　D. 预防性维护

6. 为了进一步改善软件系统的可维护性和可靠性，并为以后的改进奠定基础的软件维护称为（　　）。
　　A. 纠错性维护　　　　　　　　　　B. 适应性维护
　　C. 改善性维护　　　　　　　　　　D. 预防性维护

二、名词解释

1. 软件维护
2. 软件可维护性
3. 软件可理解性

三、简答题

1. 软件维护有哪些内容？
2. 软件维护的特点？
3. 软件维护的流程？
4. 软件维护的副作用？
5. 什么是软件的可维护性？可维护性度量的特性？
6. 提高可维护性的方法？

模块 4　软件项目管理与质量保证

学习目标

通过本章的学习，掌握估算软件规模和工作量的技术，能够根据项目制定合理的进度计划，掌握团队组织的基本方法，了解软件的质量指标并掌握软件质量保证的措施。

主要内容

本章主要是软件项目管理的内容和流程。主要内容包括：
1. 软件项目计划。
2. 项目组织。
3. 管理过程。

重点与难点

1. 软件项目计划。
2. 软件质量保证措施。

案例一　仓库管理子系统项目管理

【任务描述】

在可行性分析之后，软件项目管理与质量管理将贯穿需求分析、软件设计、软件实现、软件测试、维护等软件工程环节。项目管理的对象是项目可用的资源，项目管理主要包括以下内容：
- 制定项目计划；
- 项目组织；
- 管理过程。

【任务分析】

要了解项目的规模、难度与时间限制，才可以确定应该投入多少人力、物力去做这个项目。需要制定项目的计划、项目组织机构、人员安排等。由于项目经理最了解团队人员的情况、可用资源，因此最好由项目经理亲自制定项目计划。

【实施方案】

任务 1　制定项目计划

1.1　项目概述

（1）目的

编写本项目开发计划的目的是把仓库管理子系统开发过程中对各项工作任务的负责人员、开发的进度、经费的预算、硬件和软件资源条件等问题所做的安排用文档的形式记载下来，以便根据本计划开展和检查项目开发工作，保证项目开发成功。

（2）项目背景

随着正泰集团的发展，需要一个集采购、销售、库存、客户等管理为一体的管理信息系统，软件孵化中心受正泰集团委托开发该系统。

（3）项目的范围与目标

1）范围描述。该软件应该对采购、销售、库存、客户、财务、基础数据、系统等进行管理，系统可以快速、准确响应库存变化和各业务变化，方便管理人员对数据进行统计分析，促进管理规范化、信息化、正规化。

2）主要功能。

① 出库单管理：主要是对于出库的单子进行统一管理，比如保存的销售单可以不进行执行删除，对于执行过的单子可以作废，可以修改没有提交的出库单，以及查询任意时刻的销售出库单，并且可以导出需要的单子，也可以增加出库的单子。

② 入库单管理：主要对入库（调拨入库，采购入库，退货入库）的单子进行管理，包括对入库单子的 CRUD 操作，可以随时查询产生过的单子的详细信息，对入库单的状态很清楚，可以避免一些单子的错误产生。

③ 库存盘点：是仓库管理的一个重点。对某个仓库进行盘点，可以看出该仓库的产品是否盈利。差异表是查看产品的具体差异的详细情况。通过盘点可以对仓库的情况很清楚。还包括对盘点单的 CRUD 操作，防止开错单、漏单的情况发生。

④ 库存信息明细：查看仓库商品的详细信息，商品的价格、数量、型号规格等。主要的查询操作：可以通过仓库、库存数量、产品编码和型号进行对某个仓库商品的详细查看。

⑤ 库存报表：主要是查看仓库中的商品的具体信息，对于产品的入库数量和出库数量记录很详细，以及盈亏数、期末数、调拨在途数，一目了然。查询功能可以具体到某一天查询产品的出入库的数量，可以根据产品编码和种类进行详细的查询。

⑥ 调拨在途查询：查询调拨出库，但还没有被对方入库的单据，以及单据上的产品，调拨单的详细信息。

⑦ 盘点盈亏原因：盘点某个仓库产生了盘点盈亏，说明是什么原因产生了盈亏，主要是盈亏原因的 CRUD 操作。

⑧ 退货原因维护：主要是针对退货原因的 CRUD 操作，其中包括本公司购买产品不符合要求的退货原因和客户购买本公司的产品不符合要求所退货的原因。

⑨ 仓库设置：主要是添加仓库，修改仓库的 CRUD 操作。

3） 性能。

① 并发能力：系统在大用户量使用下不能出现故障，具有并发响应能力。

② 处理时间：理想状态下系统应为用户每天提供 24 小时服务。

③ 响应速度：要求能够响应快速，不超过 1 秒，并给予提示。

④ 级联速度：输入、查询数据尽量能够从数据库中读取，以列表形式显示，供用户选择。级联速度要在用户可以接受的范围。

4） 其他需求。

① 开放性：具有良好的可扩充性和可移植性。系统遵循主流的标准和协议，提供与集团现正在使用平台统一的接口。

② 界面友好：要求操作界面美观大方、布局合理、功能完善，并给出合理的提示。系统针对不同角色的用户可提供不同的界面内容。

③ 正确性：系统执行流程符合集团工作流程，数据计算不允许出现任何错误。

④ 数据备份与恢复：系统中的重要数据按其重要程度，一天、一周或一月进行备份。系统万一崩溃，必须能将数据恢复到崩溃前正确的数据。

⑤ 系统权限：系统任何用户的权限由管理员创建用户时进行分配。

1.2 项目可交付成果

（1） 需完成的软件。

源程序、数据库对象创建语句、可执行程序。

（2） 需提交的文档，如表 4-1 所示。

表 4-1　　　　　　　　　　　　　　　　　　提交的文档

序　　号	工作任务	交付成果	文档类型	参照标准	批准人
1	软件项目管理	软件需求详细计划、软件项目进展报告	管理文档	软件项目管理说明	孙京
2	软件开发	软件需求规格说明书、软件设计说明书、集成测试计划和单元测试计划报告、产品说明书、软件维护记录报告	开发文档	软件需求详细计划、软件项目进展报告	孙京
3	软件配置	配置和管理计划	软件配置文档	开发文档	孙京
4	验证与确认	软件需求阶段验证和确认计划、需求确认报告、设计确认报告、编码确认报告、测试确认报告	验证与确认文档	开发文档	孙京
5	质量保证	质量保证计划	质量保证文档	验证与确认文档	孙京

1.3 软件项目计划

（1） 项目开发进度计划，如表 4-2 所示。

表 4-2　　　　　　　　　　　　　　　项目进度计划表

编号	工作名称	持续时间	开始时间	结束时间	甘特图
1	可行性分析	7	2013-08-01	2013-08-07	可行性分析
2	需求分析	61	2013-08-08	2013-10-07	需求分析
3	软件设计	20	2013-10-08	2013-10-27	软件设计
4	软件实现	85	2013-10-28	2014-01-20	软件实现
5	软件测试	45	2014-01-05	2014-02-18	软件测试

（2）　人员计划

项目人力资源计划，如表 4-3 所示。

表 4-3　　　　　　　　　　　　　　　人力资源计划表

序号	岗位名称	相关 WBS	负责工作	专业技能水平要求	时间投入		推荐人选
					开始	结束	
1	设计员	软件分析	需求分析	熟悉建模工具	2013.8.1	2013.10.7	孙京
2	设计员	软件设计	总体设计	熟练使用各种软件	2013.10.1	2013.10.10	徐成芝
3	设计员	软件开发	详细设计	熟练使用各种软件	2013.10.10	2013.10.27	葛礼艳
4	程序员	编码	编码	熟悉 JAVA	2013.10.28	2014.1.20	孙东方
5	程序员	编码	编码	熟悉 JAVA	2013.10.28	2014.1.20	李其飞
6	程序员	编码	编码	熟悉 JAVA	2013.10.28	2014.1.20	高言志
7	程序员	编码	编码	熟悉 JAVA	2013.10.28	2014.1.20	朱鹏飞
8	测试员	各种测试	软件测试	熟悉各种测试工具	2014.1.5	2014.2.18	田韦芳
9	测试员	各种测试	软件测试	熟悉各种测试工具	2014.1.5	2014.2.18	李胜友
10	评审员	各项评审	评审	有耐性	2013.10.1	2014.2.20	魏本龙
11	文档编辑	各种文档	文档编写	熟练使用 word	2013.8.1	2014.2.20	孙文洋

1.4　方法、工具和技术

本小组的团队组织结构为技术管理式组织结构；编程语言为 Java。采用面向对象的分析设计方法，利用 UML 进行系统建模，使用 SqlSever 2005 作为数据库管理系统图，结合 SSH 框架，并采用统一的 Java 标准的文件命名方式、代码版式、注释等编码规范。编码人员对代码进行严格检查后再进行代码编译。测试人员根据测试文档进行单元测试。最后实现软件的交付。

1.5　参考资料

（1）　软件项目计划书范例。
（2）　软件风险控制计划案例。

1.6　缩写说明

WBS 任务分解结构
SPM 软件项目管理
CRUD 增删改查
SSH Struts+Spring+Hibernate

任务2　项目组织

2.1　过程模型

用户初始需求不明确，可以派一个熟悉业务的代表辅助确定需求，可以采用原型模型。

首先快速建立一个原型，由用户代表通过对原型的评价及改进意见，进一步细化待开发软件的需求。通过逐步调整原型达到用户要求，确定客户的具体需求，然后按照需求开发软件。原型系统已经通过与用户交互而得到验证，据此产生的规格说明文档正确地描述了用户需求，不会因为规格说明文档的错误而进行较大的返工。开发人员通过建立原型系统已经学到了许多东西，在设计编码阶段发生错误的可能性也比较小。模型如图4-1所示。

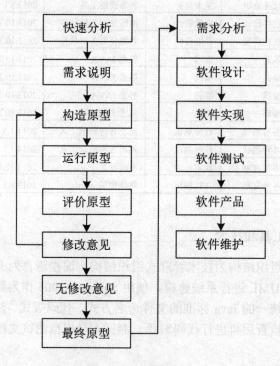

图4-1　原型模型

2.2　组织结构

仓库管理子系统开发项目组人员结构，如图4-2所示。

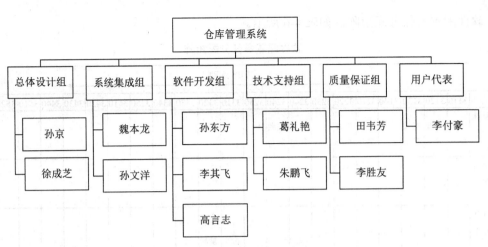

图 4-2　项目组人员结构

2.3　项目责任

（1）责任分配矩阵。

软件项目管理分配矩阵，如表 4-4 所示。

表 4-4　　　　　　　　　　　　　　软件项目管理分配矩阵

OBS 单位	WBS 活动						
	1110	1210	1310	1410	1420	1430	1510
总体设计组	主要	主要					
系统集成组							
软件开发组			主要	主要		主要	
技术支持组							主要
质量保证组			参与		主要		
用户代表	参与	参与					

软件开发责任分配矩阵，如表 4-5 所示。

表 4-5　　　　　　　　　　　　　　软件开发责任分配矩阵

OBS 单位	WBS 活动																		
	2120	2130	2220	2230	2310	2312	2321	2322	2331	2332	2341	2422	2351	2352	2361	2362	2371	2372
总体设计组	主要负责	主要负责	主要负责	主要负责														
系统集成组																		
软件开发组					主要负责		主要负责		主要负责		主要负责		主要负责		主要负责		主要负责	
技术支持组																		
质量保证组					主要负责		主要负责		主要负责		主要负责		主要负责		主要负责		主要负责	
用户	参与	参与	参与	参与														

软件配置责任分配矩阵，如表 4-6 所示。

表 4-6　　　　　　　　　　　　　软件配置责任分配矩阵

OBS 单位	WBS 活动 →																					
	3110	3120	3130	3140	3210	3220	3230	3240	3240	3250	3310	3320	3330	3340	3350	3410	3420	3430	3440	3510	3520	3530
总体设计组	主要参与	主要参与	主要参与		主要参与	主要参与		主要参与	主要参与													
系统集成组																						
软件开发组													主要参与									主要参与
技术支持组											主要参与				主要参与				主要参与	主要参与		
质量保证组													主要参与					主要参与	主要参与			
用户																						

验证与确认责任分配矩阵，如表 4-7 所示。

表 4-7　　　　　　　　　　　　　验证与确认责任分配矩阵

OBS 单位	WBS 活动 →												
	4110	4120	4130	4210	4220	4310	4320	4410	4420	4230	4440	4510	4520
总体设计组	主要参与				主要参与								
系统集成组			主要参与				主要参与		主要参与			主要参与	
软件开发组													
技术支持组													
质量保证组			主要参与	主要参与		主要参与			主要参与	主要参与	主要参与		主要参与
用户代表													

质量保证责任分配矩阵，如表 4-8 所示。

表 4-8　　　　　　　　　　　　　质量保证责任分配矩阵

OBS 单位	WBS 活动 →						
	5110	5120	5210	5220	5310	5410	5510
总体设计组			主要参与				
系统集成组							
软件开发组							
技术支持组							主要参与
质量保证组	主要参与	主要参与		主要参与	主要参与	主要参与	
用户代表							

（2）　工作包（WBS）。

1000	软件项目管理 SPM
1100	需求分析阶段
1110	软件需求详细计划
1200	设计阶段
1210	软件设计报告
1300	编码阶段
1310	软件编码报告
1400	测试阶段
1410	编制软件项目进展报告
1420	软件测试报告
1430	软件编码更新
1500	维护阶段
1510	软件维护记录报告
2000	软件开发
2100	需求分析阶段
2110	用例图
2120	静态模型
2130	需求分析规格说明书
2200	设计阶段
2210	类图
2220	动态模型
2230	设计文档
2300	编码阶段
2310	出库单管理
2311	编码
2312	单元测试
2320	入库单管理
2321	编码
2322	单元测试
2330	库存盘点
2331	编码
2332	单元测试
2340	库存报表管理
2341	编码
2342	单元测试
2350	调拨在途查询
2351	编码
2352	单元测试

2360	仓库设置
2361	编码
2362	单元测试
2370	退货原因维护
2371	编码
2372	单元测试
2400	测试阶段
2410	集成测试
2500	维护阶段
2510	软件安装
2520	软件调试
2530	软件维护记录报告
3000	软件配置
3100	需求分析阶段
3110	制定配置和管理计划
3120	开发模型
3130	需求文档
3140	配置状态审计
3200	设计阶段
3210	数据库设计
3220	框架设计
3230	软件配置库的维护
3240	设计文档
3250	配置状态审计
3300	编码阶段
3310	软件运行环境
3320	源代码
3330	软件测试报告
3340	配置状态审计
3400	测试阶段
3410	软件运行
3420	软件测试数据
3430	软件维护报告
3440	配置状态审计
3500	维护阶段
3510	数据库维护
3520	软件运行环境
3530	可执行代码
3540	配置状态审计

4000	验证与确认
4100	需求分析阶段
4110	制定软件需求阶段验证和确认计划
4120	需求确认报告
4130	阶段评审
4200	设计阶段
4210	阶段评审
4220	设计确认报告
4300	编码阶段
4310	阶段评审
4320	编码确认报告
4400	测试阶段
4410	各项功能　评审
4411	操作员登陆功能评审
4412	操作员注册功能评审
4413	操作员查询功能评审
4414	入库单录入功能评审
4415	用户管理功能评审
4416	出库单录入功能评审
4417	库存统计功能评审
4420	系统测试
4430	测试确认报告
4440	阶段评审
4500	维护阶段
4510	验收测试
4520	验收评审
5000	质量保证
5100	需求分析阶段
5110	制定质量保证计划
5120	需求质量文档
5200	设计阶段
5210	设计质量文档
5220	软件质量保证活动报告
5300	编码阶段
5310	编码质量文档
5400	测试阶段
5410	测试质量文档
5500	维护阶段
5510	维护文档

（3） 项目干系人的责任分配矩阵如表4-9所示。

表4-9　　　　　　　　　　　　　项目干系人的责任分配矩阵

活动	人员					
	孙京	葛礼艳	田韦芳	徐成芝	孙东方	李其飞
需求调查	S	R	A	P	P	I
结果分析	S	R	A	P	P	I
用例描述	S	R	S	A	P	I
界面设计	S	R	S	P	A	I
文档编写	S	R	P	A	P	I

A=负责人　　P-参与者　　R=要求审查　　I=要求输入　　S=要求签字

任务3　管理过程

3.1　管理目标和优先级

（1）　管理目标

基本管理原则：每位成员既是积极的建言者，又是负责的合作者，同时也是决策的制定者。决策应在充分的讨论基础上由大家共同做出。一旦决策做出，就必须要及时有效地执行。

目标1：按时按量完成项目的基本功能，按时发布产品及文档，这是本团队的最高目标。

目标2：遵循规范化的项目运作标准，文档严谨完整，代码注释充分，便于后续维护，这是第二目标。

目标3：产品运行稳定，界面友好，用户易操作，尽量从用户的角度去看问题，并提出解决问题的方案。

目标4：注重团队建设，成员分工合理，团队成员合作默契，气氛融洽。每周的讨论会积极建言。在开发过程中积极协作。

目标5：项目设计和开发上尽量有创意，有亮点。

（2）　优先级

在遵循基本原则的基础上，管理目标的优先级如表4-10所示（优先级1～5依次递减）。

表4-10　　　　　　　　　　　　　　　　优先级

管理目标	优先级
目标1	1
目标2	2
目标3	3
目标4	4
目标5	5

3.2　设定条件、依赖关系和约束条件

假设 1：指导老师对项目进度进行压缩或组员推出该项目

限制：某些关键模块与功能不能及时交付

假设 2：相关硬件设备或者软件设备瘫痪

限制：造成部分工作甚至整体工作无法进行而造成拖延

假设 3：组员在项目开发过程中推出该项目

限制：任务需重新分配可能导致最终延期交付

假设 4：最终没有外援美工指导

限制：最终系统界面友好性相对较差

3.3　风险管理

风险管理主要针对项目开发涉及到的风险，包括在项目开发周期过程中可能出现的风险，以及项目实施过程中外部环境的变化可能引起的风险等进行评估。

（1）　风险条目表

1）　需求风险

分析员对业务了解不全面、需求的不断变化。

2）　相关性风险

项目经理管理经验不足，不可抗力因素造成的危害，高层管理人员对时间的要求不合理。

3）　管理风险

项目范围定义不清楚、进度拖延、沟通不善。

4）　技术风险

设计错误导致程序实现困难，缺乏质量跟踪，缺少测试计划，相关人员缺乏技术培训，缺乏经验，特殊功能不能及时交付。

5）　开发环境风险

所使用开发软件的质量问题，备份环境不稳定，系统崩溃或者被攻击。

6）　人员数目及经验风险

人力资源有限，开发人员没有接受过正规培训，开发人员经验不足。

7）　客户风险

客户对于最后交付的产品不满意，要求重新设计和重做；客户对规划、原型和规格的审核决策周期比预期的要长；客户没有参加审核，导致需求不稳定。

（2）　风险定性分析

如表 4-11 中对可能发生的风险做了定性的分析。表中数据是通过资料搜集，以及个人和团队推测得来。

表 4-11　　　　　　　　　　　　　风险定性分析

类　别	潜在风险事件	风险发生概率的定性等级	风险后果影响的定性等级	综合风险指数
需求风险	分析员对业务了解不全面	中	轻微	11
	需求不断变化	中	轻度	2
相关性风险	项目经理管理经验不足	极高	严重	3
	不可抗力造成的危害	低	灾难性的	8
	高层管理人员对项目的时间要求不合理	极高	灾难性的	1
风险管理	项目规范定义不清楚	高	严重	5
	进度拖延	极高	严重	3
	沟通不善	中	轻度	11
技术风险	相关人员缺乏技术培训，缺乏经验	中	轻度	11
	特殊功能不能及时交付	中	轻度	11
	设计错误编码导致程序实现困难	中	严重	6
	缺少测试计划	低	轻度	14
	缺少质量跟踪	高	轻度	9
开发环境风险	所有开发软件的质量问题	中	严重	6
	系统崩溃或者受到攻击	低	灾难性	8
	备份环境不稳定	中	严重	6
人员数目及经验风险	人力资源有限	中	轻度	11
	开发人员没有接受过正规培训	高	轻微	16
	开发人员经验不足	高	严重	5
客户风险	客户对于最后交付的产品不满意，要求重新设计和重做	高	严重	2
	客户对规划、原型和规格的审核决策周期比预期的要长	高	严重	3
	客户没有参加审核，导致需求不稳定	高	严重	4

注：（1～5 是不能接受的风险；6～9 是不希望有的风险；10～17 是有控制的接受的风险；18～20 是不经评审，即可接受的风险）

（3）风险管理清单

如表 4-12 对前十项可能发生的风险进行了排序。表中数据是通过资料搜集，以及个人和团队推测得来。

表 4-12　　　　　　　　　　　　　风险管理清单

风　险	类　别	概　率	影　响	排　序
项目经理管理经验不足	相关性风险	98%	4	1
客户对规划、原型和规格的审核决策周期比预期的要长	客户风险	97%	5	2
需求不断变化	需求风险	95%	5	3
高层管理人员对项目的时间要求不合理	相关性风险	93%	5	4
进度拖延	管理风险	92%	4	5
开发人员经验不足	人员数目及经验风险	85%	4	6
项目范围定义不清楚	管理风险	75%	4	7
客户对于最后交付的产品不满意，要求重新设计和重做	客户风险	65%	5	8
分析员对业务了解不全面	需求风险	63%	3	9
设计错误编码导致程序实现困难	技术风险	55%	4	10

（4）　项目风险应对措施如表 4-13 所示。

表 4-13　　　　　　　　　　　　　　　项目风险应对措施

项目管理过程	风险意识		风险应对措施	
	潜在风险事件	风险发生后果	应急措施	预防措施
需求风险	分析员对业务了解不全面	系统不能满足业务需求	根据部门经理要求修改	让用户确认需求报告
	需求不断变化	项目变得没完没了	提交讨论决定	建立范围变更程序
相关性风险	不可抗力因素造成的危害	项目完成受到阻碍	及时修改	配备有经验的管理者
	项目经理管理经验不足	项目拖期，阻碍员工能力的发挥	培训或者换人	配备有经验的管理者
	高层管理人员对项目的时间要求不合理	项目不能完成	及时沟通	平时加强沟通
管理风险	项目规范定义不清楚	项目没完没了	按照用户要求变更	事先定义清楚并获得用户确认
	进度拖延	项目拖期	加班加点	制定详尽工作计划
	沟通不善	项目拖期	及时沟通	制定详尽沟通计划
技术风险	相关人员缺乏技术培训，缺乏经验	系统功能不能完全实现	一对一培训	制定培训计划
	特殊功能不能及时交付	不能满足用户需求	追加模块	沟通机制
	设计错误编码导致程序实现困难	质量问题	修改设计	编码之前进行设计评审
	缺少测试计划	项目拖期，质量问题发现不了	追加测试计划	事先评审测试计划
	缺乏质量跟踪	质量问题	及时解决问题	制定质量跟踪计划
开发环境风险	所使用开发软件质量问题	项目拖期	更换开发软件	选择正版软件
	系统崩溃或者被攻击	高层管理要求承担损失	加紧修复	事先备份
	备份环境不稳定	用户投诉	重新生成数据	做好备份
人员数据及经验风险	人力资源有限	项目拖期	添加人手	制定合理的时间管理计划
	开发人员没有接受过正规培训	项目拖期	增加专人开发	提前培训
	开发人员经验不足	项目拖期	增加专人开发	做好培训
客户风险	客户对于最后交付的产品不满意，要求重新设计和重做	项目拖期	修改设计	编码之前进行设计评审
	客户对规划、原型和规格的审核决策周期比预期的要长	项目拖期	加班加点	制定详尽工作计划
	客户没有参加审核，导致需求不稳定	项目变得没完没了	提交讨论决定	建立范围变更程序

（5）　风险监控

制定规划，实施保护措施，在保护措施实施的每一个阶段都要进行监控和跟踪。风险贯穿于项目的整个生命周期中，因为风险管理是个动态的、连续的过程。因此制定了风险防范计划后，还需要时刻监督风险的发展和变化情况。只有了解风险，才能规避风险。

3.4 监督与控制机制

（1） 报告机制

各开发过程、培训负责人以周为单位记录工作进展，形成电子文档报告。负责人在每次讨论时作口头总结，项目组成员给出意见，报告修改后发送至组长邮箱。各风险负责人密切监控风险状态，定期提交风险报告。必要时将突发情况通过邮件发送给所有组员，并由组长做出临时处理决定。

（2） 监督机制

开发过程中功能与模块相关联的两个开发小组有权利与义务对相关组别进行监督与进度询问。督促其按照规定进度完成任务。由技术组长对开发过程应用技术进行监督，并提供技术咨询。由管理组长对整体进度进行把握。

（3） 评价和审核机制

每次小组讨论形成一致意见后即为通过，相关负责人针对改进意见开展下一周工作，小组会议持续评估其成效。每一项目阶段结束之前（里程碑前后），组织一次阶段评审会，评估整个阶段的工作效率和成果质量。尽量与项目例会合并，并邀请专家参加评议。

知识链接 软件项目管理

1 软件项目管理概述

随着信息技术的飞速发展，软件产品的规模也越来越庞大，个人单打独斗的作坊式开发方式已经越来越不适应发展的需要。各软件企业都在积极将软件项目管理引入开发活动中，对开发实行有效的管理。软件开发不同于其他产品的制造，软件的整个过程都是设计过程（没有制造过程）。另外，软件开发不需要使用大量的物质资源，而主要是人力资源。并且，软件开发的产品只是程序代码和技术文件，并没有其他的物质结果。基于上述特点，软件项目管理与其他项目管理相比，有很大的特殊性。

软件项目管理是为了使软件项目能够按照预定的成本、进度、质量顺利完成，而对成本、人员、进度、质量、风险等进行分析和管理的活动。

软件项目管理的根本目的是为了让软件项目，尤其是大型项目的整个软件生命周期（从分析、设计、编码到测试、维护全过程）都能在管理者的控制之下，以预定成本按期、保质地完成软件后交付用户使用。而研究软件项目管理为了从成功或失败的案例中总结出能够指导今后开发的通用原则、方法，同时避免前人的失误。

软件项目管理的提出是在20世纪70年代中期的美国。当时美国国防部专门研究的软件开发不能按时提交，以及预算超支和质量达不到用户要求的原因，调查结果发现70%的项目是因为管理不善引起的，而非技术原因。于是软件开发者开始逐渐重视起软件开发中的各项管理。到了20世纪90年代中期，软件研发项目管理不善的问题仍然存在。据美国对软件工程实施现状的调查，发现软件研发的情况仍然很难预测，大约只有10%的项目能够在预定的费用和进度下交付。

据统计，1995年美国共取消了810亿美元的商业软件项目。其中31%的项目未做完就被取消，53%的软件项目进度通常要延长 50%的时间，只有 9%的软件项目能够及时交付，并且费用也控制在预算之内。

软件项目管理同其他的项目管理相比有相当的特殊性。首先，软件是纯知识产品，其开发进度和质量很难估计和度量，生产效率也难以预测和保证。其次，软件系统的复杂性也导致了开发过程中各种风险的难以预见和控制。Windows 这样的操作系统有 1500 万行以上的代码，同时有数千个程序员在进行开发，项目经理都有上百个。这样庞大的系统如果没有很好的管理，其软件质量是难以想象的。

软件项目管理的内容主要包括如下几个方面：人员的组织与管理，软件度量，软件项目计划，风险管理，软件质量保证，软件过程能力评估，软件配置管理等。

这几个方面都是贯穿、交织于整个软件开发过程中的，其中人员的组织与管理把注意力集中在项目组人员的构成、优化。软件度量关注采用量的方法评测软件开发中的费用、生产率、进度和产品质量等要素是否符合期望值，包括过程度量和产品度量两个方面。软件项目计划主要包括工作量、成本、开发时间的估计，并根据估计值制定和调整项目组的工作。风险管理预测未来可能出现的各种危害到软件产品质量的潜在因素并由此采取措施进行预防。质量保证是保证产品和服务充分满足消费者要求的质量而进行的有计划，有组织的活动。软件过程能力评估是对软件开发能力的高低进行衡量。软件配置管理针对开发过程中人员、工具的配置、使用提出管理策略。

2　软件项目管理的组织模式

软件项目可以是一个单独的开发项目，也可以与产品项目组成一个完整的软件产品项目。如果是订单开发，则成立软件项目组即可；如果是产品开发，需成立软件项目组和产品项目组（负责市场调研和销售），共同组成软件产品项目组。公司实行项目管理时，首先要成立项目管理委员会。项目管理委员会下设项目管理小组、项目评审小组和软件产品项目组。

（1）　项目管理委员会

项目管理委员会是公司项目管理的最高决策机构，一般由公司总经理、副总经理组成。主要职责如下：

1）　依照项目管理相关制度管理项目。

2）　监督项目管理相关制度的执行。

3）　对项目立项、项目撤消进行决策。

4）　任命项目管理小组组长、项目评审委员会主任、项目组组长。

（2）　项目管理小组

项目管理小组对项目管理委员会负责，一般由公司管理人员组成。主要职责如下：

1）　草拟项目管理的各项制度。

2）　组织项目阶段评审。

3）　保存项目过程中的相关文件和数据。

4）　为优化项目管理提出建议。

（3）　项目评审小组

项目评审小组对项目管理委员会负责，可下设开发评审小组和产品评审小组，一般由公司技术专家和市场专家组成。主要职责如下：

1）　对项目可行性报告进行评审。

2）　对市场计划和阶段报告进行评审。

3）　对开发计划和阶段报告进行评审。

4）　项目结束时，对项目总结报告进行评审。

（4）　软件产品项目组

软件产品项目组对项目管理委员会负责，可下设软件项目组和产品项目组。软件项目组和产品项目组分别设开发经理和产品经理。成员一般由公司技术人员和市场人员构成。主要职责是：根据项目管理委员会的安排具体负责项目的软件开发和市场调研及销售工作。

3　软件项目管理的内容

从软件工程的角度讲，软件开发主要分为六个阶段：需求分析阶段、概要设计阶段、详细设计阶段、编码阶段、测试阶段、安装及维护阶段。不论是作坊式开发，还是团队协作开发，这六个阶段都是不可缺少的。

软件项目管理包括进度管理、成本管理、质量管理、人员管理、资源管理、标准化管理。管理的对象是进度、系统规模及工作量估算、经费、组织机构和人员、风险、质量、作业和环境配置等。软件项目管理所涉及的范围覆盖了整个软件生存期。

在20世纪80年代初，著名软件工程专家B.W.Boehm总结出了软件开发时需遵循的七条基本原则。同样，在进行软件项目管理时，也应该遵循这七条原则。它们是：（1）用分阶段的生命周期计划严格管理；（2）坚持进行阶段评审；（3）实行严格的产品控制；（4）采用现代程序设计技术；（5）结果应能够清楚地审查；（6）开发小组的人员应该少而精；（7）承认不断改进软件工程实践的必要性。

4　编写《软件项目计划书》

项目组成立的第一件事是编写《软件项目计划书》，在计划书中描述开发日程安排、资源需求、项目管理等各项情况的大体内容。计划书主要向公司各相关人员发放，使他们大体了解该软件项目的情况。对于计划书的每个内容，都应有相应具体实施手册，这些手册是供项目组相关成员使用的。

根据《GB8567－88 计算机软件产品开发文件编制指南》中项目开发计划的要求，结合实际情况调整后的《项目计划书》内容如下：

---

1 引言

1.1 背景

主要说明项目的来历，一些需要项目团队成员知道的相关情况。主要有以下内容：

（1）　项目的名称

经过与客户商定或经过立项手续统一确定的项目名称，一般与所待开发的软件系统名称有较大的关系，如针对"XX 系统"开发的项目名称是"XX 系统开发"。

（2）　项目的委托单位

如果是根据合同进行的软件开发项目，项目的委托单位就是合同中的甲方；如果是自行研发的软

件产品，项目的委托单位就是本企业。

（3）项目的用户（单位）

软件或网络的使用单位，可以泛指某个用户群。注意，项目的用户或单位有时与项目的委托单位是同一个，有时是不同的。如海关的报关软件、税务的报税软件，委托单位是海关或税务机关，但使用的用户或单位不仅有海关或税务机关，还包括需要报关、报税的企业单位。

（4）项目的任务提出者

本企业内部提出需要完成此项目的人员一般是领导或商务人员。注意，项目的任务提出者一般不同于项目的委托单位，前者一般是企业内部的人员。如果是内部开发项目，则两者的区别在于前者指人，后者指单位。

（5）项目的主要承担部门

有些企业根据行业方向或工作性质的不同把软件开发分成不同的部门（也有的分为不同事业部）。项目的特点就是其矩阵式组织，一般一个项目的项目成员可能由不同的部门组成，甚至可能由研发部门、开发部门、测试部门、集成部门、服务部门等其中几个组成。需要根据项目所涉及的范围确定本项目的主要承担部门。

（6）项目建设背景

从政治环境上、业务环境上说明项目建设背景，说明项目的大环境、来龙去脉。这有利于项目成员更好地理解项目目标和各项任务。

（7）软件系统与其他系统的关系

说明与本系统有关的其他系统，说明它们之间的相互依赖关系。这些系统可以是这个系统的基础性系统（一些数据、环境等必须依靠这个系统才能运行），也可以是以这个系统为基础的系统，或者是两者兼而有之的关系、互相依赖的系统。例句：本系统中对外部办公部分，如需要各个建设单位报送材料的子系统应当挂在市政府网站。

（8）软件系统与机构的关系

说明软件系统除了委托单位和使用单位，还与哪些机构组织有关。例如，一些系统需要遵守那些组织的标准，需要通过那些组织机构的测试才能使用等，是否需要外包或与那些组织机构合作。

1.2 定义

列出正确理解本计划书所用到的专门术语的定义、外文缩写词的原词及中文解释。注意尽量不要对一些业界使用的通用术语进行另外的定义，致使它的含义和通用术语的惯用含义不一致。

1.3 参考资料

列出本计划书中所引用的及相关的文件资料和标准的作者、标题、编号、发表日期和出版单位，必要时说明得到这些文件资料和标准的途径。本节与下一节的"标准、条约和约定"互为补充。注意，"参考资料"未必作为"标准、条约和约定"，因为"参考"的不一定是"必须遵守"的。常用资料如：

本项目的合同、标书、上级机关有关通知、经过审批的项目任务书；

属于本项目的其他已经发表的文件；

本文档中各处引用的文件、资料，包括所要用到的软件开发标准。

1.4 标准、条约和约定

列出在本项目开发过程中必须遵守的标准、条约和约定。例如：相应的《立项建议书》、《项目任务书》、合同、国家标准、行业标准、上级机关有关通知和实施方案、相应的技术规范等。

"参考资料"一般具有"物质"特性，一般要说明参照了什么，要说明在哪里可以获得；"标准、条约和约定"一般具有"精神"特性，一般是必须遵守的，不说明在哪里可以获得。参考资料的内容应该涵盖"标准、条约和约定"。

2 项目概述

2.1 项目目标

设定项目目标就是把项目要完成的工作用清晰的语言描述出来，让项目团队每一个成员都有明确的概念。注意，不要简单地说成在什么时间内完成开发什么软件系统或完成什么软件安装集成任务。注意"要完成一个系统"只是一个模糊的目标，它还不够具体和明确。明确的项目目标应该指出了服务对象，所开发软件系统最主要的功能和系统本身的比较深层次的社会目的或系统使用后所起到的社会效果。

项目目标应当符合 SMART 原则：

➢ 明确的陈述（Specific）。

➢ 可以衡量的结果（Measurable）。

➢ 可以达成的目标（Attainable）。

➢ 现实的或者说是能和实际工作相结合（Realistic）。

➢ 可以跟踪的（Trackable）。

项目目标可以进行横向的分解，也可以进行纵向的分解。

（1）横向的分解

一般按照系统的功能或按照建设单位的不同业务要求，如分解为第一目标、第二目标等；

（2）纵向的分解

一般是指按照阶段，如分解为第一阶段目标、第二阶段目标等，或近期目标、中期目标、远期目标等。阶段目标一般应当说明目标实现的较为明确的时间。一般要在说明了总目标的基础上再说明分解目标，可加上"为实现项目的总目标，必须实现以下三个阶段目标……"

2.2 产品目标与范围

根据项目输入（如合同、立项建议书、项目技术方案、标书等）说明此项目要实现的软件系统产品的目的与目标，及简要的软件功能需求。对项目成果（软件系统）范围进行准确清晰的界定与说明，是软件开发项目活动开展的基础和依据。软件系统产品目标应当从用户的角度说明开发这一软件系统是为了解决用户的哪些问题。

产品目标如"提高工作信息报送反馈工作效率，更好地进行工作信息报送的检查监督，提高信息的及时性、汇总统计信息的准确性，减轻各级相关工作人员的劳动强度。"

2.3 假设与约束

对于项目必须遵守的各种约束（时间、人员、预算、设备等）进行说明。这些内容将限制你实现什么、怎样实现、什么时候实现、成本范围等种种制约条件。

假设是通过努力可以直接解决的问题，而这些问题是一定要解决才能保证项目按计划完成。如："系统分析员必须在 3 天内到位"或"用户必须在 8 月 8 日前确定对需求文档进行确认"。

约束一般是难以解决的问题，但可以通过其他途径回避或弥补、取舍，如人力资源的约束限制，就必须牺牲进度或质量等。

假设与约束是针对比较明确会出现的情况，如果问题的出现具有不确定性，则应该在风险分析中列出，分析其出现的可能性（概率）、造成的影响、应当采取的相应措施。

2.4　项目工作范围

说明为实现项目的目标需要进行哪些工作。在必要时，可描述与合作单位、用户的工作分工。注意产品范围与项目工作范围的不同含义。

产品范围界定：软件系统产品本身范围的特征和功能范围。

工作范围界定：为了能够按时保质交付一个有特殊的特征和功能的软件系统产品，所要完成的哪些工作任务。

产品范围的完成情况是参照客户的需求来衡量的，而项目范围的完成情况则是参照计划来检验的。这两个范围管理模型间必须要有较好的统一性，以确保项目的具体工作成果，能按特定的产品要求准时交付。

2.5　应交付成果

2.5.1　需完成的软件

列出需要完成的程序的名称、所用的编程语言及存储程序的媒体形式。其中软件对象可能包括：源程序、数据库对象创建语句、可执行程序、支撑系统的数据库数据、配置文件、第三方模块、界面文件、界面原稿文件、声音文件、安装软件、安装软件源程序文件等。

2.5.2　需提交用户的文档

列出需要移交给用户的每种文档的名称、内容要点及存储形式，如需求规格说明书、帮助手册等。此处需要移交用户的文档可参考合同中的规定。

2.5.3　须提交内部的文档

可根据《GB8567-88 计算机软件产品开发文件编制指南》附录 O："文件编制实施规定的实例（参考件）"结合各企业实际情况调整制定《软件开发文档编制裁减衡量因素表》。根据《因素表》确定项目对应的项目衡量因素取值，以确定本项目应完成的阶段成果。将不适用于本项目的内容裁减，以减少不必要的项目任务和资源。

根据因素取值列出本项目应完成的阶段成果，说明本项目取值所在的区间，将其他因素值区间删除。

2.5.4　应当提供的服务

根据合同或某重点建设工作需要，列出将向用户或委托单位提供的各种服务，例如培训、安装、维护和运行支持等。具体的工作计划，如需要编制现场安装作业指导书、培训计划等，应当在本计划"4.3 总体进度计划"中条列出。

2.6　项目开发环境

说明开发本软件项目所需要的软硬件环境和版本、如操作系统、开发工具、数据库系统、配置管理工具、网络环境。环境可能不止一种，如开发工具可能需要针对 Java 的，也需要针对 C++的。有些环境可能无法确定，需要在需求分析完成或设计完成后才能确定所需要的环境。

2.7　项目验收方式与依据

说明项目内部验收和用户验收的方式，如验收包括交付前验收、交付后验收、试运行（初步）验收、最终验收、第三方验收、专家参与验收等。项目验收依据主要有标书、合同、相关标准、项目文档（最主要是需求规格说明书）。

3　项目团队组织

3.1　组织结构

说明项目团队的组织结构。项目的组织结构可以从所需角色和项目成员两个方面描述。所需角色主要说明为了完成本项目任务，项目团队需要哪些角色构成，如项目经理、计划经理、系统分析员（或小组）、构架设计师、设计组、程序组、测试组等。组织结构可以用图形来表示，可以采用树形图，也可以采用矩阵式图形，同时说明团队成员来自于哪个部门。除了图形外，可以用文字简要说明各个角色应有的技术水平。

注意，虽然有一些通用的结构可以套用，但各种不同规模、不同形式的项目组织结构是不一样的。如产品研发项目可能就不需要实施人员（小组），但需要知识转移方面的人员（小组）。而软件编码外包的项目则不需要程序员，测试人员也可以适当地减少。

3.2 人员分工

确定项目团队的每个成员属于组织结构中的什么角色，他们的技术水平、项目中的分工与配置，可以用列表方式来说明，具体编制时按照项目实际组织结构编写。以下是一个示例。

姓　　名	技术水平	角　　色	工作描述
		项目管理、前期分析、设计	分析系统需求、项目计划、项目团队管理、检查进度
		分析、设计、编码	分析新功能、软件框架扩展、代码模块分配、数据库设计说明书
		分析、设计	数据交换、安装程序、安装手册
		设计、编码	数据加载分析
		设计	项目后期总体负责、加载程序编写
		设计、编码	数码相机照片读取剪切模块设计
		测试	对软件进行测试、软件测试文档
		文档编写、测试	用户操作手册

3.3 协作与沟通

项目的沟通与协作，首先应当确定协作与沟通的对象，就是与谁协作、沟通。沟通对象应该包括所有项目干系人，而项目干系人包括了所有项目团队成员、项目接口人员、项目团队外部相关人员等。

其次应当确定协作模式与沟通方式。沟通方式，如会议、电话、QQ、内部邮件、外部邮件、聊天室等。其中邮件沟通应当说明主送人、抄送人，聊天室沟通方式应当约定时间周期。而协作模式主要说明在出现何种状况的时候各个角色应当（主动）采取何种措施，包括沟通，如何互相配合来共同完成某项任务。定期的沟通一般包括项目阶段报告、项目阶段计划、阶段会议等。

3.3.1 项目团队内部协作

本节说明在项目开发过程中项目团队内部的协作模式和沟通方式、频次、沟通成果记录办法等内容。

3.3.2 项目接口人员

应当说明接口工作的人员，即他们的职责、联系方式、沟通方式、协作模式，包括：

➤ 负责本项目同用户的接口人员；
➤ 负责本项目同本企业各管理机构，如计划管理部门、合同管理部门、采购部门、质量管理部门、财务部门等的接口人员；
➤ 负责本项目同分包方的接口人员。

3.3.3 项目团队外部沟通与协作模式

项目团队外部包括企业内部管理协助部门、项目委托单位、客户等。

本节说明在项目开发过程中项目团队内部与接口人员、客户沟通的方式、频次、沟通成果记录办法等内容。明确最终用户、直接用户及其所在本企业/部门名称和联系电话。明确协作开发的有关部门的名称、经理姓名、承担的工作内容，以及工作实施责任人的姓名、联系电话。确定有关的合作单位的名称、负责人姓名、承担的工作内容，以及实施人的姓名、联系电话。

4　实施计划

4.1　风险评估及对策

识别或预估项目进行过程中可能出现的风险。应该分析风险出现的可能性（概率）、造成的影响、根据影响确定应该采取的措施。风险识别包括识别内在风险及外在风险。内在风险是指项目工作组能加以控制和影响的风险，如人事任免和成本估计等。外在风险指超出项目工作组等控制力和影响力之外的风险，如市场转向或政府行为等。

风险的对策包括：避免：排除特定危胁往往靠排除危险起源；减缓：减少风险事件的预期资金投入来减低风险发生的概率，以及减少风险事件的风险系数；吸纳：接受一切后果，可以是积极的（如制定预防性计划来防备风险事件的发生），也可以是消极的（如某些费用超支则接受低于预期的利润）。

对于软件开发项目而言，在分析、识别和管理风险上投入足够的时间和人力，可以使项目进展过程更加平稳，提高项目跟踪和控制的能力。由于在问题发生之前已经做了周密计划，因而对项目的成功产生更加充分的信心。

软件开发项目常见预估的风险：

（1）工程/规模/进度上的风险

规模大，规模估算不精确、甚至误差很大。就规模而言，用户要求交付期、费用很紧。预料外的工作（测试未完时的现场对应等）。

（2）技术上的风险

使用新的开发技术、新设备等，或是新的应用组合，没有经验。是新的行业或业务，没有经验。性能上的要求很严。

（3）用户体制上的问题

用户管理不严，恐怕功能决定、验收不能顺利地完成（或者出现了延迟），或者恐怕功能会多次变更。与用户分担开发，恐怕工程会拖延（或者出现了延迟）。用户或其他相关单位承担的工作有可能延误。

（4）其他

包含此处没有、但据推测有风险的项目。

4.2　工作流程

说明项目采用什么样的工作流程进行。如瀑布法工作流程，原型法工作流程、螺旋型工作流程、迭代法工作流程，也可以是自己创建的工作流程。不同的流程将影响后面的工作计划的制定。必要时画出本项目采用的工作流程图及适当的文字说明。

4.3　总体进度计划

这里所说的总体进度计划为高层计划。作为补充，应当分阶段制定项目的阶段计划，这些阶段计划不在这份文档中，但要以这份总体计划为依据。

总体进度计划要依据确定的项目规模进行列表项目阶段划分、阶段进度安排及每阶段应提交的阶段成果。在阶段时间安排中要考虑项目阶段成果完成、提交评审、修改的时间。

对于项目计划、项目准备、需求调研、需求分析、构架设计或概要设计、编码实现、测试、移交、内部培训、用户培训、安装部署、试运行、验收等工作，给出每项工作任务的预定开始日期、完成日期及所需的资源，规定各项工作任务完成的先后顺序，以及表征每项工作任务完成的标志性事件（里程碑）。

例如：

起止时间点	责任人及所需资源	完成工作	应提交成果	检查点／里程碑

制定软件项目进度计划可以使用一些专门的工具，最常用的是 Microsoft 的 Project 作为辅助工具，功能比较强大，比较适合于规模较大的项目，但无法完全代替项目计划书，特别是一些主要由文字来说明的部分。小规模的项目可简便地使用 EXCEL 作为辅助工具。关于如何使用这些工具不在此作详细说明。

制定软件项目进度计划应当考虑以下一些因素

（1）对于系统需求和项目目标的掌握程度

如开始时对于系统需求和项目目标只有比较粗略的了解，就只能制定出大致的进度计划，等到需求阶段或设计阶段结束，就应该进一步细化进度计划。

（2）软件系统规模和项目规模

这两个不是一个概念。软件系统规模往往是从功能点的估算或其他估算方式得来的，而项目规模还要考虑对文档数量与质量的要求，使用的开发工具、新技术、多少复用、沟通的方便程度、客户方的情况、需要遵守的标准规范，等等。例如，完成一个大型的系统，在一定的时间内只靠一个人或几个人的智力和体力是承受不了的。由于软件是逻辑、智力产品，盲目增加软件开发人员并不能成比例地提高软件开发能力。相反，随着人员数量的增加，人员的组织、协调、通信、培训和管理方面的问题将更为突出。

（3）软件系统复杂程度和项目复杂程度

同软件系统规模和项目规模一样，软件系统的复杂程度主要是考虑软件系统本身的功能、架构的复杂程度，而项目的复杂程度主要是指项目团队成员的构成、项目任务的复杂程度、项目干系人的复杂程度、需求调研的难易程度，多项目情况下资源保障的情况，等等。软件系统的规模与软件系统的复杂程度未必是成比例的关系，同样项目的规模与项目的复杂程度未必是成比例的关系。

（4）项目的工期要求

就是项目的紧急程度。有些项目规模大，却因为与顾客签订了合同，或者为了抢先占领市场，工期压缩得很紧，这时就要考虑如何更好地合理安排进度，而多增加人选、多采用加班的方式是一种万不得已的选择。增加人选除了增加人的成本外，必定会增加沟通的成本（熟悉项目任务所需要的时间）；加班如果处理不好会造成情绪上的问题，也可能会因为过于忙碌而无法顾及质量，造成质量的下滑。

（5）项目成员的能力

这些能力包括项目经理的管理能力，系统分析员的分析能力、系统设计人员的设计能力、程序员的编码能力、测试人员的测试能力，以及企业或项目团队激发出这些能力的能力。从另外一个角度看还有总体上对客户行业业务的熟悉程度；对于建模工具、开发工具、测试工具等技术的掌握程度；企业内部对行业业务知识和主要技术的知识积累。

4.4 项目控制计划

4.4.1 质量保证计划

执行质量评审活动，对过程质量进行控制。规模较大的项目应当单独编写《软件开发项目质量计划》。根据《GB/T12504-1990 计算机软件质量保证计划规范》，内容包括：

（1）管理

描述负责软件质量管理的机构、任务及其相关的职责。

（2）文档

列出在该软件的开发、验证与确认，以及使用与维护等阶段中需要编制的文档，并描述对文档进行评审与检查的准则。

（3）标准、条例和约定

列出软件开发过程中要用到的标准、条例和约定，并列出监督和保证执行的措施。

（4）评审和检查

规定所要进行的技术和管理两个方面的评审和检查工作，并编制或引用有关的评审和检查规程，以及通过与否的技术准则。至少要进行软件需求评审、概要设计评审、软件验证与确认评审、软件系统功能检查、程序和文档物理检查

（5）软件配置管理

编制有关配置管理条款，或在"4.4.4 配置管理计划"中说明，或引用按照《GB/T 12505-1990 计算机软件配置管理计划规范》单独制定的文档。

（6）工具、技术和方法

指明用于支持特定软件项目质量管理工作的工具、技术和方法，指出它们的目的和用途。

（7）媒体控制

说明保护计算机程序物理媒体的方法和设施，以免非法存取、意外损坏或自然老化。

（8）对供货单位的控制

供货单位包括项目承办单位、软件销售单位、软件开发单位。规定对这些供货单位进行控制的规程，从而保证项目承办单位从软件销售单位购买的、其他开发单位开发的或从开发单位现存软件库中选用的软件能满足规定的需求。

（9）记录的收集、维护和保存

指明需要保存的软件质量保证活动的记录，并指出用于汇总、保护和维护这些记录的方法和设施，并指明要保存的期限

4.4.2 进度控制计划

本项目的进度监控执行本企业《项目管理规范》，由本企业过程控制部门，如质量管理部统一进行监控，并保留在监控过程中产生的日常检查记录。

4.4.3 预算监控计划

说明如何检查项目预算的使用情况。根据项目情况需要制定。

4.4.4 配置管理计划

编制有关软件配置管理的条款，或引用按照 GB/T 12505-1990 单独制订《配置管理计划》文档。

在这些条款或文档中，必须规定用于标识软件产品，控制和实现软件的修改，记录和报告修改实现的状态，以及评审和检查配置管理工作等四方面的活动。还必须规定用以维护和存储软件受控版本的方法和设施；必须规定对所发现的软件问题进行报告、追踪和解决的步骤，并指出实现报告、追踪和解决软件问题的机构及其职责。

根据《GB/T 12505-1990 计算机软件配置管理计划规范》，软件配置管理计划内容如下：

（1）管理

描述负责软件配置管理的机构、任务、职责及其有关的接口控制。

（2）软件配置管理活动

描述配置标识、配置控制、配置状态记录与报告，以及配置检查与评审等四方面的软件配置管理活动的需求。

（3）工具、技术和方法

指明为支持特定项目的软件配置管理所使用的软件工具、技术和方法。指明它们的目的，并在开发者所有权的范围内描述其用法

（4）对供货单位的控制

供货单位是指软件销售单位、软件开发单位或软件子开发单位。必须规定对这些供货单位进行控制的管理规程，从而使从软件销售单位购买的、其他开发单位开发的或从开发单位现存软件库中选用的软件能满足规定的软件配置管理需求。

（5）记录的收集、维护和保存

指明要保存的软件配置管理文档，指明用于汇总、保护和维护这些文档的方法和设施，并指明要保存的期限。

5 支持条件

说明为了支持本项目的完成所需要的各种条件和设施。

5.1 内部支持

逐项列出项目每阶段的支持需求（含人员、设备、软件、培训等）及其时间要求和用途。

例如，设备、软件支持包括客户机、服务器、网络环境、外设、通讯设备、开发工具、操作系统、数据库管理系统、测试环境，逐项列出有关设备的到货日期、使用时间的要求。

5.2 客户支持

列出对项目而言，需由客户承担的工作、完成期限和验收标准，包括需由客户提供的条件及提供的时间。

5.3 外包（可选）

列出需由外单位分合同承包者承担的工作、完成时间，包括需要由外单位提供的条件和提供的时间。

6 预算

6.1 人员成本

列出产品/项目团队每一个人的预计工作月数。

列出完成本项目所需要的劳务（包括人员的数量和时间）。

劳务费一般包括工资、奖金、补贴、住房基金、退休养老金、医疗保险金。

6.2 设备成本

设备成本包括：原材料费，设备购置及使用费。

列出拟购置的设备及其配置和所需的经费。

列出拟购置的软件及其版本和所需的经费。

使用的现有设备及其使用时间。

6.3　其他经费预算

列出完成本项目所需要的各项经费，包括差旅费、资料费、通行费、会议费、交通费、办公费、培训费、外包费等，具体包括：

(1)　差旅费（旅费、出租）（含补贴）

(2)　资料费（图书费、资料费、复印费、出版费）

(3)　通信费（市话长话费、移动通信费、上网费、邮资）

(4)　会议费（鉴定费、评审会、研讨费、外事费等）

(5)　办公费（购买办公用品）

(6)　协作费（业务协作招待费、项目团队加班伙食费）

(7)　培训费（培训资料编写费、资料印刷费、产地费、设备费）

(8)　其他（检测、外加工费、维修费、消耗品、低易品、茶话会等）

7　关键问题

逐项列出能够影响整个项目成败的关键问题、技术难点和风险，指出这些问题对项目成败的影响。

8　专题计划要点

专题计划也就是因为项目的需要在本文档之外独立建立的计划，本节说明本项目开发中需要制定的各个专题计划的要点。专题计划可能包括分合同计划、分项目计划、项目团队成员培训计划、测试计划、安全保密计划、质量保证计划、配置管理计划、用户培训计划、系统安装部署计划。

5　软件配置管理

是否进行配置管理与软件的规模有关，软件的规模越大，配置管理就显得越重要。软件配置管理简称 SCM（Software Configuration Management 的缩写），是在团队开发中，标识、控制和管理软件变更的一种管理。配置管理的使用取决于项目规模、复杂性和风险水平。

（1）　目前软件开发中面临的问题

在有限的时间、资金内，要满足不断增长的软件产品质量要求；开发的环境日益复杂，代码共享日益困难，需跨越的平台增多；程序的规模越来越大；软件的重用性需要提高；软件的维护越来越困难。

（2）　软件配置管理应提供的功能

在 ISO90003 中，对配置管理系统的功能做了如下描述：唯一地标识每个软件项的版本；标识共同构成一完整产品的特定版本的每一软件项的版本；控制由两个或多个独立工作的人员同时对一给定软件项的更新；控制由两个或多个独立工作的人员同时对一给定软件项的更新；按要求在一个或多个位置对复杂产品的更新进行协调；标识并跟踪所有的措施和更改；这些措施和更改是从开始直到放行期间，由于更改请求或问题引起的。

（3）　软件配置项

软件过程的输出信息可以分为三类：一是计算机程序（源代码和可执行程序）；二是

描述计算机程序的文档(供技术人员或用户使用)；三是数据(程序内包含的或在程序外的)。上述这些项组成了在软件过程中产生的全部信息，我们把它们统称为软件配置，而这些项就是软件配置项。

随着软件开发过程的进展，软件配置项的数量迅速增加。为了开发出高质量的软件产品，软件开发人员不仅要努力保证每个软件配置项正确，而且必须保证一个软件的所有配置项是完全一致的。

（4） 基线

基线是一个软件配置管理概念，它有助于我们在不严重妨碍合理变化的前提下来控制变化。IEEE 把基线定义为：已经通过了正式复审的规格说明或中间产品，它可以作为进一步开发的基础，并且只有通过正式的变化控制过程才能改变它。

简而言之，基线就是通过了正式复审的软件配置项。在软件配置项变成基线之前，可以迅速而非正式地修改它。一旦建立了基线之后，虽然仍然可以实现变化，但必须应用特定的、正式的过程（称为规程）来评估、实现和验证每个变化。

除了软件配置项之外，许多软件工程组织也把软件工具置于配置管理之下，也就是说，把特定版本的编辑器、编译器和其他 CASE 工具作为软件配置的一部分"固定"下来。因为当修改软件配置项时必然要用到这些工具，为防止不同版本的工具产生的结果不同，应该把软件工具也基线化，并且列入到综合的配置管理过程之中。

（5） 软件配置管理过程

软件配置管理是软件质量保证的重要一环，它的主要任务是控制变化，同时也负责各个软件配置项和软件各种版本的标识、软件配置审计，以及对软件配置发生的任何变化的报告。

具体来说，软件配置管理主要有 5 项任务：标识、版本控制、变化控制、配置审计和状态报告。

1） 标识软件配置中的对象。为了控制和管理软件配置项，必须单独命名每个配置项，然后用面向对象方法组织它们。可以标识出两类对象：基本对象和聚集对象（可以把聚集对象作为代表软件配置完整版本的一种机制）。基本对象是软件工程师在分析、设计、编码或测试过程中创建出来的"文本单元"。例如，需求规格说明的一个段落、一个模块的源程序清单或一组测试用例。聚集对象是基本对象和其他聚集对象的集合。

每个对象都有一组能唯一地标识它的特征：名称、描述、资源表和"实现"。其中，对象名是无二义性地标识该对象的一个字符串。

在设计标识软件对象的模式时，必须认识到对象在整个生命周期中一直都在演化，因此，所设计的标识模式必须能无歧义地标识每个对象的不同版本。

2） 版本控制。版本控制联合使用规程和工具，以管理在软件工程过程中所创建的配置对象的不同版本。借助于版本控制技术，用户能够通过选择适当的版本来指定软件系统的配置。实现这个目标的方法是，把属性和软件的每个版本关联起来，然后通过描述一组所期望的属性来指定和构造所需要的配置。

上面提到的"属性"既可以简单到仅是赋给每个配置对象的具体版本号，也可以复杂到是一个布尔变量串，其指明了施加到系统上的功能变化的具体类型。

3） 变化控制。对于大型软件开发项目来说，无控制的变化将迅速导致混乱。变化控制把人的规程和自动工具结合起来，以提供一个控制变化的机制。典型的变化控制过程如下：接到变化请求之后，首先评估该变化在技术方面的得失、可能产生的副作用、对其他配置对象和系统功能的整体影响，以及估算出的修改成本。评估的结果形成"变化报告"，该报告供"变化控制审批者"审阅。所谓变化控制审批者既可以是一个人，也可以由一组人组成，其对变化的状态和优先级做最终决策。为每个被批准的变化都生成一个"工程变化命令"，其描述将要实现的变化和必须遵守的约束，以及复审和审计的标准。把要修改的对象从项目数据库中"提取（check out）"出来，进行修改并应用适当的 SQA 活动。最后，把修改后的对象"提交（check in）"进数据库，并用适当的版本控制机制创建该软件的下一个版本。

"提交"和"提取"过程实现了变化控制的两个主要功能——访问控制和同步控制。访问控制决定哪个软件工程师有权访问和修改一个特定的配置对象，同步控制有助于保证由两名不同的软件工程师完成的并行修改不会相互覆盖。

在一个软件配置项变成基线之前，仅需应用非正式的变化控制。该配置对象的开发者可以对它进行任何合理的修改（只要修改不会影响到开发者工作范围之外的系统需求）。一旦该对象经过了正式技术复审并获得批准，就创建了一个基线。而一旦一个软件配置项变成了基线，就开始实施项目级的变化控制。现在，为了进行修改开发者必须获得项目管理者的批准（如果变化是"局部的"），如果变化影响到其他软件配置项，还必须得到变化控制审批者的批准。在某些情况下，可以省略正式的变化请求、变化报告和工程变化命令，但是，必须评估每个变化，并且跟踪和复审所有变化。

4）　配置审计。为了确保适当地实现所需要的变化，通常从下述两方面采取措施：①正式的技术复审；②软件配置审计。

正式的技术复审（见 13.5.2 节）关注被修改后的配置对象的技术正确性。复审者审查该对象以确定它与其他软件配置项的一致性，并检查是否有遗漏或副作用。

软件配置审计通过评估配置对象的那些通常不在复审过程中考虑的特征（例如，修改时是否遵循了软件工程标准，是否在该配置项中显著地标明了所做的修改，是否注明了修改日期和修改者，是否适当地更新了所有相关的软件配置项，是否遵循了标注变化、记录变化和报告变化的规程），而成为对正式技术复审的补充。

5）　状态报告。书写配置状态报告是软件配置管理的一项任务，它回答下述问题：发生了什么事？谁做的这件事？这件事是什么时候发生的？它将影响哪些其他事物？

配置状态报告对大型软件开发项目的成功有重大贡献。当大量人员在一起工作时，可能一个人并不知道另一个人在做什么。两名开发人员可能试图按照相互冲突的想法去修改同一个软件配置项；软件工程队伍根据过时的硬件规格说明可能耗费几个月的工作量来开发软件；察觉到所建议的修改有严重副作用的人可能还不知道该项修改正在进行。对此，配置状态报告通过改善所有相关人员之间的通信，帮助消除这些问题。

6　人员组织与管理

软件开发中的开发人员是最大的资源。对人员的配置、调度安排贯穿整个软件过程，人员的组织管理是否得当，是影响对软件项目质量的决定性因素。

首先在软件开发的一开始，要合理地配置人员，根据项目的工作量、所需要的专业技能，再参考各个人员的能力、性格、经验，组织一个高效、和谐的开发小组。一般来说，一个开发小组人数在 5 到 10 人之间最为合适。如果项目规模很大，可以采取层级式结构，配置若干个这样的开发小组。

在选择人员的问题上，要结合实际情况来决定是否选入一个开发组员。并不是一群高水平的程序员在一起就一定可以组成一个成功的小组。作为考察标准，技术水平、与本项目相关的技能和开发经验，以及团队工作能力都是很重要的因素。一个一天能写一万行代码，但却不能与同事沟通融洽的程序员，未必适合一个对组员之间通信要求很高的项目。另外，还应该考虑分工的需要，合理配置各个专项的人员比例。例如一个网站开发项目，小组中有页面美工、后台服务程序、数据库几个部分，应该合理地组织各项工作的人员配比。可以用如下公式来对候选人员能力进行评分，达到一定分数的人员，则可以考虑进入开发组，但这个公式不包含对人员数量配比的考虑。

$$Score=\sum W_i C_i (i=1 \text{ to } 8)$$

C_i 是对项目组人员各项能力的评估。其值含义如表 4-14 所示。

表 4-14　　　　　　　　　　　　　　　　　C_i 的含义

C_i 的取值	0	1	2	3
含义	该人此项能力很差，完全没有相关经验，或 C_i 不适合描述此人	有一定此项能力，或曾从事过少量相关工作	此项能力较好，或有较多相关项目经验	能力优秀，有丰富的同类项目开发经验

W_i 是权重值，对应 C_i 描述的能力在本项目中的重要性，其值含义如表 4-15 所示。

表 4-15　　　　　　　　　　　　　　　　　W_i 的含义

W_i 的取值	0	1	2	3
含义	本项目中不要求此项能力，或此项能力对目前的候选人来说都是认定满足的	本项目对此项能力有一定要求，但不作为普遍要求	此项能力在本项目中比较重要，要求所有人员都要达到一定的水准	此项能力在本项目中非常重要，所有人员都必须达到比较好的水准

对人员的各项能力 C_i 要求如表 4-16 所示。

表 4-16　　　　　　　　　　　　　　　　　人员能力要求

C1	代码编写能力，可以用单位时间内无错代码行数量按比例映射到 C_i 的取值范围进行衡量
C2	对新技术的适应、学习能力，即当项目需要开发人员学习新技术时，是否可以很快地进入应用阶段
C3	开发经验，特指从事开发的项目数量
C4	相关开发经验，特指参加过的相关项目的数量
C5	抵受压力的能力，即是否能在高压下完成工作
C6	独立工作的能力，即在缺乏同事合作，需要独立工作的情况下完成工作的能力
C7	合作能力，即与同伴沟通，协同完成工作的能力
C8	对薪水的要求

在决定一个开发组的开发人员数量时，除了考虑候选人素质以外，还要综合考虑项目规模、工期、预算、开发环境等因素的影响，下面是一个基于规模、工期和开发环境的人员数量计算公式：

$$L=Ck*K1/3*td4/3$$

L：开发规模，以代码行 LOC 为度量；td：开发时间；K：人员数

Ck：技术常数表示开发环境的优劣

取值 2000：表示开发环境差，没有系统的开发方法，缺乏文档规范化设计；

取值 8000：表示开发环境较好；

取值 11000：表示开发环境优。

在组建开发组时，还应充分估计到开发过程中的人员风险。由于工作环境、待遇、工作强度、公司的整体工作安排和其他无法预知的因素，一个项目、尤其是开发周期较长的项目几乎无可避免地要面临人员的流入流出。如果不在项目初期对可能出现的人员风险进行充分的估计，做必要的准备，一旦风险转化为现实，将有可能给整个项目开发造成巨大的损失。以较低的代价进行及早的预防是降低这种人员风险的基本策略。具体来说可以从以下几个方面对人员风险进行控制：

a. 保证开发组中全职人员的比例，且项目核心部分的工作应该尽量由全职人员来担任，以减少兼职人员对项目组人员不稳定性的影响。

b. 建立良好的文档管理机制，包扩项目组进度文档、个人进度文档、版本控制文档、整体技术文档、个人技术文档、源代码管理等。一旦出现人员的变动，比如某个组员因病退出，替补的组员能够根据完整的文档尽早接手工作。

c. 加强项目组内技术交流，比如定期开技术交流会，或根据组内分工建立项目组内部的开发小组，是开发小组内的成员能够相互熟悉对方的工作和进度，能够在必要的时候替对方工作。

d. 对于项目经理，可以从一开始就指派一个副经理在项目中协同项目经理管理项目开发工作，如果项目经理退出开发组，副经理可以很快接手。但是只建议在项目经理这样的高度重要的岗位采用这种冗余复制的策略来预防人员风险，否则将大大增加项目成本。

e. 为项目开发提供尽可能好的开发环境，包括工作环境、待遇、工作进度安排等。同时一个优秀的项目经理应该能够在项目组内营造一种良好的人际关系和工作氛围。良好的开发环境对于稳定项目组人员和提高生产效率都有不可忽视的作用。

7　软件工程标准化

（1）　软件工程标准化的意义

在开发一个软件时，需要有许多层次、不同分工的人员相互配合；在开发项目的各个部分和各开发阶段之间也都存在着许多联系和衔接问题。如何把这些错综复杂的关系协调好，需要有一系列统一的约束和规定。在软件开发项目取得阶段成果或最后完成时，还需要进行阶段评审和验收测试。投入运行的软件，其维护工作中遇到的问题又与开发工作有着密切的关系。软件的管理工作则渗透到软件生存期的每一个环节。所有这些都要求提供统一的行为规范和衡量准则，使得各种工作都能有章可循。

软件工程的标准化会给软件工作带来许多好处，比如：

- 可提高软件的可靠性、可维护性和可移植性；
- 可提高软件的生产率；
- 可提高软件人员的技术水平；
- 可提高软件人员之间的通信效率，减少差错和误解；
- 有利于软件管理；有利于降低软件产品的成本和运行维护成本；
- 有利于缩短软件开发周期。

随着人们对计算机软件的认识逐渐深入。软件工作的范围从只是使用程序设计语言编写程序，扩展到整个软件生存期。诸如软件概念的形成、需求分析、设计、实现、测试、安装和检验。运行和维护，直到软件淘汰（为新的软件所取代）。同时还有许多技术管理工作（如过程管理、产品管理、资源管理）和确认与验证工作（如评审和审核、产品分析、测试等），常常是跨越软件生存期各个阶段的专门工作。所有这些方面都应当逐步建立起标准或规范来。另一方面，软件工程标准的类型也是多方面的。根据中国国家标准 GB/T 15538 －1995《软件工程标准分类法》，软件工程标准的类型有：

- 过程标准：如方法、技术、度量等；
- 产品标准：如需求、设计、部件、描述、计划、报告等；
- 专业标准：如职别、道德准则、认证、特许、课程等；
- 记法标准：如术语、表示法、语言等。

（2）软件工程标准的制定与推行

软件工程标准的制定与推行通常要经历一个环状的生命周期，如图 4-3 所示。最初，制定一项标准仅仅是初步设想，经发起后沿着环状生命期，顺时针进行要经历以下的步骤：

- 建议：拟订初步的建议方案；
- 开发：制定标准的具体内容；
- 咨询：征求并吸取有关人员的意见；
- 审批：由管理部门决定能否推出；
- 公布：公布发布，使标准生效；
- 培训：为推行标准准备人员条件；
- 实施：投入使用，需经历相当期限；
- 审核：检验实施效果，决定修改还是撤消；
- 修订：修改其中不适当的部分，形成标准的新版本，进入新的周期。

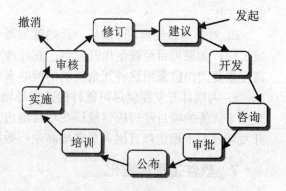

图 4-3　软件工程标准的环状生命期

为使标准逐步成熟，可能在环状生命周期上循环若干圈，因此需要做大量的工作。

（3）软件工程标准的层次

根据软件工程标准制定的机构和标准适用的范围有所不同，它可分为五个级别，即国际标准、国家标准、行业标准、企业（机构）标准及项目（课题）标准。以下分别对五级标准的标识符和标准制定（或批准）的机构做一简要说明。

1) 国际标准

由国际联合机构制定和公布，提供各国参考的标准。如 ISO（International Standards Organization）——国际标准化组织。这一国际机构有着广泛的代表性和权威性，它所公布的标准也有较大的影响。1960 年代初，该机构建立了"计算机与信息处理技术委员会"，简称 ISO/TC97，专门负责与计算机有关的标准化工作。这一标准通常冠有 ISO 字样，如 ISO 8631－86 *Information processing–program constructs and conventions for their representation*《信息处理——程序构造及其表示法的约定》。该标准现已被中国收入国家标准。

2) 国家标准

由政府或国家级的机构制定或批准，适用于全国范围的标准，如：

- GB——中华人民共和国国家技术监督局是中国的最高标准化机构，它所公布实施的标准简称为"国标"。现已批准了若干个软件工程标准。
- ANSI (American National Standards Institute) ——美国国家标准协会。这是美国一些民间标准化组织的领导机构，具有一定的权威性。
- FIPS (NBS) (Federal Information Processing Standards (National Bureau of Standards)) ——美国商务部国家标准局联邦信息处理标准。它所公布的标准均冠有 FIPS 字样。如 1987 年发表的 FIPS PUB 132－87 *Guideline for validation and verification plan of computer software*（软件确认与验证计划指南）。
- BS (British Standard) ——英国国家标准。
- DIN (Deutsches Institut für Normung) ——德国标准协会
- JIS (Japanese Industrial Standard) ——日本工业标准

3) 行业标准

由行业机构、学术团体或国防机构制定，并适用于某个业务领域的标准，如：

- IEEE (Institute of Electrical and Electronics Engineers) ——美国电气与电子工程师学会。近年该学会专门成立了软件标准分技术委员会（SESS），积极开展了软件标准化活动，取得了显著成果，受到了软件界的关注。IEEE 通过的标准经常要报请 ANSI 审批，使之具有国家标准的性质。因此，日常看到 IEEE 公布的标准常冠有 ANSI 的字头。例如，ANSI/IEEE Str 828－1983《软件配置管理计划标准》。
- GJB——中华人民共和国国家军用标准。这是由中国国防科学技术工业委员会批准，适合于国防部门和军队使用的标准。例如，1988 年实施的 GJB 437－88《军用软件开发规范》；GJB 438－88《军用软件文档编制规范》。
- DOD_STD (Department Of Defense_STanDards) ——美国国防部标准，适用于美国国防部门。
- MIL_S (MILitary_Standard) ——美国军用标准，适用于美军内部。

此外，近年来中国许多经济部门（例如，原航空航天部、原国家机械工业委员会、对外经济贸易部、石油化学工业总公司等）都开展了软件标准化工作，制定和公布了一些适合于本部门工作需要的规范。这些规范大都参考了国际标准或国家标准，对各自行业所属企业的软件工程工作起了有力的推动作用。

4) 企业规范

一些大型企业或公司，由于软件工程工作的需要，制定适用于本部门的规范。例如，美国IBM公司通用产品部（General Products Division）1984年制定的《程序设计开发指南》，仅供该公司内部使用。

5） 项目规范

由某一科研生产项目组织制定，且为该项任务专用的软件工程规范。例如，计算机集成制造系统（CIMS）的软件工程规范。

（4） 软件工程的国家标准

1983年5月中国原国家标准总局和原电子工业部主持成立了"计算机与信息技术标准化技术委员会"，下设十三个分技术委员会。与软件相关的程序设计语言分委员会和软件工程技术分委员会。中国制定和推行标准化工作的总原则是向国际标准靠拢，对于能够在中国适用的标准一律按"等同采用"的方法，以促进国际交流。这里，"等同采用"是要使自己的标准与国际标准的技术内容完全相同，仅稍做编辑性修改。

从1983年起到现在，中国已陆续制定和发布了20项国家标准。这些标准可分为4类：基础标准；开发标准；文档标准；管理标准。

在表4-17的表中分别列出了这些标准的名称及其标准号。除去国家标准以外，近年来中国还制定了一些国家军用标准。根据国务院、中央军委在1984年1月颁发的军用标准化管理办法的规定，国家军用标准是指对国防科学技术和军事技术装备发展有重大意义而必须在国防科研、生产、使用范围内统一的标准。凡已有的国家标准能满足国防系统和部队使用要求的，不再制定军用标准。

表 4-17 中国的软件工程标准

分　类	标准名称	标准　号	
基础标准	信息处理——数据流程图、程序流程图、系统流程图、程序网络图和系统资源图的文件编辑符号及约定	GB 1526—89	ISO 5807—1985
	软件工程术语	GB/T 11457—89	
	软件工程标准分类法	GB/T 15538—95	ANSI/IEEE 1002
	信息处理——程序构造及其表示法的约定	GB 13502—92	ISO 8631
	信息处理——单命中判定表的规范	GB/T 15535—95	ISO 5806
	信息处理系统——计算机系统配置图符号及其约定	GB/T 14085—93	ISO 8790
开发标准	软件开发规范	GB 8566—88	
	计算机软件单元测试	GB/T 15532—95	
	软件支持环境		
	信息处理——按记录组处理顺序文卷的程序流程		ISO 6593—1985
	软件维护指南	GB/T 14079—93	
文档标准	软件文档管理指南		
	计算机软件产品开发文件编制指南	GB 8567—88	
	计算机软件需求说明编制指南	GB 9385—88	ANSI/IEEE 829
	计算机软件测试文件编制规范	GB 9386—88	ANSI/IEEE 830
管理标准	计算机软件配置管理计划规范	GB/T 12505—90	IEEE 828
	信息技术、软件产品评价、质量特性及其使用指南	GB/T 12260—96	ISO/IEC 9126—91
	计算机软件质量保证计划规范	GB 12504—90	ANSI/IEEE 730
	计算机软件可靠性和可维护性管理	GB/T 14394—93	
	质量管理和质量保证标准（第三部分：GB/T 19001—ISO 9001在软件开发、供应和维护中的使用指南）	GB/T 19000.3—94	ISO 9000—3—93

8　软件过程能力评估

软件过程能力描述了一个开发组织开发软件、开发高质量软件产品的能力。现行的国际标准主要有两个：ISO90003 和 CMM。

ISO90003 是 ISO9000 质量体系认证中关于计算机软件质量管理和质量保证标准部分。它从管理职责、质量体系、合同评审、设计控制、文件和资料控制、采购、顾客提供产品的控制、产品标识和可追溯性、过程控制、检验和试验、检验/测量和试验设备的控制、检验和试验状态、不合格品的控制、纠正和预防措施、搬运/贮存/包装/防护和交付、质量记录的控制、内部质量审核、培训、服务、统计系统等 20 个方面对软件质量进行了要求。

CMM（能力成熟度模型）是美国卡纳基梅隆大学软件工程研究所（CMU/SEI）于 1987 年提出的评估和指导软件研发项目管理的一系列方法，用 5 个不断进化的层次来描述软件过程能力。

ISO9000 和 CMM 的共同点是二者都强调了软件产品的质量。所不同的是，ISO9000 强调的是衡量的准则，但没有告诉软件开发人员如何达到好的目标，如何避免差错。CMM 则提供了一整套完善的软件研发项目管理的方法。它可告诉软件开发组织，如果要在原有的水平上提高一个等级，应该关注哪些问题，而这正是改进软件过程的工作。

CMM 强调的是软件组织能一致地、可预测地生产高质量软件产品的能力。软件过程能力是软件过程生成计划中产品的内在能力。在完全理解软件过程成熟度之前，需要先理解几个基本概念。

（1）　软件过程能力（software process capability）

描述开发组织（或项目组）通过执行其软件过程能够实现预期结果的程度。一个软件开发组织或项目组的软件过程能力，提供一种预测该组织或项目组承担下一个软件项目时最可能预期结果的方法。软件过程能力既可对整个软件开发组织而言，也可对一个软件项目组而言。

（2）　软件过程性能（software process performance）

表示开发组织（或项目组）遵循其软件过程所得到的实际结果。软件过程性能既可对整个软件开发组织或项目组而言，也可对一个特定软件项目而言。可见，软件过程性能描述已得到的实际结果，而软件过程能力则描述最可能的预期结果。由于受到一个特定的软件项目的具体属性和执行该项目的环境限制，该项目实际的过程性能可能并没有充分反映其所在组织的整个过程能力。例如，由于应用领域或所用技术的根本改变，可能使开发组织的成员对此不能适应，正处于一种学习状态，使得他们的项目组的过程能力和项目的过程性能不一致，远达不到其所在组织的整体过程能力。

（3）　软件过程成熟度等级（software process maturity level）

软件开发组织在走向成熟的过程中具有几个明确定义的、表征软件过程能力成熟度的平台。每一个成熟度等级为其软件过程继续改进达到下一更高的等级提供基础。每一个等级包含一组过程目标，当其中一个目标达到时，就表明软件过程的一个（或几个）重要成分或方面得到了实现，从而导致软件开发组织的软件过程能力的进一步增长。

（4） 关键过程域（key process area）

互相关联的若干软件实践活动和有关基础设施的集合。每个软件能力成熟度等级包含若干个对该成熟度等级至关重要的过程域，它们的实施对达到该成熟度等级的目标起保证作用，这些过程域就称为该成熟度的关键过程域。

表 4-18 是各成熟度等级对应的关键过程域和主要工作。

表 4-18　　　　　　　　　　　　　　　度等级对应的关键过程域

级别	1. 初始级	2. 可重复级	3. 已定义级	4. 已管理级	5. 已优化级
关键过程域		• 需求管理 • 软件项目策划 • 软件项目跟踪和监控 • 软件子合同管理 • 软件质量保证 • 软件配置管理	• 软件机构过程焦点 • 软件机构过程定义 • 培训大纲 • 集成软件管理 • 组间协调 • 软件产品工程 • 同行专家评审	• 定量过程管理 • 软件质量管理	• 过程变更管理 • 缺陷预防 • 技术变更管理
主要工作	• 过程活动杂乱无序 • 开发过程的可重复性差	• 客户与软件项目间对客户要求有共同理解 • 制定软件工程和软件管理的合理的计划 • 建立适当的对实际进展的跟踪和监控 • 选择合格的软件承包方，并有效管理 • 提供对软件项目所采用的过程和产品质量的适当的可视性 • 需求变更和产品基线控制	• 规定软件机构在提高整体过程能力，改进软件过程活动方面的责任 • 开发和维持一批便于使用的软件过程财富 • 培训个人的技能和知识，以高效执行其任务 • 根据项目的要求裁剪和优化，将软件工程活动和管理活动集成为一个协调的定义良好的软件过程 • 制定组间合作的方法 • 一致地执行妥善定义的软件工程过程 • 通过设计评审、结构化走查或其他学院式评审方法实施同行评审	• 为已定义的过程建立一套详细的性能度量机制 • 为产品和过程设立质量目标，度量软件过程和产品	• 用第 4 级建立的度量机制，不断地改进软件机构中的软件过程 • 识别缺陷出现的原因，防止它们再次出现 • 识别能带来好处的新技术，以有序的方式引进这些新技术，能在不断变化的环境中高效率地创新

（5） 既然有关键过程域就有非关键过程域

由于非关键过程域对达到相应软件成熟度等级的目标不起关键作用，所以在定义成熟度等级时不叙述它们。

（6） 关键实践（key practice）

对关键过程域的实施起关键作用的方针、规程、措施、活动，以及相关基础设施的建立、实施和检查。关键实践一般只描述"做什么"，而不强制规定"如何做"。关键过程域的目标是通过其包含的关键实践来达到的。

CMM 描述了五个级别的软件过程成熟度，成熟度反映了软件过程能力的大小，这五个级别分别是如下。

（1）初始级

软件过程的特征是无序的，有时甚至是混乱的。几乎没有什么过程是经过定义的（即没有一个定型的过程模型），项目能否成功完全取决于开发人员的个人能力。

处于这个最低成熟度等级的软件机构基本上没有健全的软件工程管理制度，其软件过程完全取决于项目组的人员配备，所以具有不可预测性。一旦人员变了，过程也随之改变。如果一个项目碰巧由一个杰出的管理者和一支有经验、有能力的开发队伍承担，则这个项目可能是成功的。但是，更常见的情况是由于缺乏健全的管理和周密的计划，延期交付和费用超支的情况经常发生。结果大多数行动只是应付危机，而不是完成事先计划好的任务。

总之，处于 1 级成熟度的软件机构，其过程能力是不可预测的，其软件过程是不稳定的，产品质量只能根据相关人员的个人工作能力，而不是软件机构的过程能力来预测。

（2）可重复级

软件机构建立了基本的项目管理过程（过程模型），可跟踪成本、进度、功能和质量。已经建立起必要的过程规范，对新项目的策划和管理过程是基于以前类似项目的实践经验，使得有类似应用经验的软件项目能够再次取得成功。达到 2 级的一个目标是使项目管理过程稳定，从而使得软件机构能重复以前在成功项目中所进行过的软件项目工程实践。

处于 2 级成熟度的软件机构，针对所承担的软件项目已建立了基本的软件管理控制制度。通过对以前项目的观察和分析，可以提出针对现行项目的约束条件。项目负责人跟踪软件产品开发的成本和进度，以及产品的功能和质量，并且识别出为满足约束条件所应解决的问题。已经做到软件需求条理化，而且其完整性是受控制的。已经制定了项目标准，并且软件机构能确保严格执行这些标准。项目组与客户及承包商已经建立起一个稳定的、可管理的工作环境。

处于 2 级成熟度的软件机构的过程能力可以概括为，软件项目的策划和跟踪是稳定的，已经为一个有纪律的管理过程提供了可重复以前成功实践的项目环境。软件项目工程活动处于项目管理体系的有效控制之下，执行着基于以前项目的准则且合乎现实的计划。

（3）已定义级

软件机构已经定义了完整的软件过程（过程模型），软件过程已经文档化和标准化。所有项目组都使用文档化的、经过批准的过程来开发和维护软件。这一级包含了第 2 级的全部特征。

在第 3 级成熟度的软件机构中，有一个固定的过程小组从事软件过程工程活动。当需要时，过程小组可以利用过程模型进行过程例化活动，从而获得一个针对某个特定的软件项目的过程实例，并投入过程运作而开展有效的软件项目工程实践。同时，过程小组还可以推进软件机构的过程改进活动。在该软件机构内实施了培训计划，能够保证全体项目负责人和项目开发人员具有完成承担的任务所要求的知识和技能。

处于 3 级成熟度的软件机构的过程能力可以概括为，无论是管理活动，还是工程活动都是稳定的。软件开发的成本和进度，以及产品的功能和质量都受到控制，而且软件产品的质量具有可追溯性。这种能力是基于在软件机构中对已定义的过程模型的活动、人员和职责都有共同的理解。

（4） 已管理级

软件机构对软件过程（过程模型和过程实例）和软件产品都建立了定量的质量目标，所有项目的重要的过程活动都是可度量的。该软件机构收集了过程度量和产品度量的方法并加以运用，可以定量地了解和控制软件过程和软件产品，并为评定项目的过程质量和产品质量奠定了基础。这一级包含了第 3 级的全部特征。

处于 4 级成熟度的软件机构的过程能力可以概括为，软件过程是可度量的，软件过程在可度量的范围内运行。这一级的过程能力允许软件机构在定量的范围内预测过程和产品质量趋势，在发生偏离时可以及时采取措施予以纠正，并且可以预期软件产品是高质量的。

（5） 优化级

软件机构集中精力持续不断地改进软件过程。这一级的软件机构是一个以防止出现缺陷为目标的机构，它有能力识别软件过程要素的薄弱环节，并有足够的手段改进它们。在这样的机构中，可以获得关于软件过程有效性的统计数据，利用这些数据可以对新技术进行成本/效益分析，并可以优化出在软件工程实践中能够采用的最佳新技术。这一级包含了第 4 级的全部特征。

这一级的软件机构可以通过对过程实例性能的分析和确定产生某一缺陷的原因，来防止再次出现这种类型的缺陷。通过对任何一个过程实例的分析所获得的经验教训都可以成为该软件机构优化其过程模型的有效依据，从而使其他项目的过程实例得到优化。这样的软件机构可以通过从过程实施中获得的定量的反馈信息，在采用新思想和新技术的同时测试它们，以不断地改进和优化软件过程。

处于 5 级成熟度的软件机构的过程能力可以概括为，软件过程是可优化的。这一级的软件机构能够持续不断地改进其过程能力，既对现行的过程实例不断地改进和优化，又借助于所采用的新技术和新方法来实现未来的过程改进。

CMM 是科学评价一个软件企业开发能力的标准，但要达到较高的级别也非常困难。根据 1995 年美国所做的软件产业成熟度的调查，在美国的软件产业中，CMM 成熟度等级为初始级的竟占 70%，为可重复级的占 15%，为定义级的所占比例小于 10%，为管理级的所占比例小于 5%，为优化级的所占比例小于 1%。而国内企业的水平就更加堪忧，到目前为止，只有东软一家达到优化级，少数几家能够达到可定义级。应尽快改变这种局面，科学化、规范化、高效的进行软件开发活动，从整体提高我国软件行业的水平，是国内软件企业的当务之急，也是专业人员应该为自己制定的目标。如果有一天也能指挥一个数千人的庞大开发队伍，操作 Windows 这样巨型规模的软件项目，并生产出高质量的产品，才有理由宣称自己的软件项目管理能力达到了一个"自主自足"的水平。

小结

软件项目管理的内容主要包括如下几个方面：人员的组织与管理，软件度量，软件项目计划，风险管理，软件质量保证，软件过程能力评估，软件配置管理等。

这几个方面都是贯穿、交织于整个软件开发过程中的，其中人员的组织与管理把注意力集中在项目组人员的构成、优化上；软件度量把关注用量化的方法评测软件开发中的费用、生产率、进度和产品质量等要素是否符合期望值，包括过程度量和产品度量两个方面；软件项目计划主要包括工作量、成本、开发时间的估计，并根据估计值制定和调整项目组的工作；风险管理预测未来可能出现的各种危害到软件产品质量的潜在因素，并由此采取措施进行预防；质量保证是保证产品和服务充分满足消费者要求的质量而进行的有计划，有组织的活动；软件过程能力评估是对软件开发能力的高低进行衡量；软件配置管理针对开发过程中人员、工具的配置、使用提出管理策略。

习题

一、选择题

1. 当通过变更项目范围来降低伴随的风险时，项目经理应仔细考虑对（　　）的影响。

    A. 进度、质量与成本　　　　　　B. 成本

    C. 质量　　　　　　　　　　　　D. 进度

2. 好的项目目标应该是（　　）。

    A. 全面的而不是具体的　　　　　B. 切合实际，可达到的

    C. 非常复杂的　　　　　　　　　D. 模糊的

3. 质量保证应当在（　　）阶段进行。

    A. 创建项目建议书时　　　　　　B. 在项目设计阶段

    C. 在项目测试验收阶段　　　　　D. 整个项目生命周期内

4. 对于确定工作之间关系的描述正确的是（　　）。

    A. 先组织关系，后逻辑关系

    B. 先逻辑关系，后组织关系

    C. 可以同时进行组织关系和逻辑关系的确定

    D. 建立网络模型的立足点应该放在逻辑关系的合理确定上

5. 工作 A 的悲观估计为 60 天，最可能估计为 48 天，乐观估计为 18 天，那么工作 A 的期望完成时间是（　　）。

    A. 45 天　　　　　　　　　　　　B. 48 天

    C. 44 天　　　　　　　　　　　　D. 40 天

6. 对于项目时间与费用关系的描述正确的是（　　）。

    A. 在一定范围内，直接费用随时间的缩短而减少

    B. 在一定范围内，间接费用随时间的缩短而增加

    C. 在一定范围内，项目总费用随时间先增加，后减少

    D. 在一定范围内，项目的总费用有一个最低点

7. 组织接受和使用项目管理的程度常常取决于项目本身的（　　）。

    A. 竞争情况与项目价值　　　　　B. 项目规模与性质

    C. 项目的质量要求和人力资源要求　　D. 风险与质量管理

8. 从现代质量观点来看，（　　）定义质量。

    A. 高级管理层　　　　　　　　　B. 项目管理层

    C. 项目小组　　　　　　　　　　D. 顾客

9. 你刚接手了一个困难重重的项目：项目小组成员遍布全国，进度落后了 20%，前任项目经理同成员的关系疏远，而且也没有沟通计划。你现在最急迫的任务就是建立一支凝聚力很强的团队使项目回到正确轨道上来，在团队开发方面，你最有可能（　　　）。

  A. 让项目团队成员坐飞机回来参加团队会议

  B. 为最脆弱的领域提供培训

  C. 建立奖励体系

  D. 使用项目进展报告获取关于成员的反馈信息

10. 软件质量必须在设计和实现过程中加以保证。为了确保每个开发过程的质量，防止把差错传播到下一个过程，必须进行（　　　）。

  A. 质量保证   B. 差错检测

  C. 质量检验   D. 质量管理

二、简答题

1. 软件开发计划的内容包括哪些？

2. 软件项目进度计划的作用是什么？

3. 理解软件项目管理中资源、时间、质量之间的关系。

4. 进度计划编制过程中的输出结果有哪些？

5. 如何理解软件质量保证？

6. 缺乏对软件开发过程的统一管理，会产生哪些问题？

7. 在项目风险监控过程中，需要注意哪些问题？

8. 常用的风险识别方法有哪些？

案例二　仓库管理子系统质量保证

【任务描述】

在项目开发过程中，建立一套有计划、系统的方法来向管理层保证拟定出的标准、步骤和方法能够正确地被所有项目采用，是提高软件质量的一个非常有效的手段。仓库管理子系统质量保证活动的工作内容主要包括：

- 计划；
- 审计/证实；
- 问题跟踪。

【任务分析】

为了有效地进行软件质量保证活动，在制定质量保证计划时应依据项目情况确定审计的重点，明确审计哪些活动、哪些产品，明确审计方式，明确审计的结果报告对象；在审计时，应根据质量保证计划进行审计工作，审计内容要兼顾软件开发过程和软件产品；对审计中发现的问题，要求项目组改进并跟进，直到解决。

【实施方案】

任务 1　制定质量保证计划

（1）编写目的

本计划的目的在于对所开发的仓库管理子系统规定各种必要的质量保证错误，以保证交付的仓库管理子系统能够满足用户的需求。

软件开发人员在开发仓库管理子系统的各个模块时，都应该执行本计划中的有关规定，以满足特定的质量保证要求。

（2）任务

软件质量保证工作涉及软件生命周期各阶段的活动，应该贯彻到日常的软件开发活动中，而且应该特别注意软件质量的早期评审工作。软件质量保证小组要派成员参加所有的评审和检查活动。评审与检查的目的是为了确保在软件开发工作的各个阶段和各个方面都认真采取各项措施来保证与提高软件的质量；评审与检查的结果应及时报告给项目负责人，并反馈给项目组相关人员。

1）阶段评审：在软件开发过程中，要定期或阶段性地对某需求分析、系统设计、详细设计、编码等阶段的阶段产品进行评审。阶段评审工作要组织专门的评审小组，评审小组成员应该包括用户代表、质量保证人员、软件开发人员和项目负责人。

2）日常检查：在仓库管理子系统的开发过程中，各模块应该填写项目进展报表，以发现有关项目进展和软件质量的问题。

3）软件验收：组织专门的验收小组对仓库管理子系统进行验收。验收内容包括文档验收、程序验收、演示、验收测试与测试结果评审的等几项工作。

（3）职责

在质量保证小组中，各方面人员的职责如下：

1）组长全面负责有关软件质量保证的各项工作，包括有关阶段评审、项目进展报表检查及软件验收准备等工作；

2）专职质量保证人员进行软件开发各项标准、规范的制定；

3）专职质量保证人员协助组长开展各项软件质量保证活动，负责审查所采用的质量保证工具、技术和方法，并负责汇总、维护和保存有关软件质量保证活动的各项记录。

任务 2　审计

审计活动主要包括对开发活动的审计和对软件产品的审计。

（1）开发活动

关注软件开发进展情况；审查每个活动的输入条件是否都得到满足；审查活动的执行是否遵循规范；审查每个活动的输出是否都已经产生。

1）与项目负责人、项目组成员进行有效的沟通，参加各种项目会议，包括：项目启动会、周会、评审会、讨论会、总结会等。

2）通过项目进展报表，及时掌握项目的最新进展情况，非正式地审计项目过程，及时报告发现的问题。

3） 按照质量保证计划的安排、制定审计计划，对软件开发关键过程进行正式审计，报告发现的问题，并提交审计报告。

在审计过程中通过项目进展报表和周会等形式，发现项目初期对部分功能模块的工作量估计有误差，导致开发进度较计划有延迟。另外，团队开发未能借助版本控制工具进行管理，不能有效地记录、追踪软件开发的情况，给代码集成工作也带来了很大不便。针对以上问题，在不影响整体工作进度的前提下，项目组成员对工作的分配进行了部分调整，且引进了版本控制工具 svn，有效地提高了项目组的开发效率。

（2） 软件产品

1） 文档类：审核软件产品是否遵循规范，是否正确、一致、可追踪，并产生审核报告；审计参照的标准是已定义好的模板和开发规范，比如：需求规格说明书模板、概要设计模板、数据库设计规范、详细设计模板、编码规范等。

本系统的软件产品审计以需求说明审计和代码审计为例进行介绍。

① 需求说明审计

a. 审计标准如表 4-19 所示。

表 4-19　　　　　　　　　　　　　　　　　需求说明审计标准

序　　号	检　查　项	是/否/不适用
1	是否符合需求规格说明模板	是
2	术语定义是否完整、清晰、符合行业规范和习惯	是
3	参考资料是否完整？是否符合时效性的要求	否
4	系统用户分类是否符合用户需求	是
5	是否明确了软件的功能需求	否
6	系统功能边界与分类是否正确、清晰，是否存在重复？是否符合用户需求	是
7	是否明确了软件的非功能需求	是
8	需求描述是否正确、完整、一致	否
9	需求定义是否便于后续文档、产品、代码的对应与跟踪	是
10	需求是否可测试、可度量、可验证	是
11	需求描述前后是否一致	是
12	是否对每个软件配置项的外部接口进行了清晰、完整的说明	是

b. 审计结果

基本符合标准要求，但也存在部分问题，见表 4-20。

对于存在的问题，建议整改措施如下：

- 参考资料应注重时效性；
- 功能需求分析不太到位，有些细节问题没考虑到，比如部分功能应允许同时选中多条数据进行操作、缺乏库存预警功能等，需要认真分析和核实用户的需求；
- 需求描述前后说法存在不一致现象，建议对同一事物描述时应保持前后一致。

② 代码审计

a. 审计标准如表 4-20 所示。

表 4-20　　　　　　　　　　　　　　　　代码审计标准

序　号	检　查　项	是/否/不适用
1	包名、类名、接口、方法、变量的命名是否规范	是
2	命名是否遵循最小长度最多信息原则	否
3	关键代码处是否有注释	是
4	注释是否清晰且必要	否
5	复杂的分支流程是否有注释	是
6	变量是否已经在定义的同时初始化	否
7	类属性是否都执行了初始化	否
8	单个变量是否只做单个用途	是
9	单行是否只有单个功能	是
10	单个函数是否执行了单个功能？并与其命名相符	是
11	对象使用前是否进行了检查	否
12	是否已经用( )使操作符优先级明确化	否
13	是否对所有的异常均进行了异常捕获处理	否
14	是否合理地使用了空格使程序更清晰	是
15	排版是否规范	是
16	编码是否符合编程惯例	是

b. 审计结果

从表 4-20 中可以看出，项目组开发人员在开发过程中有较好的编程习惯，但也存在一些问题，需要引起注意，特别是对象使用前检查、注释、异常处理等方面重视程度不够。建议项目组相关人员及时修改代码审计过程中发现的问题，并认真学习编码规范，在编码过程中养成良好的编程习惯。

2）代码类：单元测试、集成测试、系统测试等，产生测试报告；

对代码类的审计工作主要结合软件测试的相关工作展开，在此不再赘述。

任务 3　问题跟踪及改进措施

软件质量保证人员在对开发活动和软件产品审计时会发现这样或那样的问题，在将问题报告给项目负责人并反馈给项目相关人员的同时，对发现的问题进行跟踪，确保问题得以解决，并分析出现问题的原因，提出较为合理的解决方案，完善软件开发过程中的各类标准和规范，以便改进管理和技术。

（1）问题跟踪

在开发仓库管理子系统的过程中，软件质量保证小组成员认真履行自己的职责，根据事先制定的质量保证计划及时对开发活动和软件产品进行了相应的审计工作。表 4-21 为开发过程中的主要问题汇总及状态信息。

表 4-21 问题汇总

序　号	问题描述	责 任 人	状　态
1	工作量分配不太合理	孙京	已解决
2	设计工作比较草率，无法有效的指导编码工作，导致程序实现进展缓慢	孙京、高言志	已解决
3	代码风格不统一	高言志、李其飞	已解决

（2）原因分析及改进措施

1）由于项目开发初期系统部分需求不太明确，导致工作量估算存在较大误差，进而出现了工作量分配不太合理的现象。针对此种情况，要求在进行需求分析时，要充分跟用户沟通，同时借鉴同类产品的一些实现思路，尽可能使得需求分析结果与用户的真正需求及实际操作一致。

2）设计工作不到位，导致编码工作进展缓慢。究其原因，项目组未能真正领会设计在项目开发中的指导作用。针对此种情况，项目组成员及质量保证人员及时进行了沟通，重新认识设计工作的重要性，并对系统进行了认真的系统设计、详细设计工作。

3）编码风格不统一，存在我行我素现象。项目组成员及质量保证人员开会认真学习了相关标准和规范，讨论了编码中的我行我素对项目开发的影响，进一步强调了团队的合作意识和软件产品的可读性、可维护性的重要性。

知识链接　软件质量保证

"运行正确"的程序不见得就是高质量的程序。这个程序也许运行速度很低并且浪费内存；也许代码写得一塌糊涂，除了开发者本人，谁也看不懂，也不会使用。正确性只是反映软件质量的一个因素而已。

以产品为中心的质量观认为一个产品的质量是其能够满足需求的有关性质和特征的综合。软件产品中的这些性质和特征被称为是软件质量因素。软件的质量因素很多，如正确性、精确性、可靠性、容错性、性能、效率、易用性、可理解性、简洁性、可复用性、可扩充性、兼容性等。这些质量因素之间"你中有我，我中有他"。

软件质量因素的分类，如图 4-4 所示。其中"正确性与精确性"排在首位，而"性能与效率""易用性""可理解性与简洁性"和"可复用性与可扩充性"亦是举足轻重的质量因素，其他的质量因素总可以在图 4-4 中找到合适的亲缘关系，不再一一列表。

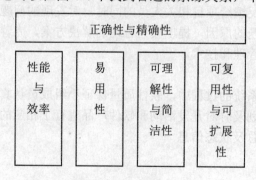

图 4-4　软件质量因素分类

1 软件质量

有些软件开发者仍然相信软件质量是在编码之后才应该开始担心的事情。这太谬谬了！软件质量是软件的生命。它作为软件工程的一部分，贯穿于整个软件生命周期之中。由于软件质量直接影响软件的使用与维护，甚至关系到软件项目的成败，所以无论是项目的管理人员、开发人员、维护人员，还是客户、用户，都十分重视软件质量。质量差的软件，轻则可能影响工作效率、增大使用与维护开销，重则可能造成灾难。据说，1962 年美国的"水手一号"金星空间探测器，由于导航程序中的一条语句出现错误而导致该探测器偏离了航线。可见，生产高质量的软件产品是软件工程的首要目标。

软件工程的最高目标就是产生高质量的系统、应用软件或产品。为了达到这个目标，软件工程师必须掌握在成熟的软件过程背景下有效的方法及现代化的工具的应用。除此之外，一个优秀的软件工程师（及优秀的软件工程管理者）必须评估是否能够达到高质量的目标。

1.1 软件质量的定义

许多国家、国际标准都给出了有关软件质量的定义。1983 年，ANSI/IEEE std729 标准给出了软件质量的定义，如下所述。

软件质量是软件产品满足规定的和隐含的与需求能力有关的全部特征和特性，包括：

（1） 软件产品满足用户要求的程度。

（2） 软件拥有所期望的各种属性的组合程度。

（3） 用户对软件产品的综合反映程度。

（4） 软件在使用过程中满足用户需求的程度。

我国公布的"计算机软件工程规范国家标准汇编"中关于软件质量的定义与 IEEE 的基本相同。

1.2 软件质量保证

什么是质量保证？它是为保证产品和服务充分满足消费者要求的质量而进行的有计划、有组织的活动。质量保证是面向消费者的活动，是为了使产品实现用户要求的功能，站在用户立场上来掌握产品质量的。这种观点也适用于软件的质量保证。

软件的质量保证就是向用户及社会提供满意的高质量的产品。进一步地，软件的质量保证活动也和一般的质量保证活动一样，是确保软件产品在软件生存期所有阶段的质量的活动。即为了确定、达到和维护需要的软件质量而进行的所有有计划、有系统的管理活动。

（1） 软件质量保证的内容

为了开发出高质量的软件，达到软件工程的目标，必须有计划地、系统地进行软件质量保证（Software Quality Assurance，SQA）活动。SQA 是一种应用于整个软件过程的保护性活动，主要包括以下内容：

1） 为项目制定 SQA 计划。该计划在制定项目计划时制定，由相关部门审定。它规定了软件开发小组和质量保证小组需要执行的质量保证活动，其要点包括：需要进行哪些评价；需要进行哪些审计和评审；项目采用的标准；错误报告的要求和跟踪过程；SQA 小组应产生哪些文档；为软件项目组提供的反馈数量等。

2）参与开发该软件项目的软件过程描述。软件开发小组为将要开展的工作选择软件过程，SQA 小组则要评审过程说明，以保证该过程与组织政策、内部的软件标准、外界所制定的标准（如 ISO 9001），以及软件项目计划的其他部分相符。

3）评审各项软件工程活动，核实其是否符合已定义的软件过程。SQA 小组识别、记录和跟踪所有偏离过程的偏差，核实其是否已经改正。

4）审计指定的软件工作产品，核实其是否符合已定义的软件过程中的相应部分。SQA 小组对选出的产品进行评审，识别、记录和跟踪出现的偏差，核实其是否已经改正，定期向项目负责人报告工作结果。

5）确保软件工作及工作产品中的偏差已被记录在案，并根据预定规程进行处理。偏差可能出现在项目计划、过程描述、采用的标准或技术工作产品中。

6）记录所有不符合部分，并向上级管理部门报告。跟踪不符合的部分，直到问题得到解决。

除了进行上述活动外，SQA 小组还需要协调变更的控制与管理，并帮助收集和分析软件度量的信息。

（2）质量保证与检验

1）检验在质量保证中的作用。软件质量必须在设计和实现过程中加以保证。如果过程管理不力，软件开发环境或软件工具不够好，或者由于各种失误导致产生软件差错，其结果就会产生软件失效。为了确保每个开发过程的质量，防止把软件差错传递到下一个过程，就必须进行质量检验。

质量保证需面向消费者，从质量保证的角度来讨论检查，下面几点应当明确：

➢ 用户要求的是产品所具有的功能，这是"真质量"。靠质量检验，一般检查的是"真质量"的质量特性。

➢ 能靠质量检验的质量特性，即使全数检验，也只是代表产品的部分质量特性。

➢ 必须在各开发阶段对影响产品质量的因素进行切实的管理，认真检查实施落实情况。只有这样才能使产品达到用户要求，这比单靠检验来保证质量要有效、经济。

➢ 当开发阶段出现异常时，要从质量特性方面进行检验，看是否会给后续阶段带来影响，并判断其好坏程度。从质量保证角度来看，此项工作极其重要。

➢ 虽然各开发阶段进展稳定，但由于工具支持不足等，软件产品不能满足用户要求的质量。这时可通过检验对该产品做出评价，判断是否能向用户提供该产品。

➢ 尽管各开发阶段进展稳定，但也要以一定的标准检验产品，使其交付使用后保持稳定的质量水平。同时还要根据产品的质量特性，检查各个过程的管理状态。

因此，检验的目的有两个。其一是切实搞好开发阶段的管理，检查各开发阶段的质量保证活动开展得如何；其二是预先防止软件差错给用户造成损失。

2）各个开发阶段中的检验。为了切实做好质量保证，要在软件开发工程的各个阶段实施检验。检验的类型有：

➢ 供货检验：这是指对委托外单位承担开发作业，而后买进或转让的构成软件产品的部件、规格说明、半成品或产品的检查。由于委托单位、委托时间等情况差别很大，往往与质量相关的信息不完全，要想只靠供货时检查，质量很难保证。因此要调查接受委托单位的开发能力，并且要充分交流情况。

➢ 中间检验/阶段评审：在各阶段的中途或向下一阶段移交时进行的检查叫做中间检验或阶段评审。阶段评审的目的是为了判断是否可进入下一阶段进行后续开发工作，避免将差错传播到后续工作中，给后续工作带来不良影响，造成损失。

➢ 验收检验：确认产品是否已达到可以进行"产品检验"的质量要求。

➢ 产品检验：这是软件产品交付使用前进行的检查。其目的是判定向用户提供的软件，作为产品是否达到了令人满意的程度。

检验的实施有两种形式：实际运行检验（即白盒测试和黑盒测试）和鉴定。可在各开发阶段中结合起来使用。各开发阶段及阶段中的检验如图 4-5 所示。

开发阶段		检查项目	
需求分析	需求分析 ↓ 功能设计 ↓ 实施计划	① 开发目的 ② 目标值 ③ 开发量（程序、文档） ④ 所需资源	⑤ 各阶段的产品、作业内容 ⑥ 开发体制　的合理性
设计	结构设计 ↓ 数据设计 ↓ 过程设计	① 产品的量（计划量、实际量） ② 评审量 ③ 差错数 ④ 检出差错的内容和倾向	⑤ 评审方法、覆盖性 ⑥ 出错原因、处理情况及对该阶段的影响 ⑦ 评审结束、阶段结束的判断标准
实现	程序编制 ↓ 单元测试 ↓ 组装测试 ↓ 确认测试	① 产品的量（计划量、实际量），目标值完成情况 ② 评审量 ③ 检出的差错数 ④ 计算机使用时间 ⑤ 出错原因、处理情况及对该阶段的影响	⑥ 检出的差错内容及倾向 ⑦ 评审方法、覆盖性 ⑧ 测试环境 ⑨ 测试项目设定种类、测试用例设计方法 ⑩ 评审结束、阶段结束的判断标准
验收	检查，评价	① 说明书检查——检查与被检查程序有关的用户文档等 ② 程序检查——为了评价和保证程序质量，通过各种测试成品进行检查	
运行维护	运行，维护	① 掌握用户使用产品的质量情况，并反馈到开发部门	

图 4-5　开发阶段与相应的检验项目

（3）软件质量保证体系

软件的质量保证活动是涉及各个部门的部门间的活动。例如，如果在用户处发现了软件故障，产品服务部门就应听取用户的意见，再由检查部门调查该产品的检验结果，进而还要调查软件实现过程的状况，并根据情况检查设计是否有误，对不当之处加以改进，防止再次发生问题。为了顺利开展以上活动，事先明确部门间的质量保证业务，确立部门间的联合与协作的机构十分重要，这个机构就是质量保证体系。图 4-6 和图 4-7 是软件质量保证体系的图例。

在质量保证体系图上，用户、领导、各部门横向安排，而纵向则顺序列出软件质量保证活动的各项工作。制定质量体系保证图应注意以下一些问题。

- 必须明确反馈途径；
- 必须在体系图的纵向（纵坐标方向）顺序写明开发阶段，在横向（横坐标方向）写明组织机构，明确各部门的职责；
- 必须确定保证系统运行的方法、工具、有关文档资料，以及系统管理的规程和标准；
- 必须明确决定是否可向下一阶段进展的评价项目和评价准则；
- 必须不断地总结系统管理的经验教训，能够修改系统。

仅靠质量保证体系图很难明确具体工作，因此必须制定质量保证计划，在这个计划中确定质量目标，确定在每个阶段为达到总目标所应达到的要求，对进度做出安排，确定所需的人力、资源和成本等。

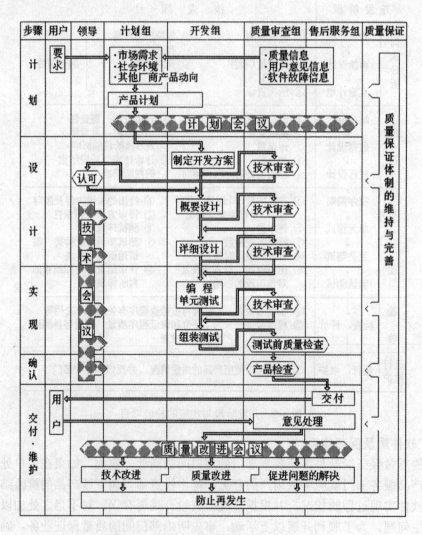

图 4-6　质量保证体系图例（程序检查）

在这个质量保证计划中包括的软件质量保证规程和技术准则应当如下：

➢ 指示在何时、何处进行文档检查和程序检查；

➢ 指示应当采集哪些数据，以及如何进行分析处理，例如，在每次评审和测试中发现的错误如何修正；

➢ 描述希望得到的质量度量；

➢ 规定在项目的哪个阶段进行评审及如何评审；

➢ 规定在项目的哪个阶段应当产生哪些报告和计划；

➢ 规定产品各方面测试应达到的水平。

在计划中，在说明各种软件人员的职责时要规定为了达到质量目标，他们必须进行哪些活动。其次，要根据这个质量保证体系图，建立在各阶段中执行质量评价的质量评价和质量检查系统，以及有效运用质量信息的质量信息系统，并使其运行，如图 4-7 所示。

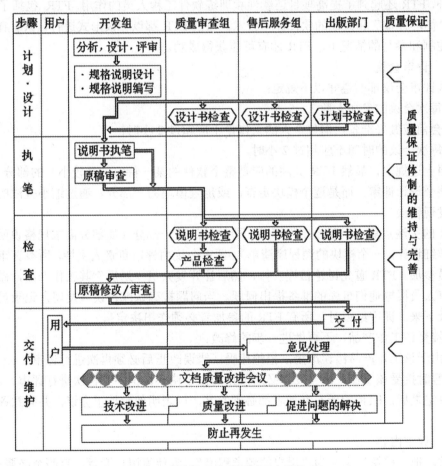

图 4-7　质量保证体系图例（文档检查）

1.3　正式技术评审

人的认识不可能 100%符合客观实际，因此在软件生存期每个阶段的工作中都可能引入人为的错误。在某一阶段中出现的错误，如果得不到及时纠正，就会传播到开发的后续阶段中去，并在后续阶段中引出更多的错误。实践证明，提交给测试阶段的程序中包含的错误越多，经过同样时间的测试后，程序中仍然潜伏的错误也越多。所以必须在开发时期的每个阶段，特别是设计阶段结束时都要进行严格的技术评审，尽量不让错误传播到下一个阶段。

软件技术评审（Formal Technical Review，FTR）是软件开发人员实施的一种质量保证活动，FTR 的目标是：

➢ 发现软件的任何一种表示形式中的功能、逻辑或实现上的错误；
➢ 验证经过评审的软件确实满足需求；
➢ 保证软件是按照已确定的标准表述的；
➢ 使得软件能按一致的方式开发；
➢ 使软件项目更容易管理。

此外，FTR 还起到了提高项目连续性和训练软件工程人员的作用。FTR 包括了"走查""检查""循环评审"和其他的软件评审技术。每次 FTR 都以会议形式进行，只有在很好和计划、控制和参与的情况下，FTR 才有可能获得成功。

（1）评审会议

每次评审会议都需遵守以下规定：

➢ 每次会议的参加人数 3～5 人；
➢ 会前应做好准备，但每个人的工作量不应超过 2 小时；
➢ 每次会议的时间不应超过 2 小时。

按照上述规定，显然 FTR 关注的应是整个软件的某一特定（且较小）的部分。例如，不是对整个设计评审，而是逐个模块走查，或走查模块的一部分。通过缩小关注的范围，更容易发现错误。

FTR 的关注点集中于某个工作产品，即软件的某一部分（如部分需求规格说明，一个模块的详细设计，一个模块的源程序清单）。评审会议由评审负责人主持，所有评审人员和开发人员参加。FTR 首先讨论日程安排，然后让开发人员"遍历"其工作产品，做简单介绍。评审人员根据他们事先的准备提出问题。当问题被确认或错误被发现，记录员要将其一一记录下来。评审结束时，所有 FTR 的参加者必须作出决定：

➢ 接受该工作产品，不再做进一步的修改；
➢ 由于该工作产品错误严重，拒绝接受（错误改正后必须再次进行评审）；
➢ 暂时接受该工作产品（发现必须改正的微小错误，但不必再次进行评审）。

当决定之后，FTR 的所有参加者都必须签名，以表明他参加了会议，并同意评审组的决定。

（2）评审内容

通常，把"质量"定义为"用户的满意程度"。为使得用户满意，有两个必要条件：

条件（1）设计的规格说明要符合用户的要求；

条件（2）程序要按照设计规格说明所规定的情况正确执行。

我们把上述条件（1）称为"设计质量"，把条件（2）称为"程序质量"。

与上述质量的观点相对应，软件的规格说明可以分为外部规格说明和内部规格说明。外部规格说明是从用户角度来看的规格，包括硬件/软件系统设计（在分析阶段进行）、功能设计（在需求分析阶段与概要设计阶段进行），而内部规格说明是为了实现外部规格的更详细的规格，即程序模块结构设计与模块处理加工设计（在概要设计与详细设计阶段进行）。因此，内部规格说明是从开发者角度来看的规格说明。将上述两个概念联系起来，则可以说设计质量是由外部规格说明决定的，程序质量是由内部规格说明决定的。

下面讨论针对外部规格说明进行的设计评审。评审对象是在需求分析阶段产生的软件需求规格说明，数据要求规格说明，在软件概要设计阶段产生的软件概要设计说明书等。通常，需要从 12 个方面进行评审。

➢ 评价软件的规格说明是否合乎用户的要求。
➢ 评审可靠性措施是否能避免引起系统失效的原因发生，而一旦发生后能否及时采取代替手段或恢复手段。
➢ 评审保密措施是否能实现。
➢ 评审操作特性实施情况。可从 4 个方面检查：操作命令和操作信息的恰当性；输入数据和输入控制语句的恰当性；输出数据的恰当性和应答时间的恰当性。
➢ 评审性能实现情况。一般来说，因性能设计是需要考虑多方面因素的复杂工作，因此，应明确规定性能的目标值。性能目标设定条件的恰当性；明确性能的评价方法。
➢ 评审软件是否具有可修改性。需要考察系统是否具备以下功能：检测故障的功能，获取分析数据的功能；区分问题根源的方法；故障修正的方法。
➢ 评审软件是否有可扩充性。
➢ 评审软件是否具有兼容性。
➢ 评审软件是否具有可移植性。
➢ 评审软件是否具有可测试性：为保证软件在修改或扩充后的正确性，不仅要测试被修改或被扩充的部分是否能按规格执行，而且还应对该软件原有的功能经修改或扩充后是否能按以前的规格正确运行进行测试。
➢ 评审软件是否具有可复用性。
➢ 评审软件是否具有互连性：要求软件与其他软件应有共同接口，与其他软件之间的接口部分应是模块化的。

程序质量评审是着眼于软件本身的结构，与运行环境的接口，变更带来的影响而进行的评审活动。通常它是从开发者的角度进行评审，直接与开发技术有关。

➢ 软件的结构。需要检查的项目有：数据结构、功能结构、数据结构和功能结构之间的对应关系。
➢ 功能的通用性。
➢ 模块层次。包括模块的层次结构，与功能层次的对应关系。
➢ 模块结构。检查的项目有：控制流结构、数据流结构、模块结构与功能结构之间的对应关系，包括功能结构与控制流结构的对应关系；功能结构与数据流结构的对应关系。以及每个模块的定义。
➢ 处理过程的结构。对它的检查项目有：要求模块的功能结构与实现这些功能的处理过程的结构应明确对应；要求控制流应是结构化的；数据的结构与控制流之间的对应关系应是明确的，并且可依这种对应关系来明确数据流程的关系。

➤ 与运行环境的接口。主要检查项目有：与其他软件的接口；与硬件的接口；与用户的接口；变更的影响范围问题。

2 软件质量度量

一个系统、应用软件或产品的质量依赖于问题需求的描述，解决方案的建模设计，可执行程序的编码的产生，以及为发现错误而运行软件的测试。一个优秀的软件工程师使用度量来评估软件开发过程中产生的分析及设计模型、源代码和测试用例的质量。为了实现这种实时的质量评估，工程师们必须采用技术度量来客观地评估质量，而不能采用主观的方法进行评估。

在项目进展过程中，项目管理者也必须评估质量。个体软件工程师所收集的私有度量可用于项目级信息的提供。虽然可以收集到很多质量测量，在项目级最主要的还是错误和缺陷测量。从这些测量中导出的度量能够提供一个关于个人及小组的软件质量保证指标及控制活动效率的指标。

2.1 软件度量概念

从 20 世纪 70 年代开始，许多学者对软件度量方法学进行了持续的研究，这些研究大致可以分成两个阶段。

（1）传统过程式软件开发的度量研究。1976 年，Boehm 等人首次提出了定量评价软件质量的概念，并建立了软件质量度量公式和层次化模型。1978 年，Walter 和 McCall 深化了这一概念，提出了层次模型的具体结构。进入 20 世纪 80 年代，软件度量学有了较大的发展，形成了自己的基本体系，这一领域逐渐引起了国际软件界的广泛重视。

由于当时最为流行的软件开发方法是结构化开发方法，因此这个阶段提出的度量理论都是针对过程式开发的软件产品。例如，McCall 的环计数是基于程序的拓扑结构来计算程序的复杂度；Halstead 的软件科学理论从程序的文本特性来估算控制结构和数据结构的复杂性；Albrecht 的功能点分析方法对程序规模进行预测等。

（2）面向对象软件开发的度量研究。20 世纪 90 年代以后，随着面向对象分析、设计和编程技术的兴起，使得软件度量研究的焦点集中到面向对象系统上。面向对象技术中引入了类、继承、封装、多态的概念，新的度量技术的研究也主要集中在对这些概念的度量方法上。其中，著名的度量理论包括 Chidamber 和 Kemerer 提出的一套度量指标集，F.B.eAbreaue 等人提出的 MOOD 度量集和对 MOOD 的改进：MOOD2 度量集。

软件度量的内容可以分成三类：

（1）对参与软件开发的人的度量。如设计人员、开发人员和测试人员的生产率度量等。

（2）对软件产品的度量。例如结构和复杂性度量、质量度量、可靠性度量等。

（3）对软件开发过程和项目的度量。例如工作量和成本度量等。

2.2 软件质量度量

软件工程的目标就是在费用和进度可控的情况下开发高质量的软件产品，那么什么样的软件才是高质量的软件呢？不同的人从不同的角度给出了不同的答案。Garvin 总结了 5 种不同的质量观：从用户出发的质量观，生产者的质量观，以产品为中心的质量观，以商业价值为标准的质量观和理想的质量观。

从用户出发的质量观："质量即符合使用目的"，高质量的软件指的是能够满足用户需求的软件。

生产者的质量观："质量取决于它是否满足给定的标准和规约"。这种质量观是瀑布式软件开发过程的核心，强调在软件开发过程的每个阶段都以前一阶段的结果作为标准，验证本阶段的工作是否满足其要求。

以产品为中心的质量观："质量是产品一系列内在属性的总和"。例如，一台电视机的质量好坏是通过度量其清晰度、色彩丰富度、抗干扰能力和使用寿命等指标来做出评价的。

以商业价值为标准的质量观："在一定价格限制下来满足用户的需求"。满足用户需求是要有成本的，不能无限制的、不计成本的满足用户需求。

理想的质量观："产品的内在优劣程度"，高质量就是尽善尽美。

软件质量度量采用的是以产品为中心的质量观，这种质量观比较客观，适合于产品之间的比较。

（1）软件质量度量模型

要度量软件质量，就应该根据内部特性（即软件属性）建立起软件度量模型，进而构建软件质量度量体系。常用的度量方法有：1976 年，Boehm 提出了定量度量软件质量的概念，他给出了软件质量的层次模型，并给出了 60 个软件质量度量公式；1978 年，Walters 和 McCall 提出了三层次软件质量度量模型；1985 年，ISO 提出了 SQM（Software Quality Metric，软件质量度量）工作报告等。下面主要介绍 McCall 等人提出的度量模型。

1）McCall 等人的软件质量度量模型。McCall 等人提出了由软件质量要素、评价准则、定量度量三个层次组成的三层次度量模型。其中第一层是将对软件质量的度量归结为对直接影响软件质量的若干个软件质量要素的度量；由于质量要素很难直接度量，所以第二层是用若干个可度量的评价准则来间接度量软件质量要素的；而第三层是对相应评价准则的直接度量。图 4-8 描述了对第 11 个软件质量要素的度量模型。

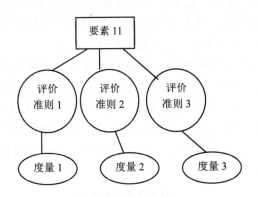

图 4-8　软件质量三层次度量模型

2）影响软件质量的因素。软件质量要素是指直接影响软件质量的软件质量特性。随着对软件质量认识的逐步提高，软件质量要素也可能有所变化。当时 McCall 等人认为，软件质量由 11 个软件质量要素来衡量。这 11 个质量要素可划分为三类：面向产品操作的软件质量要素有正确性、可靠性、有效性、完整性和可用性；面向产品修改的质量要素有可维护性、灵活性、可测试性；面向产品改型的软件质量要素有可移植性、可重用性、可互操作性。这三类要素构成了软件质量的三个侧面，如图4-9所示。

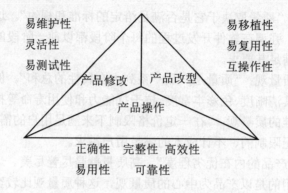

图4-9　软件质量要素的构成

产品操作方面包括与软件产品操作方面有关的质量要素，具体定义如下：

➤ 正确性：软件完成其需求规约的程度。

➤ 完整性：软件保护自身不被未经许可的访问的能力。

➤ 高效性：软件在运行速度和存储空间使用方面所表现出来的效率。

➤ 易用性：软件易于使用的程度。

➤ 可靠性：软件长时间运行不出现失效的能力。

产品修改方面包括同修改和维护一个软件产品方面有关的质量要素，具体定义如下：

➤ 易维护性：当软件出现故障时，确定故障的位置以及修复故障的难易程度。

➤ 灵活性：当软件运行环境或需求发生变化时，对软件作相应修改的难易程度。

➤ 易测试性：按照需求规约的要求，设计足够多、高效的测试用例的难易程度。

产品改型方面包括与软件产品运行环境有关的质量要素，具体定义如下：

➤ 易移植性：将软件从一个运行环境移植到另一个运行环境的难易程度。

➤ 易复用性：软件的全部或部分被复用的难易程度。

➤ 互操作性：将一个软件系统与其他软件系统组合起来构成一个整体的难易程度。

以上介绍了描述软件质量的11个软件质量要素。这些要素不是独立的，一个要素可能与其他几个要素有关系。这种关系如表4-22所示，其中正相关以"√"表示，负相关以"×"表示。对于具有负相关的质量要素，在开发时应根据具体情况加以取舍或进行折中。例如，对于实时控制系统，必须确保系统的可靠性和有效性，而软件的可重用性、可移植性等质量要素就可以放宽要求。

表4-22　　　　　　　　　　　　　　　　质量要素间的关系

	正确性	可靠性	高效性	完整性	易用性	易维护性	灵活性	易测试性	易移植性	易复用性	互操作性
正确性											
可靠性	√										
高效性											
完整性			×								

	正确性	可靠性	高效性	完整性	易用性	易维护性	灵活性	易测试性	易移植性	易复用性	互操作性
易用性	√	√	×	√							
易维护性	√	√	×		√						
灵活性	√	√	×	×	√	√					
易测试性	√	√	×		√	√	√				
易移植性			×			√	√				
易复用性		×	×	×		√	√	√	√		
互操作性			×	×					√		

3）　软件质量的衡量标准

每个软件质量要素又包含一系列衡量标准，具体定义如下：

➢ **易追塑性**：能够从软件所实现的功能和特征寻找到其相应的需求的能力。

➢ **完备性**：软件实现了所有需要的功能的性质。

➢ **一致性**：在软件设计与实现中采用了统一的技术与术语的性质。

➢ **准确性**：软件的输出和计算中的精度满足需求的性质。

➢ **容错性**：在出现错误的情况下，软件仍然能够正常工作的能力。

➢ **简洁性**：软件以最容易理解的方式实现其功能的性质。

➢ **模块性**：将软件划分成一系列在很大程度上相互独立的模块的性质。

➢ **一般性**：软件的设计与实现具有应用范围广泛的性质。

➢ **易扩展性**：易于对软件功能和存储空间进行扩充的性质。

➢ **自测性**：软件所提供的用于测量使用情况和记录错误的性质。

➢ **自我描述性**：软件中包含对其功能的解释性信息的性质。

➢ **运行效率**：软件尽可能少地使用计算机处理时间的性质。

➢ **存储效率**：软件尽可能少地使用计算机处理空间的性质。

➢ **存取控制**：对软件及其数据的存取进行控制的能力。

➢ **存取审查**：对软件及其数据的存取进行审查、记录的性质。

➢ **易操作性**：操作和使用软件的难易程度的性质。

➢ **培训**：支持用户逐步熟悉软件的操作的性质。

➢ **易交流性**：软件的输入和输出能够被人理解的程度。

➢ **软件独立性**：对软件环境中的其他软件的依赖程度。

➢ **硬件独立性**：对硬件环境的依赖程度。

➢ **通信共同性**：使用标准的通信协议和界面的性质。

➢ **数据共同性**：使用标准的数据表示格式的性质。

➢ **简明性**：软件功能的实现使用最少代码行的性质。

2.3　软件复杂性度量

理解软件维护对象是软件维护的关键，而软件复杂性是影响软件可理解性的重要因素。此外，软件复杂性对软件的可靠性与易使用性也都有着一定的影响。因此，研究软件复杂性及其度量技术对控制软件复杂性和评价产品的质量都具有重要意义。

关于软件复杂性，一般主张把它定义为是对理解和处理某一软件难易程度的定量测量，它包括数据结构及其表示、数据量及其属性、数据通信与管理、程序控制结构，以及所采用的算法等方面的因素。但在确定了计算机的硬件配置和数据结构之后，一个软件的主要信息就都包含在源程序中。因此，软件复杂性就主要表现为程序复杂性，从而使程序复杂性度量成为软件质量度量的一个重要组成部分。

任何有用的关于程序复杂性的度量，应满足以下的基本要求：

第一，可以用来计算任何程序的复杂性。

第二，对长度动态增减的程序或对原则上无法排错的程序，不必做复杂性计算。

第三，对程序增加某些东西（如指令、存储器、加工时间），决不会减少程序的复杂性。

上述要求的第一点指出这种复杂性的度量是有效的；第二点表示我们并不试图把它应用到不合理的程序中；第三点表示程序的复杂性最少应等于其组成部分复杂性之和。

程序复杂性的度量方法很多，目前比较成熟、应用较多的主要有代码行数度量法，McCabe度量法（又称圈复杂性度量）和Halstead度量法等。

复杂性度量有利于控制软件的复杂性，对保证软件质量将起积极作用。它是软件质量保证工作中的一个重要组成部分。软件复杂性的综合度量目前还处于研究阶段，与实际应用还有很大差距。应该加强对软件复杂性应用的研究，并通过应用来完善各种软件复杂性度量理论。

2.4 软件可靠性度量

软件可靠性是指在规定的时间和条件下，软件所能完成规定功能的能力。软件可靠性包括以下两个方面：

正确性：软件系统本身无错误，在正常的条件下能正确完成预期的功能。

健壮性（或称坚固性）：软件系统在计算机发生故障或输入不合理数据等意外条件下仍能继续工作。

因此，正确性只是软件可靠性的必要条件，而不是充分条件。

根据系统应用的目的不同，对其可靠性评价的标准也不同。一般而言，人们总是通过构造软件可靠性模型，来评价一个软件系统的可靠性。尽管经历了较长的时间，且提出了较多的模型，但到目前为止还未形成一个能被广泛接收的模型，软件可靠性的度量模型目前尚处于逐步形成、逐步发展的阶段。

用于提高软件可靠性的方法和技术主要有如下3点。

（1）通过测试来提高可靠性

虽然测试方法只能用来证明程序有错，而不能证明程序无误，但它还是一种较常用的方法，因为随着错误的被发现、被排除，程序的正确性会不断地得到提高。

（2）采用程序设计方法学的手段来提高可靠性

结构化程序设计方法使的各模块间高度的分离，从而使程序易理解、方便检测定位、修改和维护；模块程序设计可事先研制出一套可重组、典型的标准软件部件，可简化设计工作，减少设计错误，易于对系统进行重新配置，易满足功能变化和环境变化的要求。还有起源于信息隐蔽和抽象数据类型概念的对象程序设计技术等，都有助于提高软件的可靠性。

（3）　利用软件容错技术来提高可靠性

软件容错技术主要用于一些重要软件系统的关键部分，利用容错这种的更积极的措施来降低因软件错误而造成的不良影响等。

此外，还有用数学证明方法来验证程序的正确性。

小结

软件质量保证是为保证产品和服务充分满足消费者要求的质量而进行的有计划、有组织的活动。质量保证是面向消费者的活动，是为了使产品实现用户要求的功能，因此要站在用户立场上来掌握产品质量的。

软件的质量保证就是向用户及社会提供满意的高质量的产品。进一步而言，软件的质量保证活动也和一般的质量保证活动一样，是确保软件产品从诞生到消亡为止的所有阶段的质量活动。即为了确定、达到和维护需要的软件质量而进行的所有有计划、有系统的管理活动。它包括质量方针的制定和展开、质量体系的建立和管理等。

为了实现规定的质量特性，就需要把这些质量特性转换为软件的内部结构的特性。软件质量需求中的"性能"，可以转换成软件内部结构中的构成元素，即每一个程序模块和物理数据各自应具有的性能特性。这些性能特性的累积就形成设计规格说明中的性能特性。这种情况也适用于"可靠性"。

习题

一、选择题

1. 软件的可移植性是衡量软件质量的重要标准之一，它指的是（　　　）。
   A. 一个软件版本升级的容易程度
   B. 一个软件与其他软件交换信息的容易程度
   C. 一个软件对软硬件环境要求得到满足的容易程度
   D. 一个软件从一个计算机系统或环境转移到另一个计算机系统或环境的容易程度

2. 软件质量因素中，（　　　）是指软件产品能准确执行需求规格说明中所规定的任务。
   A. 健壮性　　　　　　　　　　　　B. 正确性
   C. 可扩充性　　　　　　　　　　　D. 精确性

3. 下列四个软件可靠性定义中正确的是（　　　）。
   A. 软件可靠性是指软件在给定的时间间隔内，按用户要求成功运行的概率
   B. 软件可靠性是指软件在给定的时间间隔内，按设计要求成功运行的概率
   C. 软件可靠性是指软件在正式投入运行后，按规格说明书的规定成功运行的概率
   D. 软件可靠性是指软件在给定时间间隔内，按规格说明书的规定成功运行的概率

4. 在 McCall 软件质量度量模型中，（　　　）属于面向软件产品修改。
   A. 可靠性　　　　　　　　　　　　B. 可重用性
   C. 适应性　　　　　　　　　　　　D. 可移植性

5. ISO 的软件质量评价模型由 3 层组成，其中用于评价设计质量的准则是（　　　）。
   A. SQIC　　　　　　B. SQMC　　　　　　C. SQRC　　　　　　D. SQDC

6. 软件复杂性度量的参数包括（　　）。

    A. 效率　　　　　　　　　　　　　　B. 规模

    C. 完整性　　　　　　　　　　　　　D. 容错性

7. （　　）是以提高软件质量为目的的技术活动。

    A. 技术创新　　　　　　　　　　　　B. 测试

    C. 技术创造　　　　　　　　　　　　D. 技术评审

8. 在衡量软件质量时，最重要的标准是（　　）。

    A. 成本低　　　　　　　　　　　　　B. 可维护性好

    C. 符合要求　　　　　　　　　　　　D. 界面友好

9. 美国卡内基梅隆大学 SEI 提出的 CMM 模型将软件过程的成熟度分为 5 个等级，以下选项中，属于可　管理　级的特征是（　　）。

    A. 工作无序，项目进行过程中经常放弃当初的计划

    B. 建立了项目级的管理制度

    C. 建立了企业级的管理制度

    D. 软件过程中活动的生产率和质量是可度量的

10. 软件质量保证应在（　　）阶段开始。

    A. 需求分析　　　　　　　　　　　　B. 设计

    C. 编码　　　　　　　　　　　　　　D. 投入使用

二、简答题

1. 什么是软件？如何评价软件的质量？

2. 软件质量的含义是什么？

3. 影响软件质量的因素有哪些？

4. 什么是软件质量保证策略？软件质量保证的主要任务是什么？

5. 程序复杂性的度量方法有哪些？

6. 什么是软件的可靠性？它们能否定量计算？

7. 软件工程中文档的作用是什么？

8. 为什么要进行软件评审？软件设计质量评审与程序质量评审都有哪些内容？

9. 什么是容错软件？

参 考 文 献

[1] 张海藩. 软件工程导论（第5版）[M]. 北京：清华大学出版社，2008.

[2] 张海藩. 软件工程导论（第5版）学习辅导[M]. 北京：清华大学出版社，2008.

[3] 齐治昌，等. 软件工程（第3版）[M]. 北京：高等教育出版社，2012.

[4] 殷人昆，等. 实用软件工程[M]. 北京：清华大学出版社，2014.

[5] 张燕，等. 软件工程理论与实践[M]. 北京：机械工业出版社，2012.

[6] 刁成嘉. UML系统建模与分析设计[M]. 北京：机械工业出版社，2014.

[7] 沈备军，等. 软件工程原理[M]. 北京：高等教育出版社，2013.

[9] 程杰. 大话设计模式[M]. 北京：清华大学出版社，2007.

[10] 百度文库，http://wenku.baidu.com.

[11] 百度百科，http://baike.baidu.com.

[12] 腾玮. 软件测试技术与实践[M]. 北京：机械工业出版社，2012.

[13] Pressman, R. S. & B. R. Maxim. 软件工程：实践者的研究方法（英文版. 第8版）[M]. 北京：机械工业出版社，2011.

[14] BillScottTheresaNeil Web. 界面设计[M]. 北京：电子工业出版社，2009.

[15] 康一梅. 软件项目管理[M]. 北京：清华大学出版社，2010.

[16] 标点符，http://www.biaodianfu.com.

反侵权盗版声明

电子工业出版社依法对本作品享有专有出版权。任何未经权利人书面许可，复制、销售或通过信息网络传播本作品的行为；歪曲、篡改、剽窃本作品的行为，均违反《中华人民共和国著作权法》，其行为人应承担相应的民事责任和行政责任，构成犯罪的，将被依法追究刑事责任。

为了维护市场秩序，保护权利人的合法权益，我社将依法查处和打击侵权盗版的单位和个人。欢迎社会各界人士积极举报侵权盗版行为，本社将奖励举报有功人员，并保证举报人的信息不被泄露。

举报电话：（010）88254396；（010）88258888

传　　真：（010）88254397

E-mail：　dbqq@phei.com.cn

通信地址：北京市万寿路南口金家村 288 号华信大厦

　　　　　电子工业出版社总编办公室

邮　　编：100036